U0127526

大数据

技术丛书

数据应用工程

方法论与实践

钟大伟 高铎 王鹏 宋超◎著

机械工业出版社

China Machine Press

图书在版编目（CIP）数据

数据应用工程：方法论与实践 / 钟大伟等著 . -- 北京：机械工业出版社，2022.5
（大数据技术丛书）
ISBN 978-7-111-70409-6

I . ①数… Ⅱ . ①钟… Ⅲ . ①数据处理 Ⅳ . ① TP274

中国版本图书馆 CIP 数据核字（2022）第 047863 号

数据应用工程：方法论与实践

出版发行：机械工业出版社（北京市西城区百万庄大街 22 号　邮政编码：100037）

责任编辑：韩 蕊　李 艺　　　　　　　　　　　责任校对：殷 虹

印　　刷：中国电影出版社印刷厂　　　　　　　版　　次：2022 年 6 月第 1 版第 1 次印刷

开　　本：186mm×240mm　1/16　　　　　　　印　　张：26.5

书　　号：ISBN 978-7-111-70409-6　　　　　　定　　价：129.00 元

客服电话：（010）88361066　88379833　68326294　　　投稿热线：（010）88379604

华章网站：www.hzbook.com　　　　　　　　　　读者信箱：hzjsj@hzbook.com

本书对数据应用的方法进行了系统剖析，全方位、多角度将 DT 能力进行演绎和升华，总结了新时代的大数据应用方法论。

——戚铭尧　清华大学深圳国际研究生院物流与交通学部副教授/物流数字化专家

本书是一本十分出色专业著作，内容针对组织数字化主题，从行业背景、理论方法、知识介绍到案例说明，十分系统全面。作者以其专业、严谨的精神，做到了分析有深度、方法有创见、论点有依据、论证有逻辑、案例有干货。

——李志强　Intel 平台安全产品总监

近 10 年最有魅力的行业就是大数据，DT 时代、DMP、CDP、数据中台等都是因为大数据才成为企业数字化的热门话题。本书从参与者视角和数据工程视角讲大数据，既有方法论，又有工程实践，值得一读。

——翟战强　易华录资深副总裁

当下中国数字化进程如火如荼，推出这本书，时机正好，赶上了市场的需求。

——阎志涛　快用云创始人

没有数据的企业如何整理数据？有数据的企业如何管理数据？已经用数据的企业如何更高效使用数据？本书系统化做了梳理，以案例的方式帮助大家理解和掌握。

——Li Xiang　Meta 数据科学家

前　言 *Preface*

为何写作本书

数字化大潮来临，所有组织都摩拳擦掌，却常常"拔剑四顾心茫然"。看过各种"包装精美"、优秀的解决方案，频繁参加各种交流会，了解了媒体上层出不穷的热炒概念，如数据中台、SaaS、PaaS、CaaS、API First、云原生、大数据、AI、DataOps、业务数据化、数据资产化、数据业务化、深度数字化、数字孪生、数字原生、数字化生存，以及让游戏娱乐与商业办公在数字世界产生碰撞的元宇宙，"破圈"加"悬浮"的剧情太容易让人热血上脑，但着眼于手头现实的工作，仍困惑于数字化该如何落地：

❑ 数字化首先应该做什么？它与信息化有什么区别？

❑ 需要聘请什么样的人才？各类人才需要具备哪些知识和技能？组织结构应该如何设计？

❑ 什么是DT？它可以创造哪些价值？如何选择合适的数据技术？如果自建数据平台，该如何设计？若采用外部平台，该如何选择数据平台供应商？

❑ 数据治理都需要做什么？数据资产该怎样建设？基于现有数据能够开发哪些数据应用以支撑业务？

❑ 数据作为数字经济的核心生产要素，如何被收集、加工、治理？如何解决组织自身缺少数据、数据价值不高、数据打通与利用存在障碍、数据应用发展找不准方向等问题？

❑ 如何应对数字化的诸多不确定性？例如技术的突破性变化、信息保护立法政策变化、数字平台因"守门人"职责继续垒高数据围墙而国家反垄断又在打破平台交互壁垒而对数据市场产生的综合影响，等等。

结合IT的发展历史和当前的数字化发展趋势，我们可以做如下总结：信息化是记录的无纸化，即信息的数字化，核心变化是效率提升；数字化是连接的在线化，即一切事物的数字化及数字化原生，核心变化是关系重构；进一步来说，数据化是数据的资产化与业务化，以实现数据驱动和新价值创造，而智能化可以实现规模化的数据价值挖掘。显然，我们可以认为信息化是数字化的早期阶段，而数据化是数字化发展的必然趋势。

数字经济将全面改变组织、商业、社会的未来，甚至改变宏观经济规律。巨大的潜能让全球都趋之若鹜。数据技术的快速发展、"新基建"的兴起、数字原生企业的扩张、全球的智能制造竞争、社会治理模式的转型、政府政策的引导和刺激，都让大家感觉到数字化时代会快速地全面来临。

要回答以上问题，我们需要对数字化发展规律进行分析和研究，对知识体系、最佳实践进行总结。本书的作者们在营销大数据服务、工业大数据、办公数字化、政府数字化治理领域有多年的从业经验，大家基于自身的实践、客户案例、行业观察、文献研究，建立了描述组织数字化发展规律的成熟度模型，并从模型的各个评价维度出发，梳理和归纳了相应工作领域的知识体系与技术方法，同时进一步结合具体实践案例，展示了对理论、方法、知识的实践应用。希望本书能够帮助读者全面了解数据应用工程，找到数字化落地的方法。

本书主要特点

本书既有模型理论又有丰富实践，是对具体数据实践的归纳和总结，是一本务实、落地的书。在基于实践进行规律总结时，本书不是仅仅简单地提出一点理论假说，而是进行深入研究，构建了完整的数字化方法论，并提供了具有广泛行业应用基础的成熟度理论背景，努力做到理论基础扎实，模型系统、知识体系完整，实践案例翔实，从而帮助大家从数据利用角度理解数字化发展规律、了解数据相关工作的知识与技能体系、熟悉发现数据价值的最佳实践，为组织开展数字化发展工作提供系统的指导和借鉴。

本书读者对象

本书是关于数字化理论、方法、知识和实践的，主要适合以下几类读者阅读：

❑ 组织数字化发展的决策者、为组织数字化转型提供咨询与解决方案服务的从业者、各行业组织内部数据相关岗位的从业者等；

❑ 对数据治理、数据分析、数据产品、数据工程、数据咨询等数据相关工作感兴趣的初学者；

❑ 大数据、数据分析相关专业的师生。

如何阅读本书

本书一共 9 章，分为行业分析、理论方法、知识体系、实践案例四个部分。行业分析部分介绍了数据时代的数字化趋势大背景；理论方法部分提供了数字化的方法论——数据应用成熟度模型，能够指导组织有效应对数字科技发展；知识体系部分完整地介绍了数字化涉及的数据治理、数据工程、数据技术的知识和技能体系；实践案例部分介绍了四个数据实践案例，阐述在不同领域如何开展数据治理、数据工程、数据应用的工作。

行业分析部分为第 1 章，从数字经济作用、技术发展、政策趋势、市场竞争等方面系统地总结了数字化发展的背景、趋势、政策、存在的问题，并引出解决以上问题需要掌握的理论与方法需求。

理论方法部分包含第 2、3 章。数字经济中数据是生产要素，所以数据管理及处理能力和数据利用水平，是一个组织数字化水平的体现。本部分基于成熟度模型的基础理论与模型构建方法，建立了一个完整的数据应用成熟度模型，并通过该模型描述了组织在数据利用方面的数字化发展规律。

第 2 章介绍了在各领域（特别是信息领域）普及的成熟度模型的理论基础、构建方法，并对技术创新、技术应用、组织能力建设三个领域的典型成熟度模型进行了分析和总结，是第 3 章提出的数据应用成熟度模型的理论根源和构建基础，特别是数据领域流行的 DMM、DCMM、DSMM 等描述某一维度数据能力的成熟度模型，属于第 3 章数据应用成熟度模型的互补模型。

第 3 章详细介绍了数据应用成熟度模型框架，说明了模型评估的维度内容及级别要求，并以过程模型的过程描述方法对数据应用成熟度模型的数据工程、数据治理两个核心能力过程维度进行了详细分解，以展示组织如何优化数据相关的过程，持续提升组织的数据能力。这是一个开放模型，组织可以参考建立适合自己实际情况的具体实施模型。

知识体系部分包括第 4、5 章，分别详细归纳了数据治理与管理知识、各类大数据技术及流行的开源组件知识。通过阅读这两章，读者可以了解数据相关工作需要掌握的知识体系，并在此基础上进一步按图索骥，对自己感兴趣的知识与技能领域进行深入学习。

实践案例部分包括第 6 ～ 9 章，介绍了四个实践案例，每个案例都非常详细，能够帮助大家了解数据能力建设与数据价值挖掘的关键细节。

宏观决策者可以重点阅读第 1 章和第 3 章，了解数字化的趋势和数字化发展规律；具体的数字化规划者可以重点阅读第 2 章和第 3 章，以掌握可指导数字化的方法论，并在运用数据应用成熟度模型时把握成熟度方法的核心理念；初学者可以重点阅读第 4 章和第 5 章，掌握入门的基础知识体系。实践案例部分适合各类读者阅读。

致谢

本书的核心理论方法来源于很多人的实践。在撰写本书的过程中，我们得到了大家的大力支持和无私帮助，在这里要十分感谢孙强、刘海军、周婷、张小艳、卢健、张自玉、田金周、李伟强、王丽、刘红欣、刘大伟、韩广利、李瑞杰、田娇娇、马冬、肖冉、张学敏、李国祥、史忠贤、刘晨、金秋香、何兴权、刘小红、吴西庆勇、程薛柯、徐双、张晓宇、张雪渊、刘金龙、李瑞欣等朋友的支持和指导。

感谢机械工业出版社华章分社的杨福川老师和李艺编辑，没有他们的督促、鼓励与指导，本书不会这么快与大家见面，感谢他们对书稿内容的审校和提炼，使本书内容更加扎实、引证有据。本书成书时间较长，感谢老师们的耐心等待。

本书第 1～8 章由钟大伟、高铎、王鹏完成，第 9 章的实践案例由宋超完成。

希望本书能够为数据领域的从业者提供一些有价值的参考，并引发一些思考，也希望大家能够积极反馈。在数字时代中，我们愿与大家共同成长。

目 录 *Contents*

附录

行业分析

Chapter 1 第 1 章

数字化时代的变革与挑战

　　未来已来，大数据、人工智能技术已经逐步成熟并广泛应用于多个领域。强大的技术变革驱动了商业模式、制造形态、组织方式的彻底变革，数据成为关键生产要素。全新到来的数字经济与数字社会很可能会消除原来经济、社会中存在的核心顽疾。

　　由互联网引发的数字新经济在蓬勃发展，大型互联网平台给人们的工作和生活带来了极大的便利。数字原生企业强势引领新经济，并且向传统领域广泛渗透，在给各行业带来活力的同时，也带来了冲击和压力。全产业生态的数字化升级，将倒逼全行业不同规模的企业都跟进变革，以避免被淘汰或边缘化。各国政府都已将发展数字经济提升到战略高度，并纷纷推出扶持政策，大规模开展智能科技基础研发和数字基础设施建设，对产业数字化变革和制造智能升级给予充分的引领和支持。目前，各领域的前瞻企业都在奋勇创新，并已取得相当多的成果。

　　相对业界的兴奋、企业广泛强烈的意愿，数字化升级与转型的发展仍然存在很多不确定性。例如技术迭代目不暇接，智能应用前沿不断扩展，创新速度不易预测，全球的竞争加剧，地缘政治复杂，以数据主权为名义的贸易保护出现，各国个人隐私与数据保护立法都在争议中快速推进，数据保护监管环境日趋谨慎，数据资产流通短期还得不到有效解决，形成规范数据市场的挑战巨大等，这些都让企业决策者在执行时举棋不定。传统企业的数字化升级之路仍然困难重重，而且数字化投入很大、风险很高、短期不易看到立竿见影的效果。

1.1　数字经济与生产变革

　　数字经济有别于农业经济和工业经济。首先，数据属于可再生的生产要素，因此数字经济具有无限扩张性。其次,数字经济会驱动其他实体产业经济的发展,具有战略意义。当前在全球主要经济体中,数字经济的发展速度普遍高于其他经济。数字经济将重构生产关系,重塑生产力,实现从生产要素、生产力到生产关系的全面变革,改变各产业领域的生产效率,基于数字技术实现柔性化生产,满足之前无法覆盖的需求,创造以消费者为中心的生产经营模式,消除市场信息扭曲,提升供需匹配效率。数字技术能够创造"新土地"、"新劳动力"、新产品、新服务、新商业,并实现全新、有效的数字社会治理模式。

1.1.1 从农业经济到数字经济,从土地到数据

目前,人类社会已经从原始经济、农业经济、工业经济,逐渐发展到了数字经济。原始经济是通过采摘、狩猎直接享受大自然的馈赠,农业经济是基于土地和种子、肥料种植获取食物,工业经济是基于机械设备和原材料加工生产各种工业产品,数字经济则是基于信息设备和数据资源创造各种数字产品、数字服务、虚拟化产品。

依据中国信息通信研究院(以下简称信通院)的定义,数字经济是以数字化的知识和信息作为关键生产要素,以数字技术为核心驱动力量,以现代信息网络为重要载体,通过数字技术与实体经济深度融合,不断提高经济社会的数字化、网络化、智能化水平,加速重构经济发展与治理模式的新型经济形态。

狭义的数字经济只是包含数字产品以及与信息设备和网络基础设施相关的经济活动,属于信息通信(ICT)产业范畴,而广义的数字经济还会对实体经济产生非常大的影响。当所有的生产与经营都被数字化,数字经济将彻底重构所有实体经济,与实体经济融合在一起,形成产业数字化。简单来说,狭义数字经济可以称为数字产业化,广义数字经济则相当于数字产业化 + 产业数字化。数字经济突破了地域的限制、时间的约束,具有高速、边际成本递减、效益递增、规模效应、可持续性等特点。数字经济的发展不仅推动了整体经济的发展,也带来了社会治理模式的深刻变化。

1. 数字经济现状

全球数字经济已经具有相当大的规模,并持续快速增长,且高于整体经济增速,但发展十分不均衡。按国家来看,中国和美国是引领世界数字经济发展的核心,美国数字经济规模蝉联全球第一,中国近年来增速全球第一。

(1)全球数字经济现状

基于中国信通院的统计,近年主要国家数字经济均实现了正增长,并且增速高于同期GDP 增速,全球数字经济在国民经济中的地位持续提升,成为推动国民经济持续稳定增长的关键动力。全球数字经济发展具有规模大、增速快、地区不均衡、产业加速渗透等特点。

1)数字经济规模不断扩张,全球主要经济体的数字经济总体规模在 2020 年达到 32.6万亿美元,尽管全球经济整体显著下行,数字经济同比名义增长仍然达到 3%。

2)数字经济对经济增长的贡献持续增加,数字经济增速高于同期 GDP 增速,持续保

持高位的增速，成为全球经济发展的新动能。2019 年全球数字经济平均名义增速高于同期全球 GDP 名义增速 3.1 个百分点，2020 年高 5.8 个百分点。

3）数字经济在全球国民经济中的地位持续提升，2020 年狭义数字经济（数字产业化）的规模估计占全球生产总值的 6.8%，广义数字经济占全球生产总值的 43.7%，同比提升 2.5 个百分点。

4）数字经济地区发展十分不均衡，体现在三个方面：规模、GDP 占比、发展速度。发达国家的数字经济规模与 GDP 占比都远高于发展中国家，经济发展水平越高的国家的数字经济占比越高，在发达国家国民经济中数字经济已占据主导地位，但发展中国家的数据经济增速超过发达国家。

❑ 2020 年，发达国家的数字经济规模是发展中国家的近 3 倍。从具体国家来看，美国数字经济规模全球第一，达到 13.6 万亿美元，中国第二，德国、日本、英国位列第三、四、五位，排名前五的国家数字经济总规模占全球总规模的 79%。

❑ 2020 年，发达国家数字经济 GDP 占比为 54.3%。从单个国家数字经济在其 GDP 中的占比来看，2020 年，德国、英国、美国的数字经济在 GDP 中的占比排名前三，分别为 66.7%、66% 和 65%，中国为 38.6%，发展中国家整体数字经济在 GDP 中的占比仅为 27.6%，发达国家是发展中国家的近两倍。

❑ 2019 年，发展中国家数字经济同比增长 7.9%，比发达国家高 3.4 个百分点。2020 年，发展中国家数字经济同比名义增长 3.1%，仅比发达国家略高，显示出在经济下行时发达国家数字经济的韧性更强。

5）全球数字经济向三大产业加速渗透，2020 年发达国家一、二、三产业数字经济占比分别为 14.0%、31.2% 和 51.6%，发展中国家一、二、三产业数字经济占比为 6.4%、13.3% 和 28.7%。预计 2020～2023 年，企业数字化转型投资将达到 7.4 万亿美元，年复合增长率将达到 17.5%。

（2）中国数字经济现状

基于信通院的统计，整体上中国数字经济 2020 年规模达 39.2 万亿元，按照可比口径计算名义增长 9.7%，高于同期 GDP 名义增速约 3 倍多，在 GDP 中的占比达到 38.6%，同比提升 2.4 个百分点，但与德国、英国、美国等国家相比，仍有较大发展空间。

1）从历史发展维度来看，2005 年，中国数字经济规模为 2.6 万亿元，到 2020 年增长了 14 倍。

2）从数字经济内部组成来看，数字产业化占比持续下降，产业数字化占比持续提升，同时数字产业化的组成结构持续"软化"，软件与网络服务占比持续提升。

❑ 2020 年，数字产业化规模达 7.5 万亿元，同比增长 5.3%，在 GDP 中的占比为 7.4%，数字产业化占数字经济的比重由 2005 年的一半左右下降至 2020 年的不到五分之一。

❑ 2020 年，产业数字化规模为 31.7 万亿元，在 GDP 中的占比为 31.2%，产业数字化加速增长，成为国民经济发展的重要支撑力量。

3）从产业渗透来看，与全球规律一致，中国的各产业数字经济发展依然延续三产优于二产、二产优于一产的特征，服务业是产业数字化发展最快的领域，2020 年服务业、工业、农业数字经济渗透率分别为 40.7%、21% 和 8.9%。

4）从地区来看，与全球规律一致，中国的各地区数字经济与国民经济发展水平具有较强的正相关性，经济发展水平较高的省市区，数字经济发展水平也较高，北京、上海的数字经济在地区经济中占据主导地位，两地的数字经济在 GDP 中的占比已超过 50%。

2. 数字经济战略作用

当前世界经济发展的动能正在发生变化，各国都十分重视数字经济的发展，不断推出多种数据战略和智能战略，期望创造经济发展的新动能，争夺数字经济的战略引领作用，抢占竞争优势。

数字经济对未来全球的经济发展具有战略作用：数字经济发展速度快，在国民经济中的比重不断提高，对经济发展贡献越来越大；数字经济是当前最具有创新活力的领域；数字经济将驱动其他产业的转型，带来经济发展的质量变革、效率变革、动力变革，重塑制造、消费、服务、营销、社会治理等各个领域；数字经济能够吸收经济转型释放的就业需求。

1）数字经济已成为当前经济发展的火车头，具体分析如下。

□ 全球来说，各经济体的数字经济发展速度都远高于同期 GDP 增速，数字经济在 GDP 中的占比持续增加，发达国家已超过一半，并且最发达国家已超过 60%。

□ 中国数字经济在 GDP 中的占比虽然低于发达国家，但在国民经济中的地位与对 GDP 增长的贡献率在不断提升。从 2014 年到 2020 年，数字经济对 GDP 增长的贡献率始终保持在 50% 以上，成为驱动中国经济增长的核心力量，其中信息产业是推动地方经济发展且具备较强创新能力的主导产业之一。

2）数字技术是当前创新最活跃的领域，驱动着全领域的创新与发展。

□ 开源的数据与智能技术的广泛普及，让基于数据驱动的新型数字创新产业体系正在加速形成。近年来，大数据、人工智能、移动互联网、移动智能设备、移动应用服务等技术与产品的突破和发展，不但带来经济发展动力的变革，而且带来了人类工作和生活的方方面面的变革。

□ 各专业、领域的研究与发展也依赖于数字技术的突破，比如医药研发、生物技术研究、气候环境变化、空间技术开发等。

□ 互联网、移动互联网、物联网让物理世界的一切"数字化"和"在线化"成为可能，全域数字化将彻底改变企业经营、组织管理、市场营销、消费习惯、产业生态的运行规律和方式，产生新产业、新模式、新业态。

3）数字基础设施的大规模建设，将会拉动整体经济的高质量、高效增长。

□ 当前 5G、IoT 等信息基础设施是全球创新和建设投入最活跃的领域，不但会带动包括相关设备、终端、软件等产业链上下游的研发和生产，而且会加速线上办公、远程医疗、智能家居、数字娱乐、智能交通、智慧城市、能源等领域的数字化发展。

- ❑ 中国于2019年开始推行新型基础设施建设，简称"新基建"，主要包括5G基站建设、特高压、城际高速铁路和城市轨道交通、新能源汽车充电桩、大数据中心、人工智能、工业互联网七大领域，提供数字转型、智能升级、融合创新等服务的现代化基础设施体系，以满足现代化经济体系和现代社会的高质量发展需要，拉动诸多产业链与实体经济的高速发展。

4）数字经济将带动所有产业的数字化升级与转型，推动经济发展的质量、效率、动力的变革。传统产业的数字化升级与转型过程可抽象为两种模式："互联网＋"与"＋互联网"。

- ❑ 大型互联网平台企业和许多数字原生企业不断积极跨界进入传统产业，输出创新模式、数据技术运用能力与经验、数字化解决方案、云计算服务、高价值数据、资金、人才等资源，通过垂直用户下沉、纵向产业链整合、横向行业跨界创新三种途径，引领和支持传统产业的数字化发展。

- ❑ 传统产业与数字技术的广泛深度融合，将带来效率提升、产品革新、生产变革、服务升级、市场重塑、产业重构，一些头部企业会带动实体产业主动向数字化、网络化、智能化方向升级与转型。

5）智能制造是数字经济的重中之重，全球主要经济体都在强调制造业的发展或回归，避免产业空心化，最终失去全球竞争力。智能制造可称为第四次工业革命或工业4.0，不论是发达国家还是发展中国家，智能制造升级都是一次不可错过的机遇，是一次新旧产能的切换，是全球产业链的一次再分工，是全球化竞争的新战场。数据驱动的智能化新生产方式加快到来，可推动工业加速实现智能感知、精准控制的智能化生产、柔性化生产。

6）数字经济将会带动社会进步，提高社会治理水平。数字化治理正在不断完善国家治理体系，提升治理能力。

- ❑ 政府在数字化社会治理方面的投资将会拉动数字经济的快速发展，促进数字技术和数字化解决方案的进步和成熟。

- ❑ 数字技术推动社会治理由个人判断的经验治理转变为数据驱动的数字化精准治理，对全面、精准、实时数据的掌握，有利于制定更科学的规划和更有效的政策，实现更到位的政策执行。

- ❑ 云计算、大数据、IoT、数据智能等技术在治理中的应用，将会增强政府的实时态势感知、科学决策、风险防范能力。

- ❑ 数字化的在线公共服务将会提升政府服务能力，实现"云办事"，给个人和企业带来便利，增强治理的精细度，实现更好的及时性，释放区域经济活力，带动产业发展。

- ❑ 信息服务的下沉将会加强中国城市与农村的二元经济与社会的融合，宽带、移动互联网、智能手机的普及让农民和老人不再被排斥在信息社会之外。

7）数字经济将会拉动和吸收就业。

- ❑ 数字经济将创造很多新的就业岗位，当前数据相关专业与技术人员需求缺口巨大，智能制造需要大量高素质技术工人，一些新增岗位类型将吸收产业转型释放的人员，例如数据标注、数据编辑、数据处理等岗位，人员经过一定培训即可上岗，共享经济、平台经济将会吸收大量的自由职业者和兼职人员。

❑ 2018 年中国数字经济领域就业岗位同比增长 11.5%，岗位数量达到 1.91 亿个，占当年总就业人数的 24.6%，其中数字产业化部分就业岗位达到 1220 万个，同比增长 9.4%，产业数字化部分就业岗位达到 1.78 亿个，同比增长 11.6%。

3. 数据是数据经济的核心生产要素

生产要素是进行社会生产经营活动需要的各种资源，包括人的要素、物的要素以及结合因素，通常有土地、资本、劳动、技术等。数据是数字经济的核心生产要素，被喻为数字经济时代的土地或石油，与资本、技术、土地、劳动力等一样成为数字化、智能化企业不可或缺的生产要素。

数据作为生产要素，具有不同于其他要素的特点。

❑ **复用性**：数据不像其他资源，它可以多次重复使用，同一份数据可以用于营销、运营、产品设计、业务分析等业务经营的不同方面，被实时分析和历史趋势分析使用多次，也可以用于不同的业务场景，例如个体的位置数据可以用于个体的信息推荐、风控分析、区域人流分析、城市设计、人口统计等完全不同的场景。

❑ **可持续性**：数据是取之不尽，用之不竭的可持续资源，各类虚拟数字产品的生产是不受资源供给限制的。

❑ **循环增值性**：数据是用进废退的，不但越用越多，而且越用越好，特别是基于机器学习的应用，有效的数据应用会带来更多高质量、高价值的数据，形成数字产品的数据正向循环。因此对数据投入会带来具有"乘数效应"的增长。

❑ **增长性**：从信息技术发端开始，数据量一直在持续指数级增长，未来数据量仍会持续井喷式增长。IDC（国际数据公司）发布的《数据时代 2025》报告预测，到 2025 年，全球每年的数据量将从 2018 年的 33 ZB 增长到 175 ZB。

❑ **边际成本递减性**：数据采集、粗加工的成本是一次性投入，数据使用得越多，边际成本就越低。另外，当前数字经济具有很强革命性的一个原因，就是数据作为一种生产要素，其采集、传输、处理和使用的成本在持续降低，而价值在逐渐提高。

❑ **非均质性**：有些数据具有非常大的价值，有些数据却毫无价值，所以我们需要在数据采集、预处理时做良好的设计，这样才能大幅度提高数据的质量，即数据需要被良好治理才能成为有价值的数据资产。当然数据质量是一个动态的概念，随着业务的发展与数据技术的提升，原来的"垃圾"数据可能会"变废为宝"。

❑ **鲜活性**：数据自生成开始，随着时间推移，价值会快速降低。衡量数据质量的一个关键维度是时效性，不能被及时利用的数据就会失去价值。因此只有持续供给的"活"数据才具有很大的价值。在数据治理时，我们常常依据数据价值和访问时效性要求将数据划分为热、温、冷多个级别，并依据级别采用不同成本的存储设备。

❑ **安全性**：数据包含个人信息、个人隐私、商业机密、国家机密，处理不当会侵犯个人隐私、损害商业利益、危害国家安全，因此数据的采集、处理、传输、应用都需要满足合规要求。

当前从事数据业务的企业在数据处理与应用能力上不断提升，数据要素市场虽已有一定规模，但并未广泛建立，未形成完备、自由的交易机制，数据要素供应链体系并不完善，在数据确权、数据定价、数据安全、隐私保护、流通机制设计等数据要素市场化相关方面依然存在很多不确定性。

1.1.2 从规模化生产到个性化定制生产，从 IT 到 DT

由于科技的进步，人类的生产方式经历了不断的升级变化，现在看起来像走了一个循环。生产方式的历史发展从分散的个体生产、众多的小规模作坊生产逐步发展到集中的大规模工厂生产，满足的需求规模也逐步扩大，从少量人的需求、局域部分人群的需求到大众的共同需求，现在又向小规模柔性生产、个性化定制生产发展，补充大规模生产的不足，再回到小众需求、个性化需求。

从个体工匠到工厂，生产成本逐渐减低，生产效率不断提高，人们生活的基本需求也得到了大量满足。现在通过数字化、网络化，使柔性化生产、大量的个性化定制加工成为可能，从单一的大规模生产走向大量的小规模生产，从 B2C 到 C2B，从以生产者为中心向以消费者为中心进行转移。企业技术也从信息化升级为数字化、智能化。

1. 全新生产模式满足全域需求，消除市场顽疾

柔性生产是指以需定产，生产线与供应链都具有足够的弹性，能实现快速、灵活的多品种、小批量的生产方式。柔性生产可以快速地响应市场，最大化地把握销售机会，又可以避免库存风险。高速的科技发展和产品创新，让产品的生命周期越来越短，这就要求企业必须具有很高的弹性应变能力。数字化是柔性生产的基础，通过数字化实时聚合需求，通过现势需求驱动供应链的数字化整合。

未来的生产将会满足人们的全域需求。规模生产满足了大众的基本需求，柔性生产满足了大量的小众需求、个性化需求。在原来统一的大众市场上，增加不同的分层市场，生产经营主体类型也会变得多样，从而丰富商品服务，全面提升生活品质。生产模式的发展不但可以扩大整体经济规模，还可以避免供需错配，消除市场经济的周期顽疾。

（1）让"不经济"变得"经济"

通过数字化、互联网、物流网络，我们可以很容易地实现需求的聚合和产品配送。通过将各地零散分布的小众、个性化需求汇集起来，形成对企业可观的业务需求，再通过物流直接送达消费者手中，这使原本受市场规模和传统分销方式限制的大量"小生意"成为可行的商业模式，甚至全国只有几百个人的需求也值得加工。

规模生产让小作坊生产变得不经济，如今通过数字化的小众需求聚集，又让小批量生产变得经济了。例如，在淘宝平台上有大大小小的各类商家、直销厂家、定制厂家，还形成

了很多淘宝村。

（2）能否不再"将牛奶倒掉"

大规模生产由于数据的滞后，很容易出现供过于求或供不应求的情况，引起市场的异常波动。在目前的经济环境中，供需之间存在信息不对称、信息滞后、信息扭曲现象。供给方掌握商品信息，消费者掌握需求信息，通过市场调查的结果又常常失真。交易与需求信息的传导需要通过整个分销链与供应链层层传递，而中间商为了让自己占有更多市场规模或预防损失会产生需求信号的放大效果，这样层层传递导致了滞后与放大，使得生产商获得的信息与市场实际情况常常严重不符，同时生产者之间也无法了解市场整体的生产情况。

因此生产与经营决策者常常做出相反或错误的决策，而错误的决策后果是供需进一步失衡，造成市场价格扭曲，从而导致市场调节失灵或市场波动。几年前中国多个上市服装品牌都出现了高库存危机，甚至有从业者和媒体调侃"现有服装库存够国人穿三年"。MIT 斯隆管理学院在 20 世纪 60 年代推出了经营模拟游戏——啤酒游戏，用于教育学生体验供应链上各角色独立决策造成的信息失真、市场波动、决策失败。

全域数字化有望解决这个市场经济难题：通过数字化可以全面地获取市场与经营信息，通过大数据可以深入地分析消费者需求，通过网络可以让消费者参与到产品的设计、生产、营销当中，通过数据智能可以进行趋势预测。具体分析如下。

1）全域数字化可以实现对生产、消费、流通等客观情况的全面信息采集，而不是通过抽样统计调查，信息没有时延，实时聚合，市场参与者可以掌握全面、准确、现势的信息。通过数据驱动可以极大地降低市场所有参与者之间的协作成本与风险，使得供需双方可以实现前所未有的容易对接。实现这个目标需要生产、供应链、交易的全域数字化，并实现各个系统之间的无缝对接，向零库存、零浪费方向努力。同时，需要主管部门或行业组织做高效的整体宏观汇总与信息发布。

2）通过大数据，供给者甚至会比消费者更了解自己的需求，可通过数据分析进行产品创新和验证，在创造新产品的同时避免生产不是市场真正需要的产品。

3）由于全域数字化建立了消费者与生产者的直接连接，消费者可以直接参与到商品的设计、营销过程中，新型的生产企业都十分重视发烧友、用户社区和粉丝经济。

4）另外，通过数据智能进行销售预测，既可以防止备货不足又可以避免浪费。

2. IT 是管理与提效，DT 是发现与创造

当前驱动数字经济的数据技术（Data Technology，DT）常常被看作信息技术（Information Technology，IT）的扩展和延续，数字化也被看作企业信息化建设的延伸。但从 IT 到 DT，不仅仅是技术的升级和革新，二者对企业和经济所起的作用的性质完全不同，运用的思维方式也不同。IT 是管理与提效，以控制为目的，DT 是发现与创造，以实现全新生产力为目的，DT 将对生产力和生产关系产生更深层次的影响，改变生产要素的组成和作用。如果说工业技术释放了人类的"体力"，信息技术节省了人类的"时间"，那么数据技术

（包括数据智能）将会释放人类的"脑力"。

（1）IT技术与信息化的特点

IT技术用于信息化建设。信息化是一种管理手段，产生的信息是对实际发生业务的电子化记录。企业信息化的目的是提高企业管理能力、生产能力和对已有业务的经营能力，信息系统的目标是实现对信息管理、流程的控制，组织的目标是提高效率。

企业信息化系统建设，一类是办公系统，包括流程管理、人力管理、财务管理、通信工具等，另一类是业务系统，包括CRM、ERP、BI、生产管理、供应链管理、知识管理等。信息化通过信息系统将流程固化，以提高办公效率，规范办公流程，保证制度执行，促进团队合作，加强客户沟通，稳定供应商关系，支持组织各级人员的日常工作，改善经营，巩固已有的竞争优势。

（2）DT与数字化的特点

DT用于数字化建设，数字化是一种创新手段，是有针对性地采集数据，通过数据资产化将数据用于"再生产"。企业数字化的目的是实现数据驱动和创造新的业务、新的生产力，数据系统可以帮助组织实现科学决策，实现组织经营模式创新和业务创新。DT可以重构生产关系、创造新的生产要素、构建新的服务与新的产品、生成新的商业模式与新的业务。举例来说，基于DT技术可以实现如下功能。

1）优化其他生产要素的配置：数字化会推动产业链上下游的重构，通过供应链生态的数字化能够最优化生产资料的供给，通过销售预测、定制化生产可以避免生产材料的浪费。

2）创造类似"新土地""新劳动力"的新生产要素，例如电子商城相当于虚拟商业地产，推荐首页相当于"商城一层"，每个位置相当于一个"摊位"，第一条的位置相当于楼梯口。实际上各大电子商城也是按类似的逻辑赚取"摊位费"的，如进驻的商家按不同位置的流量情况来竞价不同的"摊位"。智能客服、智能监控、机器人都相当于新的劳动力，并且这些"新劳动力"具有明显的易规模化、边际成本递减效应。

3）发现和满足未匹配的消费需求，例如通过智能推荐在数字营销、信息分发、关系匹配等方面生成新的服务。

4）实现未开发消费需求的聚合，支持实现个性化定制的柔性生产，形成新的商业模式。

5）创建数字产品与服务，例如利用AR、VR等技术创建各类虚拟数字产品。

6）实现整个社会的科学化精治理，提高整个社会的效率，例如通过智能交通提升整个城市的交通效率。

数据技术和互联网在信息服务、营销、分销等消费领域创造了很多奇迹，现在正在向生产端、治理端渗透，形成全域的经济与社会的变革。

1.2 数字化时代的变革动能

数字化时代正在带着不可抵抗、摧枯拉朽的动能呼啸而来，驱动着经济与社会的方方面面的变革。变革动能具体可以分为以下几个方面：

- ❑ 数字技术的成熟与持续的创新升级是一切变革的根本驱动力；
- ❑ 数字新基建将大幅度提高数字基础设施和数据技术应用水平及普及广度；
- ❑ 数字领先企业带来的商业生态竞争与全球制造竞争会驱动所有企业跟进变革升级或转型；
- ❑ 气候、环境、资源、能源与城市化等人类面临的社会治理挑战迫切需要全新的治理模式；
- ❑ 政府投资、政策引导与全球化竞争大幅度加快了数字经济的发展进程。

1.2.1　技术发展创造变革

随着大数据、人工智能、云计算、IoT、5G 等技术与数字基础设施的成熟并具有相当大的规模，数字技术迭代与应用正在发生系统性、族群式、融合式的持续创新，并与制造、能源、材料等各个领域交叉融合，在各个行业中快速普及，在各种场景中形成广泛的智能应用。所有组织与企业都开始重视数字技术和智能技术的引进及应用。

移动互联网、物联网、移动智能终端让全域数字化成为可能。覆盖数据存储、计算、分析、服务、管理、运维等各个方面的底层数据技术日趋丰富，开源的各类大数据技术框架和组件大幅度降低了数据技术的应用门槛。数据智能技术可以在许多领域规模化地替代人类的某些基础智力。以上这些因素将大力推动整个社会和经济发生颠覆性变化，让数字经济和数字治理实现超速发展。

1. 技术发展让全域数字化与在线化成为可能

数字经济的本质是数字化与在线化，在线化的数据是"活的数据"。数字化让一切可分析，在线化意味着数字世界与物理世界是同步的。物理世界可以基于数字世界的即时变化而即时反应，让物理世界之间的交互在时间上几乎没有距离。数字经济从互联网开始发展，到"互联网+"，而互联网化的本质其实就是"数字化"与"在线化"。在线化是指数据的实时性，网络仅是一个载体。

互联网、移动联网的大规模建设让一切在线化成为可能，5G 的到来进一步降低了信息传输的时延，使物理世界之间的时间距离进一步接近。当前数据的采集手段十分丰富，移动智能终端、可穿戴设备连接了人，IoT 设备连接了物。现在智能家居、智慧社区、智能交通、智慧工厂、智慧物流都在快速发展。大家在工作生活中已经能够广泛接触到各类具有在线功能的产品，可以实现远程、智能的操作。

企业通过全域数字化使业务运行和企业运营的方方面面都可以进行数据收集，包括办公、沟通、营销活动、客户行为、生产、供应链管理、物流，等等。当前企业与组织中的数据量都在快速增长，数据来源与格式类型更为多样化。IDC 预测，未来几年全球数据圈的规模将继续扩大，到 2025 年，在全球数据圈创建的数据中，超过四分之一的数据在本质上都将是实时数据，而物联网实时数据将占这部分数据的 95% 以上。

2. 开源大数据技术让大规模数据的处理能力不再是大企业的专利

软硬件技术的发展，让数据处理的基础设施在能力越来越强的同时越来越廉价，特别是开源大数据技术已成为主流选择。大型技术公司，特别是互联网平台企业，开发的数据处理工具都在逐步开源，贡献给开源社区，并通过开源社区完善产品。一些软件企业在开源基础上，通过开发具有附加功能的企业版或增值服务收费形成商业模式，这其中除了创始人来自一些大型互联网公司的初创软件企业外，也有大型软件企业。

（1）开源大数据技术的发展

从 2003 年到 2006 年谷歌先后发表了开启大数据时代的三篇论文，分别是解决大规模存储问题的分布式文件系统，解决大规模计算问题的分布式并行计算编程模型 MapReduce，以及解决针对大规模结构化数据随机查询问题的 BigTable。之后开源社区开发了对应的开源版本 Hadoop、HBase 等，并进一步形成了整个 Hadoop 开源生态，随后不断涌现出大量针对数据的采集、存储、计算、查询、分析、消息缓存、机器学习、图计算等各专门场景的大数据开源组件，同时 MPP 类型数据库、OLAP 分析引擎的性能也越来越高。

由于大数据技术良好的水平扩展特性，同一套架构与处理系统可以支持从几 TB 到几 PB 的数据处理，只需水平扩展集群节点即可。例如通过该特性，系统可以兼容不同的节点数量，从几台、几百台到几千台。如果基于云基础设施，则更会极大地简化开发和运维的工作量，提高研发响应效率。数据智能也有大量的开源组件，如深度学习的 TensorFlow、Torch 等。

目前大数据开源组件的发展方向如下：

❑ 针对专门场景的性能极致优化，如面向 OLAP 分析的场景；

❑ 同一组件或生态向全场景覆盖发展，这样可以提高通用性、兼容性，降低开发与运维的复杂性，例如批流一体的处理框架、批流一体的分析组件、支持分析与事务一体的存储系统、NewSQL。

当前各互联网大厂与开源社区也在努力实现安全多方计算、零知识证明、联邦学习、边缘计算，以应对数据安全和隐私保护问题，以帮助数据流通，打破数据垄断。另外，国内企业在开源方面的贡献也越来越大，从而降低了大数据与数据智能技术对国外的依赖程度。

目前仍处于数字化的前期，随着 5G、工业互联网、物联网的深入发展，组织的数据量将继续暴涨，大数据技术仍然在快速迭代，以应对在大数据量、低时延要求下数据存储、计算、分析、管理等各方面产生的挑战。

（2）开源软件正在从互联网领域向传统领域普及

开源技术采用门槛低、迭代速度快、能够自助调试且自主优化。最初是互联网企业开始使用开源软件替代传统的商业软件，例如阿里巴巴的去 IOE（IBM 小型机、Oracle 数据库、EMC 存储）运动，其目的一是降低成本，二是采用易于快速水平扩展的架构以应对业务的快速增长，三是摆脱厂商依赖。开源大数据组件显然可以同时满足这几点。目前传统领域的大型机构，如金融、电信、能源、电力、交通、政府、教育、零售组织、营销广告，都开始采用开源软件，特别是金融与电信行业由于自身信息化基础好，数据量大，已成为运用大数据技术领先的传统行业。

在开源社区赋能下，现在大数据量处理系统的搭建成本和入门门槛已经很低，网络上的知识非常丰富，出现问题也便于通过源码进行调试，且由于业界的大量参与和应用，开源社区非常活跃，网络社区支持也非常便捷，不像商业系统那样需要通过专门认证和培训的工程师，这对于中小企业采用大数据技术非常关键。

3. 数据智能技术赋能"基础智力"的规模化

近几年人工智能技术已开始在各个领域快速普及，革新人机交互方式，并通过与大数据结合，形成丰富的数据智能应用，利用规模化创造商业价值。

（1）从人工智能到数据智能

人工智能的研究起源于 20 世纪 50 年代，到目前为止经历了三次炒作、两次研究寒冬，人工智能的研究路线有多种分法，这里主要介绍两种：一种是"符号主义"，使用逻辑推理的方法，通过解析人类思考推理的方式实现人工智能；另一种是"连接主义"，使用仿生的方法，通过模仿人类的神经元和神经系统实现人工智能，从数据角度来说也是基于数据的统计方法。

基于模拟神经元的感知机算法的发明，引起第一次 AI 炒作与投资热潮，在 1969 年符号主义学派的先驱马文·明斯基（Marvin Minsky）发文批评感知机的缺陷后，AI 研究进入第一次寒冬。随后，在 20 世纪 70 年代中期，基于符号主义的专家系统带来了 AI 的第二次炒作热潮，但专家系统并没有带来太多实际价值，AI 研究进入第二次资助低谷。在这期间，神经网络算法在反向传播、卷积、支持向量机统计方法等方面持续取得了一定的进步，但神经网络仍然处于相对冷门的研究状态。

到了 21 世纪，由杰弗里·辛顿（Geoffrey Hinton）等人提出的深度神经网络 AlexNet 在 ILSVRC 的 2012 年比赛中取得冠军，从此深度学习开始大踏步发展，在图像识别、语音识别、语言翻译等领域取得了良好的实践应用效果。在这一过程中，硬件发展提供的算力提升是一个关键的因素。

深度学习与机器学习在本质原理上具有一致性，都是基于数据和统计，因此也可以称为数据智能，是一种弱人工智能，现在大家提到的人工智能一般都是指深度学习。算力的提升、网络的升级、数据的积累和大数据，以及人工智能技术的发展，是相互促进、相辅相成的。

（2）基于大数据可以实现数据智能的规模化应用

由于算力和数据的丰富让本质是基于数据统计的深度学习大放异彩，这让从数据挖掘发展来的机器学习迎来广泛的实践应用，逻辑回归、支持向量机、决策树、随机森林等算法也在不断优化，例如梯度下降、Bagging、Boosting、XGBoost 等方法，计算效率、训练效果、实践应用效果都越来越好，并且能够支持在大数据上通过分布式并行计算框架（如 Spark）进行计算。

数据是数据智能的燃料，数据智能需要大规模的数据才能实现规模化的应用，才能产生具有显著商业意义的价值。数据智能与大数据的结合，使数据应用从基于人工规则升级为从数据中自动学习规律的智能规则，从决策支持升级为自动决策，从记录业务变为创造业务。

以前企业可以聘请分析师手动探索数据集，但现在数据的规模和种类已远远超过手动分析的能力范围。数据科学技术已广泛地应用于营销、客户行为分析、价值挖掘、信用评分、风控和反欺诈、供应链管理。通过数据智能战略，现在先进的零售、金融等公司必须是优秀的数据智能公司。

1.2.2 "新基建"提速变革

信息基础设施是数字经济发展的基础，近年来国内外都在加快信息基础设施的建设，向高速率、低时延、全覆盖、低费率、智能化、应用垂直化方向发展。2020年国务院政府工作报告提出重点支持新型基础设施建设，发展新一代信息网络，拓展5G应用，建设数据中心，助力产业升级。新型基础设施是以新发展理念为引领，以技术创新为驱动，以信息网络为基础，面向高质量发展需要，提供数字转型、智能升级、融合创新等服务的基础设施体系。

目前"新基建"主要包括信息基础设施、融合基础设施、创新基础设施。其中，信息基础设施主要是指基于新一代信息技术演化生成的基础设施，包括以5G、物联网、工业互联网、卫星互联网为代表的通信网络基础设施，以数据中心、智能计算中心为代表的算力基础设施，以人工智能、云计算等为代表的新技术基础设施等。各个地区和城市都在大力开展新型基础设施的建设，例如2020年上海、北京、广州都推出了2020年到2022年的三年建设行动方案。

1. 网络设施超前升级

数字经济发展需要高覆盖、高速、可靠、安全的网络基础设施，从20世纪末开始，中国大力进行通信、网络基础设施的投资建设，取得了显著的效果。当前5G的快速有序推进，将有力支撑经济与社会的数字化升级与转型。

"宽带中国"战略的实施，显著解决了城乡"数字鸿沟"问题，农村宽带普及率从2012年的88%提升到了2018年的98%，提前完成了2020年的建设目标。截至2021年6月，全国光纤接入用户已超过4.8亿户，占固定宽带用户的94%，千兆光纤接入端口规模超过360万个，具备覆盖1.6亿户家庭的能力，约覆盖全国家庭的三分之一。

世界开启5G商用，5G已经成为世界各大经济体的战略焦点。

2019年，韩国、美国、瑞士、英国、意大利、西班牙、德国、中国的通信运营商纷纷推出5G业务。

截至2021年6月，中国已累计开通基站96万个，约占全球总基站数的70%，覆盖全国地级以上城市，预计到2023年将达到300万个。

截至2021年6月，全国移动电话用户达16亿户，其中5G终端达3.65亿户，占全球80%以上。

4G 拓展的是消费互联网，5G 的关键在于拓展产业互联网。5G 可以支持生产数据的有效集成、低成本的远程控制、高精度的实时监测、柔性化的生产线等改变生产方式的变革。

2. 存储与算力设施加快建设

数字经济发展需要稳定、廉价、绿色、智能的存储和算力基础设施。互联网数据中心（Internet Data Center，IDC）承担着数据存储、计算、流通的作用。全球都在进行先进大规模数据中心的建设，规模增长迅猛。当前中国数据中心机架数累计已经超过 220 万，预计未来 3 年将继续保持每年 25% 的增长，2023 年机架总数将超过 400 万。中国 IDC 业务主要是托管业务和云计算业务，2019 年二者在总业务中的占比分别是 40% 和 27.5%。市场调研机构 Synergy Research Group 的数据显示，截至 2020 年第二季度末，全球超大规模数据中心的数量增长至 541 个，相比 2015 年同期增长一倍有余。2016 ～ 2020 年，全球算力规模平均每年增长 30%。

IDC 主要集中在一线城市，但总体布局也在逐步优化，新建大型、超大型数据中心逐步向贵州、内蒙古等条件适宜地区部署。国家和地方数据中心激励政策密集发布。数据中心纳入国家新型工业化产业示范基地创建的支持范畴，各地纷纷出台数据中心电费补贴政策，例如 2019 年山东省数据中心用电价格补贴后为每千瓦时 0.33 元，数据中心用电价格仅高于内蒙古，降幅高达 50%。数据中心绿色化转型进入深化发展阶段。

2019 年工信部、国家机关事务管理局、国家能源局共同出台了《关于加强绿色数据中心建设的指导意见》，明确提出引导大型和超大型数据中心设计电能使用效率值不高于 1.4，改造既有大型、超大型数据中心电能使用效率值不高于 1.8。2020 年 11 月，国家信息中心联合浪潮集团发布《智能计算中心规划建设指南》，指出智能计算中心作为新型算力公共基础设施，符合中国当前社会经济发展阶段和转型需求。

3. 云计算与云原生大发展

云计算能让企业的数字化降本增效，让数字化的落地变得容易。对于大多数企业，上云是企业数字化的必然选择。中国信息通信研究院的云计算发展调查报告显示，95% 的企业认为云计算可以降低 IT 成本，其中超过 10% 的企业认为成本节省超过一半。2020 年中国云计算整体市场规模增速达 56.6%，其中采用公有云的企业数量同比增长 85%，采用私有云的企业数量同比增长 26%。云计算的 IaaS、PaaS、SaaS 三种服务形式的用户和市场规模都在快速上升，2020 年 SaaS 同比增长 43%，PaaS 同比增长 145%，IaaS 同比增长 97.8%。

云原生技术可以降低用户数字化技术的使用门槛，提高资源的复合利用率，变革研发运营的生产方式，提升业务应用的迭代速度，提升交付效率，解放生产力。云原生技术采纳率持续提升，43.9% 的被访企业表示已经使用容器技术部署业务应用。云原生技术架构具备以下典型特征：极致的弹性能力、服务自治故障自愈能力、大规模跨区域可复制能力。

云计算同时在向智能化发展。亚马逊 AWS、微软 Azure、阿里云等抢先布局 AI 云算力服务，降低企业对智能化应用服务的使用成本。例如，亚马逊 AWS 推出 Amazon EC2 针对机器学习训练及图形工作负载的 GPU 实例。阿里云主推的 GPU 云服务器，能够提供 GPU 弹性计算服务，有效赋能科学计算、图形可视化、视频处理等多种应用场景。

1.2.3 商业竞争驱动变革

技术创新和商业模型的发展是共同演进的。企业数字化与智能化转型是未来企业发展的必由之路。网络与数字原生企业借助强大的技术、资本、数据、用户优势大幅度向传统领域扩展，一些各行业头部企业也已取得良好的数字化成就。数字化产业链正在逐步成熟，给企业既带来机遇也带来挑战。商业的竞争将实现产业协同的效率提升、资源配置优化、跨界创新，最终汰弱留强，提高整个产业生态的竞争力。

1. 网络与数字原生企业加速产业渗透

二十多年来，随着互联网的不断发展，产生了一些大型互联网平台企业和许多数字原生企业，这些企业不但引领着数字新经济的发展，而且不断积极跨界进入传统产业，通过深入数字技术运用能力、高价值数据资源、庞大的用户市场、巨量资本规模、丰富的创新人才等优势，同时在三个维度不断扩张，输出技术创新和模式创新。

❑ **垂直市场下沉**：这几年互联网平台企业非常积极地向三四线城市和农村市场下沉，扩大用户群体，增加满足新用户群体的运营品类。

❑ **纵向链条整合**：通过掌握的用户规模、数据规模和资本规模，强力推动全链条数字化整合，向上游整合供应链和生产企业，向下游打通物流、线下渠道、线下门店，甚至摊位。

❑ **横向行业扩展**：同时不断向金融、线下零售（新零售）、出行、教育、餐饮、医疗、文化、汽车等行业扩张，打破行业壁垒，通过技术、资本和模式创新，重构传统行业，可以说是对传统行业在进行"降维打击"。

大型互联网平台企业同时大举投入和积极参与"互联网+"，通过云计算和各垂直领域的数字化解决方案，赋能传统企业的数字化和政府治理数字化，向制造、农业、能源等领域渗透。同时，大量经历互联网大发展的人才进入传统领域创业，借助技术变革的契机，采用全新的企业运营模式和打法，为行业带来活力的同时，也带来很大的冲击，典型例子如新崛起的中国电动汽车互联网造车新势力。

2. 产业生态数字化发展竞争驱动企业参与升级

数字化、智能化建设已成为当下产业界的共识，几乎每个行业中有远见的公司都在积极建立数据能力获取竞争优势。不参与数字化的升级与变革，将无法与领先的数字企业实现业务对接，会被排除在数字化供应链网络分工之外，难以方便地获取外部协作资源，不能建立直接的客户连接，将会被高效率、创新的数字化企业淘汰。

（1）数字化领先企业的引领作用

领先的行业头部企业随着大量数据的积累，已建立起强大的数据治理与数据应用能力，将会带动整个行业的数字化发展。在零售领域数字化创新效果特别突出，大型零售企业、新零售创业企业都在发展数字营销和数字化零售新模式，实现营销闭环、降本增效、模式创新。这些数字化领先企业有大型企业，也有中小企业。

❑ 一些领域的头部大型企业，例如银行、保险、零售、电子、工业集团等领域的企业，很早就开始积极布局和探索数字化升级、转型，将智慧化上升为企业战略。其中领先企业的数字化建设也卓有成效，已在整个集团层面实现对企业全域数据的资产化统一治理和运营，培养出优秀的数据团队，开发出了数据分析、数据处理和数据应用能力。个别领先头部企业将自己的数字化经验进行总结，并输出给本行业的中小企业。

❑ 许多有远见的中小企业也努力进行数字化的升级，近年来，中小企业在智慧企业中的占比明显增加，这其中会成长出一批在各自行业领先的优秀企业。

（2）参与数字化产业链分工与竞争的条件

随着数字经济的发展，经济的各领域会实现全产业链的数字化、网络化，数字化的新交易方式，驱动产业链重构，形成新的产业分工格局，使分工变得更精细、更精准，使整个产业生态实现更高的交易效率、更低的交易成本、更高的周转率，这就需要所有的企业都参与到数字化供应链、柔性生产与服务当中。企业需要加速数字化的建设，以应对数字化产业链的分工、协作、效率、竞争、消费变迁的挑战。

❑ 企业需要适应新型数字化产业链分工与协作模式。数字技术将应用于生产制造全过程、全产业链、产品全生命周期过程，上下游企业打通消费与生产、供应与制造、产品与服务间的数据流和业务流，加快需求与资源在线汇聚和共享，实现全渠道、全链路的供需数字调配和精准对接的新型产业链分工协作模式，培育个性化定制、按需制造、协同制造等新模式。

❑ 企业需要适应数字化产业链的高效率。数字化带来组织管理效率、工作效率、创新效率的提升；供应链上下游的数字化升级，将会促进产业链高效协同；基于数据驱动的网络化社会合作，必然会大幅度提升经济运转效率、市场效率。

❑ 企业需要应对数字领先企业带来的竞争挑战。产业链的上中下游中体现出竞争优势的领先数字化企业会淘汰落后产能与落后服务的供给方，传统产业链中的简单劳动环节的价值将会持续萎缩。同时领先的数字化企业还会向产业链的上下游延伸、整合，向外输出数字化技术和服务，追求整个产业生态的更高效率、创造性和价值提升，提高支持更复杂、更先进产品与服务的生产能力。

❑ 企业需要抓住数字时代人们消费习惯的变迁、新生代人群的新需求潮流，传统企业需要加速数字化的升级与转型，尝试商业模式与服务模式的创新。

中小微传统企业需要依托整个产业生态的数字化能力，革新自己的生产方式，发挥自己的创新能力，通过 SaaS 服务、云计算、数字化服务、数字平台提升自身的数字化能力，从而参与到数字化供应链的合作与竞争中。

（3）产业链协作的数字化对接要求

随着数字经济的发展，数字技术广泛运用于生产企业、销售企业、服务企业、物流企业、监管机构等各类企业与机构的管理、生产和交易流通等环节，逐渐成为上下游交易、供应商合作、外部服务等产业链协同过程的"标准化"沟通手段。大量的生产经营内外部对接环节依赖数字技术，包括数字办公、数字采购、数字营销、数据交易、数字服务、数字订购、数字物流、数字交付、数字结算、数字监管、数字结税、数字通关、数字退汇等。可以从以下几个方面来看产业链协作中数字化对接的需求。

- ❑ 在供应商获取方面，未来企业需要依赖大量的数字化供应商，即企业需要在人力资源、财务审计、行政等职能管理等方面，采用 SaaS 服务和数字化外包服务以提升效率、优化成本；伴随着 IT、金融、咨询、物流、客服等为生产提供服务的供应商的线上服务能力的提升，企业的供应采购与供应商管理也需要通过数字化和自动化方式实现。
- ❑ 在产品设计、工业设计方面，可以通过网络化的设计协同平台，吸收协作设计方、自由设计师、用户参与，提升组织的设计水平与效率。
- ❑ 在客户连接与运营方面，面向 C 端客户的零售商、厂商、平台通过数字化建设可以实现精准获客、低成本的产品销售、有效的客户运营、高效获取客户反馈与需求、满足个性化定制需求、更便利的自动化客户服务，例如将从数字媒体与电商渠道获取的数据都汇总到客户数据平台，实现客户信息的数据资产管理与运营。基于数据能够更有效地与数字媒体、电商渠道合作，进一步通过客户运营让客户直接参与到产品设计、加工、营销等环节。
- ❑ 在产业链自动化协同方面，数字化的产业链协同可以实现跨组织的流程自动化驱动，从自动化下单、生产计划自动编排、进度实时同步、自动物流预订到及时交付与验收，整个产业链都会向零库存精益生产方式靠拢。按需生产企业可以仅关注生产的优化，通过可信的数字化中介平台、供应链平台自动获取订单，按订单自动启动生产。
- ❑ 在行政管理与行业监管方面，随着政府和各行业监管部门的数字化建设，越来越多的企业政务可以或被要求数字化办理，例如人民银行与银保监会已积极开始数字化监管、要求系统对接与数据共享。

3. 全球竞争要求智能制造产业升级

智能制造是数字经济的重中之重，智能制造的发展会构建国际分工的新体系，升级全球供应链，实现全球贸易价值的重分配。当前全球竞争加剧、合作意愿降低，全球主要经济体都在强调制造业的发展或回归，避免产业空心化，最终失去全球竞争力。面对这次新旧业态交替的变革机遇，发达国家希望保持和扩大领先优势，发展中国家希望抓住弯道超车机遇，因此智能制造成为国际全球化竞争的新战场。

智能制造可称为第四次工业革命或工业 4.0。工业 4.0 最早于 2013 年在汉诺威工业博览会由德国提出，是对工业发展最新具有变革意义阶段的表述。按照工业发展的核心动力不同，可将工业发展划分为四个阶段：蒸汽机革命（视为 1.0），电气化革命（视为 2.0），信息化革命（视为 3.0），现在 4.0 的核心是智能化。

（1）逆全球化与全球制造业供应链的防御性重构

当前，全球生产制造产业链结构正在发生深刻变化，向逆全球化与内向化发展，全球产业链融合回缩和布局转移调整，一些经济体支持关键重要产业回流本土，突出表现在以下三个方面：

- ❑ 发达国家通过税收政策吸引制造业"回流"，通过贸易战和区域贸易协定保护本土工业；
- ❑ 发展中国家制造业正在向"高端跃升"，寻求向高附加值、高利润环节与清洁环保、可持续的生产方式发展；
- ❑ 主流经济体正在重构自己的全球供应链体系并把控核心技术，以实现自身工业的供应安全。

在 2008 年全球金融危机之后，各国都认识到实体制造业对经济韧性的重要性。发达国家改变重点发展价值链顶端、高利润虚拟经济部门的策略，期望逆转制造业在其 GDP 比重中持续下降的趋势，避免"去工业化"，鼓励制造业回流，这在一定程度逆转了全球化的进程。

近两年受国际贸易争端与全球疫情的影响，大家都意识到当前深度全球化供应链的脆弱和完全追求极致经济效率的供应链配置存在的经济安全隐患，因此寻求将涉及核心技术的关键产业迁回本土，同时大力发展被竞争对手控制的关键产品与产业，多地区配置、培养可替代的供应商。

当前，发达国家要重塑本国实体制造业的竞争力，发展中国家要提升自身在全球产业链中的地位，全球供应链的防御性重构调整，而智能制造对这三方面来说都是难得的机遇。

（2）全球主要经济体都努力争取在第四次工业革命的机遇中获得竞争优势

全球的工业都在向智能制造转型，世界主要经济体都希望抓住第四次工业革命带来的发展和转型的机遇，争取在新的竞争格局下保持或建立竞争力。智能制造与数字经济的发展将对一些传统产业构成巨大冲击，智能制造的竞争将会决定全球化的再分工，而分工的变化会影响全球贸易的价值创造和收益分配。新旧制造业态的交替影响非常广泛和复杂，这意味着制造产业格局的重新划分，一些地区传统制造产业将面临衰败，若抓不住新崛起的产业，则会对该地区的产业经济造成毁灭性打击。

各国政府和工业界的领导者纷纷推出新一代与智能制造相关的战略政策及行业方案。

德国提出工业 4.0 的核心目的是提高德国工业竞争力，工业 4.0 被纳入《德国 2020 高技术战略》，包括智能工厂、智能生产、智慧物流等概念，同时提出了装备制造和市场生态的双领先战略目标。2019 年德国发布《国家工业战略 2030》与《德国 2030 年工业 4.0 愿景》，前者要求通过政府直接干预等手段确保国家掌握新技术，保证其在竞争中处于领先地位，后者明确将构建全球的数字生态作为未来 10 年德国数字化的新愿景。

因为金融经济危机，美国政府比较早就提出"再工业化"，重振美国制造业，通过一系列国家政策和投入，发展基础技术和补贴企业研发投入，推动制造业升级。2018年美国发布《美国先进制造业领导力战略》，提出三大任务：发展和推广新制造技术、教育与培训新制造业的劳动力、扩大国内制造业供应链能力。美国也一直是企业数字化转型支出最大的市场。

日本重视机器人技术的发展，特别是工业机器人领域，日本占领了全球市场的半壁江山。

（3）中国制造产业升级迫切，需要积极参与全球产业链重构

中国一直积极参与到全球产业链当中，并积极提高在全球产业链中的地位，进入高附加值生产制造环境。中国政府发布了《中国制造2025》战略，并推出"新基建"等措施拉动数字经济的快速发展。2020年中国工信部印发《关于推动工业互联网加快发展的通知》，要求各有关单位加快新型基础设施建设、加大政策支持力度，旨在推动工业互联网在更广范围、更深程度、更高水平上融合创新，培植壮大经济发展新动能，支撑实现高质量发展。

以下是造成中国迫切需要升级制造产业的原因：

❑ 人均收入提升；

❑ 人口结构变迁，劳动力人口减少，特别是体力劳动者减少，社会老龄化；

❑ 低端制造业价值低、抗风险能力弱，并且由于国际竞争、贸易保护、成本上升，此类制造业正在向其他国家迁移；

❑ 保护环境生态，淘汰落后产能的产业，落后产能的产业最终一定会竞争失败，若产业不能及时顺利转型，还会带来失业等社会问题；

❑ 科技研发亟需追上发达国家，以提升工业产品的附加值。

1.2.4　社会治理需要变革

数字技术的蓬勃发展，不仅带来了经济方面的变革动力，更带来了政府管理和社会治理模式创新、数字化治理能力的提升，实现了政府决策科学化、社会治理精准化、公共服务高效化，提升了公共服务的效率、质量、普及、公平、公开等方面的水平，并加强了态势感知、监管、交通安全、医疗卫生、社会治安、风险应急防范等能力。

数字化社会治理可以分为两方面，数字政府和数字城市。数字政府可以实现政府治理从低效到高效、从被动到主动、从粗放到精准、从事后处理到事前预防、从部门独立管理向协作式管理的转变。数字城市可以帮助解决大城市的环境、资源、交通、安全、医疗等方面非常复杂的管理难题。

总体来说，数字化社会治理可以帮助应对人类社会治理的挑战，例如：

❑ 政府工作效率提升的挑战；

❑ 城市发展集约化的挑战；

❑ 在气候、环境、能源、医疗卫生等方面可持续发展的挑战。

1. 数字政府

建设数字政府是数字经济时代对政府治理能力的提升需求，通过治理方式的数字化、

网络化、智能化革新实现。近年来，我国从中央到地方都在加快推动数字政府建设，政府公共服务供给能力有了显著提升。具体来说数字政府带来的社会治理变化体现在如下方面。

（1）提高科学决策水平

大数据技术有助于政府获取全量数据，为决策提供全面依据，例如数字化的人口普查、国土资源调查。

（2）实时精准跟踪掌握政策实施情况

通过实时的数据收集和统计，政务大数据看板，可以及时看到政策执行效果；对实施措施进行调整，可以避免完全靠经验决策和执行过程中的"上有政策下有对策"问题。

（3）数字政务提高行政管理效率

数字化有助于细化政府管理的每一个环节和流程，实现流程的优化和精细化，建立更高效的公共服务体系。政务服务网上办理便捷性不断提升，从"一号、一窗、一网"向"一网、一门、一次"加速转变，"最多跑一次""一次不用跑""不见面审批""秒批秒办"等先进模式在全国范围探索应用并普及推广。无接触办事，优化政务工作流程，提高社会治理效率，实现"数据多跑人少跑"。通过"云招商""云审批""云签约""云法庭""云调解"等新办公方式简化流程，提高效率。政务 App 不断优化，通过大数据、人脸识别等技术，可核实办理身份认证，由申请办理向自助办理转变。

（4）数字化监管提高监管效果

数字化、网络化的监管手段将实现全面、实时的监管，从以事后监管为重点向以事中、事前监管为重点转变，例如，利用遥感技术手段监测环境污染、违章建设，可以避免人为因素干扰，准确而且高效。

（5）数据共享实现公共数据的价值挖掘

基础性战略资源的政府数据的汇集和共享，有助于打破政府部门间的信息壁垒，避免行政管理中常出现的"九龙治水"现象，有助于数据价值的深度挖掘，造福于社会。

2. 数字城市

现在城市是现代人类社会生活的主要环境，是一个极其复杂的生态系统。世界绝大部分人口都居住在城市中，并且进一步在向城市聚集，形成超大型城市。例如东京地区的人口数量占日本总人口的十分之三以上。超大型城市带来超高社会生产效率的同时，也带来环境、资源、交通、安全、医疗等方面非常复杂的管理难题。

（1）数字城市的目标

数字城市为城市管理带来了全新的模式，通过信息化手段实现智能化管理、科学决策、统一规划、监控实施、全息感知城市运行状态、统一调度、高效协作、精细治理，整合数据资源管理与服务，赋能城市各部门政务实施，降低日常管理的难度、不确定性与风险，全面提高城市的规划、建设、运营、管理、保障各个方面的综合能力，实现政务通畅、居民普惠、产业发展。

（2）数字城市的应用

数字城市建设是一个综合的、集成的庞大复杂工程。从应用角度，该工程涵盖城市的规划、环境监测、设施监控管理、市场监管、人员流动引导、生活服务等方方面面，通过数字设备与网络等信息化基础实现环境、物、人、事的基础信息采集、动态感知、识别、定位，借助大数据和数据智能技术实现城市的数据处理、科学决策、智能化管理，具体包括城市规划、环境监测、设施管理、能源管理、市场管理、人流与交通流管理、政务服务等方面，例如城市规划可以实现"多规合一"，IoT 与 5G 技术可以全面提高污染监测、市政设施管理的水平。

（3）数字城市的建设内容

从信息系统分层角度，智慧城市的统一建设包括数字设施、智能应用、大数据平台的建设。

- ❑ 数字设施包括数据采集设备和数据存储、计算、传输设施。
- ❑ 智能应用是城市管理各个部门建立的各项智慧政务服务应用，赋能城市管理，服务企业和市民，也吸引企业和市民共同参与。
- ❑ 城市大数据平台是数字城市的中枢，能够实现如下功能：
  - 汇集政务信息、城市运行感知数据、产业数据、公益数据，整合政府、市政、电信、互联网、企业等丰富多源的数据，实现数据共享；
  - 统一提升城市的整体数据治理能力，通过统一运营和统一服务，解决多源异构、一数多源、数据混乱冲突等数据问题，并持续保障数据的质量与稳定性，形成赋能中心；
  - 支持各个管理部门的数据应用，赋能整个城市的各个管理部门；
  - 促进数据全面融合和数据价值深度挖掘，推动政企数据双向对接，创造数字经济的溢出效应，提高城市竞争力。

（4）数字城市建设的终极目标

最新的数字城市建设内容是构建数字孪生城市。数字孪生城市是建立城市的数字空间映射，实现虚实融合，对城市部件实现统一数字化管理。也就是说，基于标准统一的城市部件数字编码标识体系和空天地全方位立体部署的物联感知设施，为各类城市部件、基础设施甚至动植物等生命体赋予独一无二的"数字身份证"，实现对城市部件的智能感知、精准定位、故障发现和远程处置。数字孪生城市可以分多个层次进行建设，包括物理环境静态信息、运行动态信息、设施管理、智能自动化控制与响应。

1.2.5 政府政策引导变革

当前全球化进入新的阶段，人口红利减弱，全球主要经济体都认识到数字经济是 21 世纪经济发展的核心动力，是未来经济竞争的制高点。多数发达国家较早认识到数字经济的重要性，对提升经济社会发展和国家实力具有重要意义。发达国家率先布局，将发展数字经济提升至国家战略，通过出台国家数据战略、完善国内数据立法等多种方式促进本国数据资源和数据技术的开发，把发展数字经济作为实现繁荣和保持竞争力的关键，从大数据、人工智能、智能制造等领域推动数字经济发展。

1. 欧美的数据战略

自 2013 年以来，全球主要经济体高度重视发展人工智能，已有 20 多个国家和地区发布了人工智能相关战略、规划或重大计划。美国、欧盟、英国等世界主要经济体纷纷建立专门的人工智能推进组织机构。

美国是全球最早布局数字经济的国家，它在 20 世纪 90 年代就启动了"信息高速公路"战略。近些年美国政府更加高度重视数字经济和人工智能，旨在继续"全面领先"。2018 年白宫宣布成立人工智能特别委员会，2019 年再次更新了 2016 年发布的《国家人工智能研发战略计划》，并启动美国人工智能行动计划（倡议），涉及加强人工智能研发投资、联邦政府数据和计算资源开放、人工智能治理和技术标准等方面，以刺激、推动美国在人工智能领域的投入和发展。美国于 2019 年 1 月通过了《开放政府数据法》。美国白宫于 2019 年 12 月发布《联邦数据战略与 2020 年行动计划》，"将数据作为战略资源开发"成为美国新的数据战略的核心目标。

欧盟针对政府数据开放、数据流通、发展数据经济发布了《迈向繁荣的数据驱动型经济》《建立欧洲数据经济》《迈向共同的欧洲数据空间》等多部战略文件。欧盟 28 国在 2018 年签署《人工智能合作宣言》共推人工智能发展。2019 年 6 月，欧盟出台《开放数据和公共信息再利用指令》，同时也正在制定《数据治理法案》，旨在促进欧盟内部的数据共享，打造单一的数据市场。2020 年 2 月，欧盟委员会发布《欧洲数据战略》，强调提升对非个人数据的分析利用能力，作为该战略的系列举措之一的《欧洲数据治理法案》于 2021 年 10 月获得通过。德国政府在 2013 年提出"工业 4.0"战略，又相继推出《数字化战略 2025》《德国人工智能发展战略》《国家工业战略 2030》。英国于 2018 年发布《数据宪章》。2020 年 9 月，英国发布《国家数据战略》，提出释放数据的价值是推动数字部门和国家经济增长的关键。

总结各主要经济体的数字经济相关政策，我们发现它们存在以下几项特点。

- ❑ 将发展数字经济作为国家战略，重视数字经济的战略作用，推出数据战略、人工智能战略、数字化战略等国家级战略政策，并建立专门的推进机构。
- ❑ 政府大规模投入基础研究，特别是人工智能的研究，设立多项持续的研发计划，设立专门的研究机构。
- ❑ 推出多项数字经济产业发展鼓励政策，制定数字经济分阶段的发展目标，并周期性地不断调整。
- ❑ 通过立法加强对社会数据资源的治理，保障公共数据资源的开放共享，促进数据的流通与重用。美欧等公共数据开放程度较高的国家和地区大都出台了专门的公共数据开放立法，规定了相关主体的数据开放共享义务。例如，美国立法明确了数据开放主体和开放范围，欧盟立法扩大了数据开放范围，强调数据重用。

2. 中国的数据战略

中国政府高度重视发展数字经济，推动数字经济逐渐上升为国家战略，数字化是中国现在最确定的机遇。近年来，从中央到地方每年都会推出大量的数字产业扶持政策，并制定数字基础设施与基础研究大规模投入计划，使得数字化的进程被大大加速，从最初的30～50年很可能缩短到10～20年。

2013年出台的《国务院关于印发"宽带中国"战略及实施方案的通知》首次提出将宽带网络作为国家战略性公共基础设施。

自2014年"大数据"首次被写入政府工作报告以来，政府开始推行国家大数据战略。

2015年国务院发布《促进大数据发展行动纲要》，出台《国务院关于积极推进"互联网＋"行动的指导意见》，从创业创新、协同制造、现代农业等11个领域推动互联网创新成果与经济社会各领域深度融合，提升实体经济创新力和生产力。2015年智慧城市首次被写进国家层面的政府工作报告中。

2016年，"十三五"规划正式提出"实施国家大数据战略"，工信部发布《大数据产业发展规划（2016—2020年）》，同年国务院出台《国务院关于深化制造业与互联网融合发展的指导意见》，推动制造企业与互联网企业在发展理念、产业体系、生产模式、业务模式等方面全面融合，发挥互联网聚集优化各类要素资源的优势，加快新旧发展动能和生产体系转换。

2017年国务院印发《新一代人工智能发展规划》，将人工智能上升至国家战略，明确提出"三步走"战略目标：到2030年，人工智能理论、技术与应用总体达到世界领先水平，成为世界主要人工智能创新中心。

2019年出台的《数字乡村发展战略纲要》将发展农村数字经济作为重点任务，提出要加快建设农村信息基础设施，推进线上线下融合的现代农业。

2020年3月，工信部印发《中小企业数字化赋能专项行动方案》，行动目标包括集聚一批面向中小企业的数字化服务商，培育推广一批符合中小企业需求的数字化平台、系统解决方案、产品和服务。同年4月，国家发展改革委、中央网信办发布《关于推进"上云用数赋智"行动　培育新经济发展实施方案》，提出中小企业要素转型的思路，由政府、平台提供通用数据资本投入以替代中小企业的自我投入，让中小微企业以边际投入的方式轻装上阵，助力中小微企业破解数字经济转型难题，解决不会转、不能转、不敢转的问题。

2020年4月，国务院印发《关于构建更加完善的要素市场化配置体制机制的意见》，首次将数据作为一种新型生产要素，提出要"加快培育数据要素市场"，推进政府数据开放共享，提升社会数据资源价值，加强数据资源整合和安全保护。

2021年3月，"十四五"规划发布，在多个篇章都提到大数据的发展，突出数据在数字经济中的关键作用。同年11月，工信部发布《"十四五"大数据产业发展规划》，指出我国迈入数字经济的关键时期。

总结中国数字经济相关政策，我们发现它们具有以下特点。

- ❏ 中国的国家数字战略重视顶层设计，从中央到地方推动相关政策落地实施，数字经济增长动力强劲。各省级政府都已制定了推进大数据产业发展的政策，部分省市区陆续建立了大数据局等专门的大数据管理机构。
- ❏ 重点投入数字基础设施建设，重视人工智能基础研发，大规模建设 5G 通信，扶持宽带、存储与计算设施、云计算的快速发展。
- ❏ 推动数字化向传统产业加速渗透，加速创新数字产业化，深入推进产业数字化，发展互联网＋。数字经济发展战略规划经历了从重点推进信息通信技术的快速发展和迭代演进向经济社会各领域的深度融合发展，推动了数字经济从第三产业到第二产业再到第一产业的渗透。
- ❏ 重视数字经济与社会的全面发展，加强农村信息基础设施建设，发展数字农业，扶持中小企业的数字化升级与转型。

1.3　数字化变革中的不确定性与挑战

在风起云涌的数字化大潮中，组织面对从外部环境到内部发展的多重不确定性和挑战，在组织的各级决策中迫切需要理论与方法的借鉴与指引。

科技的突破不时会产生破坏性创新，数字平台对数据的垄断性将会阻碍企业建立自己的一方营销数据资产，无法实现产销数据的全域打通，全球隐私与数据保护立法加快，监管加强，这些因素都使得企业需要不断调整自己的数据治理策略。同时数据权属在国内外立法上仍未达成共识，存在很大的不确定性，数据的资产化与流通存在障碍。

企业数字化升级常常遇到以下问题：不知如何开展数字化工作，如何找准数据应用的切入方向；投入很大但效果不佳；缺少数据；数据不可存、不可见、不可流、不可用、不合规等。企业需要在数据应用（产品）、数据治理、数据工程与技术方面提高自身的能力。

1.3.1　环境不确定性

当前的科技、经济、社会、国际环境中具有很多不确定性的因素。科技大量革新，但变革速度不易预测和把握。数据经济领域内的竞争很不平衡，平台经济的数据"围墙花园"会阻碍企业一方营销数据资产的建立。近年来，国内外都加快了数据相关立法和政策监管，企业需要持续跟踪法规的变化，及时调整企业数据治理措施，避免合规风险。各国都鼓励数字经济，鼓励数据的流动和数据市场建立，但数据的流通存在很多不易清除的障碍。

1. 科技变革与应用创新

当前数据智能科技仍然在大数据、云计算、5G 应用、人工智能等方面日新月异地快速创新发展。由于科技变革既具有渐近性又具有不连续性，且这种不连续的发生不易准确预测，给企业带来很多的不确定和挑战。企业需要有应对科技革新的系统化方法和能力，包括基础技术创新、新技术采用、应用创新尝试、供应商选择的投入决策，即使对某个基础组件版本的选择也需要系统的分析与慎重的决定。

1）当前大数据的先进开源框架仍然层出不穷，在文件系统、容器化技术、缓存技术、分布式数据库、资源调度、协调框架、流式数据处理框架、分析系统、消息中间件、可视化、数据治理等方面不断迭代，在处理效率、实时性、分析性能、功能丰富、云兼容、跨机房、异构部署、集群规模、硬件加速、稳定性、易开发性、易运维性、安全性等方面不断增强。

2）前十年云计算从 0 发展到千亿元，接下来将迎接云计算发展的下一个黄金十年。这几年云计算保持着高速的年复合增长率，也在不断扩展行业解决方案，逐渐深入产业，与产业进行融合。云计算在资源管理精细度、安全自动化水平、数据迁移效率、云边协同架构、云原生产品、云原生安全、SaaS 产品丰富方面快速发展，云计算领域的分工也开始细化。

3）当前人工智能在自动学习、AI 芯片、AI 计算框架、人机交互、语义分析、自然语言处理、联邦学习、边缘学习、安全多方计算、零知识证明等方面不断地研究推进，也在算法效率、可解释性方面有所提升。

2020 年是 5G 的商用元年，在智慧城市、智慧生活、智慧工厂、智慧矿山、智慧港口、智慧医疗、智能电网、智能交通、智慧安防等领域，结合 5G 的智能应用正在大量开展，获得很多可喜的成果，也带来一些挑战。

科技的快速发展给企业带来数字升级的机遇与挑战，使得企业需要有效地评估技术的进步，持续关注关键技术的突破与应用的创新发展，判断对自身业务的影响与机会。

2. 数字平台经济与数据的"围墙花园"

进入 21 世纪以来，技术创新和经济领域最令人振奋的消息就是数字平台经济的强势崛起，数字平台市场具有赢家通吃的特性，具有一定的"垄断"特征，一个赛道中第一名会占有绝大部分市场份额，排在后面的竞争者的市场份额之和也可能仅是第一名的一个零头。这一特性的形成，部分是由于数字双边市场的统一性和马太效应，更是由于数字平台企业天然的巨量数据获取和垄断特征。

这些企业普遍都建立了自己的数据"围墙花园"，利用独有的高价值数据资源建立起强大的竞争优势。典型的例子如，谷歌通过其全球最大搜索引擎的绝对优势地位，获取巨量的用户兴趣数据，并利用这些数据挖掘出优秀的广告效果，建立了广告网络的垄断地位，进而进一步增强了它的数据"围墙花园"效应，控制在线广告供应链的各个环节。当前，全球数字广告的绝大部分份额都被几个领先的数字平台企业建立的广告网络垄断了，独立的广告平台的市场占有量很少。据报道，2019 年、2020 年仅谷歌、Facebook 和亚马逊三家在美国的数字广告市场中就占据三分之二左右。另据媒体计算，在 2018 年的全球在线广告市场中，投入在谷歌和 Facebook 之外的广告支出下降 7.2%。

随着隐私合规监管的增强与数据安全要求的提高，当前各大数字平台进一步加强了数据的"花园围墙"，但更为根本的原因是增长红利的逐渐减弱、竞争的加剧，具有平台优势的企业已把数据的"围墙花园"作为一种常规竞争手段,将数据锁在生态系统内以获得垄断性的竞争优势,甚至利用数据捆绑库存或排他条款,以控制用户、产业链、客户、广告主,并压制潜在的竞争对手。当前国内外都形成了少数的寡头数字平台及联盟,品牌厂商、服务提供商的话语权都非常弱。以数字广告来说,当广告或服务数据流转到数字平台的生态系统后,反馈路径即被切断,任何厂商或第三方都难以实现从营销到销售转换的全面营销闭环分析与数据的再利用,除非全链条都是使用该数字平台生态系统的产品和服务,并基于该平台生态系统提供的分析工具才能获得分析结果。

近年来,数据争议和不正当竞争纠纷不断。据媒体报道,2017 年 6 月顺丰与阿里系平台发生数据接口的传输内容与范围之争,后在邮政局的官方调解下恢复正常;2017 年美国法院裁定 LinkedIn 不得采取法律或技术措施阻碍 hiQ 爬取其网站上的公开信息;其他案例还有百度诉 360、微博诉脉脉、华为与腾讯的微信数据利用争议、淘宝诉美景等。

当前关于确认数据权属的法律基础还不明确,我们很难确认数据是属于平台还是个人用户。不正当竞争的行为边界比较模糊,哪些行为是数字平台在滥用数据垄断权,哪些行为是竞争者在"搭便车",哪些行为有利于市场竞争,哪些行为不利于市场竞争,还不容易辨析清楚,所以不同时期和场景下的监管与法院裁定的把握尺度与判罚逻辑也在不断迁移变化。

数据封锁是当前反垄断监管的讨论焦点。近年来,在大型数字平台的收购中,除了技术、产品、用户,数据资产也是一个非常重要的因素,例如 Facebook 收购 WhatsApp,Google 收购 DoubleClick、AdMob、Waze、Fitbit,LinkedIn 收购 Drawbridge,阿里巴巴收购高德、友盟,等等。数据驱动型并购导致了大量数据的积累,从而在并购后取得他人无法逾越的竞争优势。在 Microsoft 收购 LinkedIn 案中,欧盟委员会重点就并购引发的数据集中效果进行了评估,判断其是否会对市场其他竞争者形成数据封锁。

数据的开放共享与隐私保护、数据安全、商业垄断形成了冲突,仅靠商业竞争将无法打破数据的"围墙花园",亟待政策法规的完善与技术的突破来解决。数字营销是企业数字化升级最直接的切入起点,而开展数字化营销,首先需要建立企业的一方营销数据资产,并结合一方消费数据,开展公域流量效果营销与私域流量运营,通过闭环的全域数字营销,建立企业对目标用户的连接、减少对非目标用户的骚扰、高效运用营销预算,后续可以继续吸引用户参与到产品设计、品牌运营中,逐步深入地推进数字化升级与转型。因此,很多企业都已启动了各类 CDP 项目建设,但数据资产培养要比想象得困难很多。数字平台的"围墙花园"策略成为企业建立自己的营销数据资产的阻碍,这方面大广告主与大型数字平台之间一直在博弈。企业需要监管部门和行业组织的协调才能解决当前的困境,释放企业数字化升级的第一步动力。目前一些互联网企业依托自身业务资源及平台优势搭建了数据资源开放平台(如阿里巴巴开放平台、腾讯开放平台等)。

3. 国内外的数据政策与立法

在欧盟的引领下,全球都在不断地加强数据相关的立法和执法细则的完善,使得企业在数字化过程中的合规风险大幅度上升,特别国际化企业。

（1）欧盟的数据政策与立法

由于欧盟在数据立法上的强势引领，全球主要国家或主动或被动地加快了其在数据保护、数据经济反垄断方面的立法与政策完善。目前，数据保护的立法趋势是既属地又属人原则、加强数据主权。这些政策的快速变化与相互交叉将极大地影响所有企业的数字化业务。数字平台将受到多重规则制约，竞争政策与隐私保护政策、平台透明化规则、数据流通规则、知识产权规则、内容审查规则乃至国家安全审查规则的交叉日趋显著。

欧盟于 2016 年发布了全球史上最严的《通用数据保护条例》，简称 GDPR，经过两年过渡期后，该条例在 2018 年正式生效，数字科技企业一时风声鹤唳，全球科技公司都开始紧急调整策略，中国科技企业直接放弃了在欧运营的一些在线服务。当前欧盟仍在不断完善 GDPR 的细则，包括《同意的解释指南》《设计和默认的数据保护指南》《适用地域范围指南》《合同必要性指南》《关于匿名化技术的意见》等，也在不断调整 GDPR 的执法尺度。

2018 年欧盟发布了《非个人数据自由流动条例》。

2019 年欧盟《网络安全法》正式实施。

2020 年，欧委会公布了《数字服务法案》和《数字市场法案》的草案，2021 年 11 月《数字市场法案》建议稿由欧洲议会的内部委员通过，旨在加强大型数字平台的责任，加强对数字经济不正当竞争的规范与监管，而此立法将引起美国科技企业和美国政府的反对，较快的监管步伐和明显的针对性可能会引起美国政府在其他领域的反制。

（2）美国的数据政策与立法

美国于 2015 年通过了《网络安全法》，包括信息系统安全和网络数据安全。

2018 年，美国快速通过了《澄清境外数据合法使用法案》，简称 CLOUD。该法案采用"数据控制者标准"，而不是"数据存储地标准"，数据控制者需配合执法者提供存储于境外的数据，也允许"符合资格的外国政府"，在与美国政府签订行政协定后，直接向美国境内的组织发出调取数据的要求。

《加州消费者隐私法》在 2020 年生效，简称 CCPA，该法案影响全美，甚至全球。CCPA 的要求相对 GDPR 较为宽松，设定了企业规模门槛，豁免了中小企业的责任。

2020 年 11 月，《加州隐私权法》（简称 CPRA）通过，将于 2023 年 1 月生效，用于完善CCPA，规定设置了一个独立的隐私保护机构来实施加州隐私法并起诉违规行为，可以认为是 CCPA2.0。

美国其他州也在加紧制定相关立法。2020 年华盛顿州通过了《人脸识别法案》。联邦层面的个人信息保护与数据保护立法提案也在讨论中。

2021 年 7 月，美国统一法律委员会（ULC）投票通过了《统一个人数据保护法》（UPDPA），这是一项旨在统一州隐私立法的示范法案。

（3）中国的数据政策与立法

当前我国在个人信息保护、数据安全、网络安全方面，通过法律、行政法规和部门规章、国家标准、行业标准等方式共同进行约束和指导，同时强调主权、保护和价值开发。

中国在 2009 年的《刑法修正案（t）》中增加了侵犯公民个人信息罪的相关内容，2015 年修订，两高（最高人民法院和最高人民检察院）在 2017 年发布对侵犯个人信息罪的司法解释，对个人信息内容与定性做了进一步明确。

2017 年实施的《网络安全法》对网络主权、数据安全、个人信息保护都做了规定。

2021 年 1 月 1 日生效的《民法典》规定了个人信息主体的查阅权、复制权、更正权、删除权，扩大了个人信息范围，并规定未经权利人明确同意，不得以电话、短信、即时通信工具、电子邮件、传单等方式侵扰他人的私人生活安宁。

2021 年 9 月，《数据安全法》正式施行，11 月《个人信息保护法》正式施行。《数据安全法》涵盖境外数据控制者，提出在国家层面建立数据分级分类保护制度，重要数据的处理者应当设立数据安全负责人和管理机构，数据交易中介服务机构具有数据来源核查的义务。

《个人信息保护法》立足于数据市场发展和个人信息保护的需求，对个人信息保护做了全面规定，细化"告知 – 同意"要求，强化个人权利，增强处理者义务，处罚力度大，并具有域外效力。

标准方面，全国信安标委在全面制定大数据安全和个人信息保护的标准体系，这两年已发布的重点标准有《信息安全技术　大数据安全管理指南》《个人信息安全规范》《信息安全技术　个人信息去标识化指南》《信息安全技术　个人信息安全影响评估指南》；在行业标准方面，中国人民银行在 2020 年发布了《个人金融信息保护技术规范》和《金融数据安全　数据安全分级指南》，在 2021 年发布了《人工智能算法金融应用评价规范》。

在行政法规和部门规章方面，网信办在 2019 年 5 月和 6 月分别发布了《数据安全管理办法（征求意见稿）》与《个人信息出境安全评估办法（征求意见稿）》，2019 年 11 月网信办等四部门联合发布《App 违法违规收集使用个人信息行为认定方法》，并开展 App 违法违规收集使用个人信息专项治理，2021 年 12 月网信办等 13 部门联合发布《网络安全审查办法》，2021 年 3 月网信办发布《常见类型移动互联网应用程序必要个人信息范围规定》。中国银保监会在 2020 年 4 月发布了《商业银行互联网贷款管理暂行办法》，其中对数据使用、数据保管、风险模型开发、业务与技术外包都做了规定。2020 年 9 月中国人民银行发布了《中国人民银行金融消费者权益保护实施办法》，详细规定了对消费者金融信息的全生命周期保护。

当前个人信息保护、数据安全的立法和监管，还需要区分不同的行业、不同的场景，避免因"一刀切"式的要求，对产业和经济发展产生不利影响。例如，在广告营销中，不同的目标受众触达方式，对个人的影响完全不同。在线的广告方式，用户是主动的一方，越精准越会提高用户体验，对个人、企业、媒体以及整个生态总体都是有益的，应该在数据监管政策上给予鼓励，只需要求企业给予个人对精准跟踪的"退出权"，而电话和短信的方式，用户是被动的一方，对个人生活的骚扰太大，需要严格限制和打击。

4. 数据资产化与数据流通

当前，数据资产化与数据流通的障碍主要是数据确权、价值评估、交易合法性、数据的不易验真性、买卖双方缺乏透明度、流通模式、个人信息保护等方面的问题。数据确权是数据资产化的前提，由于数据具有采集多源性、可复制性、可衍生性，在数据的采集、加工、流通、使用过程中涉及个人、企业多方，不易确定数据价值增益。数据不像实体商品易于检验和持续地跟踪质量，除非具有多于一个采集源，否则难以验证真实性。

国内外立法尚未达成有关数据权属的共识。数据权属涉及人格权、物权、知识产权以及多种权利的交叉。人格权无法覆盖数据权范围，物权具有明确的排他性，知识产权中的著作权强调表现形式的独创性、专利权强调发明创造，因此数据权属无法与其他权属契合或划定明确界限。由于数据权属不明，个人与企业、企业与企业间数据收益分配规则无法确定。实践中出现的数据权属争议主要依靠司法审判个案处理，我国不同阶段的判例体现了不同倾向，早期鼓励产业发展，中期强化对大企业权益的保护，近期判决思路又转向促进数据流通。

2020 年的"微信数据权益案"判例对数据权益归属做了区分，企业所掌握的数据区分为单一用户数据和数据资源整体，单一用户数据权益并非谁控制谁享有，依法经用户同意即可使用，而企业对于整体数据资源投入了人力、物力，应当享有竞争权益。此案对于促进数据流通具有重要的指导意义。司法能动性导致对数据权属的判断具有不确定性，而且随着技术产业发展变化，法院对数据权属的判断也在动态变化。

虽然当前立法原则中都包含鼓励数据流通原则，但可交易的数据类型与范围还没有明确界定。数据交易缺乏监管，亟需建立官方数据质量监管制度、第三方数据质量认证机制。由于数据的多源性，数据交易经常发生恶意竞争，伤害数据企业合理经营，也缺乏有效的法律武器进行惩戒，最终造成市场劣币驱逐良币，供需双方无法建立信任。同时，除银行等少数行业，公共数据、行业数据的标准与质量要求仍未统一，阻碍了数据企业的成长和数据的规模化流通应用，致使无法形成健康、规模化的数据交易市场。

在数据交易的立法方面，美国相对成熟，它在立法中明确了数据交易的合法性。数据经纪商（Data Broker）是美国数据交易服务的主要提供者，目前数据经纪商收集和分析的数据几乎覆盖全美消费者。CCPA 规定数据经纪商是指明确知悉并从与其没有直接关系的消费者处收集个人信息并向第三方销售的经营者。美国的相关立法中也对数据交易者的权利义务进行了规定。

1.3.2 数字化变革的挑战

虽然数字经济风起云涌，但当前企业的数字化升级与转型并非一帆风顺，仍然面临巨大挑战。据信通院的调查，工业企业数据资产管理的难点主要集中在以下 3 个方面：

❑ 数据涉及多部门，难以统筹；

❑ 缺乏方法论，不知道怎么做；

❑ 投入太多，短期内看不到明显的效果。

数字化升级与转型常常遇到以下问题：数据应用找不到合适的方向和场景、缺少数据或者数据价值不高、数据开发利用存在很多阻碍、投入很大但效果不佳、不知道如何选择和规划转型目标与路径。以上问题的原因可以总结为两点：数字化发展规律认知不足；数据应用、数据治理、数据技术与工程等数据能力的不足。

数字化升级与转型的目标是实现企业的业务数字化和数据资产化，能够用数据来高效地探索和转化商业价值。而要实现这一目标，企业需要建立数据驱动的文化、先进的数据系统、出色的数据能力，这里的能力包括统一的数据治理能力、数据技术运用的工程能力和端到端的数据综合应用能力。

1. 数据应用找不到适宜的方向或场景

数字化升级的数据应用切入点如何找，是先做 BI，还是从数字营销开始？核心业务是否能数字化转型，如何转？在开展数字化升级时，企业对于数据价值的挖掘常常觉得无从下手，或者眉毛胡子一把抓，或者目标不太现实，或者眼高手低，结果就是常常无法取得很好的数据应用效果。

数据应用的发展是一个从初级到高级、由浅入深的渐进的发展过程，也是能力和经验的一个逐步积累过程，因此数据应用探索可以分步、分阶段逐步实现。数字化本质也是一个数据驱动方式逐步升级的过程，基于到目前为止的数据应用发展历史，可以观察到以下的发展规律和发展特点。

❑ **应用层次**：从数据驱动流程，数据驱动支持宏观决策，数据驱动支持微观决策，数据驱动创造业务，到数据驱动自动智能微决策。

❑ **应用场景**：从驱动决策到驱动产品，从业务分析到数据产品开发。

❑ **问题类型**：从描述历史到预测未来，从 What 到 Why 到 How。

❑ **数据内容**：从主数据与关系数据管理到全域数据管理。

❑ **信息层次**：从统计级分析到微数据应用。

所以在数据应用时，也可以由易而难，逐步积累能力、经验和思维习惯，可以从以下的数据应用层次中分步实现数据应用价值，探索应用场景。

❑ **数据驱动流程**：信息化，通过系统化来固化流程以提高效率与保障执行质量。

❑ **数据驱动支持宏观决策**：基于统计汇总数据支持各级管理者进行战略和管理决策，减少对经验、直觉的依赖，是真正的数据驱动企业运营的开始；另外，让各级决策者掌握的信息一致、全面、真实，避免人工信息传递的失真、错误与延迟。

❑ **数据驱动支持微观决策**：大数据分析与传统 BI 的区别就是，传统 BI 是对业务的汇总统计，适合用于做宏观决策和一些中观运营决策，而大数据分析让我们可以基于数据分析发现的规律进行科学决策，更需要我们主动地设计实验、收集数据，通过大量的 A/B 测试等手段做大量的微观决策，如软件产品上一个按钮的样式设计或者实体货架上产品摆放的位置设计。大型的互联网平台上每天都有几百、几千的测试同时进行，并可以自动基于收集的数据和统计假设检验方法直接判断优劣，而有了这样直接和业务结合的数据分析与实验系统，就可以赋能每个员工，让组织每个人员的决策都是基于数据的、科学化的。

❑ **数据驱动创造业务**：在进行了有效的数据收集后，我们可以创造出新的业务，例如电商聚合小众需求、设计新的产品、提高交易匹配效率等，再如整合或参与数字化供应链，实现柔性化生产、物流供应。

❑ **数据驱动自动智能微决策**：基于单条数据的"微决策"，即使基于数据分析使决策精度的微小增加，但通过大规模的重复执行，也可以带来非常可观的收益，例如单次RTB广告是否竞价、单笔小额贷款是否通过、个性化推荐，再如通过大量针对门店或品类的销售预测，可以在减少浪费的同时避免错失销售机会。

在数据应用层次的升级过程中，需要使用的技术也不断增加，从系统开发技术，统计分析和数据挖掘技术，大数据技术，到机器学习、深度学习等数据智能技术。

2. 缺少数据或者数据价值不高

在数据收集上投入不足，特别以获得数据为目标设计业务形式和产品。通常数据的采集都是在已有的信息系统中进行抽取或埋点。但为了实现创新的业务模式，有时需要为收集数据进行主动投入，建立数据资产，可称为"养数据"。

典型的例子如，利用数据科学针对不同人群进行差别信贷服务，但基于数据设计新的产品就需要数据来建立盈利模型，而信贷产品需要投放市场后才会有数据，这是一个"先有蛋还是先有鸡的问题"。20世纪90年代末，美国一家小银行Signet就干了这个事情，通过亏钱来积累数据，当Signet开始向客户随机提供不同条款的产品后，坏账率大幅度上升，损失持续了几年，最终数据科学家基于收集的数据建立模型，扭转了这一局势。很多人可能没有听过Signet，但该业务分拆成立的新公司Capital One，对于金融界从业人士一定如雷贯耳，成立三十年即跻身美国前十大银行。Capital One不认为自己一个金融公司，而自认为是一个数据科技公司。

对于头条和抖音崛起，字节跳动的自我评价是技术、产品、运营的综合应用能力比较好，但其中最关键的一点是"算法友好型设计"，或者叫"数据友好型设计"。字节跳动在产品和运营中做了很多有利于快速收集算法效果反馈数据的设计，让反馈的路径尽量短、实时、信号直接，从而可以让机器智能算法以极快的速度学习和迭代。

企业原先信息化大量建立的信息系统都不是面向数据设计的，极大地影响了高价值数据的收集和利用。因此在数据治理的数据资产化方面，企业需要转变思路，进行有意识的专门设计和先期投入，只要业务目标明确，符合数据科学应用的规律即可。

3. 数据开发利用存在很多障碍

当前，很多企业同时面临两种相反的现象，一是大量的有价值数据没有被有效采集和利用，二是数据的量级和维度在快速增加，但企业无法对数据进行有效的洞察和利用。有行业报告称，即使信息化程度很高的金融企业，其数据利用率也不足三成。大量的数据如果没有资产化，不能被有效利用，没有产生价值，则对企业来说不是资产反而是巨大的成本和负债。

很多企业已经历过信息化阶段，存在很多历史包袱，原来的系统设计和建设不是以数据为核心，因此信息系统烟囱林立，数据固化在各个系统中，同时信息化过程也形成了组织权利固化、组织的"数据隔离墙"。数据开发利用的障碍的形式可以总结为以下几类：数据不可存、数据不可见、数据不可流、数据不可用、数据不合规等。

（1）数据不可存

越来越多的企业倾向于将尽量多的数据长期保存，但存储成本依然很高。当前大多数服务器都是标准的设计，用于存储的服务器，CPU 利用率不高，用于计算的服务器，存储常常不够用。这是由于企业对数据系统缺乏规划，同时对数据资源缺乏价值分析及成本核算、分类分级、热温冷的生命周期管理，导致有采集价值的数据因缺乏规划和设计而没有被采集和利用。

（2）数据不可见

数据的元数据信息未采集，或分布在不同的系统中，掌握在各个部门不同人的手中。由于没有集中、统一的管理目录或视图，组织无法掌握自身数据资源的全貌，内部相互之间看不到他人管理的数据内容，而且很多组织数据类型众多、数据规模庞大，如果没有良好设计的数据模型、数据分类体系、数据检索方法，寻找特定数据与发现有价值数据，就有如大海捞针。

（3）数据不可流

面向数据的系统设计，需要综合考虑各个方面的因素，否则在数据流动时就会产生各类阻力。系统和应用层面存在系统分割、管理分割，可以形象地称为系统墙、管理墙。基础设施层面包括存储介质 IO 性能、网络传输的性能瓶颈（包括地理分隔和协议兼容）、内存和CPU 的算力瓶颈，可以形象地称为介质墙、网络墙、算力墙。不拆掉这些墙或建立有效的流通管道，数据就无法被获取，或无法被及时获取，达不到数据应用的时效性要求。

（4）数据不可用

缺乏统一有效治理，将导致很多数据质量问题，不同系统中的数据定义会存在很多不一致和冲突。例如，同一类型数据命名不同、数值单位不同、枚举值标准定义不同，或者同一类型数据但含义却不同。比如性别，有的系统可能是真实的自然性别，有的系统中可能是行为倾向预测值，再比如地址，可以是居住地址、通信地址、邮寄地址。

（5）数据不合规

数据价值开发存在很多数据风险，随着个人信息保护和数据安全要求越来越高，规定越来越细，数据合规已经成为数据利用非常重要的工作。在这方面组织容易走两个极端，要么就是"裸奔"，不管不顾；要么就因为当前法规仅做出了原则性规定、细则不具体，一刀切地把数据通通关起来，不敢开发；导致企业间的数据纠纷常发，企业不愿开放共享，也不敢利用其他企业的数据。

以上问题错综复杂且技术挑战很大，只有解决所有的问题，才能形成完整的数据价值链条。而问题的产生归根结底是因为数据的治理能力和工程能力的不足。数据工作，不论是数据治理还是数据工程，都属于"脏活累活"，企业数据能力建设不能叶公好龙，想要进行数字化升级与转型，又不愿意打牢基础。

4. 投入很大但效果不佳

企业在开始数字化升级与转型后，就开始大规模投入和建设，但常常应用效果不佳，是数据问题、方向问题、场景问题、能力问题，还是投入不到位？

（1）大数据与人工智能认知的误区

"大数据"一词给大家带来两个潜在认知误区，一是大数据是解决"大问题的"，二是大数据的价值很大：

❑ 大数据其实并不是解决"大问题"的，而是解决大量的"小问题"的；

❑ 大数据就价值密度而言很低，只是因为规模大，可以积累起总体比较高的价值，但也是因为量大，处理的成本总体也很高，所以会摊薄收益。

数据常常被比作数字经济的"石油"，其实被比作数字经济的"矿石"更贴切，因为数据挖掘相当于"炼矿"，成本是比较高昂的，若遇上质量不佳的"矿石"，可能并不"经济"。

对人工智能的认知误区也有两个，一是认为人工智能什么都可以干，能做到真正的"智能"，二是忽略快速的数据闭环：

❑ 其实现在流行的人工智能技术，其本质是运用大规模的算力对大量数据的统计，相当于使用一种"蛮力"方法实现一些对人来说相对比较"简单的智能"，所以选择应用场景时，需要判断其是否匹配当前数据智能技术擅长的解决问题方式。

❑ 数据智能技术应用，不但需要大量的数据，而且需要快速的数据反馈闭环，才能快速地优化"学习"的效果。没有规模意味着难以具有可观的商业价值，而不能快速迭代意味着数据智能产品的指标不容易达到具有商业价值的可用要求，即使可用也不易提高回报率。数据智能对数据量和数据质量的要求很高，所以数据科学从业者常讲"垃圾进，垃圾出"，对于监督学习来说，如果真值样本的准确度很低或特征的信号量很弱，那么"学"出来的结果肯定乱七八糟。另外如果数据的质量不稳定，即使优秀的算法也难以保证效果，而数据的一项特点，也像矿石，可以越"炼"越"纯"。

（2）传统领域数据应用的成效比较慢

传统领域的应用场景，不像在线数字服务产品易于快速迭代、量化评估，所以数字化的成效会是一个相对缓慢的长期过程，缺乏纯互联网应用的快速爆发力。由于一些传统领域数据应用场景的效益难以量化分析，不易判断数据积累和迭代效果，因此需要尝试寻找合适的办法。

由于当前仍处于数字化、智慧化建设初期，投入较为集中，成本投入的数据应用边际递减效应还相对不明显。企业在设定目标时，常常会有急功近利的倾向，而缺乏对数据领域长期投入的准备，设置过快的实现速度要求和过高的收益目标，当实现出现不足时，就会影响企业后续对技术和转型的信心，过早放弃，而且这往往会导致企业在很长时间内都不再愿意采用新技术、尝试业务创新。数据科学不是万能灵药，不是一蹴而就会产生很好的效果，大多数时候需要持续地投入，通过数据收集、整理、分析和行动等各个数据工程环节的特征工程优化、算法调参和模型迭代，逐步改善效果。

（3）低估总拥有成本

企业在数据系统立项时，常常存在乐观估计的倾向，低估数据项目的复杂度和实施周期，从而低估总拥有成本，特别是升级成本。大数据引入企业是一项变革因素，将严重影响IT基础设施与数据中心的设计，涉及硬件、软件、人员和运维等相关的投入成本，特别是随着数据量增长带来的挑战，若初始设计系统无法通过水平扩容支持，则迁移与并行运行的成本会非常高昂。在大数据量背景下，数据错误修正和数据处理逻辑优化时，常常需要回溯处理历史数据，需要的计算成本很高。而以上问题的时间成本将更高，造成实施者在还没有看到项目达到预期的结果时就失去了信心。

（4）不重视数据人才的投入和低估培养周期

从数据中挖掘价值的数据能力，应该和数据一样，被视为组织的关键战略资产。构建一流的数据团队是一项非常重要、值得的工作，能够为企业带来更大收益。

大多组织，在展开数字化业务转型时，往往没有仔细考虑组织是否拥有适用的数据人才，没有对数据人才需求做认真的分析、规划和投入，要么寄希望于现有人员快速转型，要么四处挖人，但现有人员的意识、思维与能力提升常常太慢，业务等不及，而空降的人才对企业的业务又缺乏了解。

对能够基于数据决策的人才的培养周期比较长，组织常常难以坚持，因为基于数据决策也是一个习惯培养问题。对于已经习惯于拍脑袋决策的人，基于数据驱动决策太麻烦，既耗精力周期又很长，而最终结论也常常与直觉一致，很容易让人感觉既浪费人力又浪费时间，人的惯性、组织的惯性让组织推行数据驱动的工作方式、用数据说话的工作最终变成了一场"运动"，最后大多都不了了之。

很多组织都低估了所需数据技能的程度，数据人才需要掌握的基础知识范围很广，技能要求也很综合，包括数据库、概率与统计、数据处理编程语言、数据模型设计理论、数据分析方法、数据可视化等，但更重要的是对数据的敏感度和意识，而这项能力却不易培养和识别。当前数据的量级、维度在增大，数据的来源、类型、格式、场景都十分多样和丰富，数据处理的实时性需求也越来越高，例如实时反欺诈，这对数据治理、数据分析、数据工程处理的人才要求越来越高，既掌握先进技术又有丰富经验的人才缺口很大，而既懂数据又懂业务的复合型综合数据人才更是十分稀缺，甚至没有。企业需要有针对性地自主培养，或者对数据团队的人才配置做合适的规划。

（5）组织设计

数据的价值发挥涉及方方面面，它符合"木桶原理"，只要有一项短板，数据的价值就无法发挥。就像前面提到的字节跳动的自我评价是各方面能力比较均衡，技术虽然不是全球最好的，但没有显著的短板。

数据从收到用，链条冗长，而上游处理环节对下游常常是黑盒，不利于数据问题的分析，常常需要经过多部门间协调、沟通、核实才能定位和解决，效率十分低下。

因此在团队人才组成设计上，需要注意各方面人才技能的互补，特别是需要引入综合性人才。同时，跨团队协同上要想尽一切办法，打破部门墙和增强知识传导，建议如下：轮岗机制、跨部门虚拟团队、知识的记录和充分分享、双向汇报等。统一集中的数据部门有利于数据的汇总、打通、统一治理，分散的数据人员安排，有利于业务小步快跑，可以在不同的发展阶段、不同的场景采用合适的方式。

5. 数字化路径与目标如何选择和规划

当前，相当多的企业已经认识到数字化、智能化转型的战略意义，但对于具体如何开展，莫衷一是，仍然在探索对数字化规律的认知。

数字经济的热潮，也催生了层出不穷的解决方案方法论和各显神通的数字转型解决方案供应商：

- ❑ 有大型互联网企业依托其丰富的数据应用经验和强大的技术实力，向 B 端市场拓展，给各类企业和政府提供数字化解决方案；
- ❑ 传统 IT 领域的软硬件企业，结合自身优势，进军数字化解决方案市场；
- ❑ 传统产业领域的某些头部企业，在自身积累了丰富的数字化经验后，向其所在行业输出解决方案；
- ❑ 传统的系统集成商，从信息化解决方案转到数字化解决方案；
- ❑ 数字化解决方案的一些创业企业，其中有些企业的创始人是在大型互联网平台积累了丰富的数据经验。

在这些供应商中，有的供应商的商业目标是推广其云计算服务或其他基础设施，有的是销售数据软件产品，有的是卖咨询服务，有的是提供定制开发。企业选择的难度很大，而这些供应商都很难解决企业面临的最大难题"传统业务模式难以转变"，越是核心环节、越是企业核心竞争力所在，智慧化变革的难度和阻力就越大，风险就越高。

对于数字化升级与转型来说，"拿来主义"是不可行的。一个仅引进系统和工具的企业，难以建立自己掌握的数据能力和数据认知，难以解决自己的核心业务问题，也就无法形成自己的竞争优势。很多企业仍沿用信息化的经验，重点是"建设系统"，认为软件可以解决所有问题，只要建成系统，自然可实现目标。

信息化是固化，数字化是创造，二者的目标性质完全不同。有价值的数据是"活数据"，数据处理、分析、价值开发也是"活过程"。数据系统作为一种工具，它的作用大小要取决于其使用者的能力和思路，因此企业自身必须掌握数据运用的能力。小企业也许不需要自建数据系统，但必须建立运用数据的能力。

数字化升级与转型的设计，可以是自上而下的，也可以是自下而上。自上而下的方法可以做到宏观系统化的设计，快速建立统一的数据资产和发展基础数据能力，但投入比较大，短期看不到应用效果；自下而上的方式可以快速试错，寻找数据应用的突破口，最后再基于应用需求，汇总设计整体的数据资产，但很可能由于数据问题和支持能力不足而无法成功。

也可以同时进行自上而下和自下而上，这对组织的人力配置、资本投入、执行要求更高。

数字科技和数字经济是一个动态发展的事物，企业外部环境具有非常多的不确定性，因此企业的转型路径规划需要具有一定的开放性，能随时吸收最新的创新和行业生态发展趋势进行动态调整。所以转型路径的设计方法需要包含发展视角。

1.4　本章小结

本章系统地介绍了数字经济带来的经济与社会的变化，数据经济的发展需要用数据投入替代物质投入，然后论述了时代变革大趋势背后的强大驱动力，企业需要抓住升级与转型机遇。同时讨论了企业数字化升级面临的不确定性。在数字化升级成为企业的共识后，企业在内外部环境充满不确定性的情况下，应对转型遇到的各方面挑战，亟需理论和方法的指导。

企业数字化升级与转型需要建立数据驱动的文化、先进的数据系统、出色的数据能力，这里能力包括统一的数据治理能力、数据技术运用的工程能力和端到端的数据综合应用能力。本书后续章节分别从理论、方法、知识体系、最佳实践四方面为组织的数字化发展提供借鉴。

第二部分 *Part 2*

理论方法

Chapter 2 第 2 章

技术变革与组织应用技术的规律

科技的发展给人们的工作、生活带来了剧烈的改变，企业生产和社会管理也在持续升级，但也给从业者，特别是管理者，带来很大的追赶压力，跟不上技术和时代的变迁就将被迅速淘汰。越来越短的企业生命周期已证明了这一点，Innosight 咨询公司做了一项统计分析，发现在 1964 年标准普尔 500 指数中的公司的平均成立时间是 33 年，到 2016 年缩减至 24 年，并预测到 2027 年将缩减至仅 12 年[⊖]。

本章首先说明了组织在技术持续变革时代遇到的挑战，然后阐述了不同专业领域应对这些挑战的理论和方法。技术在变，但组织运用技术的发展规律不会变，掌握这些理论和方法，就能够持续把控技术变革，引领组织与时俱进的发展。

本章的内容也是下一章构建应对数据时代挑战的数据应用成熟度模型的理论基础和方法论背景。本章偏重理论性的介绍，读者可以有选择性地阅读具体的分节。

2.1 组织面对技术变革的三大挑战

信息技术的变革速度越来越快，产业在剧烈革新和迁移，驱动大家不断向前。引领和迎接技术创新发展的管理者必须面对的三大挑战如下。

挑战一，如何选择合适的新技术？

新技术不断涌现，选择哪些技术（What）、选择什么时间投入（When），是在技术持续变革时代每个组织都面临的难题。

⊖ https://www.innosight.com/wp-content/uploads/2017/11/Innosight-Corporate-Longevity-2018.pdf。

挑战二，如何规划已选新技术的应用？

如何将新技术结合到业务创新当中，选择什么样的应用策略（How），实现从 0 到 1 业务创新，推动组织的变革、升级和转型，如何设定技术应用创新的发展目标，如何规划具体的发展路线图，并持续分析发展情况。

挑战三，如何提高新技术应用的质量？

技术应用创新需要组织的能力保障，否则难以取得良好的效果，或者创新昙花一现无法持续，不能实现业务水平、产品质量、服务效果精益求精的持续提升，达到高质量的业务创新，也即通过组织能力持续提升实现基于新技术的持续高质量创新，真正实现组织的科技化转型。

总结来说，这三大挑战是组织进行技术应用创新的 3 个步骤所面对的问题，如图 2-1 所示。

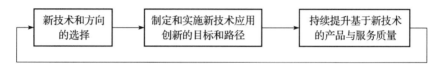

图 2-1　组织技术应用创新步骤

这 3 个步骤是一个循环，但这 3 个步骤既是串行又是并行的，组织需要综合运用多项技术进行综合创新，在一项新技术应用过程中，就需要启动下一代技术的探索和评估。所有的组织都面临这三大挑战，而且没有组织可以保证能做得足够好。为了应对这些挑战，组织迫切需要掌握一些有效的工具和方法。

2.1.1　新技术不断涌现，技术选择的挑战

科技驱动着人类文明的进步，人类文明史就是科技进步史，科技决定了生产力，生产力决定了社会结构。从最宏观角度来看，人类近现代历史上发生了三次大科技革命：第一次是机械革命，第二次是电气革命，第三次是信息革命，三次革命都极大地改变了人类社会。

信息技术已深刻地融入了人类的工作和生活的方方面面。而信息革命仍然在深入发展，企业的发展和生死存亡必须抓住并跟上信息技术的发展。

1. 信息技术创新决定着科技企业的兴衰

在信息技术领域，技术每隔几年就有一次大的变革，企业需要紧跟技术的发展潮流才不会落后，但技术发展的速度、成功率、应用效果都常常难以准确预测，所以需要一个方法来帮助组织进行技术投资与引进科学判断。

从上世纪 80 年代到现在，信息技术革命经历了四波大浪潮，每波浪潮的间隔只有几年时间，在这些浪潮中一些技术引领企业崛起，同时一些组织因没跟上或者选错方向而没落。

❑ 第一波是微机和软件，崛起了惠普、IBM、Intel、微软、Oracle、Adobe、诺基亚等软硬件领导者。

- 第二波是互联网，崛起了雅虎、Google、Amazon、阿里巴巴、百度等信息技术新领袖。
- 第三波是互联网 2.0，崛起了 Facebook、LinkedIn 等社交网络平台，彻底改变了人类的交互与信息交换的方式。
- 第四波，是移动智能设备、移动互联网、云计算、大数据、AI、IoT 等多项革命技术，已发展出了 Twitter、微博、Uber、头条、美团、滴滴、ZOOM 等新一批改变个人生活工作的优秀企业。在这波变革中有 Salesforce、Netflix 等发展多年的企业大放异彩，也有老牌科技巨头成功实现升级或转型，如苹果重新定义了移动智能设备并建立移动应用生态，微软通过全面转向云战略而实现复苏。

企业软件服务商的引领者，在持续技术变革驱动下，从 IBM、Oracle、EMC、SAP 等老牌企业向亚马逊、Google、Salesforce 等更具创新活力的技术企业迁移。助力企业发展的企业信息化理念也从业务驱动、技术驱动，向数据驱动方向发展。

具体的新技术变化更是眼花缭乱。在基础设施及系统层面，计算设施从小型机到云计算，存储系统从单机文件系统到大数据分布式存储系统，网络从局域网扩展到 4G/5G 移动互联网、物联网；在业务系统层面，数据管理从关系数据库到 NoSQL 数据库，业务系统从应用软件到 SaaS 服务，业务系统架构从基于 EJB 的架构到微服务、容器化架构；在数据处理方面，数据采集技术从手工录入到 IoT，数据处理方式从批处理到流处理，数据分析从 BI 到数据科学，等等。

同时在这个过程中，也有很多技术与产品的发展情况令人大失所望，在还未成熟时就被过度炒作，后续发展让很多参与组织损失惨重（举例时不区分技术 / 产品的场景与层次）：

- 有的是完全失败，例如超宽带（Ultra-Wideband）、RSS、Mesh Network、Linux 桌面系统；
- 有的是不达预期，例如 EBJ、SOA/WebService、AR、数据湖、自然语言搜索、手势识别、无线充电、Google 眼镜；
- 有的是速度太慢，例如 H5、3D 打印、语言识别、AI 等几项技术都是很早就被赋予厚望，最近才渐渐真正发挥出效果；
- 有的是被替代太快，例如蓝光光盘、XML；
- 有的是还在未来，甚至遥远的未来，如无人驾驶、量子计算。

2. 组织引领和参与技术变革的必要

企业的发展早已从业务驱动进入技术驱动，所有企业需要持续对技术进行投入，不断通过技术进行创新，引领和跟踪技术的发展和变革。企业参与技术创新能够提高效益、提升效率、优化企业经营、降低成本、提升服务体验、提高产品质量、革新产品设计、推动业务升级。以下是一些促使企业必须参与到技术变革当中的因素。

（1）效益动力

科技创新带来的业务创新和竞争优势，将带来丰厚的收益，是企业进行科技创新的最主要的内在动力。

（2）技术是企业竞争力的基础

企业在市场上的短期竞争力主要体现在产品与服务的性能和价格上，长期竞争实际是企业核心能力的竞争，特别是技术能力的竞争。企业间的技术竞争将成为企业制胜的焦点。

拥有核心技术是企业发展的基础。专利等知识产权是在企业合作与竞争中的重要资产，没有足够有竞争力的知识产权，将会被竞争者压制，最终丧失发展机会，典型的例子是早年全球销量最大的智能手机 HTC 就是因为遭遇同业的专利诉讼而逐渐陨落。

（3）产品创新依赖先进科技

当前企业产品的创新都严重依赖科技的支持，技术应用创新能够带来产品结构升级，促进企业增长方式的转变，从靠规模转向靠高附加值。

（4）技术变革将带来市场的重构和消费趋势的变化

随着技术变革，市场、消费趋势、产业环境、企业运营方式都会发生彻底的改变，需要企业不断跟上技术革新的步伐。

未来市场会被进一步统一和均质化，竞争将日趋激烈。互联网与数字的原生企业在不断扩张边界，带来跨界的竞争。由于网络的普及，"下沉市场"也将会被网络连接起来，原来分层、隔离的市场格局将会被改变。

新世代消费者都是数字世界的原住民，他们的消费和工作的方式、观念、习惯都严重依托于科技产品，需要企业拥抱千禧一代习惯的科技趋势。

在一切都被数字化、在线化、智能化的时代，所有的业务形式、企业运行方式都在被深度重构。企业向客户提供服务的触点从线下转移到线上，数字化管理带来了企业管理方式与运营成本构成的极大变化，运营的效率决定了企业的利润水平，不拥抱科技，企业将无法在同业中保持效率竞争力。

（5）创新文化与人才竞争的需要

企业的竞争是创新人才的竞争。组织引领和参与技术变革能够推动企业创新文化的形成。企业的科技创新需要融入企业文化，融入组织人员的价值观与行为中去，才能吸引优秀的人才，形成组织持续的创新引力。

（6）环境、资源、安全带来的新要求

未来环境保护、碳中和、资源稀缺、原材料成本上升、生产安全等新的形势和要求，都会对企业提出更高的要求，这些要求迫切需要通过技术应用创新来解决。

（7）企业持续发展的要求

现代企业都需要寻找自己的第二增长曲线。现代科技发展规律是科技迭代周期越来越短。当前仍然处于科技大发展的时代，技术的生命周期巅峰可能只有几年时间，下一代技术常常会带来量级上的提升，而上一代的技术在新技术面前将毫无竞争力，待新技术成熟后，上一代会快速被淘汰出市场。

与科技发展周期相匹配的是企业的业务发展周期也变短，企业在资本市场的估值越来越体现出第二曲线的增长需求。典型的就是微软，在鲍尔默执掌期间，收入增长三倍、利润翻了一倍，但股价止步不前，在成功实现云战略转型后，股价重回到头部科技企业行列。

第二曲线是著名管理哲学家查尔斯·汉迪提出的思想，如图 2-2 所示。通常一个企业都是抓住了一波机会而发展起来的，在这波机会的动力驱动下企业增长曲线是一条抛物线，或者说是一条 S 型曲线，陡峭的快速增长阶段后进入平缓的平台增长阶段，并最终在到达增长极限后进入衰退下降阶段，区别只是平台增长阶段的长短。信息技术时代科技变革迭代速度越来越快，现代企业的平台增长阶段也越来越短。那么企业持续增长的秘密就是要在第一条曲线下降之前探索启动一条新的增长 S 曲线，在培养新增长动力初期，企业需要进行大量没有即时回报的投入，在这个时候，企业拥有的资源与时间应足以应对这样的投入和探索的过程。当前很多企业，特别是传统企业，都在进行数字化升级和转型，努力开发自己新的第二曲线增长动力。

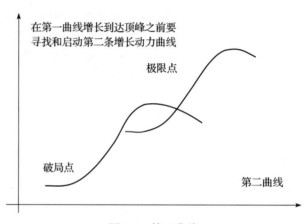

图 2-2　第二曲线

3. 技术选择的挑战在增加

从宏观来说，一旦选择错误或未适时跟进，企业将错失增长或竞争机会，因此技术选择极其关键，是组织战略发展的重要组成部分。在当前的持续创新环境中，技术选择已成为一项持续的工作，需要组织持之以恒地去完成。从具体业务来说，如果做得不好就可能会导致资源浪费、客户不满意以及其他新的问题。

未来技术选择的要求和难度会逐渐增长。当前技术的发展速度、复杂性和多样性都在快速增加，技术的生命周期越来越短，技术创新具有更多的不确定性，在技术选择任务越来越重要的同时，也使技术选择的决策变得越来越困难：

❑ 技术的复杂性增加；
❑ 技术的融合，技术选择的丰富；
❑ 技术开发的成本增加；
❑ 技术的迅速传播；
❑ 技术来源在组织、地理位置和国家之间的分散，以及由此产生的不透明性。

技术选择的前提是对当前技术、可选新技术的现状与未来发展趋势的分析和判断。现实中，大量企业和组织在做技术选择时，其管理人员完全诉诸主观决策，采用新技术的项目频频失败或没有达到预期。技术选择需要基于数据分析支持的工具，减少对决策者直觉的依赖。在技术相关决策中，对技术趋势的判断错误很大程度是由于人们思考逻辑中的幸存者偏差和后见之明偏差。人们记住成功的技术要容易得多，因为我们被它们包围着，而失败的技术早就脱离了人们的视线，因此对错过的"成功"印象深刻，而对避免的"失败"关注很少。后见之明偏差是指根据心理学研究表明，人们会在不知不觉中对过去所预测的记忆做"改善"性改变，从而让人更加依赖自己的直觉判断。要对抗和修正这些偏差，需要运用符合客观规律、科学有效的理论方法来提高决策的科学性。

2.1.2　创新风险很高，技术应用发展规划的挑战

完成技术选择后，企业需要做技术应用的目标和路径规划，以实现组织基于技术驱动的从 0 到 1 的业务创新，并在实施过程中持续调整和监控进展，实现组织的发展目标。即组织如何将新技术应用到业务创新中。规划路线需要符合新技术应用的发展规律，并有效结合组织的现实情况。

1. 技术应用创新中组织常存在的问题及原因

近年来，各行各业都在大力引进信息技术，以实现业务的快速革新突破，实现数字化升级，但实施过程很多不尽如人意。多变的策略、忙乱的建设导致组织中引入了许多新系统，变更和创建了很多业务流程，但并没有取得预期的效果。同时，组织的业务变得极其复杂和不透明，使得管理者手足无措，不知如何规划和掌控进展。具体来说，常出现以下问题：

- □ 跟随行业流行热点尝试了很多创新方向，但没有找准和自身业务的结合点，没有取得期望的成果；
- □ 盲目的建设导致组织中引入了许多不实用的新系统，而新建设系统未发挥预期的效果，未给予业务驱动力，甚至割裂；
- □ 初期设置了脱离自身基础的不可达目标，期望立竿见影的效果，但往往适得其反，将资源浪费在不合适的目标上；
- □ 在取得一定阶段成就后，徘徊在某个发展层次止步不前，不能或不知道如何继续发展提升，进一步促进核心创新的质变；
- □ 重视短期效益，忽略长期发展，不能合理、有节奏地有效分配资源，在某一阶段投入过大或投入不足；
- □ 创新过程因市场、技术、政策的新变化而不可持续，造成前期的投入浪费。

一些组织，特别是传统行业，在信息领域其实起步很早，投入很大，但失败概率也很大，对技术创新已产生一定的畏惧心理，迫切需要指导方法。遇到以上问题，团队往往因不达目标而士气低落，有一些组织因看不到进展，甚至业务发生退步，而放弃了新技术引入的创新推进。产生以上问题的具体原因可以归为以下几类。

（1）不重视规划，造成技术发展战略模糊不清

因忽略规划而造成没有长期技术发展规划或长期规划不具体、不可落地。由于规划不足，从而缺乏对决策点的有效管理，造成实际立项比较随意，执行较为混乱，在现实情况发

生变化时不能及时调整。

（2）规划不合理，造成发展目标错位

在技术应用创新过程中，由于媒体的宣传、行业的各种声音，容易出现的最多错误就是好高骛远，忽略了事物的逐步发展规律，企图大跃进式发展，揠苗助长。或者，不能很好地平衡短期目标与长期目标的关系，造成发展没有后劲。根本原因是没有掌握分析和总结技术应用发展规律的方法，不能做合乎规律和实践的发展规划，造成没有选择合适的切入点或者没有向更高水平推进发展。

（3）缺乏战略定力，应对不确定性的计划和准备不足

战略规划需要能容纳一定的不确定性。创新过程虽然遵循一定的顺序发展阶段，但每个阶段的发展速度是不确定的。创新方向和与业务的有效结合都需要一定的探索，需要实践和市场检验，不能一蹴而就，需要有所准备。最终探索成功的成果具体形态很大可能与最初设想并不一致。另外，政府治理政策也存在突然变化的不确定性，比如当前平台垄断与反垄断的治理、数据安全、个人信息保护就都存在新的形势和要求，面对新技术、新应用、新业务，政策制定和市场管理者也在不断学习和探索，因此政策会存在一定的滞后性。还有，国际竞合、行业竞争的变化，都会对全球化的技术合作产生重大的突变影响。

2. 技术应用创新中对组织的要求

对大多数组织来说，技术应用创新发展既不能完全参照规划好的蓝图，也不能完全摸着石头过河。在基于新技术的创新中，特别是面对复杂性更高的信息技术时，即使经验丰富、能力出众的团队或组织在运用新技术也会常常受挫。在组织进行技术应用创新时，管理者迫切需要找到以下问题的答案。

❑ 如何分析和规划组织在引进新技术或推动基于新技术创新的方向和步骤？

❑ 如何判断组织在管理这些变化以及持续监控进度方面是否做得足够好？

❑ 如何管理持续演进的系统和流程的交互？

由于技术发展的不确定性和组织业务的复杂与不透明，所以基于技术驱动的业务创新需要做到以下几点。

❑ 遵循一定的发展规律，逐步迭代发展。

❑ 组织需要规划发展的路线图，逐步突破，分多次实现从 0 到 1。

❑ 需要吸收行业最佳实践，少走弯路。

当代技术创新发展规律的一个基本特征就是：技术创新、技术应用突破主要是在渐进式积累的基础上在某个时刻发生了质变突破，且这种不连续突破的发生时刻不易被准确预测。这个突变规律给企业的技术应用发展规划带来很多的不确定性和挑战。创新发展不能一蹴而就，但规划和设置怎样的目标和路径，是决策的难点，我们需要找到一种方法来总结新技术应用的发展规律和趋势，同时能借鉴行业最佳实践进行系统性的规划，依照一定的事物发展规律进行规划设计，并能够在实施中基于最新变化快速调整。

2.1.3 发展常遇瓶颈，持续提升的挑战

创新有了初步成果后，需要进一步夯实基础和扩大战果，逐步提高效果和稳定质量。在技术驱动的业务创新过程中，组织的各方面都需要配合发展。

1. 创新突破后业务发展常会遇到的问题及原因

在创新发轫后，组织将面临质量和稳定性问题。创新业务发展经常因为组织其他方面的配合未跟上而受挫，不能实现持续有效的增长，进而无法将创新业务继续发展壮大。常见问题列举如下。

- ❑ 质量不稳定；
- ❑ 不能持续增长，或者不能达到有商业价值的规模，进而影响盈利；
- ❑ 成本失控，成本无法下降或超出预算，包括人力成本、计算设施成本；
- ❑ 进度延期，甚至失控；
- ❑ 不能形成业务合力，业务系统繁多、互不兼容、信息不能共享；
- ❑ 创新项目起步后却遭遇反复失败，每次都是重起炉灶，未能吸取过往的经验。

产生以上问题的根本原因主要是组织管理能力不足。技术革新也是组织管理的一场革命，涉及组织管理的方方面面，例如：资金投入、人力建设、组织变革、管理流程、配套机制等。造成以上问题的几个比较突出的原因分析如下。

- ❑ **不重视管理能力的提升**：很多高层管理人员并没有意识到技术应用创新的实施不仅仅是一个技术项目的实施，更是一个管理项目的实施，他们仍将其作为一项技术工作来处理，导致创新业务的发展阻力重重，进程缓慢，没有实现组织期望达到的战略目标。

- ❑ **不够聚焦**：一些企业在创新时多线出击，因此组织力量分散，如果一口气上线很多新系统或新业务，势必带来资源摊薄，而无法实现有效的竞争力。

- ❑ **太早放弃**：在发展过程中，管理方式改变，短期磨合时会经历效率的下降期，对此需要有所认识。

- ❑ **引入太多新东西而无法消化**：科技领域的快速革新，并迅速应用到广泛的各行各业中，导致组织引入了许许多多新系统、业务过程、市场方法，而其中很多是仍在变化中的不成熟的技术、产品或方法。

- ❑ **执行过程中不重视积累，缺乏相应的管理机制**：针对创新评价，只重视显性的经济指标评价，忽略一些潜在的收益。不重视知识的沉淀和积累，忽略对失败项目的分析和总结，未认识到失败的项目也可以带来知识、经验、能力的沉淀，是酝酿成功项目的基础。

归根结底，上述问题产生的原因是企业对组织能力的发展规律认识不足，不能建设出能够保障创新质量并持续提升的组织能力。同时，缺乏明确的工作思路，缺乏持续的管理策略。这就导致了工作方法、计划的混乱多变，不能形成统一思想，使得工作难以有序、可

控、有效地开展，更无法从根本上解决问题。

2. 创新业务持续发展对组织能力的要求

前文提到，科技领域的快速革新以及迅速应用到广泛的各行各业中，导致组织引入了许许多多的新系统、业务过程、市场方法，而其中许多是仍在变化中的不成熟的技术、产品或方法。技术和应用的创新是一个持续的过程，需要组织建设持续提升运用新技术的能力，这也对企业的管理者提出了更高的要求。列举如下。

- ❑ 测量和判断组织在某领域的能力水平。
- ❑ 判断在提升某领域能力上是否做了正确的事。
- ❑ 选择合适的衡量工具，测量工作有效性，持续监控进度。
- ❑ 分析是否测量了正确的事，是测量人员绩效、产品性能还是过程绩效？

根据以上要求，企业需要选择合适的应对技术变革、业务创新、组织变革的管理方法和工具，需要组织探索和采取行业的最佳管理实践，使创新的业务越来越成熟，逐步提升组织能力，特别是面向某个技术领域的组织能力，从而对创新的业务实现有效支撑。下文将介绍的成熟度相关模型是被广泛应用、能够有效应对以上挑战的成熟理论和经验方法。

2.2 事物发展的"第一性原理"

渐进发展到质变成熟是事物发展的"第一性原理"。

科技创新领域充满了成功的故事，激励着人们，但也让人们形成幸存者偏差认知，而对创新的困难和投入估计不足，希望快速突破、跨越式发展。然而事物的发展并不是一蹴而就的，需要一个渐进积累，逐步发展，经历质变到成熟再到衰退的过程。

成熟度是在不确定性中描述一类事物成熟过程的有效方法。在科技领域，由于技术的复杂性、探索的不确定性，使得技术的发展与应用过程不是线性的，发展的进程更不易判断和掌控，因此成熟度模型非常适合应用于不确定性较高的科技领域。下面将详细介绍成熟度、成熟度模型以及成熟度模型分类等内容。

2.2.1 成熟度

成熟一词的字面意思是"完全长成"，如植物或动物的完全长成，形容人时也可以用于表达身体、思想或性格的完全长成，泛指生物体发育到完备的阶段，也可以引申为事物或行为发展到完善的程度。

成熟度（maturity）是对事物发展规律的一种描述方法。成熟度表达了事物从最初状态到更高级状态的发展，暗示了进化（evolution）或成长（ageing）的概念，表明了对象会在成熟的过程中经历多个中间状态。

本质上，成熟度是形态变化的抽象，事物的典型特征或属性通常在其生命周期的某个阶段表现出来，因此成熟度一般由各种可识别的阶段代表，一个事物将顺序通过这些阶段。

现有的成熟度方法都是用描述生物成长规律的方式来描述社会学结构（包括商业）发展规律，即描述一个事物在经过一定数量的初级阶段后达到一个期望成熟阶段的规律。

2.2.2　成熟度模型

成熟度模型可理解为传达经验、智慧、追求完美或文化迁移的一种组织方法或路径。

1. 成熟度模型的定义

成熟度模型是描述属性、特征、指标、模式或实践的进化过程，它们的转变代表某一领域（或学科）中的进展和成就。（这些属性、特征、指标、模式、过程或实践在下文被总体称为属性。）

换句话说，成熟度模型描述了属性从某种原始状态到更高级或"成熟"状态的演进或升级。如果对象（如组织）展示了某些指定属性，则可以说其已经达到了某个级别和该级别代表的特性（如能力）。

成熟度模型的实用性在于它使我们能够预测可能发生的情况，使我们有机会主动管理向下一阶段的转变过程，减轻潜在的不良影响，主动推动达成进入下一阶段的条件或者推迟进入下一阶段。因此，成熟度模型包含三个有趣的概念：

- □ 首先，一组按一定顺序发生且可识别的阶段；
- □ 其次，找到许多驱动事物从当前阶段过渡到下一阶段的条件；
- □ 第三,一组属性，衡量当前状态，这组属性值的变化可用于确定是否已发生转变。

成熟度模型的主题可以是对象或事物、事物的特征、做事方式、实践、过程等。成熟度模型实际上是将一个领域的有效实践以发展阶段的形式组织起来，而这些实践也存在一个逐步发展的内在联系，有助于从业者理解和运用。

为了使成熟度模型有效并产生实际作用，各个级别之间的"可测量的转变"应基于在实践中已验证的经验数据。构成模型的组件通常需要在领域（或学科）内达成一致，并且模型需要通过应用的实践不断进行验证和迭代校准。

2. 成熟度模型的核心组成

尽管成熟度模型的类型有所不同，但大多数模型都符合包含某些核心组成部分的基础结构。该结构很重要，因为它为目标、评估和最佳实践之间提供了联系，并且通过将模型基础结构与业务目标、标准等联系起来，可以建立当前状态和改进路线图之间的关系。成熟度模型的核心组成部分包括级别或阶段、领域、属性、评估与计分方法、提升路线图。

- □ **级别或阶段**（Level or Stage）：如前所述，级别代表成熟度模型中的转变状态或测量等级。在模型架构中，级别可以描述为渐进式步骤或平稳阶段，或者可以表示模型测量的能力或其他属性。级别是成熟度模型的直观体现，代表了成熟度模型的测量尺度，如果等级不正确或不完整，则模型本身可能无法被验证或产生不良、不一致的结果。因此，"成熟度模型"必须谨慎使用，它仅适用于实际上遵循成熟度类模型要求的模型，尤其是 CMM 类模型（它们具有更严格且经验有效的级别）。

❑ **领域**（Model Domain）：领域是一种类似属性分组的方法，即将相似属性进行逻辑分组，划分为与模型目的和主题相关的重要领域。在能力成熟度模型中，领域被称为"过程域（process area）"，因为领域是一个过程集合，这些过程集合可以组成一个更大的过程或学科（discipline），例如软件工程。根据模型不同，用户可以专注于改善单个域或一组域。某些模型（例如 CMMI 框架）会说明为了获得期望的结果需要在一些过程域中实现指定进展。

❑ **属性**（Attribute）：属性表示了模型的核心内容，一般会按照领域和级别分组。属性通常基于实际观察得到的实践、标准或专家知识，并且可以表达为特征、指标、模式、过程或实践。在能力成熟度模型中，属性还可以表示组织成熟度的质量，这对于支持过程改进很重要。

❑ **评估和计分方法**（Appraisal and Scoring Method）：用于评估、测量、差距识别、基准测试，在模型中增加开发"评估和评分方法"是为了促进以该模型为基础的评价。评估和计分方法可以是正式的，也可以是非正式的，可以由专家指导，也可以自行运用。计分方法是由行业团体设计的算法，以确保评估的一致性和衡量标准的通用性。计分方法可以包括加权方法，这样重要属性就比不重要属性的分值更高，或者可以以不同方式来评估不同数据收集方法获得的数据类型，例如相对基于访谈的数据，为文档记录的证据给予更高的评分。

❑ **提升路线图**（Improvement Roadmap）：成熟度模型可用于指导改进工作。许多成熟度模型都规定了一些方法，这些方法可用于确定改进范围、诊断当前状态、计划和实施改进、确认已发生改进。

3. 典型的成熟度模型

这里列举三个典型的成熟度模型，说明如下。

1）**成长阶段模型**：在信息化领域，1973 年哈佛大学商学院教授理查德·诺兰提出了包含成熟度思想的诺兰模型，用于描述在组织中信息技术增长的理论，也称为成长阶段模型（Growth Stage Model）。虽然诺兰模型因其严谨性受到很多质疑和批评，但众多的研究者和从业者发布的大量相关文献表明了该模型的流行和实践中的指导意义。

2）**质量成熟度方格**：在质量管理领域，1979 年著名的质量大师菲利浦·克劳士比将成熟度思想应用在质量管理中，并提出了著名的质量成熟度方格理论。

3）**CMM**：在软件工程领域，在 1990 年左右，卡内基梅隆大学软件工程研究所（SEI）的汉弗莱（Watts Humphrey）在克劳士比的基础上将成熟度思想应用在软件工程管理中，后来 SEI 开发出了面向软件工程的能力成熟度模型（Capability Maturity Model，CMM），并将其推广和应用到了整个软件开发行业。CMM 的后续迭代版本 CMMI，目前仍然是最主要的能力成熟度模型。各个领域的研究者和从业者在 CMM 基础上创建了大量的成熟度模型，这些模型证明了 CMM 对各行各业的巨大影响。

2.2.3 成熟度模型分类

成熟度模型可分为发展成熟度模型、能力成熟度模型和混合成熟度模型。发展成熟度模型相对简单，能力成熟度模型较为严谨。组织通常同时面临发展和质量提升的挑战，很难通过单一模型很好地解决问题，此时混合模型是一个不错的选择，它能为组织的管理和运营提供综合指导。

1. 发展成熟度模型

发展成熟度模型（Progression[⊖] Maturity Model）的目的是提供进展或发展的路线图，在成熟度水平上的进步表示了事物的核心实践或属性的某些进展。

（1）定义

表示属性、特征、模式或实践的成就、进展或升级的模型通常被称为发展模型（Progression Model）。

在发展模型中，通常使用发展中的"状态"或"步骤"来标记成熟度水平，级别名称表示了转变的"状态"，即该状态下属性的成熟级别。

（2）示例

例如，表示人类移动性状态的成熟度模型的发展级别可以分为：爬行→步行→跑步→骑马→驾车→飞行。

再如，信息化领域的诺兰阶段模型将信息化的发展分为多个阶段，并在后续随着科技的发展不断迭代，最初的阶段划分为：初始（Initiation）→普及（contagion）→控制（Control）→整合（Integration）→数据管理（Data administration）→成熟（Maturity）。

2. 能力成熟度模型

能力成熟度模型的目的是通过提高组织的能力以提高产品或服务的质量，成熟度水平之间的转换是组织能力的演变。

（1）定义

能力成熟度模型要衡量的是围绕属性、特征、模式或实践的组织能力的表现水平，这些维度通常表示为"过程"，因此能力成熟度模型也常被称为"过程模型"。换句话说，"状态"之间的转换是模型所描述主题相关的组织能力演变，如软件开发能力。

能力成熟度模型用于指导组织加强其过程能力，一般是用于表达一个组织按照预定目标和条件成功地、可靠地生产产品或提供服务的能力。能力成熟度类模型的共同点是根据制度化特征的基准来测量能力，这些制度化特征出现在每个模型级别上，并以此来命名级别。能力成熟度模型不仅具有测量简单（或复杂）任务的能力，还具有更广泛的组织能力，以反映能力植入或者"制度化"在组织文化与实践中的程度。

能力成熟度模型的基本原理来自基于过程方法和统计学的质量控制方法。统计质量控

⊖ Progression 有前进、进步、进展、发展、进行、连续等含义，文中使用"发展"一词，但缺少了"前进"的具体含义。

制方法认为质量不仅与最终产品相关，而且与制造产品的过程相关。随着生产制造领域中的质量运动逐渐成熟，过程质量管理已经不再局限于制造业。最先全面引入过程质量管理的是定制软件开发领域，并形成完整严谨的能力成熟度模型。

这些制度化特征可独立于模型的核心主题，同时由于过程成熟度级别的一般性质，基本能力成熟度理论可以应用于许多领域。

（2）示例

一种能力成熟度模型的级别划分示例如图 2-3 所示。

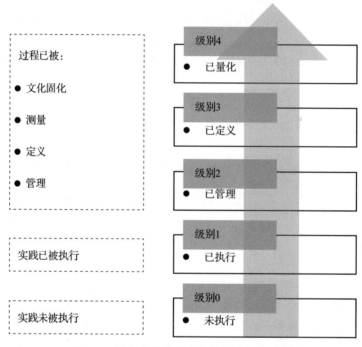

图 2-3　能力成熟度模型的级别及特点示例

（3）能力成熟度模型与发展成熟度模型的核心区别

发展成熟度模型与能力成熟度模型的核心区别表现在：发展成熟度模型的级别划分依据是核心实践的变化，而能力成熟度模型的级别划分依据是制度化特征的变化，其核心实践可能是相同的，如图 2-4 所示。

另外，需要特别注意的一个问题是发展成熟度模型经常也会按能力成熟度模型类似的模式来组织和表述，然而发展成熟度模型通常并不能衡量能力或过程成熟度。实际上，组织可以在发展成熟度模型中展示出更成熟的实践表现，但它可能是以临时方式在执行这些实践，并且无法保障获得持续的效果或在压力下仍能保留这些实践。因此，在发展成熟度模型中做到的更成熟的实践不能直接代表能力的成熟度。

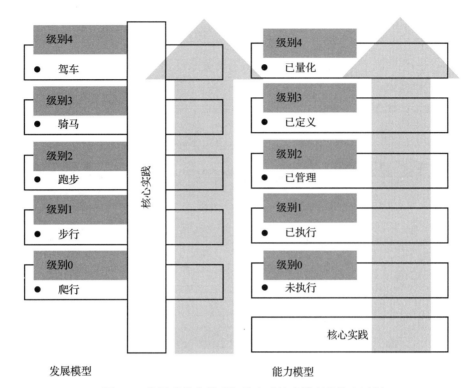

图 2-4　发展成熟度模型与能力成熟度模型的核心区别

3. 混合成熟度模型

混合成熟度模型（Hybrid Maturity Model）的目的是同时提供发展路线图和能力提升路径。混合成熟度模型反映了类似于能力成熟度模型（即描述能力成熟度）的各个级别之间的转换，但在架构上使用发展成熟度模型的特征、指标、属性或模式。

（1）定义

重叠发展成熟度模型的特征与能力成熟度模型的能力属性，可以创建混合成熟度模型。在混合成熟度模型中，发展成熟度模型的体系结构用于表征属性、特征、模式或实践，同时各级别的转换状态又反映了能力成熟度。换句话说，能力的制度化特征被叠加到发展成熟度模型的主题上。

混合成熟度模型对于既需要关注发展创新又需要同时提升组织能力的特定主题领域的变革规划与管理非常有用⊖，能够既从进化角度评估发展阶段，又从将标准与最佳实践融入组织能力的角度来评估能力提升，二者相互协调，相互支持，可以生成综合改进成熟度的发展路线图，使发展能够保持和稳步提高。混合成熟度模型既提供了能力成熟度模型的严格性，又包含了发展成熟度模型的易用性和可理解性。

⊖ 由 SEI 参与、美国能源部主导开发的电力子行业网络安全能力成熟度模型（ES-C2M2）属于混合模型（该模型 1.0 版本 2012 年发布、1.1 版 2014 年发布）。

（2）示例

图 2-5 是混合成熟度模型的一个示例，分析如下。

❑ 级别：一组明确定义的特征和结果，具有能力水平含义。

❑ 领域：模型内容的分类。

❑ 模型内容：代表进展和能力的具体属性（特征、模式或实践）。

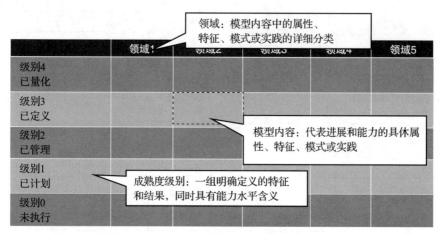

图 2-5　混合成熟度模型示例

4. 实施成熟度模型的关键与模型对比

在组织中推广和实施一个成熟度模型，如下前提是成功的关键：

❑ 清楚了解采用一类模型的业务目标，理解模型将如何实现这些目标；

❑ 了解模型实施计划如何与组织中其他重要计划相适应（不仅仅是简单增加一个新计划）；

❑ 拥有对成功至关重要的高管和高级领导者的真正参与；

❑ 具有明确的结果指标，并定期报告和检查；

❑ 制定计划并投入资源；

❑ 选择合适的模型。

结合科技发展、行业水平与组织当前情况，选择最适合的模型并在适合的时候实施。三类成熟度模型对比如表 2-1 所示。

表 2-1　三类成熟度模型对比

模型类型	发展模型	能力模型	混合模型
核心区别	级别反映了核心实践的变化，代表进步和成就	级别反映了制度化特征的变化，代表能力的变化、过程制度化的程度（特定实践被制度化的程度）、文化的成熟度	级别同时反映了成就和能力，既从进化角度评估发展阶段，又从将标准与最佳实践融入组织能力的角度来评估能力提升，二者相互协调、相互支持

（续）

模型类型	发展模型	能力模型	混合模型
构建基础	通过行业观察与案例研究，分析与预测事物发展规律	基础原理是基于过程方法和统计控制的质量方法，通过行业研究总结最佳实践	综合发展模型与能力模型的方法
特点	❏ 专注于实践或控制，实现从最不成熟到最成熟的发展； ❏ 级别描述成就、进步、完整性或进化的更高级状态	❏ 过程可重复，持续产生一致的结果，制度化的过程，在压力时期更有可能被保持； ❏ "状态"之间的转换是组织能力演变，反映能力植入或者"制度化"在组织文化与实践中的程度	❏ 结合发展成熟度模型和能力成熟度模型的最佳特点； ❏ 级别之间的转换描述与能力成熟度模型相似，在架构上使用发展成熟度模型的特征、指标、属性或模式
优点	❏ 路线图：提供变革性的路线图 ❏ 易用：易于创建、理解和使用 ❏ 灵活：随着技术和实践的发展，易于重新校准 ❏ 成本低：采用成本低	❏ 衡量能力：提供能力的衡量，这个能力是指在压力下仍保持制度化行为的能力 ❏ 严格：提供对能力的严格测量 ❏ 定量：可以提供定量测量的路径	❏ 衡量发展与能力：提供竞争力的简易评估，以及能力的近似衡量 ❏ 增加发展韧性：增加能力维度到发展实践上，因此能够衡量组织在存在干扰和压力情况下的发展"韧性" ❏ 严格且易用：既提供了能力成熟度模型的严格性，又包含了发展成熟度模型的易用性和可理解性 ❏ 其他发展模型优点：提供路线图、灵活易迭代、成本相对低
不足	❏ 不严谨：级别是可以任意定义的，可能会比较随意 ❏ 进步却不成熟：往往未经严格验证，达到更高的水平并不一定意味着"成熟" ❏ 不可持续：可能不可持续，不能用来衡量组织在干扰和压力时期能够维持有效实践的程度（有效实践尚未成为组织 DNA 的一部分） ❏ 易混淆：经常与 CMM 混淆，导致用户在发展成熟度模型上错误地投影了 CMM 的特征	❏ 复杂：是一个比较复杂的工具，有时难以理解和应用 ❏ 成本高：采用成本高 ❏ 不充分："成熟度"可能不会转化为实际效果，对过程绩效和成熟度的测量是有用的，但可能会不充分 ❏ 自我感觉良好：潜在错误的成就感或信心，例如在安全实践中达到高度成熟可能并不意味着该组织是"安全的"	❏ 相对不严格："成熟度"的概念是近似的，不如 CMM 类模型那样严格 ❏ 可随意结合：每个级别的制度化特征与发展属性的组合会相对随意，倚重经验

 注意 成熟度模型自其起源以来一直存在许多争议。例如，成熟度模型一般被描述为"一步一步的模式"，过度简化了现实并且缺乏经验基础。此外，成熟度模型往往会忽略多种潜在同等可行路径的存在。

发展成熟度模型通常会被批评的原因是：级别或"状态"的定义比较随意，因此也会无法验证状态之间的转换。

能力成熟度模型通常会被批评的原因是：对过程绩效和成熟度的测量是有用的，但可能会不充分。经验表明，过程的质量直接影响产品的质量，但是过程的绩效和成熟度只是一方面，还需要考虑其他方面的绩效和成熟度。

由于成熟度概念对自然发展规律的揭示非常形象，在各行业的从业者中非常容易被大家接受，因此十分流行。如果运用得当也非常有效，但也存在大量无效，甚至负面的实践。马丁·福勒在一篇文章中这样论述：在许多领域，成熟度模型获得了一些较差的声誉，尽管它们很容易被滥用，但如果运用得当将会非常有帮助[⊖]。

2.3 技术创新规律与成熟度评估

针对技术发展现状和未来的判断对组织决策至关重要，也是企业成败的关键，因此针对技术的成熟度评估方法越来越受到重视。

现代商业的发展已严重依赖科技创新，每 5 ~ 10 年就会出现一波新的科技革命和产业变革，现代企业和组织无论所处什么行业、规模如何，如果不能对技术创新建立评价和跟踪机制，抓住技术变革的机遇，就会错失机会，甚至被竞争淘汰。

人们很容易高估近期的技术发展速度，而低估长期的技术突破。在一些需要前沿、尖端科技进行竞争的领域，如军事、高科技企业，人们经常基于对短期趋势乐观做计划和投入，导致因为采用了未成熟的技术而失败，或者计划不断延期，或者投入严重超支甚至不可控。所以我们迫切需要一种工具和方法来评估技术可用情况，对技术的进展进行合理的判断。

有两种常用的技术成熟度评估方法，后文将展开详细介绍。

❑ 一种是技术就绪评估（Technology Readiness Assessment，TRA），最初由美国宇航局提出，适用于大型尖端项目中，目前美国国防部和联邦政府在大型系统采购时会使用 TRA 进行关键技术成熟度的评估。

❑ 另一种是美国 Gartner 咨询公司开发的技术成熟度曲线（Hype Cycle），又称技术炒作周期，适用于大众技术领域，用于指导组织追求和采用新技术的评估。从 1995 年开始 Gartner 每年会发布几十个领域的技术成熟度曲线，为行业的发展、组织的判断提供决策依据和指导。

2.3.1 技术发展生命周期规律

技术成熟度一般指一项技术在技术生命周期中的位置。技术的发展不是线性的，通常

⊖ https://martinfowler.com/bliki/MaturityModel.html#:~:text=A%20maturity%20model%20is%20a,order%20to%20improve%20their%20performance。

前期慢慢积累，到了一定程度实现质变，进入爆发式、指数式的应用增长，同时每项技术的发展速度也不一样，有时长久无法突破，有时还没突破就被其他技术所替代了。

对技术成熟度的描述方法主要有两类：

❑ 等级描述法；

❑ 曲线描述法。

针对技术生命周期的不同阶段，有多种相似的阶段划分方法，如三阶段分法：新发明阶段、技术发展阶段、技术成熟度阶段；也有四阶段分法：萌芽、成长、成熟、衰退。图 2-6 所示的技术发展成熟度曲线是对技术发展规律与成熟度阶段的典型描述。

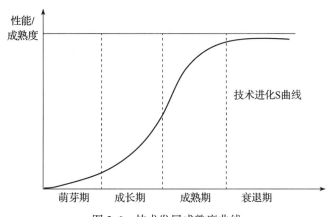

图 2-6 技术发展成熟度曲线

现实中，由于多种因素的相互影响，比如媒体的炒作、研究经费的投入、不同技术路线的争议，很难判断技术发展所处的阶段与成熟度所处的曲线位置，需要结合数据、研发规律、行业分析综合进行判断。

2.3.2 基于就绪水平的技术研发成熟度评估

美国联邦机构每年花费数十亿美元来开发、购买和建造主要的系统、设施和设备，政府的许多最昂贵、最复杂的采购计划要求开发前沿技术并将其集成到大型复杂系统中。对于美国联邦机构来说，管理这些复杂的采购一直是一项长期的挑战。美国政府审计署（General Accounting Office，GAO）研究表明，使用有效的管理实践和流程来评估一项技术的成熟程度以及技术如何演示验证，即评估技术的就绪状态，对管理联邦政府采购的重大风险至关重要。

1. 什么是技术就绪评估

技术就绪评估是指使用技术就绪水平量表评估技术成熟度。技术就绪水平量表（Technology Readiness Level，TRL）是系统地描述新技术或现有技术新应用的就绪程度的度量手段。

技术就绪评估是一个正式的、系统性的、基于度量体系的、基于证据的过程，用于评估关键技术成熟度并形成评估报告。关键技术是指某个具有创新性的或者以创新方式使用的技术元素，并且在规划的成本和进度范围内，该技术元素对于拟建系统的运行性能要求而言是必需的，包括硬件与软件。

2. 技术就绪评估的发展历史

技术就绪水平量表由美国宇航局（National Aeronautics and Space Administration，NASA）在 1980 年代首创。TRL 量表的范围是从 1- 观察到基本原理并形成正式报告，到 9- 成功的任务执行，真实系统得到检验。1999 年，美国审计署建议美国国防部（Department of Defense，DoD）采用 NASA 的 TRL 作为评估技术成熟度的一种方法，以解决武器设备与国防系统采购中因技术成熟度不高而造成的费用大幅超支、进度严重拖延的问题。美国国防部在 2003 年发布《美国国防部技术就绪评估手册》，目前最新版本为 2009 年版本，其中制定了使用 TRL 执行 TRA 的详细指南。在美国之后英国、加拿大等发达国家纷纷采用 TRA 对其国防采购涉及的技术进行成熟度评估。美国国会在 2006 年以后要求国防部在采购某项进入武器系统设计的技术时，该项技术需要达到 TRL 6 级别（在相关环境下已演示验证）。TRL 6 也是 NASA 将技术引入设计时所需要的级别。美国审计署于 2013 年开始筹备，在国防部、NASA 和能源部的实践基础上，在 2016 年发布了面向所有政府部门的 TRA 指南征求意见稿，并会持续周期性更新。目前意见稿的最新版本是 2020 年 1 月发布的版本，旨在通过该指南建立一种可在整个联邦政府中使用的评估技术成熟度的方法，同时为从业者、项目经理、技术开发人员和治理机构提供一个框架，以更好地了解技术成熟度以及进行高质量评估的最佳实践。

中国也引进了 TRL 并在 2009 年发布了国家标准《科学技术研究项目评价通则》（GB/T 22900-2009），用于指导对科研和技术开发项目的管理和评价。该标准根据研究层次将项目分为基础研究项目、应用研究项目、开发研究项目，并分别给出了对应的技术就绪水平量表。

中国政府和企业在研究和使用 TRA 方面还比较落后，从业者的认知十分不足，大部分人还不了解 TRA，在越来越强调创新驱动、中国智造的今天，这个现状亟待改变。

3. 技术就绪水平量表

美国审计署的 TRA 指南中的技术就绪水平定义与国防部的 TRA 手册中的定义是相同的，如表 2-2 所示，可以看到，软件与硬件稍有不同。

表 2-2　技术就绪水平定义

等级	硬件 TRL 定义	软件 TRL 定义
TRL1	观察到基本原理并形成正式报告	
TRL2	形成技术概念或应用方案	
TRL3	完成分析和实验关键功能和 / 或技术概念证明	
TRL4	完成实验室环境下的组件或实验板（软件为软件模块或子系统）验证	
TRL5	完成相关环境下的组件或实验板（软件为软件模块或子系统）验证	
TRL6	完成相关环境下**系统 / 子系统模型或原型**的演示验证	完成**端到端**相关环境下的**软件模块或子系统**验证
TRL7	完成运行环境下系统原型的演示验证	完成在**高保真**运行环境下的系统原型演示验证

（续）

等级	硬件 TRL 定义	软件 TRL 定义
TRL8	真正系统研制完成，并通过测试和演示证明合格	真实系统研制完成，**在运行环境**下通过测试与演示证明，执行任务合格
TRL9	经过成功的任务执行，真实系统得到检验	通过成功的**可证明运行能力**的任务执行，真实系统得到检验

2.3.3　考虑宣传期望的技术发展成熟度曲线

在现代的商业发展和社会管理中，先进科技的发展是核心推动力，所以新科技开始显现时，就会引来媒体的大量宣传，影响组织的判断和决策，使其产生期望陷阱，在面向新科技的投入和采用方面出现严重的误判，典型错误有进入太早、放弃太快、采用过晚、保持过久。

1. 技术成熟度曲线

在科技领域，从业者需要另外一种描述技术成熟度规律的方法来描述技术发展与普及的规律。特别是应用类技术，大众比较关心，常常会有一个像过山车一样冲高再快速回落的期望变化规律：一个新技术的出现会引起媒体的广泛宣传，使大家的期望值快速升高，但技术还未成熟，随后因为技术或产品效果不佳，大家的期望值又大幅降低，但一些技术最终实现逐步改进并突破，变得成熟进而逐渐普及。

可以诠释这一规律的方法是美国 Gartner 咨询公司开发的技术成熟度曲线，又称技术炒作周期。该曲线揭示了技术渐进发展成熟和媒体对新技术炒作共同形成的技术成熟度预期规律，是一种结构化、定性的研究工具，可以用于指导组织选择新技术时对技术发展阶段的评估。实际上，大多数 Gartner 炒作周期都是快照，显示一组创新的概况，在单个时间点的相对位置。但是，单一主题的炒作周期可用于预测创新的未来路径。一个著名的例子是 1999 年发布的电子商务炒作周期，该周期准确地预测出 2001 年的互联网泡沫破灭，以及电子商务最终将会发展为一项日常商业的趋势。

技术成熟度曲线使用一种图形展现法表示技术的成熟度和社会应用的状态，以及它们与解决实际业务问题和利用新机会的潜在关系，通过 5 个阶段提供了新兴技术成熟度的图形和概念性表达。技术成熟度曲线的阶段示意图如图 2-7 所示。

技术成熟度曲线的阶段划分说明如表 2-3 所示。

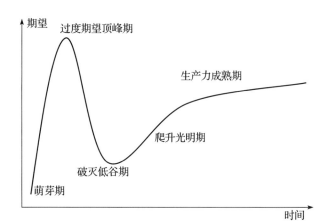

图 2-7　技术成熟度曲线与阶段示意图

表 2-3 技术成熟度曲线的阶段划分说明

序号	阶段	说明
1	创新触发期 （Technology Trigger）	潜在的技术突破开始受到关注，早期的概念验证故事由于媒体的兴趣引发了广泛的宣传，通常还不存在可用的产品，并且未经商业证明
2	过度期望顶峰期 （Peak of Inflated Expectation）	形成一个宣传波浪，对该创新的期望超出了其当前的现实能力。在某些情况下，高期望带来的投资热潮会形成投资泡沫。早期的宣传催生了一些成功的故事，但也出现大量失败的故事。此阶段仅少数公司开始正式进入这个技术创新领域，但大多数公司还没有进入
3	期望破灭低谷期 （Trough of Disillusionment）	随着早期实践的失败，人们的兴趣逐渐减弱。此类技术的供应商岌岌可危以至消失。只有存活下来的提供商继续改进其产品，当能够使早期采用者满意时，投资才会再次进入
4	稳步爬升光明期 （Slope of Enlightenment）	一些早期采用者克服了最初的障碍，有关应用该技术使企业受益的案例越来越多并在业内得到更广泛的了解。技术提供商开始推出第二代和第三代产品。越来越多的企业开始开展尝试，此阶段保守的公司仍保持谨慎
5	生产力成熟期 （Plateau of Productivity）	随着创新的现实收益被证明，主流企业开始普遍采用，渗透率迅速提高。此阶段评估供应商可靠性的标准更加明确。该技术已明显具备广泛的市场适用性和相关性。如果该技术的应用不只是细分市场，那么就会继续增长

2. 技术成熟度曲线揭示的技术发展与技术炒作规律

技术成熟度曲线的垂直轴标记为"期望"，水平轴标记为"时间"，它的独特垂直形状显示了根据市场对其未来预期价值的评估，随着创新的发展，"期望"随着时间的推移激增和收缩的情况。

炒作周期显示了两个上升阶段（即期望值不断提高），这是由两个不同原因造成的。

❑ **过度期望顶峰前的上升**：第一次上升是由于市场炒作形成的，期望来源于创新将带来的新机遇的兴奋。期望被快速激发而上升到顶峰，然后在早期期望无法被快速满足的情况下逐渐消失（参见图 2-8 中的第一条炒作水平曲线）。此时创新的成熟度通常仍然比较低（请参见图 2-8 中的第二和第三条曲线），较高的期望和较低的成熟度导致其进入期望破灭低谷期。

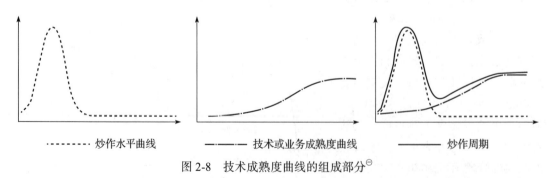

- - - - - - 炒作水平曲线　　　　——— 技术或业务成熟度曲线　　　　——— 炒作周期

图 2-8 技术成熟度曲线的组成部分⊖

⊖ https://www.gartner.com/en/documents/3887767/understanding-gartner-s-hype-cycles。

❑ **稳步爬升光明期的上升**：期望值的第二次上升是由创新的成熟度增加所推动的，这实现了真正的价值并达到了期望值。

3. 技术成熟度曲线的用途

每年 Gartner 都会发布几十个领域的技术成熟度曲线，为从业者跟踪创新的成熟度和未来潜力提供指导，为行业的发展、组织的判断提供决策支持，避免可能犯的错误。图 2-9 是炒作周期提示的决策陷阱的简单示例。

组织必须在很多新的技术及相关产品之间做出选择，但很多管理者没有能力完成所有的事情。管理者必须估算出组织承担了多少风险，但因为营销宣传掩盖了真实的技术成熟度，所以往往很难实现准确的风险和收益评估。技术成熟度曲线可以帮助管理者过滤技术市场中的各种噪声，清楚地审视技术。它提供了一个探索趋势和创新的方法，可以帮助管理者做出正确的选择。

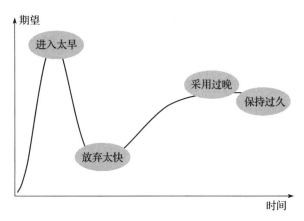

图 2-9　炒作周期揭示的决策陷阱

❑ 避免仅仅因为一项技术被炒作而对创新进行投资，同时避免仅仅因为一项技术没有达到早期（过高）期望就忽略它。

❑ 有选择地积极进取，并尽早采取可能对自身业务有利的创新，但需等待创新相对更成熟时再采用。

❑ 使用配合每个炒作周期的优先级矩阵来评估每个创新的潜在收益并确定投资优先级。

Gartner 公司还提供了另外两个可以与技术成熟度曲线配合使用的工具，即分析创新市场上技术厂商情况的魔力象限（Magic Quadrant）和分析 IT 技术从采用到淘汰的 IT 市场时钟（IT Market Clock）。魔力象限可以用于了解特定投资机会和考察技术提供商。技术成熟度曲线跟踪创新从出现到早期成熟的周期情况，而 IT 市场时钟突出显示了从首次使用到必须淘汰的 IT 资产的市场发展情况，这两种模型都描述了"相对时间"，并且两者有重叠，IT 市场时钟的覆盖范围更长，可与技术成熟度曲线互补。简单来说，技术成熟度曲线支持有关创新采用的"技术选择"决策，而 IT 市场时钟支持已建设资产的"收获"决策。随着新技术的进一步发展，许多脱离技术成熟度曲线的创新仍将被视为市场时钟上的资产。

2.4　组织技术应用的发展规律与成熟度评估

发展成熟度模型在揭示事物发展规律与指导组织发展方面是一个方便使用的方法。事物的发展或进化虽然是连续过程，但通常存在量变与质变两种情况，所以在研究一项事物的发展时，一般可以采用划分阶段的方法进行分析和指导。

每个领域都有一些知名的发展模型。在团队发展领域，布鲁斯·塔克曼（Bruce Tuckman）创建了团队发展阶段模型（Stage of Team Development），用来识别团队构建与发展的关键性因素，该模型将团队发展划分为组建期（Forming）、激荡期（Storming）、规范期（Norming）、执行期（Performing）和休整期（Adjourning）五个阶段。在信息化领域，理查德·L·诺兰（Richard.L.Nolan）创建了诺兰成长阶段模型，该模型同时考虑了技术变革、行业发展阶段和企业自身的发展成熟度，所以也包含成熟度思想。在电网运营领域，SEI 创建了智能电网成熟度模型（Smart Grid Maturity Model，SGMM）。

本节重点介绍诺兰模型及其在新时代的扩展，以说明如何从实践中基于发展模型总结出"组织采用一项重大变革后的信息技术的发展规律"。

2.4.1 指导早期信息化规划的诺兰成长阶段模型

在信息化领域，美国哈佛大学商学院的商业管理教授、管理信息系统专家诺兰通过对200 多个组织的信息系统发展研究，发现这些组织的 IT 费用支出曲线雷同。诺兰认为组织信息化存在一条客观的发展道路和规律，提出了著名的组织信息技术增长的理论模型——成长阶段模型（Growth Stage Model），又称诺兰模型。

该模型经过多次迭代，从最初的四阶段模型、六阶段模型逐步发展到世代模型。第一版模型，即四阶段模型，发布于 1973 年。1979 年，诺兰在论文《管理数据处理的危机》中又增加两个阶段，即修改后的模型包括初始（Initiation）、普及（Contagion）、控制（Control）、整合（Integration）、数据管理（Data Administration）、成熟（Maturity）等六个阶段，并将六个阶段划分为两个世代：数据处理世代（Data Processing Era，DP Era）和信息技术世代（Information Technology Era，IT Era）。

该模型阐述了企业 IT 成长的 S 形曲线、阶段划分、世代曲线间不连续点等发展规律，得到了大量的理论和实践研究的支持，如图 2-10 所示。

诺兰模型揭示：组织在采用一项重大变革后的信息技术时都会有一个新的学习过程，而组织在一个学习过程之中的 IT 开支与学习成长过程变化会呈现出一条 S 形增长曲线，多次的技术变革叠加在一起就形成了学习成长过程的多轮循环，这样的一次迭代循环可定义为一个"世代"，这里的"世代"作为模型中一次组织技术革新成长过程的专有名词定义。其背后体现的规律主要是在技术不断革新时组织学习与采用新技术的成长规律，每个组织的每次技术革新都需要经历这些学习成长过程。

注意 诺兰模型对企业信息影响非常大，大量企业依照诺兰模型进行信息化规划，虽然最初模型存在一些不足，例如模型仅关注一个费用维度（即模型的 Y 轴），但信息化的驱动因素有很多，而不仅仅只有一个费用维度。

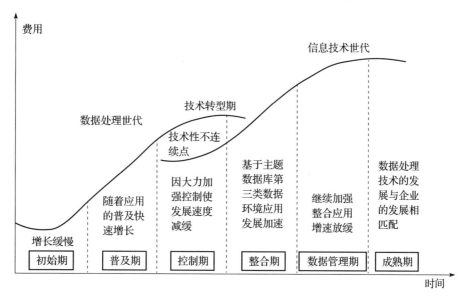

图 2-10 六阶段诺兰模型

2.4.2 诺兰模型在网络时代与智能时代的扩展

每次技术革新就是一次迭代优化，因此模型也需要不断扩展以适应新的技术时代。成熟度的类比给组织提供了指导和洞察力（甚至智慧），以应对新技术和创新的早期发展阶段。然而，在持续创新的背景下，这可能是西西弗斯式（Sisyphean）的任务。诺兰模型也暗示了，也许成熟状态是一个永远无法实现的阶段，但我们也必须不断去努力争取。诺兰在发布第一版诺兰模型后，一直保持对模型的迭代优化。

1. 互联网时代的诺兰模型扩展

信息技术历史上发生了从大型计算机、PC 机到互联网的多次重大技术变革，诺兰也不断更新自己的模型，在 1992 年提出了三世代九阶段模型，揭示组织的 IT 应用经历了数据处理、信息技术和网络三个世代。世代的过渡伴随着不同的断点：技术性不连续点（Technological Discontinuity）、组织性不连续点（Organizational Discontinuity）。网络世代也可称为大量定制世代，需要创建既灵活又稳定的应用程序组合，包括三个阶段：功能性基础架构（Functional Infrastructure）、适合的增长（Tailored Growth）、快速响应（Rapid Reaction）。九阶段诺兰模型如图 2-11 所示。

2. 智能时代的诺兰模型扩展

从 DP 到 IT 世代的过渡伴随着技术性断点，从 IT 到网络世代存在组织性断点，但是随着新技术的出现，例如大数据、云计算、物联网、人工智能、工业 4.0 等，有研究者观察到一个新的不连续点，并在三世代九阶段诺兰模型的基础上进一步扩展，增加了一个"智能世代"（Smart Era）。网络世代与智能世代之间的不连续点可以总结为"线上线下不连续点（Cyber-physical Discontinuity）"。在新的智能世代，组织可以使用 IoT 采集数据、使用大数据处理信息、使用机器学习创建预测模型挖掘价值。智能世代可划分三个阶段，阶段目标分别定义为：无缝通信、自适应能力、即时准确的决策。诺兰模型的智能世代扩展模型如图 2-12 所示。

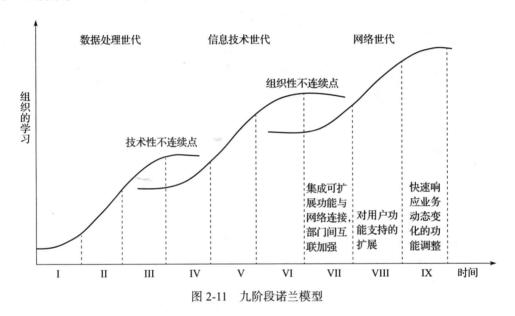

图 2-11　九阶段诺兰模型

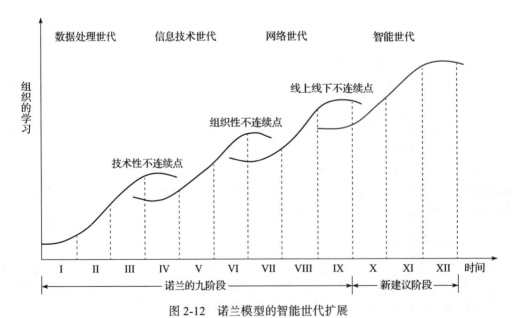

图 2-12　诺兰模型的智能世代扩展

2.5　组织技术应用的能力建设规律与成熟度评估

能力成熟度模型是组织能力建设的有效方法。能力模型发源于最初的质量管理方法，其核心原理是基于过程、统计质量控制的全面质量管理等现代化的科学质量管理方法。因此，本节首先从回顾科学质量方法的发展历史开始，介绍质量管理方法如何从中世纪基于工匠标记的管理方法，逐步发展到现代的基于过程和成熟度的管理方法；然后介绍了能力成熟度模型的两个基础原理：过程模型和统计过程控制；之后重点介绍了软件领域和数据领域流行的成熟度模型，这些模型大都以 CMM 为基础模型，或者借鉴了其思想。

2.5.1　从质量方法发展来的能力成熟度模型

能力成熟度模型是由质量方法发展而来，目标是提高组织的质量管理水平。成熟度模型的历史可以追溯到 20 世纪 70 年代，从休哈特的"统计过程控制（SPC）"，戴明和朱兰的"全面质量管理（TQM）"，克劳士比的"质量成熟度方格（QMMG）"，到汉弗莱与 SEI 的"能力成熟度模型（CMM）"，以及后续基于 CMM 的大量扩展模型，这些成熟度相关质量管理方法均一脉相承。质量方法从 SPC 到 CMM 的发展历程如图 2-13 所示。

图 2-13　质量方法从 SPC 到 CMM 的发展历程

1. 质量方法发展史

工业革命之后，在生产制造领域的质量管理方法大致经历了三个大的发展阶段，包括质量检验阶段、统计质量管理阶段、全面质量管理阶段，也即从质量靠检查，质量靠统计，转变到质量靠整体管理。

在世纪之交，在基于过程管理的基础上，质量管理方法从统计过程控制方法发展出了能力成熟度模型，并从软件领域向其他领域逐步推广开来。

传统观念认为高质量需要通过检测、丢弃不合格产品或修复缺陷来实现，但这样做的成本很高。而新的理念是第一次就做正确，如果没有引入缺陷，则不必为发现和消除缺陷而付出成本。质量不是检查出来的，而是生产出来的，质量不是靠质检部门，而是依靠整体管理。遗憾的是，现在仍然存在很多管理者和经营者认为质量仅仅是质量部门的事。

（1）欧洲中世纪行会时的质量方法——工匠标记

质量管理的起源可以追溯到中世纪的欧洲，工匠们在 13 世纪末组织起联合行业协会。行会制定了严格的产品和服务质量规则，行会的检验委员会通过在无瑕疵商品上添加特殊标记或符号来执行质检规则。工匠本人也常常在所生产的产品上添加第二个标记，这个标记最初用于跟踪有缺陷的物品的来源，后来逐渐开始代表工匠的良好声誉。行会检验标记和主工匠标记为整个中世纪欧洲的客户提供了质量证明。在19世纪初期工业革命前，这种控制质量的方法一直占据主导地位。

（2）工业革命中的质量方法——基于质检和标准化的泰勒系统

工业革命时期的质量方法经历了从延续中世纪工匠的手艺标记方法，到工厂系统，再到泰勒系统的发展过程。以产品检验为重点的工厂系统始于18世纪50年代中期的英国。工厂系统的质量依靠工人技能，并通过审计、检查来保证。随着工业革命的发展，进行大规模生产的工厂开始设置专职检验人员，负责产品质量，此种方法可称为"检验员的质量管理"。在检验员的基础上，诞生了现代质量管理部门。

泰勒系统，是19世纪末弗雷德里克·W·泰勒（Frederick. W. Taylor）开发的新科学管理方法，其目标是在不增加熟练技工的情况下提高生产率。泰勒系统由专业工程师基于实验制定标准和工厂计划，由优秀的工匠和监督者出任检查员和经理，来执行标准和工厂计划。

（3）二战中的质量方法——抽样检查

在第二次世界大战时期，美国大量将民用经济用于军事生产。这期间，质量成为战争努力的关键因素和重要安全问题。不安全的军事装备显然是不可接受的，美国军队基本上检查了每个单元，以确保其操作安全。这种做法需要庞大的检查力量，在招募和保留有能力的检查人员方面存在很大困难。

为了在不损害产品安全的情况下缓解检查人力问题，军队开始使用抽样检查方式代替逐个单元检查的方式，并在工业顾问的帮助下，将采样要求加入军事标准，通过合同要求供应商清晰掌握生产要求。

（4）20世纪初的质量——基于过程和统计学的质量控制

20世纪初，"过程"被纳入质量实践，这也是质量管理进入新方法时代的一个标志。"过程"被定义为一组活动，这些活动接受输入、进行增值、提供输出。贝尔实验室的沃特·休哈特（Walter Shewhart）在19世纪20年代中期开始专注于过程控制，提出质量不仅与最终产品相关，而且与制造产品的过程相关。

休哈特认识到工业过程可以产生数据，并确信可以使用统计技术对这些数据进行分析，以查看过程是否稳定且处于受控状态，或者是否受到某种因素的影响，进而可以修正这个因素。休哈特提出了统计过程控制图（Statistical Process Control，SPC）方法，该方法后来成为现代质量控制的重要工具之一。当前的工业质量控制方法都源于该理论，因此休哈特也被称为统计质量控制之父。

（5）二战后的质量方法——强调涵盖整个组织的全面质量管理

休哈特在西部电气公司（Western Electric）指导了两位质量学家：威廉·爱德华兹·戴明（W. Edwards Deming）和约瑟夫·M·朱兰（Joseph M. Juran），他们后来成为休哈特统计质量控制方法的拥护者，以及日本和美国质量运动的领导者。戴明发展出戴明十四条，朱兰提出质量三步法（质量策划、质量控制、质量改进）。

全面质量管理在美国的诞生是为了响应日本在二战后的一场质量革命的竞争。二战后日本的主要制造商从生产军用产品转为生产民用产品，起初日本因伪劣产品出口而声誉不佳，其商品在国际市场并不受欢迎。这促使日本组织探索质量的新思考方法，并欢迎外国公司和专家提供建议，其中包括美国质量专家戴明和朱兰。日本制造商不仅重视产品检验，更重视改善所有组织流程。结合戴明推广的统计质量控制、戴明环（PDCA 环，具体在第 4 章介绍）方法，日本制造商能够以较低的成本生产出高质量的出口产品，从而使全世界的消费者受益。为纪念戴明对日本质量运动的贡献，日本国家质量奖以戴明命名。

为了应对日本的竞争，美国主要公司的首席执行官开始领导一场质量运动，不仅强调统计数字，而且强调涵盖整个组织的方法，因此被称为全面质量管理（Total Quality Management，TQM）。

著名质量大师克劳士比在 1979 年出版的著作《质量免费：确定质量的艺术（Quality Is Free：The Art of Making Quality Certain）》中研究了产品开发中的质量，提出了零缺陷的理念，要求第一次就做对。他认为质量要依靠预防而不是检验，核心部分是"质量管理成熟度方格"理论，该模型也是建立在休哈特倡导的过程改进方法之上的。

TQM 催生了其他几种质量方法，包括日本丰田发展的"精益制造"和美国通用电气采用的"六西格玛"等。随后一些质量措施被陆续推出，例如 ISO 9000 系列质量管理标准于 1987 年发布。

随着生产制造领域质量运动的逐渐成熟，新的质量体系已经超越了戴明、朱兰、克劳士比等[⊖]早期质量从业者奠定的基础。质量管理已经不再局限于制造业，而是进入软件开发、服务、医疗、教育、政府等领域。

2. 能力成熟度模型的发轫与流行

关于过程改进的长期研究和实践积累最终导致成熟度模型的出现。从休哈特开始的现代质量管理方法实质上都是在建立一种组织原则，通过过程改进来统筹全面的质量改进。重要的是，基于测量的渐进式改进核心概念成为工程设计和开发的基础，从而导致了成熟度模型中成熟度级别的能力类别的结构化。

（1）成熟度思想的萌芽——成熟度方格理论

在质量管理领域成熟度思想的萌芽是克劳士比提出的质量管理成熟度方格理论（Quality Management Maturity Grid，QMMG）。成熟度方格理论首次将一个企业的质量管理水平阶段化表达为：不确定期、觉醒期、启蒙期、智慧期、确定期，参照人的成熟发展描述了一个企业的质量管理逐步发展到成熟的过程。克劳士比的模型极具影响力，该模型在现代质量原则上建立，拥有扎实的理论基础，同时用成熟度表达方法，非常直观，符合人们的直觉认知，更容易深入人心。

（2）从成熟度方格到能力成熟度模型

早期成熟度模型开发的赞助者及其用户是美国军方的成员，他们希望开发一种方法来

⊖　有趣的是戴明、朱兰和克劳士比这三位构建现代质量方法与理念的质量大师因一些理念分歧相互并不喜欢（https://www.slideshare.net/PratikJain33/a-comparisonofdemingjuranandcrosby-1）。

客观地评估软件分包商的能力。上世纪 70 年代美国国防部发现只有很少的软件项目能够在进度与预算内交付，因而专门研究了软件项目无法很好完成的原因，并得出一个结论：影响软件研发项目的全局因素是管理，而技术具有局部影响。

1987 年，美国卡内基梅隆大学软件工程研究所（SEI）受美国国防部资助，由瓦茨·S·汉弗莱（Watts Humphrey）主导从软件过程能力的角度开发出了软件过程能力成熟度模型（CMM），用于评价软件开发商的软件开发过程能力，指导能力改进并最终提高软件质量，该模型侧重于软件开发过程的管理及工程能力的提高与评估。

汉弗莱在给军方软件供应商提供咨询时，首先是通过调研总结出了 100 项软件开发的质量改进措施，由于他曾参加过克劳士比质量学院的课程，因而想到将这些措施用克劳士比的五级成熟度模型来组织，发现非常合适，并在此基础上最终开发出了 CMM⊖。CMM 成功的很大一部分原因归功于 SEI 的支持和促进，以及美国军方决定采用 CMM 评价等级作为对软件供应商的选择标准。

（3）成熟度模型的广泛发展

当前市面上有很多种成熟度模型供我们选择，并且无论在任何业务和技术领域，我们都可以很方便地开发、定制和应用一个成熟度模型，用于理解组织现状或开发一个走向未来状态的路径。各类成熟度模型已应用在非常多的领域：IT、软件开发、系统集成、信息安全管理、测试、分析、企业架构、质量管理、项目管理、业务过程管理、知识管理、供应链管理、持续交付、战略、变革管理、人力资源、营销，等等。大多数成熟度模型都对人员、文化、过程、结构、技术等进行定性评估。

权威且应用比较广的模型都来自大量组织和企业的实践经验总结。知名的模型有：质量管理成熟度网格（QMMG）、软件开发能力成熟度模型（CMM）、能力成熟度模型集成（CMMI）、服务集成成熟度模型（SIMM）、软件过程改进和能力测定（SPICE）、组织项目管理成熟度模型（OPM3）、人力资本成熟度模型（PCMM）、数据管理能力评估模型（DCAM）、数据管理成熟度模型（DMM）等。

大量成熟度模型的流行和成功证明了成熟度模型的价值。成熟度模型拥有直观、全面、可扩展的特点，并适用于各种流程和组织挑战。尽管某些成熟度模型构建得比较复杂，甚至有些提升举措和评估手段较为官僚化，但多数成熟度模型可以从最佳实践的角度出发，指导组织确定改进计划的优先重点。这些改进效果评估的理念和方法都来源于休哈特的 SPC，从最根本的层面来说，这就是成熟度模型的设计目标，用来指导组织持续减少不符项，沿着成熟度的阶梯提升组织在某个领域的管理能力水平。

2.5.2 能力成熟度模型的基础原理

工业生产制造领域很早就开始使用统计方法检查质量，而执行统计质量控制的制造商

⊖ http://archive.computerhistory.org/resources/text/Oral_History/Humphrey_Watts/102702107.05.01.acc.pdf。

不仅依靠产品检验，而且着重于改善所有组织流程。能力成熟度模型能够提高组织输出的质量的基础原理有两个：组织的输出结果由一系列"过程"控制；通过统计"过程"绩效指标的统计分布，根据分布特点，可以分析"过程"是否稳定且处于受控状态，进而发现影响过程结果不稳定的原因，然后修正这个因素，以持续提高过程质量。

1. 过程模型

过程模型是现代质量管理的基础原理，即现代质量管理都是面向过程的管理，需要关注创造产品或服务的过程以获得最终的高质量结果，而不是仅仅关注产品结果。一些主要的国际与国家质量相关标准都是基于过程方法构建，ISO9001 的基本原则之一就是过程方法，其他采用过程模型的知名标准或方法还有 ISO15504（SPICE）、CMM、CMMI、六西格玛等。

通常一个过程模型需要划分过程域、设计过程架构、定义每个过程，描述过程属性，进而对过程性能进行度量，然后通过过程改进计划持续提高过程性能。

（1）过程定义

过程[一]，是利用输入提供预期结果的相互关联或相互作用的一组活动。这里的"预期结果"就是指输出，只不过更体现过程的目标性。通过使用资源将输入转化为输出的一项或一组活动，可以视为一个过程。通常，一个过程的输出就是下一个过程的输入，一个过程可以向下细分为一系列子过程，也可以向上组成更综合的一个过程。过程的定义说明如图 2-14 所示。

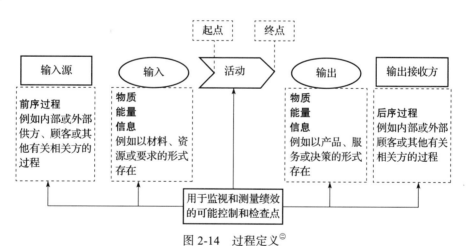

图 2-14　过程定义[二]

（2）过程描述

要了解过程方法，首先要理解过程，对一个过程进行描述和定义，建立过程的模型。对过程可以采用要素方式进行描述，一般可使用乌龟图描述一个过程，把过程的输入、输

[一]　注意：这里的过程是一个相对抽象的概念，不是指流程，两个词对应的英文分别是 process 和 flow。
[二]　引自《GB/T 19001—2016 质量管理体系　要求》。

出、资源、负责人、方法、测量等要素表达出来，如图 2-15 所示。

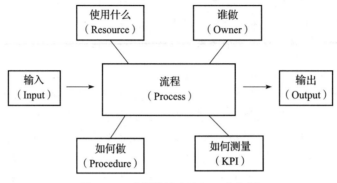

图 2-15 过程描述方法——乌龟图

（3）过程方法

过程方法是为了产生期望的结果，系统地识别并管理在组织中所应用的过程以及过程间关系与相互作用的管理方法。换句话说，就是将组织中的活动和相关资源作为过程进行系统化管理，通过不断优化每个过程，得到期望的结果。过程方法的特点是可明确过程负责人、过程可被定义、过程可程序化、可建立过程间关系、过程可监控、过程性能可不断通过优化而提高。

过程可以看作一种黏合剂，能够对组织内的各种因素串联管理，如图 2-16 所示，并能够衡量整体表现，不断优化，以实现更好、更稳定的交付质量或持续的利润提升。

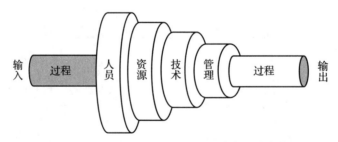

图 2-16 基于过程方法对组织各种因素的综合管理

过程方法是一种结构化系统性思维，不同于面向任务或面向结果的思维。过程方法能帮助组织策划其过程及过程间的相互作用，结合 PDCA 循环确保组织对其过程进行适当管理，提供充足资源，确定改进机会并采取行动。基于风险的思维使得组织能确定可能导致其过程和质量管理体系偏离预期结果的各种因素，及时采取预防控制措施，最大限度地降低不利影响，并最大限度地利用出现的机遇。

应用过程方法有助于组织增强责任感、提高对过程的更稳健结果绩效的意识、增强关注和关联关键过程的能力、提升过程内部整合效果、更好地利用资源、提升保障质量的能力、质量水平可预测、提高顾客对组织的信心。

现代大量质量管理实验证明产品或服务的质量是由一系列过程来实现的，质量、成本、效率、周期等都是许多过程的综合结果。过程的输出结果取决于过程策划、过程控制、过程优化等。只要执行好每个过程，并逐步提高，最终结果就是可预期的。一个组织如果能持续地改进过程就会持续而有效地提高质量、降低成本、提高绩效，进而让客户持续满意，这也是过程方法的核心逻辑。

要想让过程方法得到有效实施，我们需要做好以下准备工作：

❑ 组织建立过程管理体系；

❑ 定义过程中的具体活动执行方法；

❑ 明确各过程中组织成员的责任；

❑ 组织成员了解系统的各过程及过程间关系；

❑ 为过程提供有效必要的资源支持；

❑ 对过程进行测量和绩效评估，以优化持续改进方向。

（4）过程分类

过程之间的关系在体系中可以分为支持关系和管理关系。过程一般分为管理过程类、核心过程类（也称顾客导向过程）、支持过程类。例如，CMMI 包含四类过程域，将管理类划分为组织级过程管理类、项目管理类，将核心过程称为工程类，以及支持类。顾客导向过程即组织通过顾客输入来实现顾客所期望的结果（输出）的过程。顾客导向过程相对容易确定和定义，支持过程和管理过程则不易区分。一般将决策、评估、考核、资源分配、检查或测量等相关的过程归为管理过程。管理过程有一定的权力和义务对其他过程下达管理要求，协调它们和管理过程的关系，这是管理过程的一个特征。支持过程一般有内部顾客，且内部顾客有权力评价支持过程的效果。过程分类与分类间关系如图 2-17 所示。

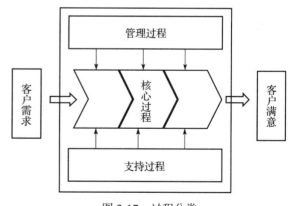

图 2-17　过程分类

2. 统计过程控制

统计过程控制是推动过程持续改进的有效方法。当今竞争日益激烈，企业必须不断提高质量、提升效率和降低成本。而影响经营目标的大多数因素都是企业无法控制的，如原材料成本、设备成本、市场变化等。因此，组织必须专注于自己可以控制的因素：组织的过程。**SPC 可使组织从基于检测的质量控制转移到基于预防的质量控制。**

　　SPC 由休哈特最早提出，用于大规模生产制造的过程监测与质量控制，最终使过程达到受控状态，也即表示过程结果的质量是稳定的，可持续提高。

　　SPC 实施的第一步是使生产过程从不稳定状态转为稳定状态，称为统计受控状态，第二步是过程的优化，使之在稳定基础上满足更高的要求，获得更好的质量，称为技术受控状态。SPC 的特点包括面向预防、数据驱动、基于统计学原理、以图形工具为核心、操作运行系统、实施及时的纠正行动等。

　　支持 SPC 的基础数据原理是统计学的中心极限定理。SPC 的存在是因为生产中变异的存在。SPC 可以监测过程结果指标的统计分布特点及稳定性，通过对比分析分布特征与标准正态分布特征，及时发现过程中的问题。

　　影响过程结果差异的因素可以分为两类：系统因素（特殊原因）和随机因素（普通原因）。

　　系统因素仅会影响某些过程输出，造成过程指标统计分布特征的改变，让过程输出不稳定而不可预测。如果能将系统因素从影响因素中分离出来，就可以想办法对其进行改变。SPC 分析时主要是发现系统因素造成的现象，并寻找和解决支配现象的系统性原因，以使过程输出趋于稳定。

　　随机因素是一个稳定过程中的偶然原因，由许多不可分解因素组成，它们共同持续作用于过程，但不改变过程指标的统计分布特征。随机因素的影响是稳定、可重复的，因此过程输出是可预测的。

　　SPC 的一个主要工具是 SPC 控制图。

　　系统因素会造成指标点在 SPC 控制图上的分布异常，主要体现为两种，一种是分布非随机，另一种是指标数据点出界及出界点比例超限。

　　控制图上可以有两种界限：控制界限和规格界限，控制界限由过程的能力决定，而规格界限则由客户的需求决定。规格界限一般可采用 3 个标准差（3σ）到 6 个标准差（6σ），这也是美国通用集团推行的"六西格玛"质量管理方法的命名来源。

　　控制图中可以识别以下几类问题（如图 2-18）：离群异常点、连升 / 连降、锯齿交替、周期变化、分布倾斜（统计分布偏态）、双中心（统计分布双峰）、阶段性离散度变化、阶段性中心偏移等。控制图只起到报警作用，具体引起异常的原因需要在生产过程中的人、机（器）、（材）料、（方）法、环（境）、（测）量等方面去寻找，其中人是重要因素。人的因素又包括管理、经验、技术能力等方面。

　　图 2-18 描绘了流程改进的本质：从一个不合格的级别转移到一个稳定的改进级别。从本质上说，这就是成熟度模型的目标，通过帮助组织提高成熟度，减少不符合项以提高质量。成熟度模型基于 SPC 测量进行逐步质量改进，从而到达成熟度模型的下一阶段。

　　SPC 的作用是对过程能力进行稳定性、可靠性评估，指导采取改进过程的行动类型，进而提高质量、提高生产效率、降低成本，具体涉及以下方面。

❑ 分析造成结果差异的影响因素类型：是随机原因还是特殊原因。

❑ 验证问题是否被永久修正。

❑ 预测过程输出的结果分布，判断过程是否具有输出满足需求的结果的能力。

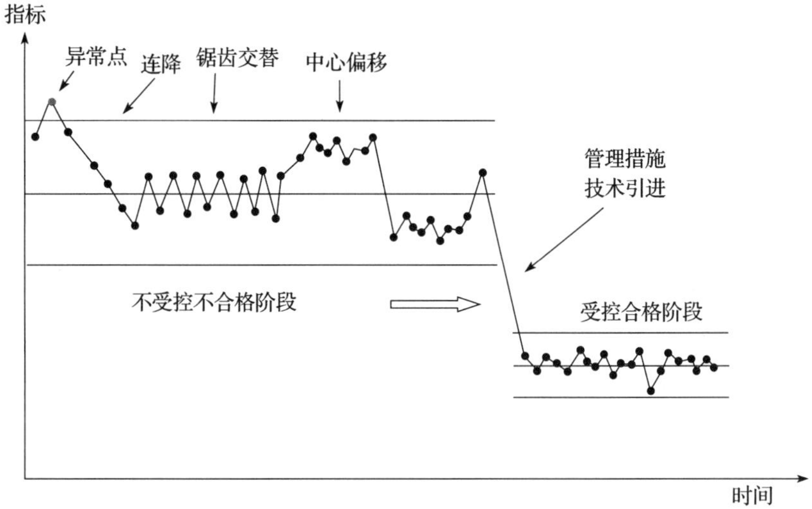

图 2-18 从 SPC 控制图发现问题和判断受控状态的示例

2.5.3 软件领域广泛应用的能力成熟度模型

进入信息化时代，人们发现软件质量的控制与评估比传统产品的生产更难以实施。软件研发中有几个公认的问题：超出预算、进度预测不准、进度落后、人员膨胀、质量不可靠，以及软件危机。现实项目失败存在多种原因，包括项目规模太大、目标不明确、需求变化、计划不足、新技术的采用、性能不满足、管理方法缺少规范或不恰当、研发力量高级人员不足、供应商提供的软件或硬件性能不足等。一个研究小组在研究"软件危机"时总结到：很少有这样的领域在最佳实践与一般实践之间有如此巨大的鸿沟[⊖]。

整个软件行业都在不断寻找"银弹"以解决软件危机，尝试了工具化、行为规范、形式方法、过程方法、专业化等多种方法。但是，单一的银弹不能解决软件危机，如单纯的技术手段。上世纪 80 年的思路是工具＋方法，目前业内普遍使用的是技术＋管理的基于过程的方法。以质量为中心的软件工程包含三个要素：

❑ **技术方法**，指导软件开发如何做；

❑ **工具体系**，为软件开发提供自动或半自动软件支撑环境；

❑ **过程能力**，综合技术方法和工具体系以合理地进行软件开发。

CMM 类模型就是基于过程管理综合运用技术和工具的管理方法，用于指导组织加强其过程能力，一般用于描述一个组织按照预定目标和条件成功地、可靠地生产产品或提供服务的能力。

⊖ 《能力成熟度模型（CMM）：软件过程改进指南》(SEI 著，刘孟仁等译，电子工业出版社) 第一章第一页。

1. CMM/CMMI/SPICE

CMM 是对于软件组织在定义、实施、度量、控制和改善其软件过程的实践的各个发展阶段的描述，指软件工程过程被显式地定义、执行、测量、管理的程度。CMM 的核心是把软件开发视为一个过程，并根据这一原则对软件开发和维护进行过程监控和优化，以使其更加科学化、标准化，使企业能够更好地实现商业目标。CMM 框架中使用了支持流程改进的方法，包括以 PDCA 循环为指导的 SPC。

CMM 为软件的过程能力提供了一个基于过程的阶梯式改进框架，指出一个软件组织在软件开发方面需要包含哪些主要工作，这些工作之间的关系，以及开展工作的先后顺序。软件过程管理水平的提高不是一蹴而就的，CMM 以增量方式逐步改进和迭代，定义了 5 个成熟度等级，一个组织可通过一系列改良性步骤达到更高的成熟度等级。整个组织需要把重点放在对过程的不断优化上，采取主动措施去分析过程的不足，以达到预防缺陷的目的。分析各有关过程的有效性，进行新技术的成本与效益分析，进一步提出对过程进行修改的建议，防止同类缺陷二次出现。

根据 CMM 实施的经验，考虑到 CMM 不能覆盖软件开发以外的领域，导致企业需要通过多个成熟度模型的认证而增加了负担，所以 SEI 开发了 CMMI 替代 CMM。2001 年底 SEI 发布了 CMMI 1.1 版本，取代 CMM，并宣布到 2003 年年底不再对软件 CMM 提供支持。CMMI 框架将多个工程领域集成到具有共同核心过程的单一模型中，包括软件工程、系统工程、软件和系统获取、服务交付。这种集成可以减少管理多个模型的成本，以帮助组织优化对过程改进的投资。目前已有多种类型的 CMMI 模型可供选择，包括 CMMI DEV（开发）、CMMI SVC（服务）、CMMI ACQ（采购）、CMMI DMM（数据）。此外 CMMI 2.0 已涵盖了敏捷（Agile）和 DevOps 方法。目前 CMMI 已发展到 2.1 版本。

除了比 CMM 覆盖的专业领域更广外，CMMI 还存在连续模型和阶段模型两种表示方法。最新的 CMMI 模型过程域框架包含 10 个能力域（Capability Area），对应 25 个实践域，分别归入行动（Doing）、管理（Managing）、支持（Enabling）、提高（Improving）四大类。例如，行动类中的确保质量（Ensuring Quality）能力域对应 4 个实践域：同行评审（Peer Review）、过程质量保障（Process Quality Assurance）、需求开发和管理（Requirement Development & Management）、验证和确认（Verification & Validation）。

SPICE 是由国际标准化组织（ISO）推出的，项目名称为"软件过程改进和能力测定（Software Process Improvement and Capability Determination）"，常简称为 SPICE。SPICE 的目的是支持软件过程评估国际标准的开发、验证和过渡。从 2004 年到 2008 年 SPICE 共公布了 6 个部分：概念和词汇、实施评估、实施评估指南、过程改进和能力确定应用指南、软件过程评估、系统过程评估。SPICE 与 CMMI 一样划分了 5 个等级。

CMM/CMMI/SPICE 得到了众多国家以及国际软件产业界的认可，成为当今企业从事规模软件生产不可缺少的一项内容。尽管 CMM 来自软件开发领域，但是它包含的过程成熟度概念也可以应用于非软件过程。

注意 信息技术领域的质量方法模型还在不断发展中，虽然 CMM/CMMI/SPICE、敏捷方法论非常流行，但仍然存在很多不满意的声音，认为它们不像传统制造领域质量控制技术那样有效。有研究者质疑将统计过程控制方法应用于非规模化生产制造领域，可能无法保证数据收集的准确性，方法依赖核心统计学原理也将无法适用。软件生产的特点是，每个软件都是一件独特的产品，即生产是一次性的。针对 CMM/CMMI 方法的繁重特性，业内对此也有很多批评的声音。同时由于技术不断革新与创新的压力，软件开发领域会面临比传统制造领域更多的不确定性。因此敏捷类方法的流行，就是为应对不确定性，缩小迭代周期，加大灵活度，以减少变化带来的损失。

2. CMM 类模型的阶段划分的共同特征

一般从 CMM/CMMI/SPICE 发展出的各领域成熟度模型都是将成熟度分成 5 个级别，遵循从低级到高级的规律，以质量为核心目标，基于组织活动的过程理论，控制过程执行的质量，从而提高最终输出产品的质量和稳定性。不同的成熟度模型在其阶段名称命名上稍有不同，但含义没有本质差别。成熟度阶段的划分说明如下：

- 1 级，已执行，通常是一种自发的、被动的项目级执行，缺少计划性，结果质量不稳定，波动很大，完全不可控；
- 2 级，已管理，组织开始主动地管理活动，有计划地行动，开始一定制度化的可重复执行，但质量仍不稳定；
- 3 级，已定义，组织对活动的过程进行详细定义，包括过程的内容范围、输入、输出、负责角色（谁做）、资源（用什么）、方法（如何做）、指标（测量），与过程间的关系，此阶段跨组、跨项目的执行效果趋向一致和稳定，结果可预测；
- 4 级，量化管理，组织能够对过程绩效进行量化测量，从而能够量化统计过程执行的优劣与稳定性，执行的结果可以预测，可以发现执行中的系统性问题，通过解决这些问题，能让过程得到优化，从而在稳定的基础上不断提高质量；
- 5 级，优化级，此阶段组织已能够熟练、持续、自动地对过程进行优化，并且整体绩效已经达到同业领先水平。

2.5.4 数据领域广泛应用的能力成熟度模型

数据领域的能力成熟度模型一般也是参考 CMM 的能力成熟度等级进行构建，对数据领域的过程域进行定义，对最佳实践进行总结。比较流行的数据领域能力成熟度模型有 IBM 数据治理统一流程成熟度模型、SEI 与 EDM Council 共同推出的 DMM、中国国家标准 DCMM、中国国家标准 DSMM。

1. DMM

数据管理成熟度模型（Data Management Maturity，DMM）是 SEI 和 EDM Council 共同

推出的，以 CMMI 的各项基础原则为基础，针对数据管理开发的成熟度模型，在 2014 年正式发布。

DMM 是一个用最佳实践进行过程改进的综合性参考模型，不仅可用来评估组织当前的能力状态，还可用来定制改进企业数据管理能力的路线图。

DMM 同时提供最佳实践，帮助组织构建、改进和度量其企业数据管理能力，实现在整个组织中提供及时、准确、易访问的数据。

DMM 具有 5 个能力成熟度等级。不同过程域等级意味着最佳实践的过程改进所取得的成果也随之提高。5 个等级定义如下。

- ❑ 1 级，执行，数据管理仅处于项目实施需求层面。过程的执行具有临时性，主要体现在项目级层面。
- ❑ 2 级，管理，组织意识到将数据作为关键基础设施资产进行管理的重要性。组织根据管理策略规划并执行过程；保证可控的输出结果。
- ❑ 3 级，定义，从组织层面将将数据视为实现目标绩效的关键要素。采用并始终遵循一组标准过程。
- ❑ 4 级，量化，将数据视为组织竞争优势的来源之一。定义了过程指标，并将其用于数据管理。其中包括使用统计与其他量化技术对差异、预测和分析进行管理。
- ❑ 5 级，优化，将数据视为组织在动态竞争性市场中生存的关键要素。通过量化分析优化过程绩效。

DMM 定义了数据管理的基本业务过程以及构成成熟度渐进路径的关键能力。它是一个数据管理实践综合框架，可帮助组织对其能力进行基准评估，确定优势和差距，并利用其数据资产提高业务绩效。

DMM 包括 20 个数据管理过程域以及 5 个支持过程域。这些过程域可以划分为 6 个过程类别，如表 2-4 所示。组织通过完成过程域的实践可构建数据管理能力，结合基础设施支持实践可提升数据管理的成熟度。

表 2-4 DMM 的过程域

类别	过程域
数据管理战略（Data Management Strategy）	数据管理战略（Data Management Strategy）
	沟通（Communication）
	数据管理功能（Data Management Function）
	业务案例（Business Case）
	项目资助（Program Funding）
数据治理（Data Governance）	治理管理（Governance Management）
	业务词汇表（Business Glossary）
	元数据管理（Metadata Management）

（续）

类别	过程域
数据质量（Data Quality）	数据质量战略（Data Quality Strategy）
	数据分析（Data Profiling）
	数据质量评估（Data Quality Assessment）
	数据清洗（Data Cleansing）
数据运营（Data Operation）	数据需求定义（Data Requirements Definition）
	数据生命周期管理（Data Lifecycle Management）
	供应商管理（Provider Management）
平台和架构（Platform and Architecture）	架构方法（Architectural Approach）
	架构标准（Architectural Standard）
	数据管理平台（Data Management Platform）
	数据集成（Data Integration）
	历史数据、归档和保留（Historical Data, Archiving and Retention）
支持过程（Supporting Process）	度量与分析（Measurement and Analysis）
	过程管理（Process Management）
	过程质量保证（Process Quality Assurance）
	风险管理（Risk Management）
	配置管理（Configuration Management）

2. IBM 数据治理统一流程的成熟度模型

IBM 在其发布的"数据治理统一流程"的第 3 个步骤"执行成熟度评估"中提出了数据治理能力成熟度模型。

该模型采用了与 CMM 一致的成熟度等级和描述，将能力成熟度模型分为 5 级：初始、管理、定义、定量、优化，并定义了一系列指标，用于评估企业的数据管理状况，制定企业提升数据治理能力的目标和路线图。

该模型针对数据管理的各个领域做了详细定义，分为 4 组共 11 个数据治理域，各个域之间的关系是：结果域对核心域提需求，促成域对核心域提供赋能，支持域提供支持。每个域具体包含的内容说明如下。

- ❑ **核心域**：数据质量管理（Data Quality Management）、数据生命周期管理（Data Life-cycle Management）、数据安全与隐私（Data Security & Privacy）。
- ❑ **支持域**：数据架构（Data Architecture）、分类与元数据管理（Classification & Metadata Management）、审计信息日志及报告（Audit Information Logging & Reporting）。
- ❑ **促成域**：组织机构及感知（Organizational Structures & Awareness）、数据照管（Data Stewardship）、策略（Policy）。
- ❑ **结果域**：数据风险管理与合规（Data Risk Management & Compliance）、数据价值创建（Data Value Creation），这个域是数据治理计划的预期结果。

IBM 数据治理成熟度的过程域架构示意图如图 2-19 所示。

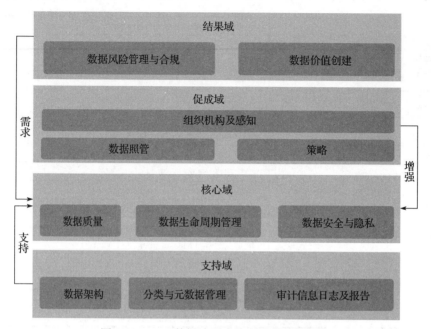

图 2-19　IBM 数据治理成熟度的过程域架构

3. DCMM

数据能力成熟度评价模型（Data Capability Maturity Model，DCMM）是适用于组织和机构对数据管理能力成熟度进行评估的一项中国国家标准，在制定的过程中充分吸取了国际的一些模型和标准，如 DAMA 的《数据管理知识体系指南 DMBOK》，和国内先进行业的数据实践经验。

数据管理能力成熟度评价模型划分为 5 个等级[⊖]，包括初始级、受管理级、稳健级、量化管理级和优化级，如图 2-20 所示。

DCMM 定义了 8 个数据能力域，包括数据战略、数据治理、数据架构、数据应用、数据安全、数据质量、数据标准、数据生命周期管理，如表 2-5 所示。DCMM 的战略、治理、质量、架构大分类与 DMM 一样，但具体的子项有很大不同。除了 DMM 中的生命周期过程域，DCMM 结合国内数据发展情况增加了数据标准、数据安全、数据应用三个能力项。国内的银行、政府等行业在进行数据治理时，首先需要制定数据标准。随着大数据的兴起，大规模隐私泄露事件经常发生，这几年国际与国内针对数据的法律相继出台，特别是欧盟的 GDPR 和国内的网络安全法，对数据安全和隐私保护要求越来越严。数据应用是数据资产管理的目标。

⊖ 注：这 5 个级别的描述基本参考自 SEI 发布的 DMM 的等级描述。

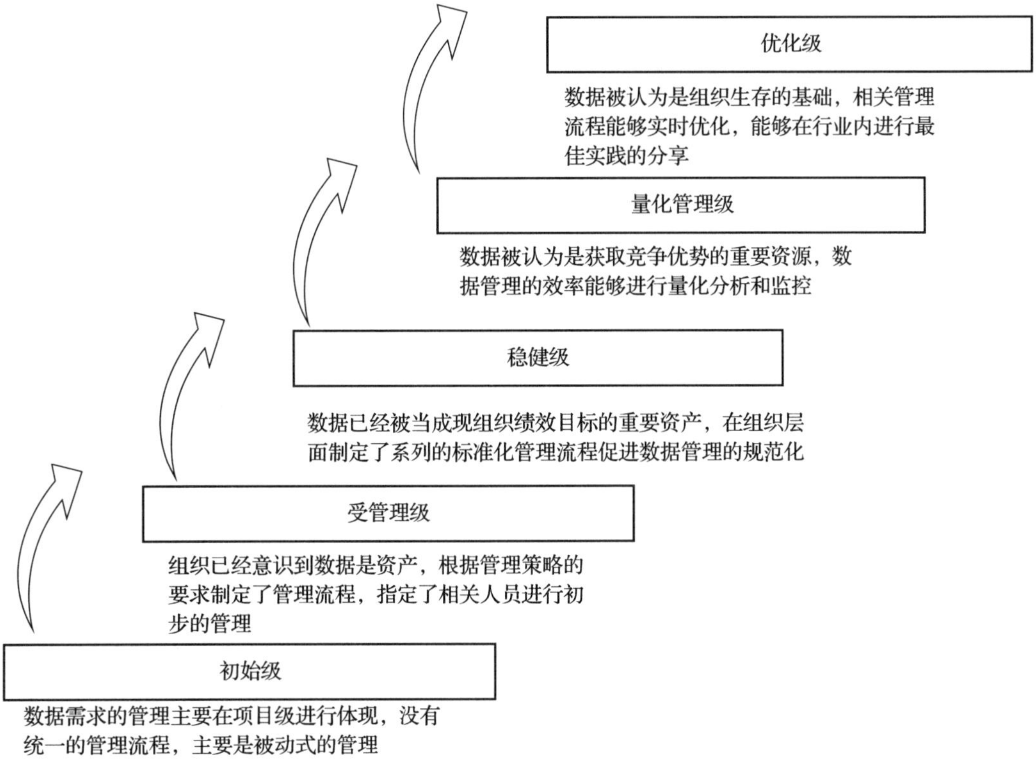

优化级

数据被认为是组织生存的基础，相关管理
流程能够实时优化，能够在行业内进行最
佳实践的分享

量化管理级

数据被认为是获取竞争优势的重要资源，数
据管理的效率能够进行量化分析和监控

稳健级

数据已经被当成现组织绩效目标的重要资产，在组织层
面制定了系列的标准化管理流程促进数据管理的规范化

受管理级

组织已经意识到数据是资产，根据管理策略的
要求制定了管理流程，指定了相关人员进行初
步的管理

初始级

数据需求的管理主要在项目级进行体现，没有
统一的管理流程，主要是被动式的管理

图 2-20　DCMM 的成熟度级别定义

表 2-5　DCMM 的能力域

能力域	能力项
数据战略	数据战略规划
	数据战略实施
	数据战略评估
数据治理	数据治理组织
	数据制度建设
	数据治理沟通
数据架构	数据模型
	数据分布
	数据集成和共享
	元数据管理
数据应用	数据分析
	数据开发共享
	数据服务
数据安全	数据安全策略
	数据安全管理
	数据安全审计

（续）

能力域	能力项
数据质量	数据质量需求
	数据质量检查
	数据质量分析
	数据质量提升
数据标准	业务术语
	参考数据和主数据
	数据元
	指标数据
数据生存周期	数据需求
	数据设计和开发
	数据运维
	数据退役

4. DSMM

随着大数据的兴起，数据泄露事件时有发生，对个人、企业、社会都造成了十分严重的影响，国家一直在加强立法和健全标准规范。数据安全能力成熟度模型（Data Security Capability Maturity Model，DSMM），是在原有信息安全相关标准的基础上，专门针对整个数据生命周期过程制定的安全标准，由阿里、华为、清华大学等单位参与起草。DSMM 给出了组织数据安全能力的成熟度模型架构，规定了各个过程域的成熟度等级要求，适用于对组织数据安全能力进行评估，也可作为组织开始数据安全能力建设时的依据。即 DSMM 可指导企业数据资产管理在数据安全能力成熟度方面的评估和提升，可指导组织持续提升数据安全能力，获得组织整体数据安全能力。

DSMM 借鉴 CMM 的思想，按照能力维度和基于数据生命周期的过程维度进行交叉等级评估，整个框架可以总结为 4 个能力维度、5 个成熟度级别、6 个生命阶段、30 个子过程域。具体分析如下。

- 4 个安全能力维度包括组织建设、制度流程、技术工具、人员能力。在职责分配、流程执行、安全要求自动化实现、人员安全意识及专业能力等方面提出了要求。
- 6 个生命周期安全过程，按生命周期顺序分为数据采集安全、数据传输安全、数据存储安全、数据处理安全、数据交换安全、数据销毁安全；另外数据安全过程维度除了包含数据生命周期的 6 个阶段，还包含 1 个通用安全过程。同时，这 7 个数据安全过程又可细分为 30 个子过程域。
- 5 个数据安全能力成熟度等级划分，依次为非正式执行级、计划跟踪级、充分定义级、量化控制级、持续优化级。等级越高表示被评估的组织数据安全能力越强，第 3 级是基础目标。标准提出了每个等级组织应具备的能力要求。

数据安全过程维度、安全能力维度、成熟度等级形成一个三维立体架构，全方位、整体地对数据安全进行能力评估和建设。DSMM 架构图如图 2-21 所示。

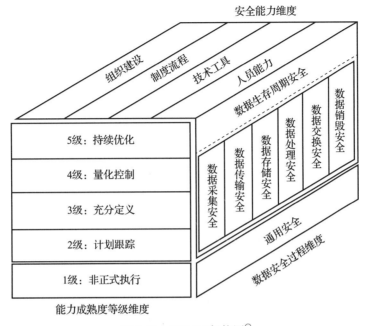

图 2-21　DSMM 架构图[○]

2.6　本章小结

本章说明了科技创新和技术应用的规律，介绍了面向科技发展不确定时组织的指导理论和方法。本章对各个具体模型做了简要介绍，主要为了说明各类成熟度模型依赖的基础原理和构建方法，读者在学习和应用时可以扩展阅读各个模型的原始资料。

另外，如文中所说，成熟度模型虽然十分形象、容易理解、易于被大家接受，但有很多时候理论的适用性和表述的严谨性常常存在不足，应用效果因人而异、因组织而异，在实践中我们需要保持灵活和警醒。基于成熟度模型提供思维方式的指导，具体落地时需结合行业和组织现状细致调研和思考，避免随意解读，也避免教条，需要结合一线的经验判断各项举措（最佳实践）的可迁移性与适用性。

基于本章介绍的理论方法，下一章将提出关于数据领域的综合成熟度模型，用于组织打造数据生产力，应对数据时代挑战。

○　引自《GB/T 37988-2019 信息安全技术 数据安全能力成熟度模型》。

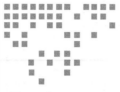

Chapter 3 | 第 3 章

数据应用成熟度模型

由于技术的变革、商业的竞争、政府的超前投入和引导，数字化时代正在加速到来，但不同组织在进行数字化建设时面临数字化科技持续变革、内部治理问题和外部环境不确定的挑战。数字化领先企业和提供数字化解决方案的供应商都在努力从各种角度分析和总结数字化升级与转型的规律、方法和解决方案，但目前仍然没有找到拥有扎实理论支持且易于衡量、执行的数字化转型方法。

本章结合描述事物发展规律的发展与能力成熟度模型，基于大量从业者的经验总结数字化的发展规律，提出一套严谨的数字化发展体系化框架——数据应用成熟度模型，揭示数据应用发展规律和数据能力建设规律（包括数据工程能力与数据治理能力），以及组织如何实现这两方面的协调发展，选择最优的数字化发展路径，指导有效数字化实践，扎实、高效地实现数字化升级。同时，本章还对数据工程与数据治理两方面数据能力涉及的核心过程的活动内容做了详细说明，可以作为组织提升数据能力成熟度时实际操作层面的参考[⊖]。

3.1 模型开发背景

数字技术驱动着企业、组织、经济、社会的变革，当前摩尔定律的周期虽然不再严格有效，但硬件算力仍然在持续提升，并且数字化的新发展动力已经形成，即从技术驱动变为数据驱动。大数据技术和人工智能技术的成熟让全面数字化成为可能：大数据技术让一切可

⊖ 阅读本章的建议：对数据应用成熟度模型的背景、框架、评估、运用流程等部分可以详细阅读，对数据工程过程、数据治理过程的介绍部分，初学者可以详细阅读，以了解数据工程与数据治理相关的概念、工作内容及具体方法，资深从业者可概略性浏览。

采集、可快速处理；人工智能技术能够从数据中自动发现规律，创造规模化的价值，释放数字化的巨大威力。数据已经成为企业的新资产价值增长点。

1. 全面数字化的时代呼啸而来

数字科技正在驱动生产制造业迈向智能化工业 4.0 时代。技术发展不但带来业务形态的升级，也带来产业上下游生态的变革。另外，客户需求与行为也随之变迁，消费意识、消费场景和消费习惯都在不断重构，新消费世代在成长。传统设计、生产方式在革新，消费者会参与到产品的设计和营销当中。传统营销、销售渠道在瓦解，消费者关系日趋复杂化，消费触点变得多维和多样。

近年来，随着全球数字经济快速增长，多种力量正在驱动全面数字化时代加速到来，这其中有技术推动力量、商业竞争推动力量、政府政策推动力量等。全球主要经济体都已认识到数字经济的战略作用，努力抓住智能制造的革命性发展机遇，大力增加数字基础设施的建设投入，加强数字技术与智能技术的基础研发，推出数据战略政策。互联网等数字化领先企业的数字经济引领作用，带来产业链的数字化重分工、协作与竞争。

推动数字经济发展是技术发展的必然趋势，以下几类技术都在日新月异的革新中。

❑ 芯片工艺的持续突破让算力提升、成本下降，计算芯片技术的量产工艺从 21 世纪初的 90 纳米到现在的 7 纳米，每隔两三年就会升级一次，最近 IBM 宣称已取得 2 纳米制程的实验突破。越小的纳米制程代表同样大小芯片性能的提升与能耗的下降。

❑ 5G 和 IoT 让一切在线化成为可能，这两年 5G 的大规模基础设施建设快速铺开，实现了全国性覆盖。

❑ 开源大数据和 AI 技术让数据处理能力普及，使其能够基于数据规模化创造价值，提供具有更高处理效率、更低延迟、更高并发、更健壮、更丰富功能、更安全、兼容异构跨地区部署、云原生等特性的技术组件。

❑ 云计算与云原生技术进一步降低了数字化技术的运用门槛，包括低初始投入成本、资源扩展弹性、功能扩展弹性、服务健壮性、低运维负担，基于云的解决方案在快速完善和丰富，并在各行业中获得越来越高的接受度。

❑ 隐私计算既可以实现数据的价值挖掘与数据交易，又可以实现个人信息与商业信息保护。目前，它已经从研究领域走向工程、产品领域。

随着国家推行数据战略，大力发展数字经济，各个领域的智能应用开始爆发，数字化将改变人类生活的方方面面，企业必须抓住数字化的机遇，迎接挑战。

2. 组织数字化发展的挑战仍然巨大

面对新的数字化热潮，不少企业决策者担心新一轮的数字化建设是信息化"新瓶装旧酒"，对新的潮流存有疑虑。确实，在曾经的信息化、数据仓库与商业智能建设热潮中，很多组织并没有得到预期的回报。一些企业大规模进行数据仓库与 BI 的建设，结果却收效甚微，购买和建设了一堆系统，但真正用起来的不多，"吃灰"是一种常态，"食之无味，弃之可惜"。面对 DT 时代提出的挑战，不论是大型组织还是小微企业都有些无所适从，不确定该不该"上车"，也缺少明确的路径指引和把握决定是否开始以及如何成为真正的数字化组织。

知道未来会来，但仍然无法做好准备，新经济成功的引领者不断布道，让大家热切期望又倍感焦虑和慌乱。各数字化供应商的产品和解决方案眼花缭乱，引来大量组织和企业的参与，但效果并没有立竿见影。

一些企业选择尝试性投入，快速引进一些先进技术，寻找几个创新点进行尝试，但效果常常不可持续或天花板明显，少有能发展壮大，形成正向商业循环。

而另一些企业又像之前实现信息化转型一样开始大规模投入，进行基础设施建设，购买大量服务器与软件，以及很多数字化解决方案供应商的系统，比如数据处理平台、客户数据平台（CDP）、数据仓库、数据湖等，收集和存储大量数据，建设数据资产，并进行组织改革，设立数据部门等。他们支付了大量成本，投入了很多资源和时间，但成效常常不能达到预期。由于大数据规模较大，处理成本高昂，如果不改变原有业务，仅试图利用一些创新业务来实现突破，企业很容易陷入成本中心的旋涡。

企业在进行数字化转型时，常常因不知如何开展而踌躇不前，或者想大跃进式发展，或者眉毛胡子一把抓，或者因投入偏颇而存在短板，不能协调发展进而建立良性循环等。这些问题主要体现在如下几个方面。

- ❑ 数据应用的切入点不易寻找，核心业务怎样实现数字化升级，数字资产是否可以直接变现形成收入。
- ❑ 缺少数据或者数据价值不高。
- ❑ 数据开发及利用过程中存在数据不可存、数据不可见、数据不可流、数据不可用、数据不合规等很多内部阻碍。
- ❑ 个人信息保护与数据安全立法逐渐加强，合规要求快速变化，监管环境存在不确定性。
- ❑ 数据权益与数据流通机制方面缺乏明确的立法与政策，在行业竞争方面，平台经济通过"围墙花园"形成了数据垄断，企业在建立自己的数据资产和发挥资产的价值时需要突破这两方面的外部环境限制。
- ❑ 缺少数据人才。

以上问题可以归结为两类，一是与数据应用创新相关的问题，二是与组织数据能力相关的问题。要解决上述问题，企业需要了解数字化过程中数据应用的发展规律与组织数据能力的建设规律，结合实际情况制定数字化的业务目标和发展路径。这个发展路径包括数据应用发展路径和数据能力提升路径，二者需要结合规划、协调推进。

3. 综合运用成熟度模型揭示数字化发展规律

要实现数字化发展，企业既需要在数据业务应用创新上正确投入，也需要在数据能力建设方面有效投入。曾有数据领域专家将研发"算法"和培养"数据"比作"剑宗"和"气宗"，在发展初期，"算法"（可以理解为数据应用开发）发展较快但发展空间存在局限，"数据"发展较慢但后续发展动力更坚实。无论是快速进行数据应用创新还是建设扎实数据能力，企业均不可偏废，若单重一边，必然会畸形发展，或上限受限，或短期看不到效果，使得组织和团队情绪和信心受挫。

多数成功的"数字原生"先行者已经找到了数字业务应用创新的爆发点，通过应用的发展带动数据能力的提升，而非"数字原生"的组织常常缺乏这样的"天时地利"，很容易陷入茫然的大量建设或盲目的创新尝试中，难以取得良好的效果，因此开展数字化升级与转型的组织需要体系化协调发展的路径作为参考。

事物的发展都遵循一定的规律：渐进发展、逐步成熟。运用成熟度模型总结行业发展规律的应用非常广泛，成熟度模型也非常适合用来描述数字化的发展规律。成熟度模型可分为三种类型：发展成熟度模型、能力成熟度模型、混合成熟度模型。

（1）利用发展成熟度模型总结数据应用的发展规律

发展成熟度模型的不同级别之间的区别体现在核心实践方面，代表进步和成就，因此发展模型可以基于事物最新的进展来扩展模型。

数字化转型是一个逐步发展的过程，每个发展阶段的数据应用有着本质的区别，早期数据仅用于提供宏观的业务经营决策支持，进一步发展到支持组织各个层级的微观科学决策，真正实现数据驱动，最后发展到直接基于大数据创造新业务、智能化业务，实现组织的数字化转型。注意，数据应用需要找准适合的应用场景才能实现可观的效益。

利用发展成熟度模型可以很方便地描述数据应用的发展规律。组织在将数字化新技术应用到业务创新时，通过成熟度模型能够进行符合数据应用发展规律的数字化目标制定与路径规划，分析和规划组织在引进新数字技术或推动基于数据创新的方向和步骤，并运用模型评估组织在提升数据应用成熟水平方面的发展情况。在数字化过程中，我们需要持续跟踪数字科技创新和应用的发展，适时扩展模型，调整发展目标和发展路线，以更好地实现数字化转型。

（2）利用能力成熟度模型指导组织数据能力提升

能力成熟度模型的不同级别之间的区别体现在制度化特征方面，代表过程制度化的程度（特定实践被制度化的程度）、文化的成熟度，以体现能力的变化。与发展成熟度模型相比，能力成熟度模型的核心实践活动与之相同，只是体现某领域实践过程的稳定性和绩效水平的组织能力不同。

在新的数字化技术驱动的业务创新过程中，企业需要建立数据从收到用的高效循环，如果组织的数据能力未跟上，则创新将会面临质量、稳定性和持续性问题，无法有效清除利用内部数据时的障碍，无法应对外部环境的不确定性，难以实现规模化的商业价值。因此不能把数字化仅当作技术项目来实施，而是要把它当作一个持续性的管理能力提升任务，需要综合考虑数据工程能力和数据治理能力的提升。组织运用能力成熟度模型可以实现：测量和判断组织在数据工程和数据治理方面的能力水平；规划这两项能力的提升路径；"测量"提升工作的有效性，持续监控进度。

基于能力成熟度模型，组织可以设定切实可行的能力建设目标，避免好高骛远，在数据工程能力和数据治理能力上扎实发展、稳步提升，重视数据人才队伍的培养，特别是熟悉自身业务的复合型数据人才的培养，避免低估团队能力的培养周期，避免"撒胡椒面"式项目投入，避免低估总的拥有成本，按照能力建设的发展规律逐步提升。

（3）发展数字化需要"两条腿协调走路"

发展数字化，组织需要在数据应用创新和数据能力两方面协调发展，因此需要把数据应用发展规划与数据能力提升规划结合起来，即混合成熟度模型。综合考量数据应用水平与数据能力水平的混合成熟度模型，更能体现一个组织的数字化水平（更多体现在数字化创新水平）和数据竞争力（即组织在竞争压力下的持续数据创新能力与效率）。

3.2 数据应用成熟度模型框架

数据应用成熟度模型是一个集成的混合成熟度模型，它在已有权威的成熟度模型基础上，结合数据实践，对数字化发展规律进行总结，为组织的数字能力建设和数字化转型提供方法论。

伴随着大数据技术和智能技术的普及，企业或其他组织都需要具备数据能力并基于数据提升业务水平，充分发挥数据的作用，才能在数据时代的竞争中胜出。本模型可以用于指导组织如何逐步扎实地进行数字化转型，评估自身所处的数据应用成熟度阶段，进一步提升并晋级到更高阶的成熟度阶段。

3.2.1 模型框架说明

可以从两方面来衡量一个组织的数据应用成熟度：一是要看数据应用的层次水平，即数据价值的开发深度和广度；二是要看数据能力的水平，即是否有足够的保障去持续、稳定地生产高质量数据，并有效地利用数据创造价值。如果基础能力不扎实，即使应用创新跑得快，也很容易失败，难以有很好的效果甚至难以持续。如果基础能力建设再好，但应用创新找不到突破点，则创造不了价值，造成大量投资浪费。对于要实现数字化转型的组织来说，二者相辅相成，缺一不可。

因此，数据应用成熟度模型，是从一个发展维度（数据应用）和两个能力维度（数据工程、数据治理）对组织进行评价。针对数据应用维度，组织可以使用发展成熟度模型进行评价；针对数据工程、数据治理这两个能力维度，可以基于已有的能力成熟度模型进行评价；此外，还可以在三个维度的基础上进行综合数据应用成熟度水平的评估。

数据应用、数据工程、数据治理三个维度是紧密结合的，就像立体空间的三个维度，任何一个维度有短板，都会导致组织缺乏竞争力，难以发挥数据的威力。因此三个维度的综合水平才是一个组织的数据应用成熟度水平。数据应用成熟度模型框架如图 3-1 所示。

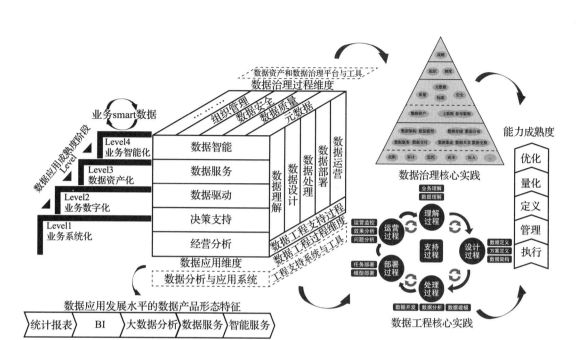

图 3-1　数据应用成熟度模型框架

3.2.2　模型阶段与维度说明

　　模型当前划分为四个成熟度阶段，包含三个核心维度，每个维度的成熟度评价可以划分为五个等级。

1. 综合成熟度：数据应用成熟度阶段

　　数据应用成熟度阶段（Level）分为四个阶段：

❑ Level1 业务系统化

❑ Level2 业务数字化

❑ Level3 数据资产化

❑ Level4 业务智能化

　　数据应用成熟度阶段是包含能力水平的发展阶段，是对行业发展过程与先进实践的客观总结。数据应用成熟度阶段既代表了组织数据能力的高低，又代表了组织利用数据创造价值的水平。组织在每个阶段中不断发展，不断提高，实现能力增强和价值提升，且没有天花板式的发展限制，可以持续增长。成熟度阶段是通过数据应用、数据工程和数据治理多个维度去综合评估的。数据应用成熟度模型未设置详细的打分机制，后面 3.3.5 节提供了一个基于发展特征标志与能力成熟度等级的综合评价表，读者可自行参考。随着技术和行业实践的发展，成熟度阶段会继续向上扩展，例如未来可能会出现组织全域智能化的阶段，使得整个组织运行的方方面面都实现数字化和智能化。

2. 发展维度：数据应用水平

数据应用水平越先进，说明数据可创造的价值越多，组织可向用户提供的价值越多，组织自身获得的收益也会越多，进而形成良性的竞争优势，所以数据应用的发展是数字化组织发展的最终目的。

数据应用过程是组织利用机器规模化扩展能力实现效益规模化的过程，因此数据应用的水平可以从机器替代人的程度，以及数据特点、业务发展驱动力、数据产品形态等方面的发展来判断和评估。从电子计算机诞生开始，机器经历了从替代人进行科学计算、分析到决策的过程。进入信息化时代后，数据应用层次深度（水平）逐步发展，包括经营分析、决策支持、数据驱动、数据服务、数据智能五个层次，且数据利用的程度随层次逐步深入、价值加大。

3. 能力维度：数据工程过程

数据工程是一个数字化组织的核心数据能力维度。最初数据工程相对软件工程的复杂度较低，随着大数据技术的广泛应用，大型数据工程的要求已与软件工程相当。大量的数据处理与数据服务要求保证时间效率、成本效率、质量与效果，对技术先进性和工程复杂度要求很高，需要优秀的技术团队和成熟的工程管理能力，否则一切的数据应用都是空中楼阁。

数据工程过程与软件工程过程类似，但具体执行内容又有所区别。数据工程过程可分为数据理解过程、数据设计过程、数据处理过程、数据部署过程、数据运营过程，以及数据工程支持过程。这些过程形成一个过程优化闭环，其中每个过程还会细分为子过程、输入输出及操作项，这些会在后续的章节详细阐述。

4. 能力维度：数据治理过程

数据治理（包括数据管理）维度是指一些贯穿于数据应用全过程的数据管理活动。数据治理是一个组织的数据质量和数据价值的最大保障，是组织的核心数据能力之一。

数据治理需要在不同层面展开，包括战略和管理机制层面、核心数据管理层面、技术和操作层面，其中最主要的维度是核心数据管理层面中的元数据管理、数据质量管理、数据安全管理、数据标准管理等维度，后面会详细介绍。

3.3 数据应用成熟度模型评估

本节讲解数据应用成熟度模型的 3 个维度的具体内容与评估方法。首先从数据利用的发展角度来评估数据应用维度，然后从能力角度评估数据工程与数据治理维度，最后基于这 3 个维度的评估结果进行数据应用成熟度的综合评估。

3.3.1 发展评估——数据应用维度

信息化与数字化的发展，经历了从流程驱动到数据驱动、从数据驱动决策到数据驱动产品的过程。在这个过程中，发展的核心变化是"数据和机器在决策中的作用逐步增强"。

一个决策过程需要包括定义问题、收集数据、执行分析、发现规律、执行决策等步骤。从决策角度来看，机器在决策过程中替代人做得越多，则数据应用层次越深、越先进，因此可以从机器在决策中所起作用的变化的角度，简单观察数据处理与应用的发展水平。一般，机器在决策中的作用分为以下几种。

- **统计计算**。多数由人工录入数据，机器仅进行数据的简单计算，由人观察数据统计计算的结果，且由人主观判断数据中的规律，并执行决策。（可对应的数据产品形态为统计报表。）

- **辅助分析**。由机器进行数据收集和数据统计，分析系统提供一系列科学的分析方法，由人来选择分析方法，由机器执行分析计算，人依据分析结果发现"规律"，并执行"决策"。即由机器辅助人寻找"因果关系"，并基于因果关系决策，再由人开始执行，但人的主观判断仍然存在较大的影响。（可对应的数据产品形态为 BI 系统。）

- **自动分析**。分析系统直接与业务系统集成，机器能够基于需求执行定向的自动化数据收集、测试实验，如埋点定制、A/B 测试需求，并可以自动地执行分析，例如自动计算转换漏斗或 A/B 测试结果，再将分析结果提供给决策人员做参考。即由人做因果关系假设，由人和机器以交互方式来处理数据并挖掘"规律"，并执行"决策"。也就是说，通过数据挖掘实现数据驱动的运营，实现所有层级的科学决策，大幅度降低决策中人的主观因素。（可对应的数据产品形态为大数据分析。）

- **自动决策**。由机器进行数据采集，由人基于对"规律"的认知来定义"规则"，实现决策算法，由机器基于人为规则，进行"微数据"级自动决策。在这个层次，机器替代人执行决策。（可对应的数据产品形态为大数据服务。）

- **智能决策**。由机器进行数据收集，通过人为指定学习方法，自动从大量数据中学到（发现）"规律"（可以是因果关系也可以是相关关系），将自动提取的规律用于"微数据"级自动决策，即实现智能决策。在这个层次，人仅负责定义问题、确定学习规律的方法，其他都由机器自动完成。（可对应的数据产品形态为智能服务。）

下面从不同的数据应用特征维度进行分析，详细总结数据应用的发展水平，并基于这些发展变化总结出数据应用发展的水平划分，以及各水平与数据应用特征状态的对应关系。

1. 不同数据应用发展水平概述

数据应用发展水平可以从信息技术发展、数据特点变化、基于数据的分析与决策方式的发展、数据产品形态的发展等多个方面进行判断和评估。一个组织的数据应用现状越接近以上发展特征的后端状态，则数据应用发展水平越高。

（1）信息技术发展

计算机及信息技术的发展是现代和未来的经济与社会发展的核心驱动力，这里简要总结一下信息技术的一些发展趋势：

❑ 信息计算，从单机计算性能垂直扩展、集群并行计算性能水平扩展到 GPU 矩阵计算；

❑ 信息采集与传输，从互联网、移动互联网到物联网；

❑ 数据处理技术，从关系数据库、NoSQL 数据库、大数据计算框架到隐私计算；

❑ 数据分析方法，从统计分析、数据挖掘与机器学习到深度学习。

（2）数据特点变化

数据特点变化一般表现在以下几个方面：

❑ 数据内容，从交易数据、大数据到全域数据；

❑ 应用数据级别，从统计级到微数据级；

❑ 数据格式，从结构化关系数据、半结构化 NoSQL 数据到非结构化影像数据；

❑ 数据用途，从描述历史到预测未来。

（3）基于数据的分析与决策方式发展

基于数据的分析与决策方式发展体现在如下几个方面：

❑ 决策层次，从宏观、微观到个性化；

❑ 决策规律依据，从因果关系到相关关系；

❑ 解决问题类型，从 What、Why 到 How；

❑ 数据分析的数据覆盖，从抽样到全样本；

❑ 规律发现与决策实施方式，从人发现规律到机器学习规律，从人决策到机器自动决策，综合来说，从人决策、人科学决策、机器自动决策到机器智能决策。

（4）数据产品形态的发展

随着技术的发展，机器和数据能够替人类完成的事情越来越多。机器资源的规模可以看成是可以无限扩展的，因此高级的数据应用发展水平的生产力也是无限的。

可以结合具体的数据产品形态来了解数据应用的发展水平。

❑ **统计报表**：数据来源于业务活动记录，并用于生成经营性的统计报表。

❑ **BI 决策支持**：数据来源于业务活动记录，用于 BI 系统，可以实现交互式的自助数据分析，主要用于业务运营的决策支持。

❑ **大数据分析**：大数据的"大"是指数据采集和处理的来源非常广泛，并且采集的粒度非常细，因此数据规模巨大，比如采样时间间隔粒度可以到分或秒。大数据的理想目标是能够对每个目标对象实现全息数字化描述，以了解个体事物现势的全貌。数据来源不再只局限于业务交易数据，从业务、产品、设备、服务器等中采集环境、现象和行为相关等方方面面的各种形式的数据。可以按需做有针对性的数据采集，如 A/B 测试。在业务运营、产品设计、产品运营、营销、业务优化等方面大量使用数据做分析，并从数据中挖掘有价值的规律。

❑ **大数据服务**：大数据不仅应用于群体统计级别，还应用于微数据级别，例如用户标签或全景画像、人群筛选、个体触达、个体信用判断、个体欺诈判断、地理网格筛选、设备 / 设施异常检测，等等。从这些应用举例可以看出，大数据不解决"大问题"而是解决大量的"小问题"，通过大数据的规模实现规模化效益。另外，大数据的数据服务，不看重单条数据的对错，而且以整体数据的准确度或应用效果来衡量数据的效果。

❑ **智能服务**：大数据在微数据级别直接决策，例如个性化推荐、人群扩样（Lookalike）、用户自动分群（聚类）、购买意向预测、潜客评分、客户流失预测、个性化营销、精准触达、自动审核发放贷款、智能客服、趋势预测、属性预测、价格预测、自动分类、违法行为识别，等等。当前的 AI 技术不是真正的"智能"而是基于数据的统计，需要大体量的数据与精准新鲜的样本，更关键的是需要能够实现闭环的快速迭代，如果是面对反馈周期长的传统线下场景，就需要比较长的发展培养周期。

2. 数据应用发展水平及特征汇总

数据的应用方式是可以代表数据应用水平的典型特征，如今，数据的采集和处理量变得越来越大，内容越来越丰富，对数据的处理能力和运用能力要求越来越高，可创造的价值也越来越大，巨大的数据规模决定了数据应用过程必须由机器自动完成。

总结数据应用的发展过程，可以将数据应用发展水平总结为 5 个层次：经营分析、决策支持、数据驱动、数据服务、数据智能。这 5 个层次是数据应用水平从低到高的 5 个发展过程。

❑ **经营分析**。此阶段就是信息化阶段，通过系统化来固化流程，以提高效率与保障流程的有效执行，同时从系统中提取数据，出具经营性统计报表。

❑ **决策支持**。基于统计汇总数据支持中高级管理者进行战略和管理决策，能够在一定程度实现宏观层面的科学决策，减少决策者对经验、直觉的依赖，是数据驱动企业运营的开始。

❑ **数据驱动**。基于大数据分析实现微观层次的科学决策，能够通过设计实验、主动收集数据、假设检验，实现产品设计、用户运营活动规划、营销方案中大量微观决策的科学化，真正让组织经营全过程"用数据说话"，基于数据驱动。

❑ **数据服务**。利用数据实现业务创新，业务的核心是数据，或者直接利用数据变现，数据采用服务形式输出和持续地被消费。

❑ **数据智能**。基于大规模的数据和机器学习技术实现业务的智能化或智能化的业务，结合大数据服务和机器学习模型，持续地创造价值，提高收益，并不断迭代，优化数据质量和智能模型，不断提升智能应用效果和回报率。

每个数据应用发展水平对应的数据应用特征如表 3-1 所示，表中总结了每个数据应用水平对应的各个数据应用特征在该水平达到的先进状态，数据应用特征的状态之间不是替代关系，达到更先进状态一般代表已实现了之前的特征，并且通常前面特征状态对应的活动执行得更好。

表 3-1 数据应用发展水平的特征表

类别	特征	经营分析	决策支持	数据驱动	数据服务	数据智能
产品	形态	报表	业务 BI	大数据分析	大数据服务	智能服务
数据	数据作用	描述历史	描述历史	描述历史	描述历史	预测未来
	应用数据层级	统计级	统计级	统计级	微数据级	微数据级
	数据格式	关系	关系	多样	多样	多样
	数据内容	交易数据	交易数据	大数据	大数据	全域数据
决策	决策层次	宏观	宏观	微观	个性化	个性化
	问题类型	what	why	why	how	how
	规律类型	—	因果关系	因果关系	相关关系	相关关系
	分析样本量	—	抽样	抽样	全样本	全样本
	决策人机作用	人决策	人科学决策	人科学决策	机器自动决策	机器智能决策

对表 3-1 的内容说明如下。

1）宏观是指组织整体层面的决策；微观是指组织所有层级、每个成员的日常决策；个性化是指针对每个用户或客户可以基于用户信息实现个性化的服务。

2）机器自动决策是指由人基于规律认知进行人工规则定义，并通过系统固化，实现自动化执行；机器智能决策是指由人指定机器从数据中学习的方法，机器自动从数据中学习获得规律并直接应用于个体的决策。

3）科学决策是指通过假设检验和统计推断，获得因果关系规律，进而进行决策。

4）微数据（microdata）的定义参考国际标准《GB/T 37964—2019 个人信息去标识化指南》中给出的定义："一个结构化数据集，其中每条（行）记录对应一个个人信息主体，记录中的每个字段（列）对应一个属性。"这里将信息的主题由个人引申为一般实体，因此可将微数据定义为：一个结构化数据集，其中每条（行）记录对应一个独立实体，记录中的每个字段（列）对应一个属性。微数据相当于明细数据，可与汇总的统计级数据做对比。另外，要判断数据是微数据还是统计汇总数据，不但要看数据集的每条记录描述内容，还要看具体的使用方式。比如，数据集的一条记录是一个商品在各个店铺每个时段的销量统计数据，如果它作为报表用于分析使用，则是统计级数据，如果它被输入销售预测模型中，用于预测该商品下一个时段的销售预测，则是微数据。

5）表中同一特征的单元格背景色的不同深浅程度标识了特征的不同状态，列表是通过调整特征的排序使颜色呈现一种递进的规律，避免色块的交错，以便对比各个数据应用水平的特征区别。

3.3.2 能力评估——数据工程维度

在数据工程方面需要采用 CMM（类能力成熟度模型）进行评估。

1. 数据工程能力成熟度评价模型选择

数据工程的开发与管理过程类似于软件工程，可以参考 CMMI 等软件开发成熟度模型，结合数据工程的具体开发过程定义，进行数据工程能力成熟度的自评估。数据工程在过程管理类（Improving）、项目管理类（Managing）、支持类（Enabling）的过程能力要求方面，与软件工程是一致的。

基于 CMM 发展的成熟度模型在其阶段名称命名上稍有区别，但成熟度阶段的划分都遵循一些基本的规律和特征，从低到高，从不规范到规范制度化，从不稳定到稳健，进而通过量化进行统计质量控制，并不断优化、提高。工程能力成熟度阶段及特征总结如表 3-2 所示。

表 3-2　工程能力成熟度阶段及特征

级别	代表特征	核心特点	过程与组织状态描述
1 级	已执行	被动的 初始的 项目级	已有活动在项目级别被执行，活动处于初始、自然状态，项目与项目之间差别很大，没有组织级的管理流程
2 级	已管理	主动的 制度化 可重复	活动被计划、跟踪、管理，可被重复执行，但输出质量不稳定
3 级	已定义	规范的 组织级 质量稳定	活动按过程模型的描述形式被明确定义，包括过程的内容范围、输入、输出、负责角色（谁做）、资源（用什么）、方法（如何做）、指标（测量），与过程间的关系，都在组织级被明确规定，项目依照组织级的过程定义进行执行，不同项目执行效果趋于一致
4 级	量化	过程优化 可预测	过程的绩效已被量化跟踪统计，过程输出的质量可以基于统计方法被预测
5 级	优化	持续改进 整体优化 领先业界	组织的质量绩效已进入可以自动、持续不断优化的状态，且绩效水平已达到同行业领先的水平

2. 数据工程过程定义说明及级别特点

数据工程过程与软件工程过程类似，但也具有自身的特点。**关于数据工程过程的明确定义和划分可以参照本章后续给出的说明（见 3.5 节），在进行"已定义"及以上成熟度级别评估时可以参照。**

数据工程能力成熟度评估的各级特点总结如下。

❏ 在"已执行"级，要求以处理数据为目的相关活动已发生，例如执行数据统计。

❏ 在"已管理"级，以处理数据为主的相关项目已被独立管理、跟踪和执行。

❏ 在"已定义"级，要求数据工程过程各项活动（子过程）都已明确定义，在实践中，各项活动需拥有明确的负责人或团队，能够按照过程管理的方式保证过程结果的质量。

❏ 在"量化"级，要求数据工程过程的各项子过程的绩效都已被测量和跟踪，可以进行优化，例如：计算资源利用率、开发效率、数据质量等。

❑ 在"优化"级，要求整个组织的数据工程过程的绩效已经被持续优化，且达到十分先进的水平。

注意 CMM 通常用起来比较烦琐，如果是自评估，可以参考基于成熟度思想原理自定义的类似模型，也可以参考或选择一些敏捷工程成熟度的评价方法。

3.3.3 能力评估——数据治理维度

在数据治理方面，我们需要采用基于能力成熟度模型（CMM）发展出的数据相关领域成熟度模型进行评估。

1. 数据治理能力成熟度评估模型选择

针对数据治理能力成熟度评估[⊖]，推荐使用 DCMM 或 DMM，DCMM 是国家标准《GB/T 36073 数据管理能力成熟度模型》，DMM 是 SEI 联合 EDM Council 共同推出的数据管理成熟度模型。

DCMM 在 DMM 的基础上做了重新组织，并增加了数据安全和数据标准两个过程。二者在成熟度等级划分及描述上大致相同，都具有 5 个功能性能力和成熟度等级。不同过程域等级意味着最佳实践的过程改进所取得的成果也随之提高，二者的等级定义对比如表 3-3 所示。

表 3-3　DCMM 与 DMM 等级定义对比

级别	DCMM		DMM	
	名称	定义	定义	名称
1	初始	数据需求的管理主要是在项目级体现，没有统一的管理流程，主要是被动式管理	数据管理仅处于项目实施需求层面	执行
2	受管理	组织已意识到数据是资产，根据管理策略的要求制定了管理流程，指定了相关人员进行初步管理	组织意识到将数据作为关键基础设施资产进行管理的重要性	管理
3	稳健	数据已被当作实现组织绩效目标的重要资产，在组织层面制定了系列的标准化管理流程，促进数据管理的规范化	从组织层面将数据视为实现目标绩效的关键要素	定义
4	量化管理	数据被认为是获取竞争优势的重要资源，数据管理的效率能量化分析和监控	将数据视为组织竞争优势的来源之一	量化
5	优化	数据被认为是组织生存和发展的基础，相关管理流程能实时优化，能在行业内进行最佳实践分享	将数据视为组织在动态竞争性市场中生存的关键要素	优化

⊖ 针对数据安全进行更深入的评估时，推荐使用 DSMM，DSMM 是国家标准《GB/T 37988 数据安全能力成熟度模型》。

DCMM 与 DMM 的不同等级的特征描述对比如表 3-4 所示，DMM 的描述更抽象，DCMM 的描述更具体、实操性更强。

表 3-4　DCMM 与 DMM 的不同等级的特征描述对比

等级	DCMM	DMM
1	a）组织在制定战略决策时，未获得充分的数据支持 b）没有正式的数据规划、数据架构设计、数据管理组织和流程等 c）业务系统各自管理自己的数据，各业务系统之间的数据存在不一致现象，组织未意识到数据管理或数据质量的重要性 d）数据管理仅根据项目实施的周期进行，无法核算数据维护、管理的成本	过程的执行具有临时性，主要体现在项目级层面。过程通常无法在跨业务领域中适用。过程原则主要是被动式的。例如，数据质量过程注重修复而非预防。可能存在基本的改进，但这种改进未能扩展至整个组织，往往也无法维持
2	a）意识到数据的重要性，并制定部分数据管理规范，设置了相关岗位 b）意识到数据质量和数据孤岛是一个重要的管理问题，但目前没有解决问题的办法 c）组织进行了初步的数据基础工作，尝试整合各业务系统的数据，设计了相关数据模型和管理岗位 d）开始进行一些重要数据的文档工作，对重要数据的安全、风险等方面设计相关管理措施	组织根据管理策略规划并执行过程；雇用有技能的员工并辅以足够的资源，以保证可控的输出结果；让相关的利益相关方参与；监管、控制和评估过程以符合相关过程定义
3	a）意识到数据的价值，在组织内部建立了数据管理的规章和制度 b）数据的管理以及应用能结合组织的业务战略、经营管理需求以及外部监管需求 c）建立了相关数据管理组织、管理流程，能推动组织内各部门按流程开展工作 d）组织在日常的决策、业务开始过程中能获取数据支持，明显提升工作效率 e）参与行业数据管理相关培训，具备数据管理人员	采用并始终遵循一组标准过程。根据组织的指导方针，将一组标准过程进行调整，以获得满足组织特别需求的过程
4	a）组织层面认识到数据是组织的战略资产，了解数据在流程优化、绩效提升等方面的重要作用，在制定组织业务战略的时候可获得相关数据的支持 b）在组织层面建立了可量化的评估指标体系，可准确测量数据管理流程的效率并及时优化 c）参与国家、行业等相关标准的制定工作 d）参与内部定期开展数据管理、应用相关的培训工作 e）在数据管理、应用的过程中充分借鉴了行业最佳案例以及国家标准、行业标准等外部资源，促进组织本身的数据管理、应用的提升	定义了过程指标，并将其用于数据管理。这包括使用统计与其他量化技术对差异、预测和分析进行管理。过程绩效管理贯穿于整个过程生命周期之中
5	a）组织将数据作为核心竞争力，利用数据创造更多的价值和提升组织的效率 b）能主导国家、行业等相关标准的制定工作 c）能将组织自身数据管理能力建设的经验作为行业最佳案例进行推广	通过应用等级 4 分析改进机会的目标识别以优化过程绩效。向同行乃至在行业内分享最佳实践

2. 数据治理过程定义说明

详细的数据治理的过程划分与定义可参考本章后续给出的说明，在进行"已定义"及以上成熟度级别评估时可以参照，确定数据治理的规范化情况。

数据治理的过程错综复杂，在不同的方法论和模型中，对数据治理的过程划分有所不同。本章在各个模型基础上，按不同的决策层级，并且主要关注核心数据管理职能相关的过程，将数据治理过程划分为基本治理过程和综合治理过程。基本治理过程包含的几项子过程与其他可参考的成熟度模型中的定义相似，而将综合治理过程单独划分出来定义，使得概念含义更清晰，更具有合理性，便于不同性质工作的采用更适合的方式开展，也便于进行不同层面的成熟度评估。

 注意　DCMM 中"数据管理"包含"数据治理"子过程，其"数据治理"子过程仅指组织和制度方面，相当于本书介绍的数据治理中的"机制"层次。

3.3.4　数据应用成熟度综合评估

数据应用成熟度模型主要从数据工程、数据治理和数据应用的维度来衡量组织运用数据的能力和水平，并将其分为以下多个成熟度阶段，如图 3-2 所示。本节针对数据应用成熟度不同阶段的特征，从组织管理、数据工程过程、数据治理过程、数据应用的价值开发等多个方面进行分析说明，可以作为成熟度评估的参照。

1. 业务系统化

业务系统化阶段是指组织的业务流程清晰，且业务过程都已经通过信息化系统实现。信息化系统的实现以业务为导向，各系统中以业务为主相关数据，但并没有以数据为导向积累数据。这个阶段完全以实现业务目标为主，数据是它的副产品。

业务系统化阶段主要有以下特征。

1）**组织管理**：该阶段的组织战略以纯业务角度驱动；整个组织无数据意识，业务实施过程中无数据积累及基于数据优化业务的理念；组织的组织架构中无专门的数据相关部门和职位的设置。

2）**数据应用**：各产品线和各个环节的数据孤立存储，分析处理的数据完全以结构化数据为主。在该阶段的组织只是使用业务系统中必备的数据进行业务和财务的统计分析和管理，出具一些业务决策需要的经营性统计报表。业务系统化阶段尚未开始理解业务链条背后各个环节的数据，也没有考虑使用技术工具进行数据积累。该阶段初期大部分是基于业务目

图 3-2　数据应用成熟度阶段

标的数据统计，且需要定制化开发处理。后期开始建立和使用 BI 系统，管理和分析的数据主要是小体量的指标数据，很少涉及大量底层日志数据的分析。

3）**数据工程**：这个阶段的数据工程还没有从软件开发中分离出来，数据开发和数据处理工作都是由软件开发人员作为辅助任务顺带实施。没有清晰的数据工程过程定义。没有规模化的专门的数据处理设施和系统。后期有服务于 BI 的数据工程工作，但未形成完整的规范和体系。

4）**数据治理**：该阶段的元数据只涉及业务元数据，可能只在业务系统中使用，没有统一的元数据术语，各业务线的业务元数据分散管理。数据质量方面可能会有一些测试和质检工作，但是并未从质量保证和质量控制角度设计数据质量管理指标和数据质量评价体系。数据安全层面只界定了财务数据，尚未对数据的分等定级和数据安全保密级别进行设计和划分。这个阶段不支持专门用于数据治理的相关工具系统。业务系统间并未打通和串联，各业务系统无数据沉淀，业务系统背后的数据未被有意识专门收集或处于散乱无序的未管理状态。

2. 业务数字化

业务数字化是指组织在业务系统化的基础上建立数据理念，形成数据驱动的组织文化，开始对业务各个环节实现全面的量化，进行有针对性的数据收集、管理、分析并优化该业务。

数据驱动就是"用数据说话，基于数据科学决策"，从业务的 BI 报表进行闭环的业务分析和迭代，发展到业务的各个环节、各个层面都基于数据分析进行科学决策，例如产品 UI 设计细节。在业务设计的一开始就考虑数据采集的工作，业务系统在实现业务目标的同时能够支持全维度可配置的数据采集，相当于以业务目标为主、以数据目标为辅，数据辅助业务。

"业务数字化"阶段主要有以下特征。

1）**组织管理**：该阶段组织开始建立数据的理念，整个组织形成强烈的数据文化，在业务过程中注重数据的积累，战略上要求各层级的决策者（包括一线人员）都通过数据来分析和进行业务决策，让企业中的每个人都获得洞察力，能够在日常工作中实现科学决策；设立专门的数据部门和数据分析师等相关的职位。

2）**数据应用**：该阶段组织开始对各项业务的所有环节进行全维度的数字化，以实现对业务的全息掌握，使用数据进行管理、经营、运营、设计、营销等各方面和更细层次的决策。各项业务和产品在设计时就需要同步考虑数据收集和分析的需求，建立稳定的日志采集和数据收集系统，支持各个业务产品线从底层日志到丰富业务指标的数据收集和处理，业务系统支持同时进行多层次多环节测试的数据收集，能够同步执行丰富的 A/B 测试，保障测试结果独立性。建立数据仓库进行数据管理。数据分析系统支持交互式的数据分析和数据挖掘。数据应用仍以决策支持为主。

3）**数据工程**：该阶段已经建立完整清晰的数据工程流程，具备了规范的工程研发能力，数据工程中的各个环节由专业成熟的人才承担，能稳定地加工出为业务提供支持的高质量统计分析数据。研发部门建立了专门的数据仓库或类似系统进行业务线的数据沉淀，可以在其上针对已存储的数据进行 ETL 处理和挖掘分析。

4）**数据治理**：该阶段有专门的系统平台功能进行元数据管理，统一了术语，质量方面开始设计质量监控指标，实施质量控制，建立对应的质量保证体系，并且实现平台化管理监控。数据安全维度对数据做了基本的分等定级，明确了涉密与非涉密的划分。建立一定量的数据标准和规范，指导和约束数据设计工作。

3. 数据资产化

数据资产化是指组织在业务数字化的基础上，建立数据资产理念，将数据作为资产去管理和挖掘其价值，业务基于数据实现或通过数据提升效果成为业务的核心竞争力，数据成为企业的核心竞争优势和壁垒，成为组织核心业务增长的驱动力。

在组织层面实现统一的数据资产汇集和管理，按数据价值实现分级和生命周期管理，实现统一的数据服务，以保证一致的数据高质量和最大化的数据价值。该阶段会将所有的数据汇聚整合管理起来，实现不同的数据联通，实现跨领域的数据价值应用。同时，该阶段处理的数据类型更加多元化，数据体量更大，不仅要处理内部数据，还要考虑基于业务场景，如何与外部数据对接、连通。该阶段是先收集数据，再从海量数据中挖掘可能的价值。基于数据构建或加强业务，从业务收集数据，形成数据与业务的闭环，相当于业务目标与数据目标并重，数据是业务的核心。

"数据资产化"阶段主要有以下特征。

1）**组织管理**：该阶段在组织战略层面已经将数据作为组织的资产，将其与资金、人才一起同等考虑。组织架构方面，在管理层设置了数据管理委员会或者首席数据官（CDO）来负责决策层的数据管理决策，设立了一级数据部门来管理组织生态内外的所有数据汇集、管理、共享和服务。在数据资产化阶段，组织拥有大量的专业数据人才，职位方面包括数据工程师、数据分析师、数据科学家、数据产品人员、数据治理人员、数据运营人员，以及掌握数据、统计和行业知识的综合专家。除了数据部门，各个业务单元也都有丰富的数据人才和具备数据能力的综合业务人才。

2）**数据应用**：该阶段开始将组织内部所有可数字化的环节数字化，并从外部引进大量的数据，将数据融合、打通、增强并统一管理，支持丰富的业务场景。在业务系统中直接集成数据服务平台提供的微数据级数据服务，进行实时数据消费和应用，实现业务目标。组织不但使用数据制定全面的决策，更主要的是通过对数据的价值挖掘形成具有相当规模的业务创新，为组织直接带来规模化的效益。

3）**数据工程**：此阶段因为数据需求的丰富和多变，使得数据工程变得十分复杂并需要快速响应，需要更加系统性工程化的方法解决问题。数据工程过程各环节都已进行了明确的定义，详细规定了每个环节的输入、输出、资源、绩效考核指标等要求。工程团队能够严格遵循开发的流程和规范。数据工程过程按照明确的过程定义[⊖]，执行过程化管理，进行细致的

　⊖　可参考本章 3.5 节的数据工程过程定义进行裁剪和细化。

专业分工与协作，并实现了整体和各个环节间的效果闭环反馈。工程团队使用了 DevOps 的方法和工具，实现持续集成、持续部署，实现需求、代码、文档、知识的系统化与版本化的管理，实现系统环境的自动化与版本化配置，实现线上任务的灰度部署与回滚，实现线上任务的实时监控。同时工程团队研发了丰富的软件工具和平台，以支持数据处理、数据分析、数据服务和数据运营工作。平台支持各种结构化 / 非结构化数据格式，支持批量 / 流式处理，支持不同业务场景。在数据开发过程中组织更多地使用算法技术进行数据价值挖掘和业务优化迭代。

4）**数据治理**：该阶段处理数据维度广，数据体量大，数据结构复杂。组织针对数据治理工作已经制定了详细的过程定义[⊖]，执行过程化管理，同时考虑结构化和非结构化数据，实现组织统一、规范、现势的元数据管理。在质量方面，组织更多面对非标准化数据、非结构化数据的质量问题，基于数据使用要求定义数据质量指标，具有面对全新领域快速进行数据质量评估的能力，开展从数据应用角度出发的数据质量评价，实现基于数据应用需求的数据质量稽核，以及相应的报警、预警管理机制。进行数据安全管理，特别是隐私与合规的管理。数据安全维度要考虑同一类数据在不同场景过程中的安全保密级别，其中要充分考虑数据连通后的隐私被不当挖掘的可能性。制定组织层面统一的数据标准体系，并在建立数据资产过程中实施这些数据标准。建立组织的数据资产，实现统一的数据资产地图与各类数据资产的生命周期管理，同时数据资产方面需要考虑从外部获取合作或购买的数据进行数据增强 / 放大。

4. 业务智能化

业务智能化是在数据资产化的基础上，建立自动化智能化的理念，对组织内外部的全域数据进行分析挖掘，大力开发机器学习和深度学习等人工智能技术，进行科学化的数据处理和智能化的数据应用，实现业务智能化或者智能化的业务。数据和智能化技术是业务的核心。企业通过智能化实现同业竞争优势或创造有效的新商业模式。组织通过智能化大幅度提升管理效率或改变管理方式。业务基于数据实现，数据和业务一体，数据即业务。

"业务智能化"阶段主要有以下特征。

1）**组织管理**：该阶段在组织战略层面开始更多地关注人工智能在组织业务中的应用。在组织架构方面，建立数据科学部门或人工智能研究部门，针对不同细分业务场景设立专门的数据科学岗位或团队，做有针对性的持续优化。

2）**数据应用**：该阶段数据和数据科学技术相辅相成地应用到业务和组织运行的方方面面。在业务和产品中，基于数据科学方法从数据中自动提取"规律"，即建立数据科学模型，并在微数据级别利用模型进行预测与自动决策以完成业务目标。在基于数据的智能业务中形成数据收集与应用的闭环增强，基于应用效果反馈迭代提升数据收集的规模和质量，进而增强数据应用效果，形成数据与应用的良性循环。涉及隐私数据时，组织能够利用隐私计算技

⊖　可参考本章 3.6 节的数据治理过程定义进行裁剪和细化。

术，在保护隐私和商业机密的基础上实现数据的共享和价值挖掘。

3）**数据工程**：此阶段数据工程中的数据建模过程逐渐成为核心。建立基于人工智能算法的数据科学平台，便于进行大量的训练和测试，能够对线上业务系统中的数据科学模型进行灰度测试和持续部署，实时收集结果并进行对比分析，使用统计推断方法判断模型优化是否有效与效果提高的程度大小（A/B 测试）。一个数据工程项目会实现数据分析、数据开发、数据建模的综合运用和管理。

4）**数据治理**：该阶段元数据管理范围更大，需要考虑组织内外包含用户、业务、财务、人力、环境、互联网等全域数据的元数据管理和跨域打通。数据质量在数据资产化的基础上，基于 AI 实现数据质量的监测和预警。在数据安全方面，利用 AI 技术实现隐私数据自动识别、敏感数据自动去标识化/匿名化，以及数据风险的自动发现。

5. 成熟度总体评价表

在进行数据应用成熟度综合评价时，组织需要基于该阶段的核心特征、数据应用层次、数据治理与数据工程的能力成熟度来综合判断，如表 3-5 所示。每个阶段的核心特征也是该阶段的成熟度提升目标。评价要求如下所示：

- ❑ 进入一个阶段时，需要满足前一个阶段的要求；
- ❑ 每个阶段需要同时满足数据应用、数据治理、数据工程三方面的要求；
- ❑ 数据应用维度，要求该层次的数据应用已在组织的业务中占有主要或相当的比重，并为组织带来大量的价值回报；
- ❑ 数据治理和数据工程维度，会有最低要求和目标要求，比如"2 ～ 3 级"表示能力成熟等级至少达到 2 级（管理级），达到 3 级才具备竞争实力。

表 3-5　应用成熟度阶段的综合评价要求表

成熟度阶段	阶段关键特征	数据应用	数据治理	数据工程
业务系统化	信息化阶段，实现业务的信息系统建设，数据是副产品	经营分析 – 决策支持：面向高层决策的 BI	1 ～ 2 级	1 级
业务数字化	数据驱动阶段，组织运行的各个层面实现全面量化和基于数据的科学化决策，数据辅助业务	决策支持 – 大数据分析：大数据采集和分析，业务过程全面数字化，数据挖掘、A/B 测试等科学方法广泛应用	2 ～ 3 级	2 ～ 3 级
数据资产化	数据业务阶段，关键业务基于数据实现或基于数据提升效果与效率，数据成为组织的核心竞争力和壁垒，数据是业务的核心	数据服务：统一的数据资产管理和统一的微数据级服务	3 ～ 4 级	3 级
业务智能化	业务智能阶段，关键业务基于数据与 AI 实现形成创新的业务模式或商业模型，或基于 AI 优化并取得竞争优势，数据即业务	数据智能：基于数据 +AI 的微决策数据服务或业务应用	4 ～ 5 级	3 ～ 4 级

> **注意** 基于业务数据分析的"决策支持"可以很初级也可以非常深入，组织是否达到"业务数字化"阶段，需要看基于数据的科学决策在经营和业务管理中是否占有相当大的比例，并且基于数据的科学决策已成为管理者不可缺少的手段。

3.4　数据应用成熟度模型的运用

数据应用成熟度模型可以指导组织进行自身现状评价、找出差距、合理化目标设定、制定正确的发展路线，避免组织在数字化发展进程中走弯路、浪费投入、错失发展机遇[⊖]。

3.4.1　模型运用流程

数据应用成熟度模型的运用流程与其他成熟度模型的实施流程类似：

1）进行调研和评估，具体包括了解评估目标、制定评估方案、执行组织调研、三个维度的成熟度评估、综合成熟度阶段评价；

2）结合组织战略设定发展目标，制定具体的发展路线图；

3）实施计划，同样包括数据应用、数据工程、数据治理三个维度的具体实施计划；

4）监控和审查实施路线图的过程，验证组织发展进展，确认进展或发现存在的问题；

5）基于发现的问题，重新调整发展策略和修正路线图的具体举措；

6）如果计划需要彻底修改，必要时可以重新发起新的调查和评估；若当前计划的组织目标完成，也可以发起新一轮的计划。

在制定评估方案时需要选择数据工程与数据治理的能力成熟度评估的具体参考模型，可以基于行业发展情况进一步细化数据应用发展成熟度阶段的特征。评估方案与组织调研计划可以基于组织的规模和实际情况确定评价的详细程度，做比较简要的调研，基于专家经验进行判断，也可以详细地收集组织现状的材料，进行细致的分析和评估。同样，实施路线图的详细程度也可以依据具体情况和组织目标要求而定。

在路线图实施过程中，需要注意数据应用、数据工程、数据治理三个维度的相互配合，迭代式地渐进发展，避免因为某个维度的短板而影响整体效果，也避免因为过度建设而造成浪费。当实施过程中出现状况或发现问题时，团队需要结合现实情况深入分析，不能想当然或归因错误，导致无法快速、有效调整，错失机会。具体的数据应用成熟度模型的实施流程如图 3-3 所示。

⊖ 在本书的附录 2 中提供了本数据应用成熟度模型的设计说明，包括设计思路、适用场景、模型设计特点说明，在模型运用时可进一步参考。

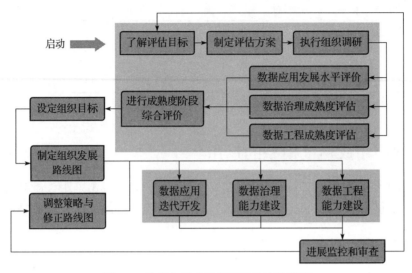

图 3-3　数据应用成熟度模型的实施流程

3.4.2　成熟度进阶建议和措施

本节总结从一个数据应用成熟度阶段进阶到下一个成熟度阶段的建议和措施，也就是在每个阶段需要在哪些方面设定哪些建设目标，开始哪些工作。基于每个成熟度阶段，组织进阶升级需要采取的主要措施和完成的主要工作建议如图 3-4 所示。

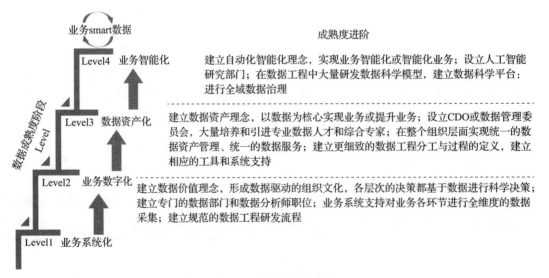

图 3-4　成熟度进阶措施

针对每个成熟度阶段的发展过程中各维度的特征，详细建议如表 3-6 所示。

表 3-6 成熟度阶段的各发展过程的特征

成熟度级别		1	2	3	4
成熟度阶段		业务系统化	业务数字化	数据资产化	业务智能化
战略组织和人员	战略 / 理念	组织进行信息化建设	组织树立数据价值理念，形成数据驱动的组织文化	组织开始建立数据资产理念，将数据作为一种战略资产考虑，关注资产统一和数据的打通融合	组织建立自动化智能化理念，大力开发和应用人工智能技术
	组织架构	组织设立信息化相关部门和职位设置	组织设立数据部门或者业务部门需要掌握数据分析技能	组织决策层有 CDO 或数据管理委员会、数据团队形成细致的专业化分工，开始引入数据科学家	组织中有 AI 研究机构，数据部门和业务部门都拥有大量数据科学家，培养了解业务的数据科学综合性人才
数据工程过程	数据理解	开始挖掘业务背后数据并评估收集可能性	理解所有的业务流程与关键优化节点，针对不同的场景理解对数据的需求	深入掌握业务，发现可以基于数据的优化点，有针对性地寻找和采集数据，必要时引入外部数据源深入了解数据，开发数据的价值，进行基于数据的业务创新	针对业务服务场景，寻找最大化价值的智能化场景 基于数据挖掘和探索可智能化应用的方向
	数据设计	数据报表与 BI 数据指标设计	设计针对业务所有环节的全维度数据指标设计，做好数据采集成本与数据价值的评估	针对应用场景进行数据来源选择、数据结构设计、数据处理逻辑设计、服务形式设计、数据质量核心指标要求设计	面向智慧化场景进行数据设计，了解并掌握各类数据科学模型对数据形式与质量的要求
	数据处理	—	建立高效的数据采集、汇集、统计与聚合，实现丰富的、交叉维度的数据业务指标计算	实现全域的数据融合，执行数据检验、清洗、标准化，实现数据聚合和增强，实现针对不同业务场景的数据装载	针对业务场景进行数据科学模型训练与调优，并持续优化
	数据部署	—	进行计算任务的部署，实现业务测试的自动配置	实现数据的自动化部署和管理，包括测试部署、灰度部署和正式生产部署	实现数据科学模型的自动化部署和管理，包括测试部署、灰度部署和正式生产部署
	数据运营	—	监控所有数据指标的加工情况，监控数据指标的波动情况，针对数据指标中反馈或发现的问题做分析和处理	监控数据加工生产的情况，做到对下游数据消费者的预警，监控数据资产指标的变化，针对数据质量问题进行分析和处理	监控数据科学模型的运行状况与效果指标，判断模型是否有效，处理反馈问题

（续）

成熟度级别		1	2	3	4
成熟度阶段		业务系统化	业务数字化	数据资产化	业务智能化
数据工程过程	支持过程	—	建立数据工程过程管理，对数据工程过程进行分工，利用自动化工具实现数据处理，建立数据自助分析平台	建立详细的数据工程过程流程定义，分工细化，建立 DevOps 需要的相应工具和系统，能够实现数据自动化测试、灰度上线与回滚，线上数据处理任务状态的实时监控与报警	使用 AI 技术进行数据处理任务的异常分析，对数据计算任务使用的物理资源进行智能优化，实现良好的数据成本控制
数据治理过程	元数据管理	执行系统级的数据模型与元数据管理	建立面向数据分析的元数据系统	建立组织统一的数据资产目录与数据资产统计监控系统，建立元数据管理系统，包括血缘关系管理，定义整个组织的元数据规范或标准	进行全域数据的元数据管理，进行数据资产指标的智能异常检测
	数据质量	实施面向业务与信息化系统功能的数据质量管理，可前瞻性考虑后续阶段的数据质量管理设计	开始执行质量监控，确保数据的一致性和准确性	定义面向数据应用的数据质量指标，建立数据质量管理流程，建立统一的数据质量稽查系统，实现数据质量实时、交叉维度的监控	将 AI 用于数据质量管理中，进行数据质量指标的异常检测
	数据安全	做好系统级、业务级的数据安全管理，保护系统中的个人隐私	建立组织的数据安全规范，实施数据权限管理	建立面向安全与合规的数据分类分级，制定组织的用户与个人隐私保护规范	使用 AI 进行个人隐私的识别，实现去标识化管理，实现智能的数据安全管理
数据应用建设	技术/系统/工具	建立面向业务的信息化系统，各业务系统可相对独立，建立面向业务运营的 BI 系统，在信息系统设计与 BI 系统设计时，可前瞻性考虑未来的数据价值开发	沟通用数据说话，基于数据进行科学决策，开展大面向业务的数据分析和数据挖掘	建立统一的数据服务，基于数据开展业务或者直接优化业务，在业务系统中大量应用大数据技术	广泛使用 AI 模型优化业务，建立 AI 的模型库，针对每个业务场景和客户分类设立专门的数据科学团队进行调优

3.5 数据工程过程

数据工程过程是数据价值开发的核心过程。先进数据技术的运用能力和优秀的数据工程过程执行能力，都是组织的核心数据竞争力。那么数据工程工作到底该如何开展，有哪些重要的环节，每个环节有哪些方法和注意事项？

本节将对数据工程过程概述、分类、子过程等进行详细说明。其中，对每个子过程按照乌龟图六要素要求，分别对两个关键过程要素——如何做（任务项）、输出（成果）做详细的分解说明，对其他过程要素做简要说明。负责人要素在对每类过程描述时统一指出，输入、资源两个要素一般隐含在任务项的描述中或者属于通用研发及数据处理资源，不要求单独强调，绩效要素建议结合团队采用的具体开发管理形式（如敏捷）进行定制。

3.5.1　数据工程过程概述

数据工程过程[⊖]一般指数据开发及支持数据开发的过程。在数据仓库时代，它是指 ETL 过程的设计、开发、执行，即数据的抽取（Extracting）、转换（Transforming）、装载（Loading）过程。随着各类数据应用和数据产品的日趋丰富，数据工程也日趋复杂化，每个开发环节逐渐独立，由不同角色相互配合实施，而不像早期由一个工程师就可以全部完成，因此数据开发过程的模式逐步向软件开发过程的模式靠拢，遵循需求分析、设计、开发、测试、发布这样的瀑布式开发过程，但在具体的过程活动上有所区别，如需求分析需要理解数据、处理环节会包含预处理步骤、部署上线后需要有持续的效果分析等。

随着数据科学时代的到来，数据科学建模过程也逐渐往工程化方向发展，不再是一个个体过程，而是需要团队协作完成。由于模型需要大量自动化训练和服务化训练，数据科学家也开始需要掌握数据开发和数据工程管理技能，数据科学建模过程与数据工程逐渐融合在一起。

在大数据时代，数据分析的工作也不再仅仅是一个分析师在 Excel 或者 OLAP 系统上即可完成的工作，需要系统性的协作和工程支持。分析和探索工作日趋复杂，需要进行系统性的规划和方案设计。同时，随着数据结构和数据工具越来越复杂化，很多分析师也需要掌握一定的编程技能。

在一项数据应用、数据产品、数据服务的数据工程开发中，有时需要综合运用数据分析、数据科学建模、数据开发的方法、混合实施。所以，数据工程也越来越庞大和复杂，需要过程化的管理方法，同时相对于软件工程又具有自身的特点。

⊖　在参考一些经典数据工程相关过程模型的基础上，结合最新的数据开发模式，本节试图以数据工程过程的方式，对数据开发工作中各个环节的内容及关系进行梳理和介绍，在介绍中会涉及大量数据相关的名词术语（term）或行话（jargon），例如数据架构（Data Architecture）、数据模型（Data Model）、数据整理（Data Wrangling）等，这些概念常常缺乏统一精准的定义，有些术语有狭义含义和广义含义，有些含义存在相互重叠、交叉，还有很多术语属于涵盖性术语，或在不同领域、不同团体、不同场景下所指不同，在实际使用中对于不同的使用场合也经常相互替代使用。基于业界习惯和当前最新的发展，本文尽量采用主流的定义和说明，但可能会与某些团队的使用习惯有所区别。同时，本文的目的是试图对数据工程过程进行更通用的定义，因此会对某些术语的内涵与外延一定扩展，对不同领域性质类似的活动做一些合并描述。假如团队不注意统一用词，就会引起沟通的问题，所以至少应该在团队内统一术语定义和使用要求。

1. 数据工程过程的五大子过程

数据工程过程可以划分为五大子过程：数据理解（Understand）、数据设计（Design）、数据处理（Process）、数据部署（Deployment）、数据运营（Operation）。如图 3-5 所示。

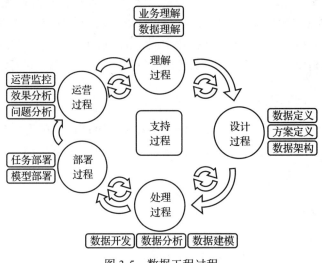

图 3-5　数据工程过程

这五个子过程整体组成一个效果反馈的闭环，基于数据应用效果分析，驱动新的数据理解和业务理解，实现数据处理的优化，不断迭代提高数据的应用效果。相邻子过程之间也会存在反复的迭代循环，进行每个环节的优化。

在数据工程的基础上，进行数据系统、数据平台、数据服务，以及最终的数据应用的开发。数据工程过程可以是数据系统或服务开发的前置过程或子过程，如图 3-6 所示。

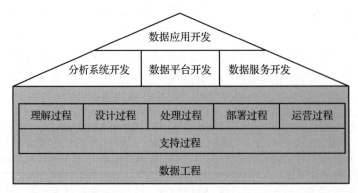

图 3-6　数据工程过程与数据系统、数据应用开发的关系

2. 数据工程分类及子过程分解

数据工程大致可以分为三类：数据开发、数据科学建模、数据分析。目前在工程实践

中三类数据工程可以独立执行，也可以综合运用，如在数据理解、效果分析、问题分析等过程中，通常需要一个数据分析过程。随着数据科学的广泛应用，目前很多数据工程中都包含数据科学建模的过程。

数据开发过程的负责人一般以数据工程师为主，数据科学建模过程的负责人一般以数据科学家为主，数据分析过程的负责人一般以数据分析师为主，在一些共同子过程环节他会相互配合，需要开发数据软件系统的任务一般以工程师为主。

对于过程来说，可以逐层细分为粒度更细的子过程。三类数据工程的环节（子过程）的详细分解及对应关系如表 3-7 所示。

表 3-7 数据工程过程分类及子过程分解

工程类型	理解过程	设计过程	处理过程			部署过程	运营过程
			主环节	细分环节	具体步骤		
数据开发	业务理解、数据理解	数据设计	数据收集	数据采集		任务部署	数据检验、运营监控、问题分析、效果分析
				数据传输			
			数据抽取				
			数据转换	数据预处理（数据整理）	数据验证		
					数据清洗		
					形式转换		
					数据标准化		
				数据转换（业务）	数据聚合		
					数据增强		
					业务规则		
			数据装载				
数据科学建模		方案设计	数据准备	数据获取		模型部署	
				数据整理（数据预处理）	同上		
			数据科学建模	特征工程			
				模型训练			
				模型评价			
数据分析			数据准备	同上			
			数据分析				
			数据探索				

不同类型的数据工程过程，在子过程层面有相对独特的环节，也有类似的环节，而类似的环节因在具体表现形式或工作性质上的细微差别或从业者习惯，命名称呼会有所不同。

（1）数据设计环节

数据开发类数据工程的数据设计更接近产品设计，而数据科学建模和数据分析类数据工程一般是一套实施方案的设计，当然现在数据科学建模的结果有时也会服务化为系统产品，即其设计过程类似产品设计的过程。

（2）数据处理环节

数据科学建模类数据工程有特征工程、模型训练、模型评价三个专门的建模步骤。

数据分析类数据工程有数据分析、数据探索两个子过程，二者工作方法类似但目标有所不同。

（3）数据科学建模与数据分析

在数据科学建模、数据分析等核心工作环节前面，一般都会有一个数据准备环节，即获取数据并通过预处理来规整好（这部分的工作量常常比核心工作环节还要大）；而在数据开发类数据工程中，数据处理环节会对数据进行更细致的划分，通常可按照类似传统数仓开发的 ETL 过程来划分，其中数据转换步骤下的数据预处理子步骤中运用的数据处理方法和另外两类数据工程中数据准备步骤下的数据整理子步骤类似。

（4）数据部署环节

数据开发过程一般需要将开发好的程序部署到调度程序中，定时启动批处理任务或者流处理任务；而数据科学建模过程，有类似数据处理任务的调度部署形式，也有需要将模型部署到一个模型服务中的部署形式，以接口形式提供对外服务。

图 3-7 展示了数据工程分类及子过程分解的详细内容。

3.5.2 数据理解过程

数据理解过程是指充分理解组织的业务和数据，在此基础上定义基于数据要解决的业务问题，并评估可行性的过程。很多数据应用案例中曾出现无法正确辨别实际业务问题，缺乏对数据实际情况的了解，而导致数据和业务之间割裂的情况。为了避免这类问题，同时减少时间和资源的浪费，在工程开始之前我们就要清晰地识别出业务需求、数据现状以及两者之间的逻辑关系。数据理解包含业务理解和数据评估两个子过程。

1. 业务理解

业务理解是从商业角度全面理解业务想要达到的目标或者解决的问题，明确业务目标，划定问题范围。

【任务项】

- ❑ 了解业务：了解组织业务发展、组织或需求部门提出的数据应用场景、需求背景、要解决的问题和商业机会。
- ❑ 梳理需求：分析干系人的需要，以明确需求。通常组织中不同部门、不同职级人员的需求不同，应分别访谈并记录，以备后续步骤讨论使用。
- ❑ 明确目标：比较组织内部不同人员对数据应用结果的预期，数据分析师应协助组织需求方梳理预期达成的目标。如果有多个目标，可以对其划分优先级，规划在项目的各期逐步实现。
- ❑ 量化标准：与业务人员、项目干系人共同讨论本次数据应用结果的评判标准，在商业层面确定成功、失败的度量方式。如果项目周期较长，建议在项目执行中的重要环节设置验收标准。

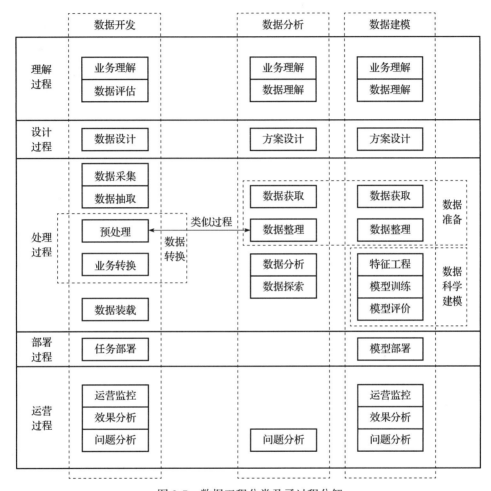

图 3-7　数据工程分类及子过程分解

【成果】

❑ 业务调研报告：包括行业发展趋势、组织现状、业务现状 / 流程、业务问题等。

❑ 需求文档：包含业务需求提出人、要解决明确的业务问题（需求目标）、预期结果是什么、计划在项目的哪个阶段完成并交付、最后的评判标准。

2. 数据评估

数据评估是从数据本身出发，进行数据基本情况了解、数据质量评估、数据满足需求可行性评估。从工程角度评估可行性，评估中需要包含数据的可获取性、数据的基本情况、数据质量情况、技术可行性、业务可行性（即是否能真正解决业务问题）、资源评估（人员和设备）、成本分析、风险分析等。

数据评估过程的关键点主要集中在"数据可行性评估"环节。

首先，评估前我们要明确问题是什么。很多数据应用最终效果不佳的原因都在于初始的问题定义不清晰，比如"希望通过数据应用在营销环节提升效果"就是一个不明确的目标，需要明确到"将营销中的哪个指标提高到什么程度"。可以采用 SMART 原则清晰地量化目标。

其次，进入评估环节。因为只有了解了数据的现状，才能使项目方案更符合当前的实际需求，在落地时顺利执行。如果只知道有数据，到了使用数据时才发现数据不可获取，或者数据的质量无法支撑项目使用，又或者数据匹配率极低，则会给项目执行带来极大的风险，甚至无法完成预定目标。所以我们需要在数据评估过程做好充分的"数据可行性评估"。

数据评估过程中还可能会出现如下需要重点关注的难点。

❑ 执行团队和人员的选择：如果仅由 IT 技术人员执行可能会更容易了解数据基本情况，但他们对是否满足业务需求判断不足；如果仅选择业务人员执行可能无法了解数据的细节情况，而数据理解环节直接决定后续的项目投入情况，因此需要专门且经验丰富的，能衔接两端的团队来执行，一个合适的选择是由数据治理或数据分析部门来管理，由多个业务和职能部门协作完成。

❑ 执行的时间和资源风险：由于此过程属于一个逐步信息发现过程，所以难以事先完全明确工作的内容、范围及资源需求，而是随着工作的推进，基于新掌握的情况确定下一步的工作，另外还涉及大量沟通、协调的工作，因此从项目管理角度就需要重点关注时间和资源方面的风险。在一些数据工程项目中，数据理解过程常常被忽略或者粗略执行，不作为一个正式的环节，但此过程的工作如果完成得不扎实，就会在后续其他环节执行时出现很多返工，反而延长了整体的工期。

❑ 执行过程涉及的安全与合规要求：如果是乙方为甲方处理数据工程项目，需要在乙方获得甲方系统权限与接触真实数据前，签署 NDA（Non-Disclosure Agreement）等保密协议，如果数据涉及个人信息，需要对复制的个人数据样本进行脱敏等操作，乙方工程师需要遵守甲方和乙方相应的数据安全与合规制度要求。

【任务项】

❑ 数据基本情况了解：对数据的基本情况进行调研、分析和确认，并形成总结说明，内容包括数据源、数据内容、数据结构、数据存储形式、数据大小、记录数量、数据涵盖时间范围等，通常需要直接访问数据，或者取得数据样例，查看数据的结构、了解内容与结构是否一致、执行一定的基本描述统计，形成数据描述档案（Data Profiling）。

❑ 数据质量评估：结合业务理解形成的需求，有针对性地对关键质量维度进行深入分析，通常质量维度包括完整性、一致性、准确性、及时性、可获取性、相关性、合规性等方面，基于数据科学建模的应用，可以使用历史样本基于历史数据验证模型效果。

- 数据可行性评估：结合业务需求，基于数据基本情况和质量情况进行综合评估，包括历史数据的使用情况，数据存储位置，数据是否都可以获取到，需要什么流程获取；组织外部可以获取什么数据资源，什么时间能获取到，详细内容和质量如何；基于所有可能获取的数据判断哪些与目前项目有关联，数据是否需要再处理。可以从以上角度对组织内外部的数据情况及可行性进行评估。
- 技术可行性评估：了解组织内部数据存储的技术环境，数据处理、分析、探索使用的平台系统及程序语言，评估面向不同环境下的数据转移或打通的技术可行性。
- 资源与风险评估：基于项目目标和数据现状评估整个项目的人力资源、存储/计算等软硬件资源需求。与需求部门和数据部门一起明确项目的约束、限制和风险，重点确认前期数据准备复杂度、中期数据分析颗粒度、后期模型（产品）交付过程中各个环节的风险点及备用方案。
- 工作项分解：在数据应用目标明确的前提下，结合各项评估结果，根据目标将项目拆分为多个子项目，并制定相应的工作计划安排。

【成果】

- 可行性分析报告：包含数据描述档案、数据质量评估、数据可行性评估结果、技术可行性评估结果、资源与风险评估结果、基于数据应用后业务问题的预期效果等。
- 项目实施方案：包含基于可行性分析结果设计的数据应用项目方案，各个环节的分拆实施方案，资源和计划安排，验收方案（包含效果和质量等），等等。

3.5.3　数据设计过程

在早期的数据工程过程中，数据设计过程并没有独立出来，而是合并在数据理解过程或者数据整理过程中。随着数据工程逐渐复杂化，数据逐渐产品化，数据工程中的数据设计过程越来越得到重视。这里将不同类型数据工程中涉及设计性质的工作归类到设计过程中，几个子过程是相对并列的，没有上下游的关系，它们可能会共同出现在一个数据工程项目，也可能一个数据工程项目中只包含其中一个子过程。

数据设计过程通常包含以下 3 个子过程，分析如下。

- 数据架构设计。大型数据系统或针对一个组织的所有数据类别进行统一设计，包括数据模型架构、数据存储架构、数据平台架构等，通常也会包含一些通用、基础的数据标准（或规范）定义。这里的数据模型架构可以理解为最顶层的数据模型，比如概念数据模型，只是它更偏重不同数据类别的数据模型之间的关系。在有了数据架构设计后，其他工程中的设计环节均需要遵循或参考数据架构中的设计，比如详细的数据模型设计需要在数据模型架构的基础上进一步设计。
- 数据定义。即狭义上的数据设计，一般包括数据模型（数据结构）设计、数据标准（或规范）定义、数据处理流程设计以及数据处理逻辑设计，其中最基本的设计是数据模型设计。

❑ 方案设计。方案设计通常是一个独立的数据分析方案、数据挖掘方案、数据科学建模方案的设计。方案描述目标、数据输入情况、具体计划尝试的处理方法或算法、资源需求、成果形式及指标要求，等等。

1. 数据架构设计

数据架构（Data Architecture）由模型、策略、规则或标准组成，这些架构定义了数据如何收集、存储、集成等，并且这些架构会作为一个数据系统或一个组织内所有数据系统的上层设计约束。数据架构一般也是组织架构或解决方案架构的组成部分，支持从组织的业务架构传递过来的业务需求。数据架构对于数据系统或一个组织来说至关重要，它不仅是一项考虑因素复杂、需要一定前瞻性、挑战非常高的技术任务，也会涉及业务、权利和安全等方面。

在早期的信息系统建设中，数据架构通常不被重视，造成各种数据问题。数据定义不一致，数据架构混乱，让数据难以集成和融合，无法发挥更大的价值。所以在很多组织中我们需要对数据架构进行整体设计，而不是从单项目或单产品角度来考虑。

数据架构设计通常包括数据模型架构设计、数据存储架构设计、数据平台架构设计等，这些架构设计是一个组织所有数据系统的基础，如果每个数据系统都单独设计则会造成系统之间的数据不一致，技术系统异构、不兼容，无法有效统一集成，形成一个个数据竖井，这也是组织现实中大量存在的问题。

【任务项】

❑ 数据模型架构设计。数据模型架构一般指更抽象的数据模型，包括数据概念模型及部分数据逻辑模型，以及数据原则、标准（如代码定义）、规范（如命名约定）等。数据模型架构设计需要反映业务模式的本质，以确保形成全面、一致、完整的高质量数据，并具有良好的扩展性，以适应业务的发展需要。良好的数据模型架构才是实现数据共享、保证一致性与准确性等数据质量要求的基础。

❑ 数据存储架构设计。即数据存储的分布和分片设计，以及数据同步策略设计，通常是逻辑分布，有时也涉及物理分布。在数据性能、数据成本、数据容灾、数据安全、数据合规（隐私保护）、数据质量、数据集成、数据服务、组织管理之间实现平衡的设计，需要遵循合适原则、综合原则、优化原则。对于拥有很多机构、很多系统的大型企业，数据存储架构设计是信息化和数字化升级的成败关键，也是数据治理的基础。

❑ 数据技术架构设计。数据技术架构是指数据存储、处理、分析的技术选型，需要考虑业务需求、性能要求、成本、开发效率、人员要求、可维护性、可扩展性、系统解耦等因素。

❑ 数据平台架构设计。即数据平台或系统的功能结构、模块划分等设计，对系统的实现进行抽象和分解。良好的数据平台架构设计需要考虑解耦、可扩展性、健壮性等因素。

【成果】

❑ 架构设计文档。包括设计背景、需求说明、设计原则、每类架构的架构图与具体设计说明，以及对一些具体设计选型的选择逻辑说明。

2. 数据定义

数据定义，也是狭义的数据设计过程，是指在获取的数据源基础上，按照数据应用的业务目标定义目标数据集，并设计数据处理流程方案的过程。后续的工作都是在此基础上展开的。

从工程实现角度来看，数据定义包括定义数据结构、数据处理流程、数据处理流程中每个环节的数据集，以及每个环节数据集的数据字段。在小型的数据工程中可考虑将数据定义过程并入数据准备过程。

【任务项】

❑ 数据模型设计。有时也称数据集（或表）定义，或数据建模。数据模型设计是指定义明确的目标数据集和中间数据集，并清晰定义出每个数据集中的数据字段及其约束条件，数据的血缘关系图（即上游来源数据集和下游输出数据集）。关于目标数据集的定义，一般从人和业务两个维度来考虑，比如零售企业的业务一般从商品、客户、交易这三个大方面组织数据。

❑ 数据流程设计。基于数据应用目标的工作分解结果，确定数据应用的目标数据集，设计如何从不同的数据源中抽取需要的数据，进行必要的转换和清洗，生成目标数据集的处理路径，明确具体采用的处理方法。该工作相当于制定数据处理的路线图。

❑ 数据处理逻辑设计。对每一步数据处理的条件、策略、阈值、转换逻辑、计算逻辑都进行详细的设计和定义，具体到编码工程师或数据处理工程师可以直接依照设计进行实现。通常设计前或设计过程中会需要穿插数据分析、探查、验证的工作内容。基于处理逻辑设计材料，在数据处理完成的后续环节，可以进一步设计数据测试与检验方案。

【成果】

❑ 数据模型说明。一般包含概念模型、逻辑模型、物理模型，形式可以是 ER 图（实体关系图）、表格、图形、文本等形式，可以利用系统来管理。

❑ 数据处理设计方案。一般包含整体数据处理的流程，每个环节数据集的数据处理方法，以及成果数据集的质量评估方案、效果指标，是后续数据开发过程的输入。

3. 方案设计

对于数据分析或数据科学建模工作，许多时候我们并不会制定一个正式完整的方案，通常拿到需求与时间要求后，就开始工作了。但如果数据比较复杂、工作量比较大、需要多人合作或跨团队协作、性能或效果指标要求非常有挑战、建模结果需要系统化部署或服务输出，就需要进行详细的方案设计。

【任务项】

❑ 确认需求与目标。前面的理解过程会完成需求的收集，这里需要再次确认需求和明确目标。

❑ 确认数据源及数据情况。前面的理解过程会完成数据情况的调研与评估，这些需要再次确认数据的可获取性、读取性能是否满足需求、数据现状是否符合之前的评估。

❑ 数据预处理方法的探索。如果数据不能直接使用，则需要进行一些诸如数据清洗、数据标准化、形式转换的分析和探索，可在抽样小数量上处理，以验证预处理方法效果。

❑ 分析或建模方法的初步探索。需要结合业务场景和目标，筛选和尝试适用的方法，寻找和验证可行方法。

❑ 方案撰写。将前面的工作总结形成最终的文档，用于指导方案的正式实施。

【成果】

❑ 数据分析方案或数据科学建模方案。一般包含方案目标（包括效果要求）、数据源及现状说明、数据整理方法、具体分析或建模技术方法的建议（附上前期初步探索的过程与总结）、整体数据处理流程说明、结果或效果验证及对比的方式说明、成果项要求、资源需求以及时间计划安排等。

3.5.4 数据处理过程——数据开发

数据开发是数据工程过程的核心部分，是指按照数据定义过程输出的数据处理设计方案，编写数据处理程序，对原始数据进行抽取、清洗、转换等进行加工处理，生成目标数据集的过程。

在传统数据仓库建设中，数据开发指 ETL 的开发过程，即编写实现 ETL 的数据处理程序或脚本（通常采用 SQL 语言）。ETL 是三个数据处理步骤英文单词首字母的缩写：Extract（抽取）、Transform（转换）、Load（转载）。ETL 的目标是获取并转换数据，实现满足目标应用需求的统一质量的数据。

传统面向数据仓库的 ETL 过程如图 3-8 所示，具体描述如下。

❑ 抽取。从一个或多个来源（或系统）读取数据，抽取过程将找到并识别相关数据，从中读取需要的数据。抽取功能允许将许多不同类型的数据进行合并。

❑ 转换。成功提取数据后，即可对数据进行分类、重组织、清洗、标准化等处理，例如删除重复条目、补充缺失的值、异常值处理、属性值标准化转换、排序等，并执行检查以生成一致、可用、可靠的数据。转换的规则通常比较简单，对计算资源要求不高，且计算速度比较快，所以一般和抽取程序集成在一起，中间结果可以不落地存储。

❑ 装载。转换后的高质量数据，被传输到一个统一的目标存储位置，用于统计分析或进一步在数仓中的数据处理。装载策略涉及增量 / 全量更新方式、更新周期、删除

（老化）策略、分库分表（分区）策略、版本策略以及 SLA（Service Level Agreement，服务级别协议）等要求。

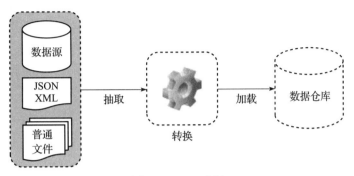

图 3-8 ETL 过程

大数据的数据开发过程与传统的 ETL 开发过程虽然有较大的区别，但实践中大家仍习惯称之为 ETL 过程，泛指一切例行化的数据处理过程或程序。大数据的数据开发过程与传统 ETL 的主要区别体现在如下几个方面。

❏ 增加数据采集（Data Collection）过程。在大数据的数据工程中，整个数据工程还会增加一个数据采集过程，例如在产品中进行专门埋点采集用户操作行为，或者基于 IoT 设备的数据采集。

❏ 从 ETL 到 ELT。传统 ETL 一般是直接从业务系统中抽取数据并做简单转换后用于统计分析，随着数据量越来越大、转换与处理越来越复杂、数据应用场景越来越丰富，ETL 的实现顺序多数变成 ELT。即数据处理过程增加专门的数据处理系统，数据抽取或采集后，做简单处理或不做处理，直接装载到数据处理系统中，转换操作放在数据处理系统中完成。

❏ 两次装载。第一次装载是从数据源或采集源抽取数据直接装载到数据处理加工系统，第二次装载是将数据处理加工的成果数据装载到数据分析系统、数据服务、数据应用系统中。

❏ 数据处理技术、环境、方法变得丰富而复杂，技术挑战和性能要求变得更高。具体来说，体现在以下几个方面。

　● **使用批处理技术、流处理技术**：迅速发展且基于廉价硬件集群的大数据开源技术已被大量组织普遍采用，如 Hadoop、Spark、Flink 等。具体数据处理方式可以分为批处理和流处理方式，二者对数据的操作过程是类似的，经常同时运用。同时，很多场景对数据处理的效率、吞吐量、时延等性能都有很高的要求，技术挑战很大。

　● **数据转换处理复杂**：传统 ETL 主要用于数据仓库建设，数据转换的目的是为面向数据聚合的统计分析准备数据。现在数据应用场景越来越丰富，不再局限于决策支持。数据转换过程又进一步细分为预处理过程和实现业务规则的数据转换过程。

预处理过程一般包括数据验证、数据清洗、数据标准化、格式转换等步骤。在经过整理的基础数据之上，基于不同的应用场景业务数据转换过程还需要执行不同的业务处理，如模型预测、位置分析、业务统计、用户画像、人群筛选等，并在装载步骤为不同系统转换为满足其执行效率与时效要求的数据组织方式及具体物理格式。

- **机器学习的广泛应用**：数据应用已从统计级应用发展到"微数据"应用，数据量的丰富，让机器学习有了广泛应用的基础，目前用户兴趣预测、推荐、风控、反欺诈等领域的数据应用都十分依赖机器学习、深度学习技术。

大数据中的数据处理过程不是 ETL，完整的过程很可能是 C_ELT_L（其中 C 代表 Collection），如图 3-9 所示。

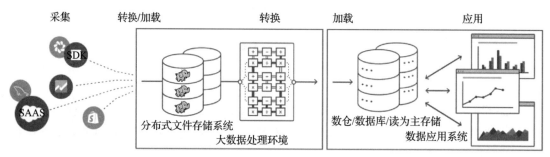

图 3-9　C_ELT_L 过程

另外，要做好 ETL 还需要完成以下事项。

❑ ETL 需要输出数据的血缘关系，以便在数据应用、问题分析及优化时使用，这部分一般需要和元数据管理系统对接。

❑ ETL 需要实现性能与实时运行状态的监控，处理异常报警，同时监控采集的数据可以作为 ETL 性能优化的数据输入。

❑ ETL 需要持续优化处理任务的性能，以充分利用计算和存储的硬件资源，持续地提高资源利用效率。在大数据的背景下，数据处理的总体成本非常高，而单条的数据价值比较低，因此需要对数据成本做非常好的管控和优化，才能获得有价值的数据。优化目标的一个惯常形象的说法是对计算资源利用率曲线的"削峰填谷"，即针对计算资源（CPU、内存、网络等）的利用率曲线，减少波峰和波谷，如图 3-10 所示。利用率出现波峰意味着有任务排队或失败，进而出现数据延迟，出现波谷代表设备存在一定空跑，意味着成本的浪费。

1. 数据采集

数据采集，也叫数据收集，是一种可以从各种来源收集和测量目标对象的系统方法，是获得特定变量的定量和定性信息的过程，以生成感兴趣对象的精确描述，可泛指一切数据收集行为。

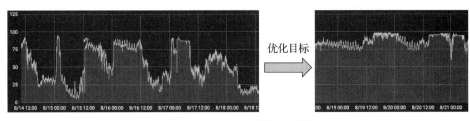

图 3-10　ETL 资源优化目标

传统数据采集过程，是需要什么数据才去设计收集的方法和指标；而大数据的采集过程与此相反，是先将所有可采集的数据（比如日志数据）都收集起来，再从中探索或挖掘有价值的数据内容。

传统的数据收集是指科学研究、社会研究、行业研究中的数据获取行为，可分定性数据收集和定量数据收集，具体方式有问卷调查、测验、访谈、焦点小组、测量等，需要我们仔细选择采集方法、设计采集方案、谨慎地执行采集方案，因为很多时候数据采集受主观因素影响，而采集数据的质量会直接影响分析研究的结论。

在大数据领域的数据采集，一般指在软硬件系统中的日志自动采集或者从网络上自动爬取在线公开的数据信息。很多时候数据源结构多样、内容与格式多变，需要采集程序做持续的兼容与运维工作。具体的采集内容与方式举例如下：

❑ 通过在软件产品中植入埋点的用户操作行为数据采集；

❑ 基于 IoT 等机械电子设备的测量、感知数据采集；

❑ 在线广告系统中的营销数据采集；

❑ 使用网络爬虫程序抓取解析社交媒体等网站上的公开信息采集；

❑ 线上线下的用户运营数据采集；

❑ 从文档资料中通过模式匹配（如使用正则表达式）提取需要的信息。

当前，Web 系统、移动应用程序、PC 应用程序、嵌入式应用程序、服务系统等各类软件都会直接采集或者通过集成 SDK 方式进行用户行为和软件运行情况的数据采集。IoT、边缘计算、智能工业、智能汽车、智能家居的发展将产生大量新类型的数据采集需求。数据采集工作的质量将影响整个数据项目的效果，甚至组织的成败。面对瞬息万变的世界，大多数情况下数据都无法重新采集，因此良好的数据采集设计十分有必要。

如果是直接从业务系统中同步交易等业务数据，则不需要复杂的数据采集过程，比如在传统数据仓库建设项目的工程中，可以直接从数据抽取过程开始。

【任务项】

❑ 日志结构与采集策略设计：基于采集需求，设计采集项（字段）、信息结构（如 JSON）、存储格式（如压缩方法、加密算法选择）等日志结构，同时需要进行策略的设计，包括采集触发条件、采集频率、埋点位置等，还需要考虑字段命名标准化、可扩展性、存储记录大小等要求。日志结构版本升级时，一般需要向前兼容，以便后续的各类数据处理过程不因数据采集的某项调整而执行失败。采集内容需要符合合规要求。

❑ 采集执行与监控：一般整套采集系统都是流式系统，通常包括采集端、接收端、消息缓存传送系统、流式解析系统等。整个采集系统需要考虑流量波动，实现负载均衡，最好能够实现基于流量的自动扩容与缩容，同时需要在采集的各个环节进行日志量等指标的统计监控，还需要持续测试和监控采集链路的稳定性，通常可采用模拟数据发送和监控方式实现。

【成果】

❑ 日志数据：采集获得的数据形式一般是一条一条的日志数据，通常采用文本或 JSON 等半结构化格式存储，例如实时的日志流，或者批量日志的文件，也可以直接存入数据库中。

❑ 日志结构与采集策略设计文档：说明采集字段、埋点位置以及采集频率等策略。

❑ 监控指标定义文档：说明每个监控指标的计算规则、统计方法、报警规则等。

❑ 采集程序及系统：包括采集系统和采集监控系统，研发形成采集程序代码或 SDK 代码、技术设计说明、编译成果。在大数据量情况下，统计任务也需要消耗很多计算资源，通常需要在统计值的误差和计算成本、效率之间做一定的妥协设计，比如运用抽样方式、HyperLogLog 等基数计算统计方法等。

2. 数据抽取

数据抽取是一个涉及从各种来源检索和同步"需要"数据的过程，例如将数据迁移到数据仓库中。数据抽取是伴随着数据仓库建设出现的，是数据仓库的 ETL 数据工程过程中的第一步。现在各类数据工程仍然沿用了数仓时代的 ETL 叫法，将从各种数据源获取和同步数据的过程统称为数据抽取过程。有些组织会设计和实现统一的数据集成工具，封装数据抽取功能，以实现统一的调度、一致的质量水平和通用的监控。也有一些开源或商业工具可以支持这个过程的实现。当前组织逐渐混合云化的 IT 设施环境、多样的应用系统让数据分布日趋复杂，数据每分每秒都在产生、消亡，版本与格式持续不断地被变更，越来越需要系统化统一的数据集成和管理工具，才能保障数据获取的稳定性、高时效性和持续的兼容性。

【任务项】

❑ 数据源确认。获取源系统的数据读取权限与连接参数，了解数据源允许的读取负载、源系统数据更新周期、格式等信息。

❑ 抽取策略设计。包括抽取规则、全量或增量同步策略、调度规则等策略的设计。通常，数据抽取规则有数据集（表）选择、数据字段选择、按特定属性值或维度的过滤规则（如一段时间范围、某个区域、某类商品）、敏感信息处理方式（如加密方式）。在大数据情况下，通常数据会按照时间、业务、主题、区域等维度进行分区或分表，因此可以直接按分区或分表同步。

数据抽取可能是一次性完全获取所有数据，也可能是定期或实时的增量提取。具体设计需要综合考虑数据需求、系统负载、成本、实现复杂度等因素。例如，抽取时需要设置适合的调度策略，如更新频次与时间间隔，在时效性与数据源负载之间做好平衡。针对每个数据源需要制定不同的策略，策略之间需要协调配合，以在后续处理时不因单个数据源的延迟而导致最终数据结果的延迟。

- 数据抽取。将从各数据源获取的数据保存到一个新的存储位置或装载至适当的数据处理系统中，可将抽取的数据构建为新的数据集，为下一步处理做好准备。通常数据抽取需要实现一个程序或脚本，建立定时调度的批处理任务或流式处理任务，如果在系统建设比较完备的情况下，通过一个专门的数据抽取工具进行配置即可实现。

数据抽取是一项持续性工作，所以需要进行抽取的稳定性与质量监控，需要实现一些数据量指标的趋势图与设置报警规则，特别是任务失败告警。任务可能会因为数据量的增长、上游数据源的变更（如格式改变）、基础设施故障等原因而失败，需要快速响应处理。

【成果】
- 数据集：抽取后的新数据集（表）或数据文件。
- 抽取策略文档：说明每个数据源的抽取规则、同步策略、调度规则，以及数据结果存储位置等信息。
- 抽取程序：研发的程序代码及配置文件。
- 监控指标定义文档：参见数据采集过程中的说明。

3. 数据预处理

数据预处理过程是一种将原始数据转换为干净、质量统一的数据集的过程。

在现实情况中，各种来源的数据常常包含如下三类问题。

- 不完整（Incomplete）：缺少属性值，缺少某些感兴趣的属性或仅包含汇总数据。
- 嘈杂（Noisy）：包含错误或异常值，或者在采集和测量时会不可避免地引入噪声。
- 不一致（Inconsistent）：包含枚举值编码或名称中的差异。

在做正式的数据分析、模型训练、业务逻辑相关的数据处理前，需要对数据做一些整理，包括检查输入数据，修正一些原始数据中存在的错误，统一数据的组织格式，提高数据的准确性、完整性和一致性等方面的数据质量，执行格式转换和数据规约以提升易用性等，以便于数据的最终使用，所以有时这个过程也称为数据整理（Data Wrangling）。英文术语对此过程的表达更为形象，就像处理各种冲突的一个争斗过程。错误或不一致的数据会导致错误的结论，因此能大幅提升数据质量的数据清洗过程是数据预处理的核心过程。

【任务项】
- 数据验证（Data Validation）。验证数据符合预定义规则与约束的过程，为后续处理的数据适用性和安全性提供某些明确定义的保证。通常在数据处理和使用前都需要做一定的数据验证，有时也会作为数据清洗过程的一个步骤，称为验证规则、验证约束或检查例程，一般包括以下方面检查：格式、结构、数据类型、枚举编码标准 / 值域范围 / 约束、唯一性、交叉引用、一致性、时效等。

尽管数据验证是任何数据工作流程中的关键步骤，但在实践中却常常被忽略或不被重视。大数据中很多数据都是"活数据"，数据内容和数据值分布等统计特征都会持续变化，所以执行验证非常有必要。数据智能中需要使用验证规则减轻"垃圾入垃圾出"的情况。验证数据的完整性有助于确保结论的正确性。

❑ 数据清洗（Data Cleaning 或者 Data Cleansing）。数据清洗，顾名思义就是清理"脏"数据的过程，是修正问题数据的过程，是提升和统一原始数据质量的关键步骤，保证不同数据来源处理后拥有一致的数据质量水平。在这个过程中我们需要制定数据有效性策略和数据清洗策略，清洗后需要验证数据质量是否达到既定标准、是否符合当地法规的数据安全标准。

具体清洗方法包括数据补全、错误修正、重复删除、缺失值填充、异常值处理、问题数据过滤、衡量单位与值域及表达形式统一、正态化、噪声平滑、缩放、跨字段或跨数据集一致性检验等，针对数据中的损坏或缺失、噪声、格式错误、约束符合性、准确性、完整性、一致性等方面的问题进行修正和完善。

❑ 数据标准化（Data Standardization）⊖。将不同的表达和结构转换为统一且遵循标准的数据处理过程，如遵循国家标准、行业标准、行业惯例、组织或企业自定义的命名规范与编码规范等，一般采用映射替换、换算等手段，这个步骤能够让不同来源的数据集成在一起，相互运算。有时也称为数据规范化（Data Normalization）⊖，实际使用中两个词经常混用。标准化过程有时也还包括单位和数值表达精度的统一、数值类型数据的缩放等变换（如归一化），等等。

❑ 格式转换（Format revision）。包括数据结构与存储格式的转换。

❑ 数据规约（Data Reduction）。或数据缩减，或数据精简，是减少数据容量的过程，可以实现对原始数据的精简描述。规约后的数据量要小得多，但可以最大程度地保持原始数据中的关键信息和应用效果。通常在数据工程和数据挖掘中使用，目标主要是减少存储、节省成本、提高处理效率，有时也为了安全。

可以通过存储优化、数据删除、数据变换等方式实现数据规约。具体来说，存储优化包括压缩、单实例存储等，数据删除包括重复数据删除、无关或低价值数据删除，数据变换包括汇总、降维、离散化、采样等。很多时候数据规约也会作为数据科学建模中特征工程过程的一个子步骤。

⊖ 数据标准化的另外一个含义是数据分布的标准化转换，即将分布的标准差转换为 1。计算方法是将每个数据项减去所有数据项的均值，再除以所有数据项的标准差。如果原数据符合正态分布，则转换后符合标准正态分布。这种转换也称为 Z 分数归一化（Z-score Normalization）。

⊖ 数据规范化的另外一个含义是归一化，即将数据的值域变换到 [0,1]。一种计算方法是将最小值转换为零，最大值转换为 1，中间的值按比例转换，即每个数据项减去最小值，再除以极差（最大值与最小值间的差）。一般用在非正态分布的数据上。

【成果】

❏ 数据集：清洗完成的标准化的新数据集。

❏ 数据资产目录：包括新生成的数据集的名称、schema、格式、血缘关系、质量情况等各种数据集描述信息。

❏ 数据操作设计文档：记录了数据处理的每一步操作策略、处理效果及质量情况、处理过程中发生的问题记录等。这些信息可以在不同的系统或文档中体现。

❏ 数据处理程序：研发形成程序代码及配置文件。

4. 数据转换

数据转换是增强和实现数据价值的过程，包括数据聚合、数据整合、数据增强等环节。

❏ 数据聚合（Data Aggregation）。一切数据分析的基础。良好定义、维度丰富、高效、准确的聚合统计数据，是数字化运营的根本，是业务分析、运营、产品优化的基础。数据用于决策支持是数据的最基本应用。

❏ 数据整合（Data Consolidation）。也可称为数据集成（Data Integration）[⊖]，是指将来自多个来源的数据合并到单个目标数据集的过程，新数据集通常统一存储在同一目录位置。此过程包含数据映射、数据匹配、数据融合、数据充实等数据处理环节，以形成结构统一、记录数量完整、记录信息丰富、高价值、易使用的数据集。大型组织，诸如银行、金融公司、多元经营集团公司等企业，很难整合和丰富其庞大规模的数据，因为它们存储在不同的系统中，对形成完整客户认知、完善个性化客户体验是非常大的障碍。

组织每天都能收集到大量的客户数据，诸如不同业务线中销售沟通、社交互动、线上线下多渠道营销活动、账号活动、线上线下商品浏览 / 咨询、交易活动、物流、售后服务、评价等环节的信息，而这些信息很可能以不同的形式记录在不同的内外部系统中。而客户意见更可能在不同的地方发布，有的记录在产品服务的软件系统中，有的记录在客服系统中，有的发表在官网的客户意见区，有的发表在互联网的公开社交媒体上。所以数据整合是一项非常重要的工作。

❏ 数据增强（Data Enhancement）。或称为数据丰富（Enrichment）[⊖]，是指在完整规范的数据基础上，通过规则转换或模型分析与预测，提取数据中隐含的规律、特征、知识。

⊖ 通常数据集成的含义更广，它不只是指一个技术处理步骤，通常还可以指将不同来源的数据组合到一个统一的视图中的过程，包括技术和业务流程的组合，其最终目标是为用户提供跨主题和结构类型的一致的数据访问和传递，并满足所有应用程序和业务流程的信息需求。数据集成过程是整个数据管理过程的主要组成部分之一。

⊖ 传统数据处理中数据丰富与数据增强可以互换基本同义，另外数据增强也用于机器学习的样本增强（特别是深度学习的影像数据），对应的"数据丰富"与"数据增强"的多数场景也可以互换，应用范围越来越广泛。在传统商业客户信息处理中数据增强一般是指数据充实（Data Supplement 或 Data Appending），即通过外部数据源补充客户信息记录中缺失或过时的字段，在本文中，将这个步骤归到数据整合过程，并以"数据充实"命名。

【任务项】

❑ 数据聚合（Data Aggregation）。或数据汇总（Data Summarization），是收集原始数据并以描述统计（Descriptive Statistic）的汇总形式（Summary Form）显示的过程。聚合是数据分析的基础，汇总可以简化数据，压缩数据描述，易于提取和发现规律，分析时序趋势、统计分布趋势（中心度量/离散度量）、行为转化漏斗等。

数据聚合时需要定义维度（Dimension）与指标（Metric），维度类型可分为时间维度、空间维度、业务维度等，针对指标还需确定计算执行或更新周期，最终形成一个可以上卷下钻的分析立方体。高效、灵活的数据聚合是数字化组织实现科学决策的基础。

❑ 数据映射（Data Mapping）。确定同类"实体"的不同数据结构（字段）之间映射关系的过程。可以理解为数据集（表）级别或数据库级别的匹配过程，可以最终形成一个统一的数据结构。

❑ 数据匹配（Data Matching）。识别相同"实体"并建立相关数据关联的过程。可以理解为记录级别的匹配过程，通过规则或算法确定哪些记录属于同一"实体"。之所以需要数据匹配，是因为数据经常存在以下问题：不同来源数据中实体的关键标识不同或不一致、数据不完整、数据录入错误、采集与存储规则不一致、一些实体的属性会随着时间发生变化，如人的地址、工作单位。

匹配方法有确定性匹配（Deterministic Matching）和概率性匹配（Probabilistic Matching）。确定性匹配基于一个或多个可直接匹配的标识符；概率性匹配基于多个字段计算匹配的概率，首先为每个匹配属性（字段）确定匹配方法，例如字符串相似性、发音相似性、日期相近性、地址距离等，然后指定或基于统计确定相对权重，这类似于"重要性"的度量，也可以使用机器学习的模型进行计算，最后综合计算两条或多条记录之间的匹配度，基于阈值确定是否建立匹配。

在所有数据匹配中，ID匹配是最重要的，例如在一个集团组织中很多套账户体系的打通、用户全景视图与行为分析（同一用户跨系统跨设备的行为数据中的标识常常是不同的）、广告网络中复杂多样的终端标识之间的匹配（无账户体系）、内外部数据交换时的ID匹配（外部数据引进/数据输出服务/数据共享）等场景中，如果ID无法打通，用户运营与数据价值的利用就无从谈起。匹配率的高低决定了后续数据融合或者数据分析应用的最终效果。数据匹配也是很多组织与组织之间进行数据合作或业务联运的关键指标。

❑ 数据融合（Data Merging）。将两个或多个数据集合并为一个数据集的过程。合并是业务规则驱动的，将多个数据集从记录角度或字段角度进行并集或交集运算的过程，包括新记录（新实体）追加（类似SQL的UNION）、新字段（同实体新属性）追加（类似SQL的JOIN）、基于相同字段关联等。

❑ 数据充实（Data Supplement）。通过将其他信息附加到现有数据记录中来提升数据的过程，特别是填补空缺字段或修复过时及不准确信息。例如，在传统数据处理领域的黄金客户记录的信息补充场景，特别是客户营销线索的客户背景及联系方式等信息的补充和及时更新场景，因为一些准静态数据（如客户联系方式）会以惊人的速度变化（"变坏"），需要持续进行更新补充。在这个过程中，无论是利用内部数据还是外部数据，都需要注意符合法规和组织的隐私政策要求。

❏ 规则转换（Rule-based Transformation）。基于业务需求，通过预定义的逻辑规则对数据加工处理的过程。通过人工分析提取数据中包含的规律，结合业务需求，制定相应的处理规则，引入参考数据，提取和加工生成体现更高阶信息的数据，可以是个体的特征或标签，也可以是时序趋势规律。

例如，可以基于用户的浏览、点击、交易、评论等信息加工用户与商品、品类、品牌之间的兴趣关系；可以基于网络访问的终端、链路、IP 等信息，基于图计算获得异常群体行为，支持反欺诈分析；还可以基于移动位置数据做 O-D 分析（Origin-Destination，出发点 – 目的）、区域的人流分析，甚至实时统计分析，用于城市规划设计和应急监控。

❏ 模型预测（Model-based Prediction）。在已清洗且转换好的特征数据和样本数据的基础上，基于机器学习及深度学习算法模型进行训练和预测，例如基于用户购买商品预测用户的人口属性、购买倾向等，用于补充用户的全面标签画像、即时推荐。

【成果】

❏ 数据集：可以直接使用的新数据集。

❏ 数据资产目录：同数据预处理。

❏ 数据操作文档：同数据预处理。

❏ 数据处理程序：同数据预处理。

5. 数据装载

传统的数据装载是指将数据写入一个数据仓库中。现在由于数据应用和数据使用方式的日趋丰富，数据装载也变得复杂。数据装载需要针对不同的存储系统做适配，也需要针对应用需求做一定的物理格式转换。例如在处理大数据时，装载效率是一个瓶颈，此时需要对装载效率和读取效率做定制处理（例如建立索引、直接生成数据库系统底层文件格式、分区 / 分表处理、全量 / 增量替换策略）。大数据的存储系统类型有分布式文件系统、MPP 数据库、列式存储、NoSQL 数据库、内存数据库等，目前使用比较多的开源系统有 HDFS、Hive、HBase、Greenplum、Cassandra、ScyllaDB、Redis 等。

数据装载有时需要处理复杂的网络与集群环境，需要对装载任务执行状态和进度进行监控。大数据中数据加工和装载一般都是周期调度或实时处理，装载任务通常由上游加工任务触发，有时也需要配置单独的调度。装载有时需要同时完成覆盖式更新或老化操作。

【任务项】

❏ 装载需求定义。说明目标物理格式定义，包括结构、索引、分区 / 分表等信息；说明更新策略，包括全量替换更新或增量更新及更新周期；说明负载、时效性等 SLA 要求；说明监控要求；说明目标存储的物理位置与链接参数。

❑ 数据装载。将数据装载到最终目标中，最终目标可以是任何形式的数据存储，并提供实时监控预警。

【成果】

❑ 数据操作设计文档：同数据预处理。

❑ 数据处理程序：同数据预处理。

3.5.5 数据处理过程——数据分析与数据科学建模

一般来说，数据分析与以开发 ETL 程序为主要任务的数据开发过程是有区别的。

❑ **目的不同**。数据分析过程的目的是通过直接处理数据，提取数据现状描述、发现规律、找到问题根源，具有一定发散性、探索性，特别是针对新的数据源和数据类型，数据开发过程一般是指研发用于持续处理数据的 ETL 场景，目的相对收敛、明确。

❑ **执行者角色和方式不同**。数据分析由分析师执行，ETL 数据开发任务由工程师执行。通常数据分析的方式是交互式处理数据，即分析人员基于每步获得的结果，思考和确定下一步的操作，一般利用可视化工具或编写 SQL 脚本来实现。现在也有分析人员掌握了更多的编程技能，可以编写一定的数据处理程序和工具软件，但所撰写的程序一般都是专门为本次分析撰写，是一次性的，而不像 ETL 任务一样会自动化、例行化、周期性地持续执行。编写 ETL 任务的代码时实现需要考虑整体的处理流程和工程设计，而编写分析用途的 SQL 脚本则不需要。当然，一些大型组织也会实现统一的数据处理平台，两者都在平台上工作，有时区分并不明显。

❑ **数据不同**。数据分析过程处理的数据源更多、类型更杂，数据量相对较小，很多时候单机即可处理，在大数据集上也会进行抽样处理。ETL 处理的数据规模通常更大、更标准，并且需要例行化在大规模并行集群上处理。另外，数据分析面对的数据源相对不确定，有时需要基于分析要求去寻找合适的数据源，ETL 面对的数据源与数据内容通常相对更明确。

随着数据工程的综合发展，不同类型的过程逐渐融合，相互的界限越来越模糊。在数据工程中，我们通常会用到多种方式，例如在数据设计与效果验证时会使用数据分析方法，在对 ETL 工程的某些步骤进行加工时会用到数据科学建模任务。

数据分析与数据科学建模环节的前序环节——数据获取与数据整理子过程，与数据开发过程中的数据采集、数据抽取、数据预处理子过程类似，都是获得数据并进行正式处理前的清洗、融合、转换等工作，并且数据获取与数据整理可以并称为数据准备（Data Preparation）。数据准备过程是从各种数据源处获取原始数据，并将所有原始数据抽取、清洗、融合、转换、处理成为可直接进行分析、挖掘的"目标数据"的过程，也即为数据分析或建模核心过程准备数据集的过程。

数据准备是整个数据处理过程中最耗时的阶段，一般会占用分析或建模人员 80% 的工作量，也是最苦、最累、最需要细心的过程。数据准备的每个环节都对最终的结果有很大的影响，其中有很多关键点需要重视：

- 数据源的稳定性和数据鲜度（时效性）；
- 数据集定义中的处理策略和约束条件；
- 数据处理过程中每个环节的质量监控；
- 数据匹配率的高低。

数据准备过程中的难点主要集中在技术系统和数据孤岛两个问题上，所以组织需要通过数据资产治理等综合计划，让数据易于发现且具有统一的数据质量，降低数据人员在此方面投入的时间，提高数据工作的效率。

1. 数据获取

数据获取（Data Acquisition），有时也称数据摄取（Data Ingestion），是指搜集和测量各种来源的信息，以获得完整、准确的数据内容。获取的数据可以是结构化的，也可以是非结构化，如数字、文字、语音、图表等。此过程常常还会包含数据源寻找或发现的过程，从多个可能适合的数据源中做选择。如果数据是从已规整好的数据源中获取，比如数据仓库或数据资产系统，则此步骤可以是简单的复制或同步动作，也可以仅是获取读取需要的参数与权限。

在这里，数据获取是作为数据分析或数据科学建模环节的前置步骤。数据的获取可以是一次性的，也可以是持续的；可以是手动操作的，也可以是通过工具配置或编写程序自动完成的。在数据获取的过程中，可能基于分析中获得的新认知，不断调整策略，重复多次执行，同时，为了满足分析需求也可能需要寻找新的数据源。针对一些主观主题相关的数据分析过程，例如人文社会实验研究、用户体验分析等，常常通过设计专门的实验或问卷调查表获取数据。数据开发中的数据采集一般是指从固定数据源的程序化持续采集。对于数据科学建模任务，样本数据的质量直接决定模型的效果，因此需要持续寻找、采集和积累高质量、新鲜的样本数据。

【任务项】

- 数据源确认。一般获取数据的渠道有内部业务系统产生 / 收集、公开网络获取、外部购买、合作交换、实验 / 调查方式等。针对不同数据源，获取数据时的关注点不同，如果是内部业务系统，更多的是原始日志数据，重点关注数据抽取和质量问题；如果是公开网络获取数据，需要重点关注其内容准确性和更新时间等；如果是购买或交换的数据，最好是能让提供方给出数据说明或质量报告等。以上都需要符合合规要求。

- 数据内容分类标注。由于数据源不同，内容差异也很大，可能很多不同类型的内容是混在一起的，需要将其按照主题域分类标注。从内容来看，可以分为组织内部数据、宏观与行业数据、交互行为数据、检测数据和自然数据。从数据主体来看，可以分为人、机器和自然三个方面。从数据形式来看，可以分为符号、文字、数字、图像、语音等。

❑ 获取质量确认。对于获取的数据能否在后续的分析或挖掘环节取得良好的效果，数据的质量至关重要，因此需要基于数据质量评价维度的各类指标对数据进行评估。不同的任务目标，数据质量重点关注的质量维度及具体指标不同。不同的数据获取频率需要关注的技术指标也不同，如果是持续周期地获取，需要重点关注数据源的稳定与时效性等质量指标。

【成果】

❑ 数据源目录。记录了组织中可获取的所有数据源、负责人、数据集结构、量级、格式、类型、频率、质量、历史使用记录等。

❑ 数据质量监控/评估结果。若是组织内部日志数据，需要有专门的监控系统来监控收集数据的各项质量指标；若是外部购买或合作交换的数据，需要对收到的数据进行质量评估并生成质量报告。

2. 数据整理

数据整理，也可称为数据预处理，是在数据分析或数据挖掘时的前序处理步骤，其处理内容、方法与数据开发中的数据预处理过程类似，都是为后续处理过程提供统一的高质量数据。

对于数据分析、数据挖掘、机器学习建模来说，好质量的数据胜过精致的算法。多年的信息化发展，各类组织中的数据都已经变得多样化、非结构化、多来源化。所以在着手正式分析处理数据之前，需要对数据进行预处理，以提高并统一数据的整体质量，并规整数据的存储以便于访问。

如果组织建立了规范的数据仓库或数据资产系统，则可以从已规整好的数据源中获取数据，在实际工作中此步骤就可以省略。

【任务项】

❑ 方法同"数据预处理"。

【成果】

❑ 数据集：完成清洗、质量统一、便于分析和处理的数据集。

3. 数据分析

数据分析（Data Analysis），是指在一定的商业或业务场景下，对数据加以详细研究和概括总结，运用适当的统计分析方法或分析模型对收集来的数据进行分析，提取有用信息、发现规律、形成结论的过程。相对于数据探索，数据分析的任务目标更加明确，需要解决的问题范围边界更加清晰，面对的主要是结构化数据。

【任务项】

❑ 选择分析方法。一般有两类选择方法：

- 第一类是数据统计方法的选择，包含描述性统计、回归分析、方差分析、假设检验、相关分析、聚类分析、因子分析、主成分分析等，具体取决于要解决的问题。

数据分析也会用到数据挖掘、机器学习等方法，与数据科学建模过程的区别是运用方式和目的不同，数据分析的目的是直接获取知识，数据科学建模的目的是获得模型，多数会将模型结果重复用于样本以外的数据。

- 第二类是很多业务领域场景的专门的业务模型的选择，比如 RFM 模型、客户生命周期价值（CLV）模型、流失预警模型等。

❑ 工具选择。数据分析的工具非常丰富，很多工具都可以实现相同的分析目的。一般，我们需要依据数据量、数据格式、数据读取方式、采用的分析方法、处理复杂度、分析人员技能情况等因素，选择合适的工具与处理语言，例如 Excel、SAS 等商业分析软件、Tableau 等 SaaS 分析平台、交互可编程的工具 Notebook、支持 SQL 的数据库客户端、专门开发的分析平台等。

❑ 执行分析与可视化。选定了分析方法和工具后，我们就可以调用前面环节整理好的数据进行具体分析。通常我们需要将分析结果以图表等可视化形式展现，以便于观察、发现规律，这是一个非常依赖分析人员经验的交互过程，是分析人员基于经验进行判断和多次不同的尝试，最终获得可信的结论的过程。

❑ 效果验证。所有的分析结果都需要进行效果验证，一般可以使用预期目标、历史数据，或者真实结果进行验证，进一步评估分析的效果。

【成果】

❑ 分析报告。需要包含数据的基本情况，采用的分析方法、分析工具，分析的过程说明，可视化分析成果，总结分析结论，以及效果验证方法及结果。

4. 数据探索

数据探索（Data Exploration），与数据分析相似，但两者的目标性质不同。数据探索更多是从数据本身或业务场景中解决开放性的问题，目标相对没有那么明确，只有一个方向或要解决的问题范畴，探索时对数据情况、业务情况都缺乏了解，因此面对的数据情况可能更复杂、结构不一致，需要采用多种方法进行尝试性处理，对数据分析人员的经验和技能要求一般更高。

【任务项】

❑ 同"数据分析"。但更强调探索未知的数据价值或业务逻辑上的创新。

【成果】

❑ 同"数据分析"。

5. 数据科学建模

数据科学建模（Data Science Modeling），有时也简称数据建模（Data Modeling，但注意它与数据结构设计的数据建模不同，所以日常沟通最好不要简称），是指利用准备好的数据集，一般是样本数据，特别是有真值的样本数据，基于业务要解决的问题，设定假设、提取特征、使用算法构建模型并迭代验证的过程。

数据科学建模是在特征数据上进行，特征是观察到的单个可测量的数据的属性或特性，例如一个用户最近 7 天的消费金额。可以从特征角度对数据进行分类，针对不同类型的特征，模型的处理方法不同，如图 3-11 所示。

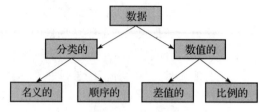

图 3-11　面向数据科学的数据分类

　　❑ 分类的（Categorical）特征。其值是预定义的一组值的特征，通常用于定性描述，对于算术计算没有意义。例如星期 { 星期一，星期二，星期三，星期四，星期五，星期六，星期日 } 是一个类别，再如布尔集 {True, False} 或评价 {Good, Bad}。

　　❑ 数值的（Numerical）特征。其值为连续实数或整数值的特征，用数字表示，通常用于定量描述，可以进行算术计算，例如，一个用户一个月活跃的天数或使用时长。

分类的特征和数值的特征的对比如表 3-8 所示。

表 3-8　数据科学特征不同数据类型的详细对比

特征分类	分类		数值	
	名义的（Nominal）	顺序的（Ordinal）	差值的（Interval）	比例的（Ratio）
差别	没有隐含顺序的分类值	带有自然隐含顺序的分类值，但差距的程度没有定义	具有预定义测量单位的数值，数值之间的差值是有明确含义的。通常没有自然定义的零值	具有预定义测量单位的数值，数值之间的差值和比例值都是有明确含义的。数值还可以细分为离散的和连续的
示例	车型的颜色：黑色、蓝色、白色、银色	衣服的大小码：特小码＜小码＜中码＜大码＜超大码，但不意味着大码 – 中码 = 中码 – 小码	日期、摄氏温度	金额、个数、质量、长度

　　一般，数据科学问题可以分为五大类，分别是分类、异常检测、回归预测、聚类和强化学习。分析方法和工具也与这五类相对应，例如针对常见的预测类问题，当获得的数据可靠时，依靠数据做出决策会变得简单；再如面对一个全新领域，需要找出领域内实体间关系时，聚类分析和关联分析可以使数据之间的关系清晰化；偏差分析法可以为质量管理和异常检测提供分析的理论基础。在实际操作时，参与人员需要根据问题有针对性地选择和实验。

　　不论是特征选择还是算法选择都不是一蹴而就的，都是一个不断尝试和迭代的过程。难点在于要有充分的业务经验积累才能针对业务问题提出好的假设，所以开发的过程一定要有业务专家参与才行。

【任务项】

❑ 提出假设。基于业务要解决的问题，可以确定要选择的模型类别，具体的模型选择和特征处理方式，需要先依据经验提出一些假设，包括数据背后代表的事物规律，例如对回归问题来说是线性的还是非线性的，对于聚类来说数据是否是中心密度分布的，等等。

❑ 特征工程（Feature Engineering）。特征工程是对数据维度进行选择，然后通过各种变换，使数据中隐含的规律显化并转换为符合模型算法输入要求的过程，例如独热编码转换，这其中如果维度不足或者过多，还会涉及升维或者降维的处理过程。高质量的特征有助于提高模型整体的性能和准确性。数据科学建模过程中的特征工程过程常常会占据数据科学建模总工作量的 60% ~ 80%。

❑ 模型训练（Model Training）。将准备好的特征数据集带入算法，进行运算训练，同时不断调整算法的超参数，重复进行训练，以找到模型算法最优超参数，特别是避免模型欠拟合或过拟合，最终目标是获得具有一定准确率和良好泛化性质的模型。这个过程通常和特征数据的迭代过程、扩大训练样本过程交互进行，直至训练达到预期效果。

❑ 模型评估（Model Evaluation）。一般在进行模型训练时，我们会将特征数据分为两份或者多份，最广泛使用的方法是划分为训练集、验证集和测试集，在训练集和验证集上进行模型训练以达到预期效果，使用测试集数据对模型的泛化性进行评估，从召回率和正确率等多个角度综合评估。由于样本常常存在偏差，所以为了让在实际生产中的模型具有更好的泛化效果，常常不会将训练正确率最高的模型用于生产，需要基于建模人员的经验进行选择。

【成果】

❑ 模型设计方案：包含假设提出，数据集的选择，Ground Truth 的准备，特征设计（包含特征描述、特征分析等），算法描述等。

❑ 模型代码：包括训练模型的程序代码、模型的超参数及配置文件。

❑ 模型结果：如果训练的是预测模型，需要部署为一个预测服务，持续地进行预测，模型结果文件也需要进行版本管理。

❑ 模型评估报告：包含模型评估的方法及其效果。

3.5.6 数据部署过程

数据部署过程是指将开发阶段的成果部署在线上系统，在生产环境中例行化加工数据的过程。随着组织的数字化升级，数据的持续高效处理已成为企业的业务命脉，数据工程的部署工作也日趋重要和复杂。业务和开发工作的迭代都是持续的，DevOps 和 DataOps 开始成为主要的工作方式，持续集成、持续交付、持续部署是数字化企业的必备能力。丰富的数字业务的数据处理系统复杂而庞大，大量的机器学习模型得到应用，我们需要做好版本管理、单元测试、集成测试、A/B 测试、版本自动回退、监控等工作。原来简单的部署过程也开始进行专业化的分工，由专门的系统完成并实现自动化管理。

人们经常将部署和运营放在一起，因为部署任务的执行周期常常很短，有时负责人有所重叠，但部署过程与运营过程是可以划分并独立管理的。部署过程是研发过程与线上正式生产的分水岭，是研发完成的里程碑，是运营的起点。从部署到运营有一个职责交接的过程。如果组织的规模比较大，可设专人或团队负责。部署常常是分步实施，首先在研发的测试环境部署，测试验证程序的正确性，然后在生产环境执行灰度部署，验证正式环境数据处理的正确性、效率，执行 A/B 测试验证升级效果，最后是正式部署，并监控全量数据的处理效率与效果。

1. 任务部署

任务部署是将开发好的程序或脚本部署到数据处理生产环境中开始加工数据的过程。早期的数据处理一般配置操作系统的定时触发器或者数据库的触发器，来定时或基于事件启动数据处理脚本或程序。并行计算系统的普及，特别是开源系统的成熟，使得几个人的小规模工程团队即可完成大规模数据的处理。但随着数据处理任务个数越来越多，ETL 处理流程越来越复杂，我们需要使用专业的调度系统实现任务流的调度。专业的调度系统可以完成复杂的调度逻辑配置、可视化的工作流编排、任务执行的监控预警等工作。同时调度系统需要与代码管理系统、自动编译系统集成，以实现代码管理、编译到上线部署的自动化。

【任务项】

❏ 测试部署。将开发完成的代码部署到测试环境，进行单元测试、集成测试，验证需求实现的正确性。测试环境一般使用抽样的小数据量数据与小规模的计算资源。

❏ 灰度部署。将通过测试的代码灰度部署到生产环境，此时可以使用部分或全量数据进行加工生产，通常和上一个版本并行生产，验证数据处理效率与数据应用的效果，可以做前后两个版本的效果对比。

❏ 正式部署。将通过灰度生产验证的代码正式部署到生产环境，正式向下游数据应用提供加工的数据集。如果变化比较大，数据没有向前兼容，则需要与之前的版本并行加工一段时间后，再下线老版本，比如为了满足新数据遇到问题的数据回滚需要。

❏ 历史数据回溯。一个新需求的上线或大的逻辑调整，常常需要对历史数据进行重加工，比如下游应用需要依赖一段时间的历史数据。

【成果】

❏ 新的数据加工任务或任务更新上线到生产环境，开始加工数据。

❏ 部署配置文档：包括资源申请配置、输入/输出配置、调度周期配置等。以上可以直接在配置系统里进行管理。

2. 模型部署

模型部署是指将机器学习算法模型、业务算法模型部署到数据处理环境开始加工数据或提供模型服务的过程。数据应用智能化已越来越普及，很多数据应用场景完全是以数据科学模型为核心，例如数字化金融风控会使用大量的机器学习模型，并且不同客户、不同产品、不同数据源常常需要单独训练模型，因此模型个数和版本也需要实现系统化管理、自动化部署。对于有大量用户的网络平台，通常需要同时做很多模型部署和 A/B 测试，需要专门的系统做数据和流量的分层分组，以使每组测试的两组样本具有统计意义上的相互独立性，同时自动给出测试的统计结果。

【任务项】

❏ 测试部署。将模型部署到测试环境，进行单元测试，一般使用抽样的小数据量数据或者历史数据进行测试。

❏ 灰度部署。将通过测试的模型灰度部署到生产环境，此时一般做 A/B 测试，先分少量的数据使用新模型进行处理或预测，对比前后版本的效果，以判断新模型的优劣与是否采用。

❏ 正式部署。将通过灰度生产验证的、确定正向有效的模型正式部署到生产环境，替代原有模型，正式全量地加工数据或提供预测服务。如果全量数据的效果不理想或者处理能力不足，也会涉及模型回滚的操作。

【成果】

❏ 部署评估报告。

❏ 模型在正式生产环境部署，替代上一个版本模型。

❏ 部署配置文档：同任务部署。

3.5.7　数据运营过程

运营过程，是指在开发阶段的成果在线上生产环境中部署例行化后，持续跟踪、监控其运行效果的过程。运营工作无比重要，因为数字化组织中所有的数据都是"活数据"，数据在持续不断地收集和加工，整个数据收集、生产、消费链条上的每个环节每时每刻都在动态变化，如果没有运营工作，数据很快就会"坏"掉，变得不可用。这些动态变化包括：因收集环境的升级、数据源业务系统的更新、外部数据源的波动而导致数据的分布和格式产生变化；公网上的信息组织结构变动十分频繁；生产环境的基础设施非常庞大，物理设备经常出现故障；数据应用场景也会持续演进，等等。运营过程可以分为运营监控、效果分析、问题处理三个子过程。

运营阶段的关键点在于，要紧密结合数据分析与业务分析来说明数据应用的效果。效果分析的一个难点在于数据应用效果受多种因素影响，比如精准数字广告的文案、投放渠道，而非仅仅受数据的影响；另外一个难点在于真实效果数据的获取，常常因为获取不到数据的最终统计数据，而无法形成数据处理的闭环迭代，需要在产品设计阶段就考虑面向数据的设计，有时需要做一些组织和流程上的设计支持以保证实现最终的数据工程过程的闭环。

1. 运营监控

运营监控（数据监控）是指在数据处理任务、模型部署后设置资产、质量、业务监控指标，持续监控数据资产情况、数据质量情况、数据应用效果。

【任务项】

- ❑ 指标设定：基于数据治理要求与业务运营效果设置监控指标，包含业务指标和性能指标。
- ❑ 指标监控：针对指标设置监控周期，在周期内进行对应指标的计算并记录，同时基于规则或模型自动判定异常，执行预警与报警。指标分析可以由人工执行，持续化地生产加工，在指标计算逻辑稳定后需要通过监控系统自动化实现。

【成果】

- ❑ 指标定义说明。
- ❑ 指标监控结果：可以在某个监控系统上展示，也可以以例行报告或邮件方式展示，以及邮件、短信、电话等预警通知。

2. 效果分析

效果分析是基于运营监控效果的数据，与数据理解过程设置的数据目标和业务目标进行闭环分析，基于效果分析结果指导整个数据工程过程的迭代提升，包括处理逻辑、技术方法、管理机制等多个方面。

【任务项】

- ❑ 数据效果分析。基于运营监控中的数据指标进行数据处理任务或模型应用的效果与预期目标进行对标分析，特别是更新前后的历史对比分析。同时，在分析过程中需要系统性地评审数据理解、数据准备、数据开发和部署运营整个大闭环中所有数据处理环节的效果。
- ❑ 业务效果分析。对业务真实运行情况做预期目标对标分析，同时可以考虑与竞品的对标分析，对此次或一定周期内的数据应用效果进行评价，同时基于现状提出将来的方向和目标。

【成果】

- ❑ 数据分析报告。
- ❑ 业务分析报告。

3. 问题处理

针对在数据监控、效果分析与数据应用中发现的异常或质量问题，需要及时做有针对性的分析和处理。如果是生产监控中发现的，需要及时通知数据消费方知晓，如果是消费方反馈的，在约定时间内需要和消费方沟通，同步分析与解决的结果。由于现在处理的数据量都很大，同时对时效性要求非常高，例如效果营销、实时推荐等数据应用场景，很容易因数据处理延迟出现 SLA 中的数据时效性无法满足的情况，需要及时处理。

【任务项】

□ 问题分析。针对问题的现象，找到问题产生的直接环节，并追根溯源找到产生问题的根本原因，如数据源变化、数据处理错误、原有设计不足或错误、基础设施问题、管理问题等。

□ 问题解决。针对问题分析获得的原因，做有针对性的解决方案，包括临时解决方案与长效预防措施，如增加新的清洗规则、修正程序错误并回补数据、更改设计、临时扩容计算资源、增加监控等，及时解决并验证。在这个过程中，需要与数据使用方紧密、及时沟通协作，同时需要做到及时、全面的信息同步，避免信息误导，甚至误解。

□ 补充知识库。将问题的描述、分析和处理过程及相关资料整理好后，录入知识库，以便未来查询。

□ 定期复盘。定期（如每周或每月）对最近发生的数据问题，做深入、全面的复盘分析，以求系统性解决，避免和预防类似问题再次发生，深究架构、流程、方法上的不足，争取给出彻底的改进建议，以求持续、全面地提高数据处理的质量。

【成果】

□ 问题的预警沟通与及时解决，修正数据问题。

□ 丰富知识库。

□ 定期复盘、分析问题产生的深层次原因，并给出解决方案建议。

3.5.8　数据工程支持过程

由于现在数据系统越来越多样和复杂，数据工程也变得越来越庞大，对工程的管理也在逐步吸收软件工程的管理思想和方法，从 DevOps 向 DataOps 发展，需要提供大量的自动化和工具化的支持。一个组织的数据处理能力水平和质量非常依赖数据工程支持过程的先进水平，也就是说一个组织的数据工程支持过程的成熟度水平在一定程度上代表了一个组织的数据工程的成熟度水平。

数据开发需要持续集成、持续部署、持续验证，并且这个过程需要实现自动化、工具化。

【任务项】

□ 持续集成支持。需要开发、配置、部署用于自动编译、自动部署、单元测试、灰度测试、模型自动化部署与管理等的工具系统。

□ 调度管理支持。需要开发、配置、部署用于计算任务调度的调度工具。调度工具还需要与数据资产管理类系统进行集成，以支持实现元数据、血缘关系的自动化采集、数据集加工 SLA 的监控与预警。

□ 运行监控支持。需要开发、配置、部署用于整个数据处理与应用的全流程的日志收集、指标统计、监控及预警的监控系统。

□ 基础设施运营支持。搭建和管理用于数据处理系统运行的基础设施环境，包括系统

安装、软件安装、配置同步、集群调优、安全管理等，并做好基础设施、集群运行
状态的监控、问题处理、成本统计与控制等运营支持。

❑ 知识管理支持。包括代码管理、文档管理、需求管理、任务（工作项）管理、非标知
识管理的软件系统、管理规范设计、日常管理。

❑ 数据平台支持。需要开发和部署用于数据分析和处理的数据平台，平台提供交互、
可视化的界面，使得数据分析人员和数据处理人员可以在平台上直接分析和处理数
据。平台实现数据资源的连接、对接计算集群资源、安全和权限管理、任务调度、
统计监控等功能，集成和提供丰富的数据分析和处理的组件，例如数据描述统计、
数据可视化、数据工作流、自定义处理算子、Notebook 等。

【成果】

❑ 各类支持数据研发的工具、系统与管理流程。

3.6　数据治理过程

数据治理，与数据管理、数据资产管理、主数据管理等概念常常混用，有从业者把数
据治理仅定义为对数据管理行为的规划与监管。从字面含义上来理解，从管理到治理，增加
了要求，详细来说，从被动到主动，从执行到控制，从响应到前瞻，数据治理相对于数据管
理，多了主动驱动、管制和综合解决根本问题的含义，同时实际工作中相应的负责人和团队
需要具有制定相关政策的权利和义务。

这里把数据工作中所有涉及的非技术、需要贯穿整个数据处理过程的数据相关管理工
作都归到数据治理过程中，为了完整表达可以称为数据治理与管理过程，既包括宏观的政策
规划，又包含具体的数据管理执行。

数据治理是一个组织数据能力的骨架，需要整合数据工程与数据应用，以保证整个组
织的数据质量，充分支持对数据价值的开发。数据治理过程的原则是以资产管理为根本，数
据质量为核心，数据安全为保障，数据工具为支撑，支持高效的数据处理和广泛的数据应用
价值开发。

本节重点对数据治理包含的过程（或维度[⊖]）做详细的说明，首先介绍了数据治理维度的
划分及层次分类，然后按照过程模型描述的要求，分别对重要数据治理过程做详细的分解说
明。过程描述六要素的说明要求与 3.5 节内容相同，这里不再赘述。

3.6.1　数据治理维度概述

数据治理中包含的细分管理过程，依据负责人级别和技能要求不同可以划分为多个层
次（过程域），不同层次的维度之间是相互指导、支持、配合和制约的关系，整体数据治理

⊖　在本文中，过程（process）与维度（dimension）两个词会互换使用，代表相同内容从不同角度的表达，
　　过程是从管理（management）角度描述，维度是从学科（discipline）角度描述。

的组成框架如图 3-12 所示。

❑ 宏观决策域：包括战略、组织、制度等维度的管理过程。

❑ 核心治理域：包括元数据、数据质量、数据安全、数据标准等维度的基本治理过程，以及数据资产、主数据、参考数据等主题的综合管理过程。

❑ 技术支持域：包括数据架构（包括数据模型）、数据存储＼分布、数据服务＼交付、数据集成＼共享＼交换、权限管理、审计、监控、成本、SLA 等事项具体操作实施的支持过程。

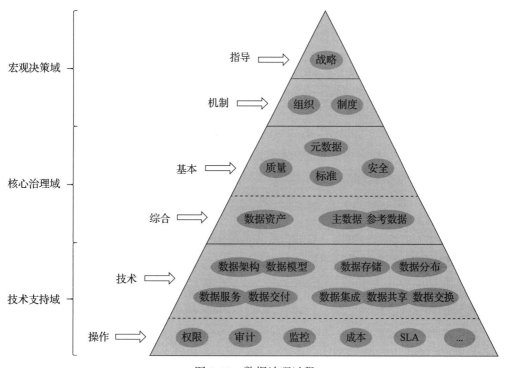

图 3-12　数据治理过程

3.6.2　宏观决策域

数据治理的核心工作是为组织的宏观战略和目标服务的，战略将给具体的数据治理活动提供指导和约束，而实现数据治理的目标需要组织和制度方面的保障。战略、组织、制度等方面都是必须由组织的高层决策者负责制定和决策，由数据治理方面的高层负责人提出建议，由所有高层人员参与，最终由组织的最高负责人做出决策。

1. 数据战略规划过程

数据战略是与数据相关的愿景、目标、重点方向、治理原则、发展路线、资源投入、组织措施等一系列组织的宏观选择与决策。

数据战略规划是结合组织愿景与业务战略，调研利益相关者的需求，掌握组织的数字化现状，评估组织的数据成熟度，判断数字化发展趋势，分析组织的差距，制定现实可行的宏观目标和宏观规划。即为了实现长期的组织愿景与业务目标，制定的数字化目标、数据资产目标、数据成熟度发展目标，阐明数据如何支持业务战略，明确重点发展方向，协调利益相关者之间的共识，定义数据从收集、处理到应用的数据治理原则，用于规范和调整数据相关活动与战略目标的一致对齐，并规划战略实现的发展路线，以及相应的资源投入与管理措施，实现组织的数据竞争优势，支持业务创新。

【任务项】

❑ 数据战略需求分析：识别利益相关者，分析利益相关者的需求，了解业务和信息化对数据的需求。

❑ 数字化现状评估：对业务和信息化现状进行调研，综合评估组织的数据成熟度。

❑ 数据战略编制与推行：基于战略需求与现状评估，参考业界先进实践，选择适合的数字化发展方法论进行指导，在高层充分参与下，广泛征求意见，制定组织的数据战略，并在组织内推行与实施。

❑ 数据战略调整：根据业务战略的调整、数据战略的实施情况定期总结与检讨，进行数据战略的修订。

【成果】

❑ 数据战略需求分析报告。

❑ 组织信息化现状调研报告、组织数据成熟度评估报告。

❑ 数据战略：作为全组织层面的战略发布实施，指导组织的数据活动实践。

2. 组织和制度设计过程

数据战略的实施，数据治理工作的有效执行，需要组织制度方面的机制保障。一方面，人员、组织结构与制度建设是数据能力发展的重要组成部分，是各项数据职能工作开展的基础；另一方面，流行了半个世纪的"康威定律"说明组织结构对信息化、数字化的重要性，该定律指出"一个组织设计的软件系统结构往往与组织的（沟通）结构一致"，而现实实践中大量数据问题的产生都有组织治理结构的影响。适合的组织数字化发展阶段的组织结构设计，可以确保组织能有效落实数据战略目标，保障数据管理和数据应用各项功能的规范化运行。

组织和制度设计过程是在组织的数据战略指导下，对组织结构、制度体系的设计过程。组织和制度设计是一项需要随着组织的发展和业务的发展不断调整和完善的过程。

【任务项】

❑ 数据治理组织设计：对组织架构、岗位设置、团队建设、角色定义、数据责任等方面进行规划设计，对组织在数据管理和数据应用中的职责进行划分，并指导各项数据职能的执行。

❑ 制度体系设计：基于组织结构设计对应的工作流程机制、数据认责制度，针对数据治理过程中需要在组织层面推行的要求，制定相应的数据管理政策、办法、细则。

❑ 检讨和优化：基于数据战略的调整，或基于定期对数据相关活动中出现问题的总结和检讨，对组织和制度做相应的设计调整或完善。

【成果】

❑ 组织架构：包括架构说明、人员编制、权责说明、目标要求等。

❑ 制度体系：包括工作流程机制、数据责任制的内容，还包括数据管理政策、数据管理办法、数据管理细则等。

3.6.3　核心治理域——基本治理过程

基本数据治理过程是对元数据、数据质量、数据安全、数据标准等几项与数据相关的基本维度的管理过程。每个维度相当于一个管理切面，贯穿于所有的数据活动中，是所有数据工作的基础，这些维度的管理水平决定了组织数据能力的基础水平。在此类过程中，一般都由专人负责统筹管理某个维度，由数据活动中相关人员配合执行，其中数据安全方面一般需要有组织高层决策者作为负责人，如果要求个人信息处理达到法规要求，还需要有个人信息保护负责人。

1. 元数据管理过程

元数据是关于数据的数据，最基本的元数据就是数据的目录、数据结构字典、数据规则和约束。全面的元数据信息可以十分丰富，包括数据的来源、血缘、用途、业务含义、质量、相关人员信息等。元数据提供了描述数据的标签或数据的上下文背景，有助于理解数据和对数据的正确使用。在多数情况下，我们可以将元数据类型划分为业务元数据、技术元数据和操作元数据，技术元数据是元数据的核心，业务元数据为技术元数据提供指导和业务说明，操作元数据提供运行细节支持。

元数据管理是关于元数据的创建、存储、整合、服务与控制等一系列活动的集合。

【任务项】

❑ 元数据需求分析：从数据相关的各种人员处收集对元数据的需求，包括业务人员、数据管理人员、数据产品人员、数据工程人员、数据分析人员、数据运营人员等角色，并分析与整理，形成元数据需求报告。

❑ 制定元数据管理策略：依据组织现状制定元数据管理的实施路线，确定元数据管理的安全策略、版本策略、访问推送策略，等等。

❑ 元模型设计和管理：元模型是元数据的数据模型，即描述元数据的数据结构。元模型可采用或参考相关国家标准，结合自身的业务需求、数据管理需求和应用需求制定。

❑ 元数据集成和变更：基于元模型对元数据进行采集，新产生的数据集（表）和相应元数据中的多数属性最好能够实现自动发现、自动采集、重要信息更新人工确认，制定元数据集成的体系结构，如集中式元数据管理、分布式元数据管理，对不同类型、不同来源的元数据进行集成，形成对数据描述的统一视图，并基于规范的流程对数据的变更进行及时更新和发布。

- 元数据服务：基于元数据管理策略和需求，建立元数据的查询与分析服务，如血缘分析、影响分析、符合性分析、质量分析等。

【成果】

- 元数据需求报告：说明组织的元数据管理的目标、需求、约束等。
- 元数据管理策略：说明元数据管理的质量要求、安全要求、访问原则等。
- 元模型设计报告与元模型管理结果：包括元数据的分类，元模型的属性结构，元模型变更规范管理，元模型管理一般作为元数据管理系统的一个模块。
- 元数据及元数据系统：实现不同来源的元数据有效集成，形成组织的数据全景图，能支持从业务、技术、操作、管理等不同维度对数据进行说明，保持元数据系统中元数据的现势性与质量。
- 元数据服务：一项基础服务，能够提升相关方对数据的理解，可以用于数据管理与应用的多个方面，例如数据资产管理、数据质量问题的分析。

2. 数据质量管理过程

质量是产品或工作的优劣程度，质量关注可用性和可度量性。数据质量用来描述数据对使用者的价值与有用的程度。

数据质量管理是指在数据的全生命周期过程中，对数据质量进行定义、评价、分析、治理、监控、提升等一系列管理活动，并通过提高组织的管理水平使得数据质量持续提升。数据质量管理是一种全过程、循环迭代的管理过程。数据质量受到数据活动全过程的影响，必须从收集、整理、处理、分析到应用等所有环节同时进行治理，保证每个环节的执行质量，所以数据质量不是单点管理，是全方位的过程管理。

【任务项】

- 制定数据质量计划：根据组织的管理与业务需求，制定组织的数据质量综合管理计划。
- 数据质量需求分析：结合业务的数据需求分析、监管要求分析、常见数据质量问题分析和数据基本情况分析，明确数据质量目标、管理范围、优先级与具体数据质量需求。
- 数据质量规则定义：根据数据质量需求，识别数据质量特性，定义质量评价的维度和具体的指标，包括指标的统计计算方法、公式、校验规则。
- 数据质量评估：根据数据质量规则中的有关技术指标和业务指标计算规则与方法，实施数据质量指标统计，一般需要研发数据质量工具或质量监控系统支持自动统计，实现对数据质量的持续监控，基于数据质量校验规则和业务需求，对数据质量进行校验和评价，发现数据质量问题，形成数据质量评价报告或数据质量问题反馈报告。
- 数据问题分析与修复：接收数据问题的反馈，包括业务日常性反馈与数据质量评估过程的反馈，找出数据问题产生的环节，如数据源变化、实现错误，评估数据质量问题对于业务应用的影响，形成问题分析报告，修正造成数据质量问题的错误，修复错误数据，如必须回溯，则重新处理数据，并通过完善质量规则、增添新的质量监控规则等方式预防问题的再发生，通过质量问题管理工具跟踪问题解决情况，同时将问题及分析解决过程录入数据质量知识库。

❑ **数据质量过程分析**：定期对积累的或在数据质量评估过程中发现的数据质量问题及相关信息进行分析，多角度地分析产生数据质量问题的根本原因，如设计原因、技术原因、流程原因、管理原因，逐层深入，找到根本原因，作为数据质量提升的参考依据。

❑ **数据质量提升**：根据数据质量分析的结果，制定、实施数据质量改进方案，采取综合措施预防问题的再次发生，例如对业务流程进行优化、对系统问题进行修正、对制度和标准进行完善，通过数据质量相关培训、宣贯等活动推进改进措施的实施，同时培育和强化良好的数据质量文化，并跟踪改进的效果，确保数据质量改进的成果得到有效保持。

【成果】

❑ **数据质量计划**：包括计划目标、资源投入需求等。

❑ **数据质量需求报告**：包括数据质量管理目标、管理范围、具体的质量要求。

❑ **数据质量指标体系**：包括指标的定义、计算方法、校验规则，并说明意义、重要性和对业务的影响。

❑ **数据质量评估报告**：包括质量指标的统计结果，校验统计结果，发现的数据质量问题，对数据质量做整体评估。

❑ **数据问题的修复**：解决了数据中的质量问题，直接提升了数据质量。

❑ **数据质量监控系统**：给予预定义的规则，持续对新数据进行关键指标的统计估算，并通过质量规则进行校验，基于预定义的预警规则对相应范围责任人进行告警通知。

❑ **数据质量知识库**：收集各类数据质量案例、检验和知识，形成持续更新的数据质量知识库。

❑ **数据质量过程分析报告**：定期分析组织数据质量过程情况，包括对数据质量检查、分析等过程中累积的各种问题和信息进行汇总、梳理、统计和分析。

❑ **数据质量改进方案**：包括设计、技术、流程、制度、组织等方面的改进措施。

❑ **数据质量的稳定和持续提升**：通过持续完善和改进数据质量管理过程，保障数据质量的稳定和不断提升，创造更多的业务价值。

3. 数据安全管理过程

数据安全是指通过采取管理和技术的必要措施，使数据不因偶然和恶意的原因遭到破坏、更改和泄露，保障数据得到有效保护和合法利用，并持续处于安全状态的实践。当前，数据合规（Data Compliance）属于数据安全的重要内容，而个人信息保护是数据合规的重中之重。随着全球各个国家对数据安全和个人信息保护的密集立法，数据合规已经开始影响到了数字组织的生命线。

数据安全管理是计划、制定、执行相关安全策略和规程的管理活动集合，确保数据和信息资产在使用过程中有恰当的认证、授权、访问和审计等措施，保障数据合规采集与使用，防范数据安全风险，同时有效支持数据价值的开发。数据安全的措施，需要与基础设施安全、信息系统安全的措施配合运用，才能最终保障数据的安全。

【任务项】

❑ 数据安全需求分析：结合对业务特点、数据内容、技术方案、软硬件环境、组织特点、法规要求、监管要求、内外部风险、历史数据安全问题的分析，确定数据的安全需求、合规需求、安全义务。

❑ 数据安全策略定义：基于数据安全需求分析的结果，明确数据安全管理目标、数据安全管理原则、数据安全等级、数据分类分级策略方法、管理组织、管理制度、管理流程、控制措施等数据安全策略和规范要求。

❑ 数据安全措施实施：结合组织实际情况，对数据进行分类分级，并采取相应的安全措施，确保数据获取、处理与使用的合规性，特别是个人信息数据的合规性要求，在数据的全生命周期的每个环节综合采取必要的安全技术和安全管理措施，如访问权限控制、异常活动监测、隔离机制、数据加密、数据脱敏、数据备份等措施，对重要或敏感数据在进行数据发布、共享、传输前执行数据安全风险评估并执行审核，对规定到期需要删除的数据执行符合规范的销毁措施，如物理存储设备的破坏或销毁。

❑ 数据安全审计：一项控制活动，对关键数据活动执行事前、事中、事后的安全审计监测，定期分析、验证、讨论、改进数据安全管理相关的政策、标准，包括规范审计、合规审计、实施过程审计、供应商审计等。

【成果】

❑ 数据安全需求分析报告：包括数据保密性、完整性、可用性、合规性、共享、跨境、价值保护面临的安全需求。

❑ 数据安全策略：根据组织对数据安全的业务需要，建立适用的组织数据安全策略。

❑ 数据安全与合规结果：数据持续处于安全与合规的状态，安全事件的应急响应处理，及时发现数据安全隐患、问题，改进数据安全措施。

❑ 数据安全审计报告：向高级管理人员、数据管理专员以及其他利益相关者报告单位内的数据安全状态，以及单位的数据安全实践成熟度，提出数据安全的设计、操作和合规改进工作建议。

4. 数据标准管理过程

数据标准是数据的命名、定义、结构和取值的规则，是保障数据的内外部使用及交换的一致性、准确性的规范性约束。数据标准一般包含 3 个要素：标准分类、标准信息项、相关公共代码与编码（需参考国标、行标等）。统一的数据标准可以提升业务效率、促进数据共享、提升数据质量、便于数据管理、打通数据孤岛、加快数据流通、提升数据价值。

数据标准管理是编制数据标准，实施标准，并对数据及数据活动进行规范的一系列活动。

【任务项】

- ❑ 数据标准化的需求分析：收集业务数据需求、数据管理诉求、监管要求、行业标准规定，结合数据、系统现状，形成统一的数据标准化需求。
- ❑ 数据标准体系制定：基于标准化需求，制定业务术语、基础数据、指标数据等各类数据的数据标准，并进行版本化管理，颁布最终的统一数据标准。
- ❑ 数据标准化实施：规划数据标准化实施方案，制定数据标准管理方法与应用的管理流程，提供数据标准查询服务，使新生成的数据符合数据标准，逐步修改历史数据中不符合标准化要求的部分，实现数据标准检查，将数据标准集成入元数据管理、数据质量检查规则中。

【成果】

- ❑ 数据标准化需求报告：说明标准化的数据范围、数据的标准化现状，以及当前存在的数据标准化相关的主要问题，整理列出需遵循的规范要求，说明业务对标准化的需求。
- ❑ 数据标准化体系：包括业务术语字典，数据的取值范围、编码规则、公共代码，指标数据的定义与计算口径，等等。
- ❑ 数据标准化实施方案、数据标准管理办法、数据标准应用流程。
- ❑ 标准化的数据：在各个业务系统与数据资产中，实现相同信息项使用相同的命名标识（包括缩写），相同的命名标识代表相同含义，同一类数据使用相同的标准编码值，同类指标的数据源、计算逻辑与口径统一。

3.6.4　核心治理域——综合治理过程

数据价值的发挥遵循"木桶原理"，只要在数据的全生命周期管理上某一个环节或维度有短板，如元数据混乱、数据质量不佳、数据标准不统一、安全措施不到位，都会极大地限制数据价值的有效释放。同时，组织为实现数据资产的积累和数据竞争力，可以制定综合的数据治理计划，包括数据资产管理、主数据与参考数据管理，也可以制定其他专门的综合治理计划。计划可以通过常设团队或机构来执行，也可以考虑采用项目制来执行。

1. 数据资产管理过程

数据资产管理是指规划、汇集、积累、控制、提供、运营数据资产的一项综合治理过程。数据资产管理需要在元数据管理、质量管理、安全管理、标准管理等基本数据治理过程基础上，将多个基本治理过程有机结合在一起，实现对组织数据资产的全面掌握、全生命周期管理、充分共享与价值挖掘，并系统化地消除数据资产化的障碍，促进组织在基本数据治理过程上的能力提升。把数据当作资产，才能从成本和收益视角评判数据的价值（包括潜在价值），才能基于投入回报、产出效率进行决策，才能促进数据资产的有意识积累与流动，不断提升数据价值，使数据成为真正的具有竞争力的资产。数据资产管理需要充分融合业务、技术和管理，以实现数据资产的增值。数据资产管理是组织数字化到了中高级成熟度阶段才需要的治理过程。

【任务项】

❑ 数据资产地图建设。全面掌握和展示数据资产现状，并促进对散落在组织的多个部门和业务系统中的数据资源的集成、共享，打破数据孤岛，加强面向数据的产品设计，实现数据资产的有效积累。对数据进行全面盘点是数据资产管理的切入点，盘点后最终形成全面的数字资产目录、统一的数据资产情况统计视图、完整的数据血缘关系、管理元数据信息、包含数据结构的技术元数据信息、数据存储分布与更新信息、数据质量信息、数据获取技术接口信息，等等。以上构成了完整详细的数据资产地图。

数据资产地图可以帮助数据相关人员感知、发现和了解数据，快速精确查找数据，快速定位和解决数据问题，最大化地发挥数据的价值。基于数据资产地图可以实现对数据资产的变化进行持续有效的监控，以保障业务依赖数据供给的稳定性。

❑ 数据资产生命管理与运营。综合数据成本、数据应用价值与合规要求三方面因素对数据的生命周期进行管理，包括数据采集、热温冷分级存储、传输及销毁等环节的细致管理，充分提升物理资源利用率，在数据成本、效益及未来发展之间做好平衡，逐步提高数据的易用性，缩短数据应用时用于数据准备的时间，提升数据获取和服务的效率，加快数据价值的释放过程，迭代提升数据效果和闭环的数据增强。

【成果】

❑ 高价值的数据资产：不断提升的质量和不断增强的效果。

❑ 数据资产管理体系：包括数据资产地图系统、数据资产统计指标体系、数据生命周期管理办法、数据成本评估方法、数据价值评估方法。数据成本一般包括加工数据过程中涉及的人员费用、存储和计算的软硬件费用、其他分摊费用。数据价值主要从数据资产的分类、使用频次、使用对象、使用效果、直接收益、潜在收益、市场交易价值、稀缺性等方面进行计量和评估。

2. 主数据与参考数据管理过程

主数据和参考数据的共同特点有两个：一是相对业务（交易）数据来说，这两类数据都相对稳定，变化缓慢；二是相对大量数据与系统来说，可作为共用的基础数据被跨系统、跨部门共享使用。主数据与参考数据一起组成了业务（交易）数据资产的上下文环境，因此主数据与参考数据的质量和被共享的程度，会极大地影响数据资产的质量、易用性、可交互性，进而影响数据资产的整体价值。

参考数据的一般通用定义是"用于将其他数据进行分类的数据"。参考数据可以理解为数据中关联的扩展说明数据,并且通常被一定程度标准化,如行政区编码数据。通常,参考数据的记录数和数据量都比较小。参考数据需要尽量标准化,并尽量采用更通用的标准,如可按优先顺序参考国际标准、国家标准、行业标准、团体标准,在以上标准没有或不适用的情况下,组织需制定自有的标准,包括标准化术语、代码值、含义说明、其他关联属性。对参考数据执行版本管理,在组织内提供统一的服务,推广组织内统一采用。

主数据是关于组织中核心业务实体的数据。主数据在整个价值链上被多个业务流程、跨部门、跨系统重复、共享使用,是各业务应用和各系统之间进行数据交互的基础,例如客户、供应商、产品等的属性数据。对于大型组织来说,主数据的记录数与数据量通常也是比较大的。不像参考数据,主数据中实体记录的主键字段的取值通常不是预先定义(标准化)的值域。主数据被认为是企业的黄金数据记录。

主数据与参考数据管理是通过一套流程,实现在整个组织内创建、整合、维护并使用主数据与参考数据,针对主数据中的同一实体建立统一标识,制作标准化、规范化、版本化的参考数据,提供来自权威数据源的协调一致的高质量数据及数据服务。主数据管理与参考数据管理过程既有共性部分,也有不同的部分,可以作为一个过程统一执行,也可以拆分成两个过程分别执行。

【任务项】

- ❑ 需求分析:识别业务实体,理解主数据的整合需求,识别主数据的来源;分析参考数据范围与标准需求。
- ❑ 创建统一的主数据库与参考数据库:设计主数据的整合数据模型,定义各类业务实体的唯一标识生成规则,设计不同数据源进入主数据的清洗、加工、更新逻辑,定义主数据的质量检验规则,监控主数据质量与安全,制定主数据管理流程,持续提高主数据质量;设计参考数据模型,确定参考、引用的外部标准及版本,识别数据取值范围,确定企业需要自定义的编码规则及具体编码,确定版本管理规则并执行版本管理。
- ❑ 提供主数据与参考数据服务:提供主数据、参考数据的发布、查询、同步服务,供组织中信息系统与数据处理过程使用和集成。

【成果】

- ❑ 主数据库及服务。
- ❑ 参考数据库及服务。
- ❑ 主数据管理规范、参考数据管理规范:包括创建、变更、冻结、质量监控、应用的规则、流程、责任要求等。

3.7　本章小结

数据与其说是石油,不如说是不同类型且非均质的矿石。当大数据爆炸进入商业世界时，组织会收集所有可收集的东西，然后常常陷入无法使用的数据沼泽中。数据产生价值的过程需要经历获取、存储、评估、整理、增强、分析、应用等多个环节，在小数据时代这些过程都相对简单和成熟。随着近些年数据收集方式的增多、传感设备数量的增加、计算能力的增强和存储方式的改进，人们可感知的数据量急剧增多。数据生成和存储的速度一直呈现指数型增长，在带来潜在价值的同时，也对数据能力提出更高的要求。

本章介绍了一套组织数字化转型的方法论框架，指导组织在数字化转型中需要关注的主要维度，指导数据能力相关成熟度模型方法如何选择和集成运用，为当前组织遇到的数字化转型困境提供一种解决思路。该框架是一套经验模型，是基于行业观察和实践经验的总结，参考了整个行业从业人的大量总结资料，比如业务数字化、数据资产化等这些名词经常在专业报告和数据行业分析被引用。本书对这些概念进行了梳理，并给出相对清晰详细的定义和说明。由于模型是局部实施和观察经验的知识总结，缺乏系统性的跨行业调研验证，难免存在不足，欢迎指正、修正或扩展完善。

第三部分 *Part 3*

知 识 体 系

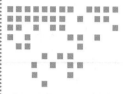

数据治理与管理

数据治理与管理的目标是提高数据质量、保障数据安全、开发数据价值，起到提升决策水平、降低基础设施成本、加快业务创新的作用。数据治理的方法论对数据治理的活动或领域有不同的划分，一般分为如下三个方面。

- ❑ **宏观与保障机制方面**：战略、政策、组织、制度、流程等。
- ❑ **核心数据管理方面**：元数据管理、数据质量管理、数据安全管理、数据标准、数据资产管理、主数据治理等。
- ❑ **数据技术与操作方面**：数据架构（数据模型、技术架构）、数据存储与分布、数据服务、数据交付、数据交换、数据共享、数据集成、数据权限管理、数据审计等。

其中，元数据管理、数据质量管理、数据安全管理这三项是数据治理最重要的核心领域，如图 4-1 所示，其他领域都依赖这三个领域，同时这三个领域的活动会贯穿数据活动的全生命周期。本章将对这三个领域做深入的介绍，在数据安全方面，由于近几年国内外的个人信息保护立法发展都比较快，数据竞争也日趋激烈，因此也会对数据合规的最新进展、趋势做详细的总结和分析。

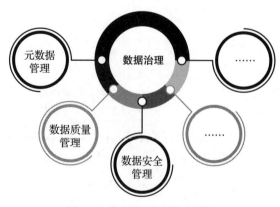

图 4-1　数据治理的核心领域

4.1 元数据管理

本节重点介绍什么是元数据，元数据分类，以及元数据管理的方法。

4.1.1 元数据概述

元数据描述了数据的结构、内容等多项信息，是数据对象的信息地图。它提高了针对数据对象的定位、管理、检索、评估、选择和交互的能力，是数据治理的重要基础。通过元数据管理，我们可以准确展现一个组织数据资产的整体视图。

元数据发展自图书馆的卡片目录体系，相当于一个数据环境中的目录卡，用于描述数据的标签或数据的上下文背景。

元数据对于确保组织中的大量数据资产易于浏览以及快速发现至关重要。它为用户展示了在哪里可以找到什么类型的数据和信息，还提供了这些数据从哪里来、如何处理、相关数据转换规则和数据质量要求等信息，有助于理解数据的真实含义和对数据进行解释说明。

一般的元数据字典信息可以存储在专门的元数据系统、元数据文档，或者被称为"数据目录"的数据管理系统中。一个组织最好有一个统一的元数据管理系统，这样能让组织的所有人员都在同一个术语体系上沟通和交流，使得业务人员和技术人员都可以方便地理解数据。

4.1.2 元数据定义

元数据管理经常落后的一个主要原因是元数据没有一个精确的定义。元数据（Meta Data）的经典定义是关于数据的数据。这是一个比较通用且抽象的定义，没有描绘出元数据准确清晰的结构或划分。具体来说，元数据可以是描述数据特征的任何信息。进一步来说，元数据是关于一个组织所使用的数据的规则和约束、物理与逻辑结构的信息。但在每个领域或者组织中元数据的具体定义存在区别。

由于元数据也是数据，所以在实际工作并不是很好区分。元数据区别于其他数据对象的特点有三个。

- ❑ 对象相关：元数据始终引用相应的数据对象，如果给定的一组元数据未链接到任何数据对象，则不能将其称为元数据。
- ❑ 数据描述：元数据不描述对象的具体内容，而仅仅是对象的描述。
- ❑ 抽象：与关联的数据对象相比，元数据处于更高的抽象级别，二者的关系可以类比面向对象编程中的对象与类之间的关系。

元数据具有多种用途，可以帮助数据消费者和数据管理者更好地使用和管理数据。元数据在信息资产组织方面的作用可以概况为五个方面：描述、定位、搜寻、评估和选择。元数据大数据扩大了信息的体量，提高了信息的处理速度，增加了信息的多样性，同时也给建设和维护元数据带来了新的挑战。

4.1.3 元数据分类

元数据覆盖范围非常广泛，可以按不同角度、不同标准对元数据进行分类。例如，可以依据语义层次、数据问题来源、元数据来源、用途的不同来对元数据进行分类。

从面向问题的角度，可将元数据划分为术语、数据分析、组织参考、数据质量、数据结构、数据含义、系统参考、数据转换、元数据历史等。

基于元数据描述内容的抽象级别（语义层次），可以将元数据分类如下。

❑ 语法元数据集中在数据源（文档）的细节上。这类元数据主要用于对数据源进行分类，例如数据源语言、创建日期、标题、大小、格式等。

❑ 结构元数据集中于文档数据的结构，该结构便于数据存储、处理、检索和展现（例如导航），例如 XML 结构、文档的物理结构（页面）等。

❑ 语义元数据描述了领域相关元素的上下文信息，熟悉领域知识的用户会很容易理解。

从使用场景的角度，可将元数据划分为后台元数据和前端元数据。后台元数据与处理相关，指导 ETL 工作。前端元数据偏向描述性，作为业务数据字典，可在进行查询和报表操作时使用和参考，主要为终端用户服务。

下面介绍两种最流行的分类：从文化出版领域发展来的面向非结构化文件格式数据的元数据分类和面向结构化关系格式数据的元数据分类。

1. 非结构化文件格式数据的元数据分类

在数据都存储于关系型数据库管理系统的数据仓库时代，大家提到的元数据都是指结构化关系表的元数据。随着大数据的发展，很多组织建立了数据湖，面向非结构化文件格式数据的元数据重新变得重要起来。

元数据在信息系统中无处不在。人们在各类平台上查找与分享音乐、照片、视频、新闻、文章、文档资料、图书等，都需要通过元数据进行组织和管理。所有这些内容都带有关于该内容的创建、名称、主题、功能等相关的元数据信息。

在一些应用场景中，由于元数据的作用越来越大，元数据与其描述的信息之间的界线已经模糊，在很多情况下元数据像数据一样被产生、存储、操作和使用。在一些在线平台上，例如电商网站、社交平台、网络媒体、搜索引擎、维基百科，元数据已被作为数据使用，例如用于对象检索、物品描述，作为知识图谱、智能个性化推荐、数据分析的维度。此时，元数据和数据之间的区别实际上只是定义不同。

文化出版领域（图书馆、档案馆和博物馆）在创建和共享结构化的元数据方面拥有悠久的历史。图书馆一直采用图书馆目录作为元数据形式，这种形式在描述图书时具有显著优势。

出版领域的元数据主要关注描述性信息。对于图书，无论是印刷书还是电子书，书名、作者、出版社和主题细节均占主导地位。对于音乐、电影和艺术作品，人们通常会记录标题、创作者、类型和表演信息。对于档案文件和记录，它们的创建细节以及它们之间的关系是非常重要的。

可将非结构化文件格式数据的元数据分为三类：描述元数据（Descriptive Metadata）、结构元数据（Structural Metadata）、管理元数据（Administrative Metadata）。如图 4-2 所示。

（1）描述元数据

描述元数据是描述数据资产的信息，对发现和识别数据资产至关重要。描述元数据可以包含很多分类的标签，例如主题、标题、作者（发布者）、风格、出版（发布）日期、关键字、摘要、说明等。

描述元数据有助于分类、发现、识别、检索或理解其相关数据资产的内容。它通常是供人类（数据用户或数据管理者）阅读，帮助用户"解码"数据，了解数据是什么以及如何使用它。描述元数据一般都需要管理人员编辑和录入。

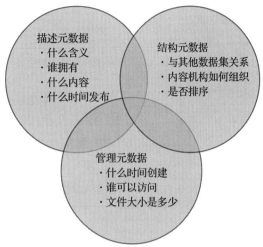

图 4-2　非结构化文件格式数据的元数据分类

（2）管理元数据

管理元数据是一个总括性术语，指的是管理资源或与资源创建有关的信息。管理元数据包括三类：技术元数据（Technical Metadata），即有关解码和展现数据内容需要的信息，例如创建时间和方式、文件类型、大小、编码格式、压缩格式等；备份元数据（Preservation Metadata），支持长期管理和未来对数字文件的迁移或传输，例如校验码或哈希值；版权元数据（Right Metadata），例如知识共享许可详细说明了内容所附带的知识产权。

管理元数据用于完成对数据文件的检索、读取、展现、处理、传输、完整性验证等操作，也用于资产的分析与管理，还用于资产的合规和审计。

管理元数据中与技术相关的元数据可以自动读取、分析和生成。我们能够通过实现一些扫描工具在数据创建、使用、更改、归档或删除的整个生命周期中自动获取到以上元数据信息，但需要人工进行检查和校验。

（3）结构元数据

结构元数据描述了数据资源之间和数据资源各部分之间的关系，是说明数字资产的组织方式的信息，有助于数字资源的导航和展现，例如带有顺序的页面、带链接的目录等。

结构元数据可以让数据用户或系统掌握有关数据的组织方式，实现对数据对象的子单元进行导航定位、快速搜索、格式转换或将其与其他数据相关联的操作，例如基于有关数据内容是否已排序的说明信息，在对特定值进行搜索时，可以避免扫描整个文件，提高搜索的效率。

如果数据文件格式已知，可以从文件中解析出结构元数据，而且有些文件格式自带一定的结构说明信息，例如 XML、CSV 文件。非结构化文件格式数据的元数据类型说明如表 4-1 所示。如果人工录入，则工作量会比较大，且容易出错。

表 4-1 非结构化文件格式数据的元数据类型说明

元数据类型		内容	属性示例	主要用途
描述元数据		查找或理解其相关资源内容的信息	标题、作者、主题、风格、出版日期	数据发现 数据展现 互操作
管理元数据	技术元数据	说明如何解码和展现数据文件的信息	文件类型、文件大小、创建日期、压缩结构	互操作 数字对象管理 备份保存
	备份元数据	长期管理和归档数据资产所需的信息	验证码、保存事件	互操作 数字对象管理
	版权元数据	与知识产权和使用权相关的信息	版权状态 授权有效期 权利人	互操作 数字对象管理
结构元数据		数据资源各部分之间的关系	顺序 层次中的位置	导航

这些不同类别的元数据用于支持信息系统中的不同用途。最主要的用途是数据发现，元数据允许用户搜索或浏览以找到感兴趣的资源或信息。许多元数据属性可显示给用户，以帮助用户识别或理解资源。互操作性是系统之间内容的有效交换，它依赖于描述该内容的元数据。元数据可以支持数字对象管理，也可以提供数字内容展现需要的信息，还可以提供满足用户需求的版本信息。数据备份时可以通过元数据来验证数据内容的完整性。最后，元数据支持在数据内容的各个部分内进行导航，例如从一页到下一页，以及在不同版本的对象之间进行导航，例如不同分辨率的摄影图像之间。

面向数据文件的元数据大部分来自人工的整理和录入，少量数字文件自带的信息和系统操作可以自动获取，目前也有一些基于文本分析的机器学习方法，可以自动生成一些元数据项，例如主题。对于使用标记语言（例如 XML、JSON、HTML 等）存储的数据，即元数据和内容混合在一起存储，能够便于分析和提取元数据信息，特别是结构元数据，例如段落。同理，也可以利用标记语气将数据文件的元数据保存为元数据文件，和其所描述的数据对象放在一起，以便数据分享与集成时的元数据获取。

2. 结构化关系格式数据的元数据分类

在关系型数据库和数据仓库时代，Kimball将元数据划分为业务元数据、技术元数据和操作元数据。业务元数据为技术元数据提供指导和业务说明。技术元数据是元数据的核心，以业务元数据为参考。操作元数据提供支持，可以提取技术元数据的变化，以辅助问题的跟踪和解决。结构化关系格式数据的元数据分类如图 4-3 所示。

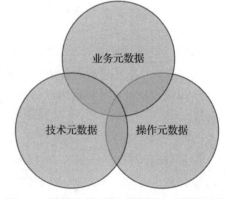

图 4-3 结构化关系格式数据的元数据分类

（1）业务元数据

业务元数据是在业务层面描述数据的含义，包括对数据概念、主题、实体及属性的描述，用于辅助定位、理解及访问业务信息。描述内容包括业务名称、业务含义、业务规则、运算法则、范围描述等，还有业务指标、业务术语表、数据标准、概念数据模型等专项的定义与说明。

业务元数据一般需要由专业人员录入和编辑，并及时维护。如果业务元数据缺失或错误，数据将会无法被有效理解，或容易被理解错误，进而限制数据发挥应用的价值。

（2）技术元数据

技术元数据主要涉及在技术实现层面上对具体使用数据的描述，用来定义数据结构。主要是逻辑数据模型与物理数据模型，包括对表 / 视图、字段 / 列、属性（类型、长度）以及存储过程、函数、序列等各种对象的描述。描述内容包括名称（表名、字段名等）、类型、值域、约束、技术规则、血缘关系等，还有对事实（维度）、报表（多维分析）、统计指标、数据源系统等的专项说明。

技术元数据一般可以直接从数据库系统或文件系统中自动获取，且能够及时发现变更，并与实际运行系统保持一致，避免随着时间推移导致元数据质量的恶化。技术元数据是最核心的元数据，是系统集成、数据分析与处理的基础，可用于数据的血缘跟踪。前提是实现数据的版本化管理，以便追踪数据的历史血缘。

（3）操作元数据

操作元数据主要是指应用程序运行的信息，它记录了人员操作和生产系统运行过程及结果，如运行记录、运行作业、执行频率、处理时间以及其他统计信息，数据迁移、数据备份等，也称为过程处理元数据。

操作元数据一般可以从程序的日志中提取，如系统日志、任务调度系统日志。操作元数据主要用于 IT 运维、问题分析、数据管理等方面。

另外，与此操作相关的管理信息，如制度、组织、岗位、职责、流程、权限、项目、版本等，可以和操作元数据放在一起，也可以单分离出一类**管理元数据**。控制数据生命周期中各个方面的管理策略可以单独为一类管理元数据。例如，每个组织处理数据的一个关键策略是对数据的访问控制，比如访问控制列表（ACL）。还有数据的归档、删除等数据老化策略，规定如何、在何处存储数据以及存储持续时间也可以单独为一类元数据。显然，此类元数据的使用者是数据的管理者，数据的用户使用此类元数据的次数并不多。结构化关系格式数据的元数据类型说明如表 4-2 所示。

表 4-2　结构化关系格式数据的元数据类型说明

元数据类型	内容	属性示例	主要用途	获取来源
业务元数据	数据对象相关的业务信息	业务术语表、业务规则、字段业务含义	数据应用数据理解	数据设计、人员录入

（续）

元数据类型	内容	属性示例	主要用途	获取来源
技术元数据	数据应用过程中各个组成部分元数据结构	表/视图名、字段/列名称、数据类型、值域	数据分析 数据展现 数据管理 互操作	结构化存储读取数据设计、人员录入
操作元数据	应用程序运行的信息	执行频率 执行时间 备份信息	数据管理 问题分析与追踪 IT 运维	系统日志 ETL 日志 任务调度系统日志
管理元数据	数据管理的制度、流程等信息	岗位、职责、流程	数据管理 责任分析	人员录入

结构化数据的元数据大部分可以从 ETL 程序和数据存储系统中自动获取。自动获取是保证元数据与其关联的实际数据一致的关键，也利于血缘关系建立与实时更新，是数据质量保障的基础。

3. 半结构化格式的大数据元数据

大数据由于其来源与格式都存在多样性的特点，需要结合以上两种方式（文件格式、关系格式）进行分类定义和处理。大数据的来源有日志、报文、评论数据，一般为文本格式或者 JSON 等半结构化格式；也有视频、图片数据，一般为文件格式；还有大体量交易数据，一般为关系结构数据。大数据处理过程中有半结构化格式数据集，包括嵌套结构（Struct）、映射（Map）、对象数组（Array）等，如 Parquet 格式可以提供数据集的结构（Schema）；也有 NoSQL 的 KV 格式，如 HBase。另外，一般大数据处理还会涉及分区，以便进行并行计算。

大数据由于其分布式存储的特点，具有一些不同于其他类型数据源的元数据项。大数据的元数据项举例如表 4-3 所示。

表 4-3 大数据元数据项举例

元数据项	举例
逻辑数据集的元数据	HDFS 路径、HBase 表名 数据集的 Schema（支持嵌套结构） 分区和排序属性 数据集的格式（CSV、TSV、Sequence File、Parquet 等）
HDFS 文件的元数据	权限管理和负责人 数据节点上的数据块分布位置
HBase 中表的元数据	表名，命名空间 附属属性（最大文件大小，只读） 列族名字
数据抽取和转换的元数据	数据集的创建用户 数据集的来源 数据集生产时长 记录条数 加载数据的大小
数据集的统计元数据	数据集中的行数 每列的唯一值数量 数据分布的直方图 最大最小值

4.1.4　元数据管理详解

元数据管理是指对元数据的定义、收集、创建、存储、整合、控制和发布的管理，涉及方法、流程、工具。元数据管理需要与研发流程紧密结合，通过人工或系统自动进行信息收集，以采集元数据信息，并制定流程定期检查，还需要采用一些系统控制以保障元数据质量。良好管理的元数据是一切数据治理工作的基础。统一的元数据管理门户，可以帮助我们梳理数据资产、进行成本统计、支持数据发现、实现应用链路分析与数据资产反哺，是数据应用与价值开发的起点。

IBM 将元数据管理划分为六个阶段，包括初始阶段、从属于业务系统阶段、元数据集中存储阶段、元数据集中管理阶段、元数据模型驱动阶段、元数据管理自动化阶段。当前部分元数据管理较为成熟的大型企业已发展到元数据集中管理和元数据模型驱动阶段。

1. 元数据管理模型的特征

任何元数据管理模型都需要具备如下四个特征：

❑ 非专有的，即不是针对特定应用的；

❑ 集成视角，一个元数据框架应该提供一个组织元数据的整合视角；

❑ 预测性的，健壮的元数据可以同时兼容现状和未来的情况；

❑ 时序的，元数据模型需要展现元数据随着时间的变化。

2. 元数据管理步骤与活动

元数据管理可分为两步：明确元数据管理策略及架构、实施元数据管理。具体来说，每个步骤需要实现的内容如下所示。

（1）明确元数据管理策略及架构

为了支撑数据工程，构建智慧的分析洞察，组织需要实现贯穿整个组织的元数据集成，建立完整并且一致的元数据管理策略。也就是说，组织需要明确元数据管理的需求、目标、约束和详细策略，依据组织现状制定元数据管理的实施路线，确定元数据管理的安全策略、版本策略、访问推送策略等。

在策略确定后，组织需进行体系架构设计，主要从技术架构和数据架构两个方面考虑。技术架构方面，一般的元数据集成体系可以分为点对点的元数据体系结构、集中式元数据体系结构、分布式元数据集成体系结构和层次（星型）元数据集成体系结构。数据架构方面，可以从数据源角度、主题域角度、实体角度和业务角度等多方面考虑。

（2）实施元数据管理

实施元数据管理时，主要分为如下几个步骤。

❑ **创建业务术语词库**。考虑到数据的容量和多样性，组织应该创建一个体现关键数据业务术语的业务定义词库，该业务定义词库不仅可以包含结构化数据，还可以将半结构化和非结构化数据纳入其中。

❑ **创建技术和操作元数据库**。基于数据应用过程的所有环节，参照数据架构和数据策略建立包含数据源、主题域、数据处理过程的元数据库。

❑ **建立长效支持机制**。及时跟进和理解各种数据存储技术来源中的元数据，提供对其连续、及时地支持，比如 MPP 数据库、流计算引擎、Apache Hadoop、NoSQL 数据库，以及各种数据治理工具，如审计（安全）工具、信息生命周期管理工具等。

- ❑ **打通元数据链路**。将业务元数据和技术元数据进行链接，可以通过操作元数据监测数据的流动；可以通过数据血缘关系分析在整个信息供应链中实现数据的正向追溯或逆向溯源，了解数据都经历了哪些变化，查看字段在信息供应链各组件间的转换是否正确等；可以通过分析了解具体某个数据集或字段的变更会对信息供应链中的数据集或字段造成哪些影响等。
- ❑ **扩充元数据管理角色**。扩展组织现有的元数据管理角色，比如可以扩充元数据管理者、数据主管、数据架构师以及数据科学家的职责，加入数据治理的相关内容。
- ❑ **建立元数据标准**。组织定义统一的元数据标准是值得的，特别是统一的命名规则，该规则可以有效地方便数据理解、避免错误数据使用、加快数据集成。

总地来说，制定元数据管理策略与实施元数据管理的重点活动如 4-4 表所示。

表 4-4　元数据管理活动

元数据策略	元数据获取与存储	元数据集成与发布	元数据管理和治理
A. 与业务目标和战略保持一致 B. 识别主要相关者并获取反馈 C. 依据业务需求和技术能力确定关键活动优先级 D. 设置关键数据元素、主题领域的优先级 E. 制定沟通计划	A. 识别所有内部和外部元数据来源 B. 确定所有识别源的导入机制 C. 识别已存在的元数据存储 D. 定义组织数据存储策略	A. 识别所有元数据技术来源 B. 识别主要相关者和用户（内部与外部） C. 关键技术的集成机制（直接集成、导出等） D. 针对每类用户的发布机制 E. 针对每类用户的反馈机制	A. 创建元数据标准 B. 定义元数据角色和职责 C. 定义与实施元数据生命周期管理 D. 定义与监控元数据质量统计 E. 将元数据整合到运营活动和相关的数据管理项目中

4.2　数据质量管理

本节重点介绍什么是数据质量，数据质量问题的表现、来源及挑战，数据质量的评价维度与评价方法，数据质量问题的场景解决办法，以及持续提高数据质量的管理理念和流程步骤。

4.2.1　数据质量概述

工作中，大家经常听到"数据质量不高""数据有问题""我们需要提高数据质量"等表达，但具体质量指什么、问题是什么，常常并不清楚。在数据智能时代，所有组织对数据质量越来越重视，并且通常会认为数据重于算法，因为对于模型算法来说都是"垃圾进，垃圾出"。

质量的含义通常有两种：一种是指某物所固有的与众不同的属性；另一种是指某个东西优秀的程度。质量管理大师朱兰认为工业产品"质量"都是从用户的角度定义，称为"适用性（fit for use）"，即更偏质量的第二个含义。ISO9000 关于质量的定义是"一组固有特征满足要求的程度"。该定义包含了"适用性""适合目的""顾客满意或符合程度"。由于用户的需求越来越个性化，所以用户对"质量"的评价越来越主观，也越来越不易统一评价。

目前，针对数据质量，多数文献都普遍采用"适用性"的概念，并且定义描述都比较相近。例如：

❑ 定义为"数据适合数据消费者的使用"；

❑ 数据质量是在指定业务场景下，数据符合数据消费者的使用目的，能满足业务场景具体需求的程度；

❑ 数据质量的高低代表了数据满足数据消费者期望的程度，这种期望基于他们对数据的使用预期；

❑ 在指定条件下使用数据时，数据的特性满足明确和隐含的要求的程度；

❑ 数据质量就是"一组固有特征满足表示事物属性的程度"或"每个元素对于某种应用场景的适合度"。

以上定义基本上都是表达涉及数据的两个方面的契合程度：数据自身特性（符合事实程度）与满足需求要求（适用程度）。质量可指品质和数量，品质可代表可用性，数量可代表可测量性，所以质量管理即关注可用性和可测量性。所以数据质量的评估也可以分为两部分。

❑ 从数据自身角度——基础质量特性的测量。由于数据是用于描述世界的，所以数据自身特性的测量就是测量数据符合事实的程度。

❑ 从数据应用角度——需求满足情况的评价。该评价不但依赖于数据自身的特性，还依赖于使用数据的业务环境。由于同一份数据可以被复用，被不同的消费者用于不同用途，因此数据质量的评价需要综合所有数据消费者的需求，甚至平衡不同消费者的需求。另外，数据也可被未来的消费者和场景使用，所以在进行数据质量治理时还需要预判未来的可能用途。

总结下来，数据是产品，数据产品的质量需要被测量才能改进。数据质量的评估与治理具有如下特点：

❑ 数据质量是数据的本质属性，可以进行客观测量；

❑ 数据质量是多维、多尺度的，不同维度之间可能存在矛盾，在工程处理上某一特性的提高可能导致另一特性的降低，如机器学习评价指标召回率与准确率之间需要有所平衡；

❑ 数据质量评价依赖于消费者；

❑ 要求不同，质量表现也会不同，要求会随着时间变化，数据质量的评价也会随之变化；

❑ 数据产品质量依赖于数据产品加工过程，并存在于数据的整个生命周期。

数据质量是数据业务的基石。数据从收集、整理、分析到应用会受到多个环节的影响，所以要想使最后数据应用环节的数据效果好，必须保证前序各个环节的数据质量。数据质量不是单点的管理，是全过程的管理，是持续的管理，需要所有部门一起付出努力才能保证最后数据应用产品的质量。

4.2.2 数据质量问题

数据质量问题的表现与来源都是十分多样、丰富的，与产品设计、技术、处理过程、治理过程、成本都相关。对数据质量问题的表现和来源做一定梳理和总结，有助于大家对数据质量有直观的感受。另外，大数据的质量挑战与传统数据的质量挑战也有不同。

1. 数据质量问题的表现

从应用角度来说，质量问题会表现在许多方面，最需要引起注意的是以下三个方面，与之关联的数据质量维度因素如下。

（1）数据未被使用

可能关联的因素包括数据无价值、数据可信性（数据本身问题或数据使用者认知）。可能的表现有：由于数据来源存在主观判断可能引入偏见，使数据消费者担忧数据的客观性。由于数据与其他数据源对比不一致，数据消费者对数据或数据源质量无法信任，从而不再使用可疑的数据。由于数据历史质量比较差，数据消费者仍停留在原来的认知。

（2）数据访问困难

可能关联的因素包括技术和资源问题、数据工具问题、安全隐私问题。可能的表现有：技术和资源层面有数据量与处理资源（机器与人）的矛盾、系统架构限制、数据时效性不足等。数据工具方面有包括数据目录、元数据等系统的设计与建设的不足。安全和隐私约束方面，需要处理好数据安全分类分级、数据脱敏处理（如果匿名化）等。

（3）数据难以使用

这种问题可能关联的因素是最多的，包括数据的准确性、精确性、一致性、完整性、规范性、时效性、数据整合等方面的质量问题。准确性问题包括数据录入的错误、计算逻辑错误，精确性问题可能是位置坐标的精度不够，一致性问题可能是不同来源的矛盾或不同系统数据编码不同，完整性问题可能是指数据处理过程中的记录丢失，规范性问题是指数据内容不符合设计规范，时效性问题可能是指数据的延迟造成数据应用效果降低，数据整合问题是指数据没有被适当整合。

2. 数据质量问题常见来源

数据质量问题主要体现在数据源与数据采集、数据处理、数据应用这三个方面。

（1）数据源与数据采集

❑ 数据的多源性。当同一个数据存在多个数据源时，经常出现不一致问题。组织信息化过程一般是一个逐步建设的过程，不同的业务系统可能存储着相同或相关的信息，但这些系统之间经常出现冲突，成为组织进行统一数据治理、数据整合最头痛的问题，需要花很多时间。使用几种不同的流程也可能导致同一个数据出现不同的值。有时，组织中对同一个数据流进行处理时，需要同时用到实时系统和批处理系统，但两个系统常常会出现输出数据不一致的情况。在大数据时代，引入外部数据源已是大量组织的优先选择，而不同数据源的冲突是必然需要解决的问题。

- 数据录入系统设计缺陷与实现错误。最主要是 UI/UE 与规则设计问题，此类问题无法根除，只能尽量减少影响。UI/UE 设计不合理会很大程度影响人工录入的效率和效果，例如输入框太小无法录入所有信息、行政区选择由用户采用文字录入而不是从列表中选择。检验规则没有设计或设计不合理，会引入大量不应该有的错误。如果输入规则没有校验，则会让大量错误数据进入系统，如果输入规则过于严苛，录入人员可能会为了通过某些操作步骤而录入错误值，使之符合规则，例如强制电话号码、邮箱字段必填且有格式校验，甚至由于某些值无法输入而导致录入人员丢弃整条记录。

- 数据自动采集的程序或 SDK 设计缺陷与实现错误。字段漏采、采集频率太低或太高、字段命名冲突、字段值错误、数据量太大、判断条件太复杂或互相交叉影响、埋点位置不合理等，例如经纬度坐标赋值相反或取值精度不足。

- 数据录入的主观判断或人为失误。这是一类经常被数据处理和使用人员所忽略的问题，数据库中存储数据代表的"事实"经常引入主观判断，使用者会想当然地以为数据就是客观事实，比如病例信息中医生对病情的判断。数据采集中也经常引入人工的错误，比如客户背景信息错误录入或收集不准确、人员对图像的人工标注等。

（2）数据处理

- 数据量增长与有限资源的矛盾。在大数据时代，这是一个最突出的矛盾。缺乏足够的计算、存储、网络资源会限制数据处理能力和数据的可访问性。数据量过大会使得数据消费者难以在需要的时间内获得所需的数据，而且更多的数据不一定比更少的数据要好，所以从数据采集开始就需要考虑数据处理资源的情况。由于日志、视频等数据的数据量很大，但价值密度比较低，投入更多的资源会导致投资回报比下降，所以需要取得适当的平衡。随着数据应用的广泛发展，数据需求的多变与波动，也给资源投入规划带来了极大的挑战。

- 数据整合与现存的分布式异构系统的冲突。大型组织里大都建设了许多庞杂的分布式、异构系统，这些系统增强了组织的数据存储、分析能力，而组织普遍缺乏有效的整合机制，导致数据定义、格式、规则和值的不一致性问题成为数据快速应用的一个主要障碍。跨系统的查询和汇总数据往往因为技术接口问题或需要读取的数据量太大，导致数据的可访问性一直存在很大的限制。

- 数据标准规范不明确和跨专业的数据编码不一致。组织内或行业内需要有统一的术语命名和编码，以便组织内或行业内的信息共享与监管。不同专业领域的编码对于非专业人员通常难以辨识和理解，同时不同专业对同一事物又经常有不同的编码体系，这在数据处理里经常带来误解和冲突。

❑ **数据设计与加工问题。**设计的问题需要从整体视角去考虑。错误时有发生，有时不易发现，但一旦定位问题就比较容易修正。数据处理中指标的命名、业务计算口径定义、技术计算逻辑很难做到一致。即使 PV（Page View，页面访问量）、UV（Unique Visitor，独立访客数）这样基础常见的指标，也会经常由于技术口径的不同导致指标统计结果不一致，甚至大相径庭。数据工程中的强逻辑检查与代码交叉检查等工作，比软件工程更重要，因为错误的结果经常无法验证和难以发现。

❑ **安全性与可访问性的权衡。**数据的可访问性与数据的安全、隐私在一定程度上存在矛盾。近年来，国内外数据安全事件频发，大数据让侵犯用户隐私的界限变得模糊。虽然国内外立法都在加强，但企业也需要采取一些有效的数据处理措施和技术手段，以做到在遵循国家法规和保护个人隐私的基础上开发数据的价值。

（3）数据应用

数据需求的多样性与易变性。数据是取之不尽的资源，因此可以用在许多应用场景，甚至很多场景是在数据收集和处理时想象不到的。当数据消费者的任务发生变化，新的数据消费者、新的应用出现时，原有数据的"适用性"评价也随之改变，高质量可以变低质量，低质量可以变高质量。只有满足数据消费者需求的数据才是高质量的数据。

3. 大数据、活数据的质量挑战

数据智能时代的数据是大数据、活数据、多样的数据。数据量大带来了成本的上升，需要更加关注成本，进行完善数据生命周期管理。现在的数据都是"活数据"，需要每时每刻采集，实时流式的进入，有时还需要准实时的处理和应用，使得我们对数据技术的要求越来越高。多样的数据和多变的需求，要求数据治理更加灵活。

另外，传统数据处理与大数据处理的质量挑战是不同的。一个主要区别是，传统数据通常要求单条准确，并在应用时运用因果关系，比如银行贷款；而大数据强调群体指标质量高，并在应用时可以运用相关关系，比如精准营销。传统数据处理与大数据处理的特征区别以及大数据的质量挑战的详细分析如表 4-5 所示。

表 4-5 大数据质量的挑战

处理过程	维度	传统数据	大数据	大数据质量挑战
数据采集	格式	格式：关系结构、文件资料	格式：结构化、半结构化、非结构化	组织的数据都从单一数据格式转向采集多种多样的格式，整合统一管理难度越来越高 多种多样的数据，国内外都缺乏有效的数据标准
	采集方式	人工录入与整理占重要部分，受主观因素影响	系统自动采集为重要部分，受系统"噪声"影响 经常引入外部数据源	来源系统多样，集成复杂，不同来源置信度不同 比较难以及时发现和解决外部数据源的质量问题

（续）

处理过程	维度	传统数据	大数据	大数据质量挑战
数据处理	处理频度	批量	批量、实时	数据量大、实时性要求高，需要即时判断数据质量，对数据质量做实时监控，技术挑战大
	处理步骤	执行 ETL，在装载到数据仓库前执行数据清洗和转换	执行 ELT，在进入数据处理系统后再进行数据清洗、增强、转换等操作	质量处理步骤后置，脏数据会先流入到数据系统中，再进行治理，质量的稽查和监控更加困难 有时脏数据可以变废为宝
数据应用	数据分析	基于详细汇总数据进行在线交换分析（OLAP）	指标和维度需要预先定义，并进行预计算	灵活的指标统计系统技术挑战非常大，通常需要在结果返回时间与灵活分析之间做平衡设计和实现
	个体应用	单条准确、因果分析	群体准确、相关分析	大数据在很多应用场景中不要求每条记录的完整和正确，只要整体的准确度达到一定水平即可，这一点在某种程度降低了大数据的质量挑战
数据治理	主数据与关键数据元素	通常组织内会识别和定义主数据，并评估关键数据元素（如客户地址）的质量	主数据可能被模糊或错误定义 关键数据元素可能反复变化	大数据需要在高速运行中进行质量调整 识别有价值的关键数据元素是一项很有挑战的工作

4.2.3　数据质量测量与评价

对于数据质量的评价，有人觉得很容易，有人觉得很难，其实是大家的评价角度不同。统计数据自身情况比较清楚和容易，比如统计记录数量、空值率等，此类属于数据画像（Data Profiling），可称为对数据的描述性统计。从使用价值的角度进行数据质量评价，因需要考虑使用场景与客户，评价指标的设定就会比较复杂。本节对以上两种数据质量评价角度的评价指标都进行了系统性的梳理，还给出了一个质量评价时对数据抽样的一般性方法。

1. 质量指标的形式类型

质量指标的基本形式类型主要包括以下几类：基数（计数）数量型、统计描述型、统计分布型、地理分布型、占比型、变化率型、转化率型、分数型，具体各种类型的释义、计算、处理和使用方式说明如表 4-6 所示。

表 4-6　质量指标的形式类型

形式分类	释义	计算方式	对比与分析	汇总
基数数量型	一组数据中，满足某一天条件的对象（记录、实体、值）计数数量，一般是一个整数值	计数求和	直接进行数值大小比较 在有连续数值序列时可绘制曲线观察趋势，并可叠加多曲线比对	一般采用直接加和进行汇总 某些情况下有些值不能进行汇总，如唯一值数量，需要不同组数据间满足一定条件才可以

（续）

形式分类	释义	计算方式	对比与分析	汇总
统计描述型	针对一组数值，如对某个字段的所有记录的值统计，描述其分布趋势的统计量特征 1）集中趋势：平均值、中位数、众数，体现最可能的数值 2）离散趋势：方差、标准差、极大值、极小值、离散系数 3）形态趋势：偏度、峰度	基础的统计特征项在概率与统计中都有具体的定义和计算方法 除了描述性统计，更深入的一些统计信息可以用到推断统计与机器学习方法	直接进行数值大小比较，获得两组数据的统计特点差别	数据的统计矩（均值、方差等）可以通过公式进行汇总计算 极值通过最大值、最小值函数进行汇总计算 其他的统计量，如中位数、众数等，不能进行汇总计算
统计分布型	频率分布，通过绘制频数分布直方图，了解数据分布情况，也可用于观察可能产生数据的概率分布模型	针对一组数据，按每个数据值（或取值区间）统计这组数据中出现的次数（频数），生成频数表，进一步绘制频数分布直方图	表格观察 直方图观察	相同分段的频数的不同组数据可以加和汇总
地理分布型	1）散点图，基于地理坐标（如经纬度）在地图上绘制点状图标 2）地理统计图，基于地理区域分布显示不同地域（如行政区）的指标情况 3）热力图，使用渐变颜色渲染不同区域的密度	散点图，在地理所在位置绘制点状图标（如圆点），直接观察分布密度和范围 地理统计图，将数据（如果坐标、行政区名称（代码））与地图关联，然后可以依据数量做渐进色块可视化渲染，可以做混合地理统计图，在地图上叠加饼图、柱状图等统计图 热力图，基于坐标点通过可视化算法实现，一般密度越过颜色越深	地图可视化	
占比型	质量指标经常采用比率形式，以排除数量级的影响 符合条件数量与总量的比值	某条件比率 = 符合某条件的数据单元数量 / 数据单元总数 数据单元可指：记录、表、实体、域等对象。 例如某字段的空值率 = 该字段值为空的记录数 / 总记录数	直接进行数值大小比较 在有连续数值序列时可绘制曲线观察趋势，并可叠加多曲线比对	不同特性的指标值需要采用不同的汇总方法：加和、加权平均、最大（最小）值函数等

（续）

形式分类	释义	计算方式	对比与分析	汇总
变化率型	1）环比表示连续两个统计周期（如：月）内的数量变化的比率 2）同比表示同期的数量变化的比率，一般情况下是今年第 n 月与去年第 n 月，以排除季节等周期影响 3）定基比是每个计算周期与某一固定时期的数量变化的比率	环比变化率 =（本期数 – 上期数）/ 上期数 同比变化率 =（本期数 – 同期数）/ 同期数 定基比的计算是环比变化率的乘积	直接进行数值大小比较 在有连续数值序列时可绘制曲线观察趋势，并可叠加多曲线比对	通常不能汇总计算，有些情况下，可采用加权平均方法
转化率型	用于量化展示在一个统计周期内从一项影响行为到完成目标转化行为的效果	转化率 = 后序操作完成数量 / 前序操作完成数量 如点击通过率（CRT）= 点击次数（实际到达目标页面数）/ 广告页面展示数	通常基于 AB 实验进行对比 如，使用不同数据源的数据用于同一次精准营销，从最终转化率评价数据的质量	通常不能汇总计算。需要汇总原始数量值，再计算整体转化率
分数型	有时会需要将一些指标转换为一个得分数，如满分为 100 分	对于原指标值为比率型，可以直接采用百分数 也可以采用归一化的方法，所有的指标值都除以一个固定的值（如所有值中的最大值），再取百分数 另外，可以采用一些非线性的变换，如取对数，以使分数的分布更均匀	相同算法的数值可以直接进行比较 在有连续数值序列时可绘制曲线观察趋势，并可叠加多曲线比对	有些情况下，可采用加权平均方法

2. 数据画像——数据本身角度

一般数据处理人员拿到一份数据后，通常先做数据画像，了解数据自有特征的基本情况，再进一步结合业务需求对数据质量的各个评价维度进行评价。

数据画像，也称数据剖析，是计算一些针对数据的描述性统计，相当于数据的一份画像，或者换种说法，是做一份数据概要分析，形成一份数据摘要说明。该过程有助于了解数据的基本情况、发现数据质量问题、探查总体趋势。

数据画像指标相关的三个要素如下。

❑ 计算的对象：可以是字段、记录、表等。

❑ 计算的范围：可以是表、数据集、文件、数据库、数据集的集合、文件的集合。

❑ 计算的维度：一个数值指标（metric）可以有很多细分（下钻）的维度（dimension），
常见的维度有时间、地域、数据来源、主题、业务（类型、流程）等。

在数据量小的情况下，一般数据处理工具都可以自动输出全面数据画像信息。在数据
量大的情况下，考虑到资源消耗，一般需要数据处理人员进行维度选择并指定抽样方法。数
据画像指标也是数据持续监控的主要指标，如表 4-7 所示。

表 4-7　常见的数据画像指标

分类	指标	释义	备注
基数数量 类型	记录数	一组相关信息的个数，例如一条记录是一组字段对应的信息	一般是一张二维表的行数，文本的文字行数，也可以是图片、视频、文献的数据文件个数
	实体数	一个实体类型的实例个数	一般按唯一标识进行排重统计，可以有累计总量、一定周期内的新增量、一定周期内的活跃量等
	唯一值数	某个字段中唯一值（排重）个数	
	非空数	某个字段的值存在（即不为空）的记录数	在数据库中具体空值判断可以是空、NULL、""表示空的字符串
	空值数	某个字段的值不存在（即为空）的记录数	在数据库中具体空值判断可以是空、NULL、""表示空的字符串
	重复数	某个字段内（或所有字段）的值相同的记录数	
	非重复数	某个字段内（或所有字段）的值不相同的记录数	排重统计
统计型	和	一组数据值中的累加和结果	
统计型： 集中趋势	平均值	一组数据值的平均数，"和"除以数据值个数	通常比原始数据多计算一位小数。 易受异常大或异常小值的影响
	中位数	中位数，一组数据值按大小排序后，处于中间位置的值	中位数计算，如果为数据值个数为偶数，则取中间两个值的平均值
	众数	一组数据中，出现次数最多的值	代表数据集中的趋势点和数据的一般水平，适用于单峰对称情况
统计型： 离散趋势	最大值	一组数据值中的最大数值	
	最小值	一组数据值中的最小数值	
	方差	针对一组数据值，每个数据值与平均值之差的平方数的均值	一组数据的二阶矩，表示数据的离散度
	标准差	针对一组数据值，是所有数据值偏离平均数的平均距离	通过方差开平方获得
	变异（离散）系数	针对一组数据值，标准差与平均值的比值	用于对比量纲不同的各组数据值之间离散程度的区别
统计型： 分布	分位数	分位数表示数值按大小排序的处于百分之几位置的值，一般有 5%、10%、25%、50%（中位数）	
	频率分布	针对一组值，每个值（或分组区间）出现的次数统计	

（续）

分类	指标	释义	备注
比率型	填充率	字段的值的填充比例，非空记录数除以总记录数	信息域的信息饱满程度，有时也称饱和度
	空值率	字段的空值比例，空记录数除以总记录数	
	规范率	针对一个字段或一条记录的值符合规范的数据记录比例，符合规范记录数除以总记录数	数据值是否符合字段类型、是否符合指定格式定义、是否符合业务规则定义
	不良率	针对一个字段或一条记录的值不符合规范的数据记录比例，不符合规范记录数除以总记录数	
	覆盖率	针对一组数据，判断该数据对总体的检出（覆盖）情况	通常准备一个与总体分布一致（或相近）的随机样本，判断样本在该数据中是否存在，以推算该数据对总体的覆盖率
	准确率	数据对其相关的一组事物表达或描述正确的比例，正确的记录数除以所有记录数	通常抽样验证，在有客观标准情况下与真实样本数据做比较判断对错，以估计整组数据的准确率，比如客户性别的准确率 如果通过机器学习模型做预测，在模型训练时，可以基于验证集输出准确率
	召回率	在机器学习领域，正样本被预测正确的概率 在文献领域也称之为查全率	通常准备一个与总体分布一致（或相近）的随机正样本，判断该数据中对应样本正确的比例 如果通过机器学习模型做预测，在模型训练时，会基于验证集输出召回率

注：在不同场景下，以上某些指标的含义可能不同。

3. 质量评价维度——数据应用角度

在做数据质量评估时，除了从数据本身角度出发的基础质量特征测量，更重要的是从数据应用角度进行分析，针对一些数据质量维度进行评价，以评估数据对需求的满足情况。这些维度的质量评价都与数据的需求相关，也就是很多质量变量的评价是与环境相关的，所以在不同应用场景，组织需要对同一维度的测量方法与标准做有针对性的定义和设计。

大量数据治理文献资料定义了很多数据质量评价维度，有共同点也有区别，表达上，出发的角度不同，命名有所不同，含义上大同小异，但有些字面相同的术语指向的含义并不一样，在运用时不同人的理解也不一致。例如以下是五个不同文献对数据质量的评价维度划分。

❑ 数据质量评价指标框架包括规范性、完整性、准确性、一致性、时效性、可访问性。
❑ 数据质量指标可分为四类：
  ● 固有质量维度，可信性、客观性、可靠性、价值密度、多样性；
  ● 环境质量维度，适量性、完整性、相关性、增值性、及时性、易操作性、广泛性；

- 表达质量维度，可解释性、简明性、一致性、易懂性；
- 可访问性质量维度，可访问性、安全性；
❑ 数据质量可以用正确性、准确性、不矛盾性、一致性、完整性和集成性来描述。
❑ 数据质量评估内容包括完整性、时效性、唯一性、参照完整性、依赖一致性、基数一致性、正确性、精确性、技术有效性、业务有效性、可信度、可用性、可访问性、适用性。
❑ 数据质量维度包括准确性、完整性、一致性、时效性、精确度、有效性。

这里对数据质量评价维度的评价要素、维度分类、常见指标做详细的分析和说明。

（1）评价要素

针对数据进行评价时，评价模型需要包含以下要素。

❑ **评价维度与指标**：数据质量是多维的，不同场景重点关注的维度有所不同，需要有针对性地设计评价维度和具体指标项。（这里的评价维度是指数据质量的一个评价项，是某个质量评价角度的通用表达，并不涉及具体的计算逻辑或方式，一个评价维度下可以具体定义一个或多个评价指标，评价指标一般都有具体的应用场景与计算逻辑定义。）

❑ **评价规则**：针对具体的评价指标，我们需要设计详细的计算逻辑与口径，在设计时要综合考虑多方面因素，以使指标规则具有通用性和稳定性，有利于评价结果的横向比较和长期监测。评价规则是数据评价处理脚本实现的依据。

❑ **权重**：当进行综合评价和输出整体评价报告时，我们需要针对每一条评价规则设定综合汇总时所占比重。

❑ **标准与期望**：基于指标设计数据质量合格的具体标准（阈值），或给出期望值。

（2）维度分类

目前，我们很难对数据质量评价的维度设定一个一致的分类。有人将信息质量的维度划分为内容质量、形式质量和效用质量；有人将数据质量的维度划分为数据本身、约束关系、数据过程、用户角度；有人将大数据质量的维度划分为固有质量、表达质量、可访问质量、环境质量。以上分类大致类似，只是表达有所不同。

传统的数据质量治理一般比较重视数据内容上的客观量化指标和规范符合性的规则指标，但随着数据智能时代的到来，以下几类指标也越来越重要。

❑ **技术类指标**：在大数据时代，数据都是活数据，因此我们对原来不太强调的技术类指标的要求越来越高。现在大量数据服务需要通过技术系统提供，所以最终数据消费者享受的数据质量必然受到技术系统性能的影响。有些数据服务对时效性要求很高，比如RTB在线广告要求几十毫秒内返回查询结果，所以原来"时效性"指标可以归类在数据内容质量中，现在归类技术质量中更合适。

❑ **主观类指标**：人工智能时代，数据中存在的偏见、AI应用产生的道德倾向是一个值得非常重视的课题，因技术造成的歧视问题已非常突出，如何减轻非常重要。原来不受重视的关于数据的主观偏向指标应该受到重视、分析和修正。我们在人工录入数据，特别是人工标注数据时，会引入人的主观判断，例如在美国由于人脸识别对少数族裔的识别错误率高，引起了很大的争议，其根本原因是用于人脸识别算法模型训练的人工标注样本数据存在不足。

❑ **展现类指标**：展现类指标由于不便于量化评价，所以不受重视，但随着数据来源和类型的极大多样化、数据量突增、数据应用场景快速丰富，数据的展现形式已成为限制数据价值挖掘的一项重要因素。

❑ **效果类指标**：数据消费者使用的数据效果指标会因组织和场景不同而区别很大，因此不同的组织和用户需要对此类指标做更加针对性的设计。常见的数据应用场景包括报表、产品分析、行业分析、战略分析、精细化运营、精准营销、金融风控等。

表 4-8 是对数据质量维度分类及指标划分的简单整理，虽然大致做了归类，但并不十分严谨。此表的意义在于提供一个框架，使大家在面向具体的数据与应用场景进行数据质量设计时，可以从以下维度去思考、发现、分析有价值的数据质量指标。

表 4-8　数据质量维度分类及指标划分

质量维度分类	细分分类	质量维度	评价方法	类似维度或指标
内容质量	客观指标	准确性	定量 定性	正确性 无误性 真实性
		精确性	定量	
		完整性	定量 定性	
	主观指标	可信性	定性	可靠性
形式质量	规则指标	规范性	定量 定性	有效性 唯一性
		一致性	定量 定性	
	展现指标	可解释性	定性	易懂性 简明性
		易操作性	定性	适用性 易用性 适量性
效用质量	技术指标	时效性	定量	及时性
		可访问性	定量 定性	稳定性 吞吐量 响应时间
		成本性	定量	计算成本 存储成本

（续）

质量维度分类	细分分类	质量维度	评价方法	类似维度或指标
效用质量	效果指标	相关性	定量 定性	转化率 响应率 过件率 点击率 激活率 流失率 留存率
		回报性	定量 定性	单位成本 回报率 CPC CPA ROI
		……		……

（3）常见指标的详细定义

常见的数据质量指标的详细定义与评价标准如表 4-9 所示。

表 4-9　数据质量指标的详细定义与评价标准

指标细分	指标维度	释义	期望与评价标准
客观指标	准确性	反映其所描述的真实实体（实际对象）真实值的正确程度	数据内容和真实值（按定义）是否一致 通常，测量的数据值与一个已知确定的正确信息参照源的一致性可以衡量数据的准确性。比如用真实样本进行对比来评估
	精确性	数据元素的详细程度，数值型数据可以有若干精确数字位数。 精确性也可以作为准确性维度的一项子维度	数据精度是否达到业务规则要求的位数。例如，地理坐标经纬度的小数点位数，或者如果使用 Geohash 表达的位数
	完整性	数据元素被赋予数值的程度。包括 1）列完整性，需要的某一属性（列）是否存在，以及有值的比例 2）数据集完整性，数据集中需要存在记录（行）的包含情况 3）其他完整性约束规则	必须的数据项已被记录，可选项尽量提高赋值比例。如空值率、维度缺失、记录丢失、数据源缺少
主观指标	可信性	数据的可信赖程度。包括数据源的权威性与可靠性、数据采集方法的合理性（引入错误或主观判断偏见的情况）、数据可验证性	期望数据源可靠、采集方法适当以最小化地避免错误与偏见的引入，最好有方法进行交叉验证或者有统计方法确定可信度。可通过背景调查、实验、统计推断进行分析
规则指标	规范性	数据符合数据标准（国家、行业、组织）、数据模型、客观规律、业务规则、元数据、权威参考数据、安全规范的程度	数据项符合已定义的标准规范、业务规则，如数据值遵从数据类型、精度、格式、预定义枚举值、值域范围及存储格式等方面的定义，数据指标定义符合业务口径规则

（续）

指标细分	指标维度	释义	期望与评价标准
规则指标	一致性	数据与其他特定上下文中使用的数据无矛盾的程度。包括相同对象不同数据集的属性一致性和关联数据一致性。不能将一致性与准确性相混淆	一致性的概念相对宽泛，可以包括来自不同位置的两个数值不能有冲突，或者在预定义的一系列约束条件内定义一致性，数据取值满足其他数据项之间的依赖关系 ☐ 记录内：同一条记录的不同属性之间的一致性 ☐ 跨记录：不同记录的一个属性集合之间的一致性 ☐ 跨时间：同一条记录在不同时间点的同一属性值集合之间的一致性
展现指标	可解释性	数据在表示它的语言、编码、符号、单位以及格式等内容时的易理解程度，包括数据项定义清晰的程度	观察数据的人直接或结合元数据可以理解数据的内容
	易操作性	数据在多种应用中便于使用和操作处理的程度	数据的存储、展现、服务的格式和提供方式让数据处理和使用人员便于操作。在大数据场景中，数据量的适量性越来越重要，太多的数据反而会减低数据的易操作性 不同的使用场景对数据的易操作要求是不同的。一般来说结构化的表格数据更容易操作，存储在数据库里的数据比存储在文件中的数据更适合规模化的数据处理，良好设计的交互查询系统的受众用户比直接操作数据库的受众用户更广泛
技术指标	时效性	数据时效性是指信息反映其所建模的当前真实世界的程度，数据被及时更新以体现当前事实，即度量了数据的"新鲜程度"以及在时间变化中的正确程度，包括基于时间段的正确性（记录数或频率）、基于时间点的及时性、时序性（相对时序关系）	当需要使用时，数据能否反映当前事实，即数据必须及时，能够满足系统对数据时间的要求 通常用事实发生的时刻（或采集数据时刻）到数据被提供给消费者时刻之间的延迟时间来衡量，比如 T+1 是延迟 1 天。状态类数据可以根据数据元素刷新的频率度量数据的时效性
	可访问性	数据能被使用者方便、快捷地获取数据的程度	数据在需要被使用时能够被适合的方式读取到，并且读取效率满足需求 数据可用的时间和需要被访问时间的比例；数据是否便于自动化读取或多种方式获取
	成本性	数据的采集、存储、计算、服务都是有成本的。一般可以核算存储成本和计算成本	数据的整体处理成本（采集、加工、服务）的成本低于预算
效果指标	相关性	用来描述数据内容与用户需求之间的相关程度，即数据对于当前应用场景的有用程度	可以通过专业判断数据的相关性 应用数据在不同场景有不同的可量化效果指标，如转化率
	回报性	数据的采集、处理和服务的成本低于数据使用获得的回报	计算数据的单位成本、投资回报率
	……	……	……

4. 质量评估抽样方法

在进行数据质量分析时，由于数据量比较大，为了节省时间和资源，需要对数据进行抽样统计，而为了避免抽样造成的选择性偏差，需要选择合适的抽样方法和抽样的样本量。

抽样过程分为如下步骤：

第一步，确定抽样目标，定义基本单元以及总体；

第二步，确定抽样方法；

第三步，确定合适的精度、置信水平，进而计算样本量，注意，这里的重点是在精度、置信水平和样本量之间寻找平衡点。

（1）抽样方法

抽样方法一般分为概率抽样和非概率抽样两种。在对缺陷率进行估计时，我们可以通过对样本的概率抽样推知总体缺陷率的情况。常见的概率抽样有简单随机抽样、等距抽样、分层随机抽样、群随机抽样，它们的方法、适用场景和特点说明如表 4-10 所示。

表 4-10　抽样方法

随机抽样方法	说明	实现方法	适用	特点
简单随机抽样	每个单元被抽中的概率相同	一般使用随机数实现	总体质量均匀 总体单元数不太大	容易处理
等距随机抽样	也称系统抽样，每隔一定单元数抽取一个单元	先在头 k 个单元中随机选取第一个样本单元，再顺序每隔 k 单元抽取一个单元，k = 总体单元数 ÷ 样本数	前提是全部单元排列顺序符合随机性假设	处理最简单，效率最高要求抽取样本数少
分层随机抽样	基于一些特征维度将待抽样的记录分成若干层，目标是同层内的数据质量变异小、层间变异大，再对每层做随机抽样	基于一些特征维度创建分层，随机在每个分层内进行。层间的样本量分布有等数分配、等比分配、最优分配	质量分布不均匀，层间差异大，层内差异小。需要对总体的质量分布有一定认知和判断	分层抽样的标准误差一般比其他抽样法小。可以针对不同层做单独分析和对比分析
群随机抽样	又称聚类抽样，将总体分群，按群抽取样本，也就是将抽中的群的所有单元作为样本	将总体的每个单元归并入互相不重复的集合，称为群，然后对群进行随机抽取	要求群间差异小，群内差异大（与分层抽样相反）	实施方便，如抽取一天的数据代表整体情况标准误差往往较大，对整体代表性可能较差

（2）基于大数定律的样本量计算方法

在数据质量分析中，样本量设计的重要性虽然不像在传统统计分析（如医学）中那么重要，但为了保障结果的可靠性，避免造成错误判断，在选择样本量时需要遵循一定的统计规律。特别是当质量检查是人工一条一条处理时，如实地验证，质检成本是比较高的，需要控制样本量。

在对缺陷率等参数进行估计时，可以把每个样本是否为缺陷样本看作一次伯努利实验（单次掷硬币随机实验），样本间是否存在缺陷的判断相互独立，则样本的缺陷概率（或正确概率）为伯努利分布的参数，基于大数定律和中心极限定理就可以推导出样本量的计算公式。

基于中心极限定理，参数估计采用样本均值估计量，则该估计量趋向于正态分布：

$$\sqrt{n}\,\frac{\hat{p}-p}{\sqrt{p(1-p)}}\xrightarrow[n\to\infty]{(d)}\mathcal{N}(0,1)$$

置信区间公式如下：

$$\hat{p}\in\left[\,p-\frac{q_{\alpha/2}\sqrt{p(1-p)}}{\sqrt{n}},\ \ p+\frac{q_{\alpha/2}\sqrt{p(1-p)}}{\sqrt{n}}\,\right]$$

反推，可得样本量计算公式：

$$n\leqslant\frac{(q_{\alpha/2})^2\cdot p(1-p)}{\Delta^2}$$

其中 n 为样本量，p 为伯努利分布参数（即缺陷率或正确率），$\hat{p}$ 为伯努利分布参数的估计量（需采用样本均值估计），Δ 为精度的误差要求（即 $|\hat{p}-p|$），α 为显著性水平（置信水平为 $1-\alpha$），$q_{\alpha/2}$ 是标准正态分布的 $1-\alpha/2$ 的分位值。

在进行抽样前，我们首先需要确定对缺陷率估计的精度和置信水平要求，通过置信水平可以确定 Z 统计量取值的最大绝对值（对应置信水平的标准正态分布的分位值 $q_{\alpha/2}$）。若没有其他对 p 的先验知识，或者采取保守策略，p 可取 0.5 以使样本量最大，因为 p 等于 0.5 时 $p(1-p)$ 最大。如果置信水平选 95%，精度误差选 0.05，则样本量为 384 个。

基于常用精度要求和置信水平，在无先验知识的保守策略下的样本量计算表如表 4-11 所示。

表 4-11　基于常用精度要求与置信水平的样本量计算表

精度	置信水平和对应的 Z 分布分位值		
	90%	95%	99%
	1.64	1.96	2.58
10%	67	96	166
5%	269	**384**	666
3%	747	1067	1849
1%	6724	9604	16 641

如果希望进一步减少样本量，可以先抽取一组初步的样本来估计一个 p 值。当待检测数据的缺陷率的值太大或太小时，需要注意与精度量级保持匹配，否则会造成样本量的低估。

（3）其他样本量计算方法

如果缺陷率很低，可以预先假设缺陷记录数量，然后持续执行抽样动作直到样本中的缺陷记录数量达到预设值。此方法的样本量不是一个确定的值，是一个随机变量。另一个常用的经验方法是，当抽样中有缺陷记录的期望大于等于 2 时，让最小样本数满足 $n \geqslant 2/(1-\prod)$，其中$\prod$表示无缺陷记录出现的频率（$\prod$通常采用经验值）。与前例相同，令 $z=1.96$，可接受的误差为 0.01，根据经验估计$\prod$值应为 0.999（0.1% 的可接受误差）。

4.2.4 数据质量问题的解决方法

在实际工作中，我们解决数据质量问题时，常常采用见招拆招的方法，仅修正当前出现问题的数据，而不是从根本上系统地消除问题，并建立可持续的机制避免问题的再次发生。

1. 数据质量问题的常见应对方式

出现数据质量问题，很多管理者的第一反应常常是封堵、发起一场全员运动，甚至推倒重来，而不是从根本上解决数据质量问题。解决数据质量问题是一场持久战，需要在采集源头、设计理念、成本平衡等方面从根源去解决。以下是针对数据质量问题的几种常见应对方式，但也常常缺乏真实效果，没有持续性，解决旧问题的同时又产生了新的问题。

（1）建立更多的管理制度

一种常见的做法是，建立很多管理制度和流程，使得组织越来越僵化，组织的工作效率逐渐降低，业务响应变慢，限制了创新的发展；或者随着时间的推移、人员的更迭，大量的制度、流程沦为僵尸制度、流程，有流程无人有效执行，甚至无人可以搞清楚为什么设立这样的制度与流程。

（2）运动式治理

在更普遍的案例中，企业通常会指派个别人员或建立专项组去解决特定的数据质量问题，最初的调查和解决方案通常都是临时方案，或者发起一项声势浩大的全员质量教育运动，运动过后人员更迭，数据质量在某方面有所起色后又逐渐恶化。

（3）开发新系统

另一种常见的应对数据质量问题的方式是开发一个新系统来取代旧系统。此方法仍然狭隘地关注系统层面的问题，把数据质量问题归结为软件系统开发问题，在多数情况下，并没有使组织的整体数据能力得到提升，属于"新瓶装旧酒"，还会引入更多的问题，不但会花费大量不必要的金钱成本和时间成本，还让大家对改善数据质量不再抱有希望。

2. 数据质量问题的有效解决原则

有效解决数据质量问题的方法一般遵循以下原则：

（1）产品化管理

在数据处理的全链路，即从采集到应用的过程中，引入优秀的设计理念和方法，同时按产品方式进行数据的生命周期管理。

（2）渐进迭代式

对一些大型组织，由于其现存业务系统众多，宜采用控制增量、消灭存量的数据质量管理策略，需要"新系统新要求，老系统分步走"的指导原则。

（3）运用新技术和新工程方法

现在大数据技术和人工智能技术日新月异，能实际解决问题的技术和产品不断涌现，DevOps 和 DataOps 是提高开发质量和效率的有效工程手段。

（4）增强运营服务

现在的数据都是活数据，数据的特征会随着时间的变化而变化，因此需要在提供数据和系统的同时提供有效的运营服务。此外，自动稽查与监控也十分重要，可以通过配置数据质量校验规则自动进行数据质量方面的数据清洗和数据监控，强规则会触发任务终止并告警，弱规则只触发告警。常见的规则有字段值非法监控、数据量及波动监控、按维度的数据分布监控、数据延迟监控、数据一致性监控等。

（5）质量管理闭环

有了质量管理闭环后，我们可以通过数据质量问题反馈与跟踪系统实现错误的快速修正，通过系统化的知识沉淀避免数据人员犯同类错误，并通过持续总结回顾以丰富自动化的检查与监控规则。

3. 常见数据质量问题的具体解决方法

这里总结了常见数据质量问题（与前面治理问题来源一节对应）的具体解决方法，并列举出相关方法能够提升的质量指标维度，如表 4-12 所示。

表 4-12　常见数据质量问题的具体解决办法

来源分类	问题	主要解决方法	相关质量维度
数据源与数据采集	数据的多源性	1）设计：改进和完善生产流程，减少重复存储和多流程加工相同数据 2）管理：统一数据规范和数据字典，禁止使用同义词、同形异义词，命名唯一化 3）质检：针对外部数据源，引入前进行准确性交叉测试，引入后持续进行准确性和效果监控	可信性 完整性 准确性 一致性
	数据录入系统设计缺陷与实现错误	1）设计：提高数据录入系统的设计人员对数据优劣的理解，针对数据收集的效果进行 UI/UE 设计与分析；选择适当的采集数据校验策略 2）测试：加强在单元测试、集成测试、试运行各阶段针对数据收集相关的正确性和完整性指标的检验 3）管理：质量管理闭环，基于数据处理与应用中发现的问题，进行系统修正和迭代改进	完整性 准确性 精确性
	数据自动采集的程序或 SDK 设计缺陷与实现错误	1）设计：执行模块化设计 2）测试：自动化测试、交叉测试、多平台测试 3）管理：质量管理闭环，基于数据处理与应用中发现的问题，对处理程序进行修正和迭代改进	完整性 准确性 精确性

（续）

来源分类	问题	主要解决方法	相关质量维度
数据源与数据采集	数据录入的主观判断或人为失误	1）培训：为数据录入者提供持续、系统的数据培训，提升其业务知识和数据知识水平，同时提供明确的规范和说明 2）质检：检查输入数据，通过专家检查、交叉对比分析，将结果反馈给录入者以做针对性的改进；持续进行检查与监控 3）分析：对于机器学习的输入数据进行"偏见"分析，提炼预防方法	可信性 准确性
数据处理	数据量增长与有限资源的矛盾	1）产品化管理：进行数据生命周期管理，执行成本－效益分析 2）需求：加强与所有消费者的沟通，准确地收集各种需求，包括潜在的需求，评估额外存储空间，然后做成本与潜在收益的权衡决策 3）设计：在了解需求的基础上，进行数据的预计算和汇总；设计 ETL，数据集复用，抽取和保存合适的数据集大小；选择合适的数据集分区、分表、分库设计；区分冷热数据，采用不同成本的存储和集市进行处理 4）运营：尽量提高资源复用效率，进行程序优化与任务编排优化，优化目标是"对资源利用率曲线的削峰填谷" 5）管理：设计成本核算与收费策略，根据数据消费者的预算来分配计算资源投资，基于资源消耗向数据消费者收费，可以更好地利用投资和现有的计算资源 6）技术：大数据的技术在快速进步中，适时地进行技术升级	可访问性 时效性 成本性
	数据整合与现存的分布式异构系统的冲突	1）管理：制定可扩展的组织级标准；选择合适的管理职责与组织结构设计；制定有效的管理制度和流程 2）系统：逐步建立集成的数据环境和统一的数据平台	完整性 一致性 可访问性
	数据标准规范不明确和跨专业的数据编码不一致	1）元数据：丰富元数据，提供含义说明、领域知识解释和相关扩展材料 2）运营：建立数据管理和服务运营机制，明确责任人和沟通机制，最后提供服务系统支持 3）设计：尽量在组织级设计统一编码，当难以采用一致的编码时，维护不同专业编码体系之间的映射关系	规范性 一致性 可解释性 易操作性
	数据设计与加工问题	1）产品化管理：把数据当作主产品而不是副产品，设置数据产品经理，挖掘用户需求、定义数据产品、管理生命周期 2）设计：遵循产品开发规范和流程，设置需求评审、设计评审、上线复审环节 3）工程：在工程实现时，通过抽象基础框架支持和规范、代码自动审查、编码人员交叉检查，在早期就发现实现问题并及时优化，通过测试、监控等手段保证最终质量，通过 DevOps 与 DataOps 等方法提高整体工程质量 4）质检：在数据处理流中，增加数据质量自动稽查系统以持续监控数据质量，自动及早发现问题 5）管理：数据质量管理闭环	正确性 准确性 完整性 规范性 一致性 可解释性 易操作性 可访问性 回报性

（续）

来源分类	问题	主要解决方法	相关质量维度
数据处理	安全性与可访问性的权衡	1）管理：建立安全与访问的平衡政策；建立数据资产的数据分类分级制度，以及相应的职责权限管理流程；在数据首次采集时即制定明确的保护政策与开放策略；建立个体利益侵犯救济制度、流程，安全事件应急预案；有了这些后备支持，才会避免数据开发时一刀切，避免管理员因怕担责任而把数据价值开发的路封死 2）技术：采用有益于数据开发的数据安全技术，如脱敏、匿名化、加密、同态加密、联邦学习、沙箱等 3）需求：深入了解客户诉求，为客户提供整体方案，而不仅仅是交付数据，在数据不脱离安全环境的条件下实现客户要求的最终结果	可访问性 规范性
数据应用	数据需求的多样性与易变性	1）战略：积极地审视发展环境，预判未来商业需求，确定合适的数据战略 2）组织：选择适合的组织结构，大型组织可以选择集中的数据治理团队 + 分散的数据应用团队，数据应用团队由集中数据团队成员和业务团队成员共同组成，保障基本数据质量，实现灵活的业务拓展及项目需求向产品需求的转化 3）系统：为不同的数据展示与使用方式提供多样的系统；应用更先进的信息技术，提供先进的数据分析系统 4）服务：提供专家咨询与客服服务；提供整体解决方案	正确性 准确性 完整性 易操作性 可访问性 相关性 回报性

4.2.5　如何做好数据质量管理

面对"如何进行数据质量管理"这个问题，不同的组织和个人会给出多种不同的答案，有正向的质量控制方法，有逆向的质量保证方法。最基础的质量管理理念是质量管理闭环，即有名的戴明环（PDCA 环），其基本理念如图 4-4 所示。

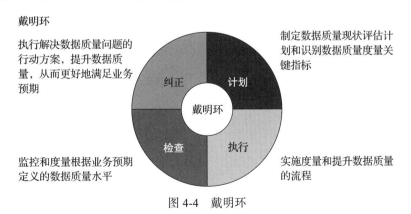

图 4-4　戴明环

基于戴明环理论，数据质量管理提升方法可以将数据质量管理的生命周期可以分为 4 个阶段，8 个工作步骤，如图 4-5 所示。

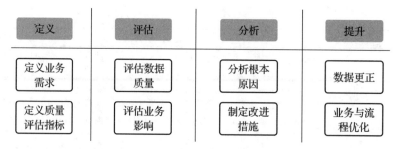

图 4-5 数据质量管理提升方法的流程

1. 定义业务需求

定义和明确数据质量管理的目标和范围，以指导数据质量管理整个阶段的工作。数据的业务管理需求是数据质量规则的重要体现，在本阶段需要明确数据质量管理的目标以及业务需求，为后续的工作提供指导。

2. 定义质量评估指标

根据数据质量管理的目标以及业务规则，结合数据相关的信息技术环境分析，选取适合本部分数据的数据质量评估指标。

3. 评估数据质量

针对适用于本部分数据的数据质量评估指标，结合数据质量评价方法和数据质量评估工具，综合评估数据质量。评估结果为未来步骤提供基础，例如确定根本原因、需要的改进和数据更正等。

4. 评估业务影响

使用各种方法、技术来评估劣质数据对业务、经济的影响。该步骤为建立改进业务案例，获取数据质量支持、确定适当的信息资源投资提供依据。

5. 分析根本原因

从业务、流程、信息系统等多方面来分析引起数据质量问题的真实原因。基于数据质量问题根本原因的分析可以帮助制定并执行数据质量的提升方案。

6. 制定改进措施

根据数据质量问题的原因分析，制定数据质量提升的行动计划和建议。基于这些计划和建议可以进行数据的更正。

7. 数据更正

对存在问题的数据进行更正或者优化，并对数据更正的过程进行监控和确认，确保业务规则和目标得到满足。

8. 业务与流程优化

根据数据质量问题的原因分析、业务影响的分析、业务规则的分析等多方面因素，对当前的业务、流程以及相关的信息环境进行优化，以避免未来出现类似数据问题。同时，对典型案例进行总结，形成数据质量管理知识库。

4.3　数据安全管理

目前不少国家都已认识到大数据对于未来的意义，并开始在国家层面进行相应的战略部署。随着数据的爆炸式增长，大数据技术逐渐深入各行各业，其应用范围包括营销、金融、工业、医疗、教育等诸多领域。大数据技术以及数据科学已经成为企业的核心竞争力。数据准确性、安全性及数据开放等问题都会极大地影响大数据的发展与应用。建立安全健康的数据生态是发展数字经济的前提。

近年来世界各地都加强了隐私保护与数据安全的立法进程，例如欧盟发布 GDPR、美国加州推出 CCPA、中国建立《网络安全法》，大家都对大数据安全、个人隐私数据保护提出了更加具体的要求和规定，并对违反法律法规的行为加强处罚。GDPR 扩展了个人信息的定义范围，强化了信息主体对其个人信息的控制权利，重新分配了信息控制者和信息处理者的义务和责任，对企业如何保障实现数据主体的权利提出了具体的要求，引领了立法的方向。当前数据安全相关立法在加快，具体规定在不断变化，使得组织面临的合规管理挑战很大，需要持续跟踪法规变化进行快速调整。

本节首先介绍了数据安全的内容与特点；然后介绍了数据安全的通用管理流程；接着重点阐述和分析了数据合规要求，包括数据合规要求涉及的法规体系、数据安全的基础合规要求以及个人信息处理的专门合规要求；最后介绍了数据安全管理的常用技术和方法，包括数据分类分级方法、个人信息去标识化技术以及营销数据的安全共享形式建议。

4.3.1　数据安全的内容与特点

从信息化时代到大数据时代，安全问题日趋复杂，各类安全概念交织在一起，各自包含的内容相互重叠，且有些术语并没有十分明确的定义，时常存在歧义。在实践中，大家常常互换、混合使用这些术语，虽然通常并不会出现大问题，但在一些管理边界上也存在误解。随着合规要求越来越严，数据相关系统越来越复杂，厘清一些概念，避免出现管理和系统的安全空白地带，十分必要。这里试图对数据安全做一些梳理和对比，至少明确其在本文中的主要含义。

1. 数据安全的内容

随着技术的发展，数据安全的内涵与外延也逐渐演变，从最基本的保护数据不因偶然和恶意的原因遭到破坏、更改和泄露，扩展到隐私保护和国家安全层面。因此数据安全不仅关系到个人隐私、企业商业秘密，还会直接影响国家安全。数据安全存在多个层次，如：制度安全、技术安全、运算安全、存储安全、传输安全、产品和服务安全等。某些法规与标准对数据安全给出了一些概念的定义，这里做些整理和补充。

（1）基本概念说明

❑ **数据**：任何以电子或者非电子形式对信息的记录。（在很多场景下，数据和信息相互通用。）

❑ **数据活动**：对数据的收集、存储、加工、使用、提供、交易、公开等行为。

❑ **隐私**：自然人的私人生活安宁和不愿为他人知晓的私密空间、私密活动、私密信息。《民法典》规定，隐私权属于自然人的一种人格权。

❑ **个人信息**：以电子或者其他方式记录的，能够单独或者与其他信息结合识别特定自然人的，与自然人有关的各种信息。

❑ **网络**：由计算机或者其他信息终端及相关设备组成的按照一定规则和程序对信息进行收集、存储、传输、交换、处理的系统。

（2）主要安全概念说明

❑ **隐私保护**：保护自然人隐私权不受侵害，即任何组织或者个人不得以刺探、侵扰、泄露、公开等方式侵害他人的隐私权。

❑ **个人信息保护**：在个人信息处理活动中保护信息主体权益不受侵害，包括对个人信息安全和个人信息权益的保护，保障个人对其个人信息处理的控制权。

❑ **数据合规**（Data Compliance）：确保组织的数据活动能够满足一系列规定要求的实践，这些规定要求主要依据法律、法规、行政政策、标准，也可以包含行业准则以及企业自身业务规则。

❑ **数据安全**：通过采取必要的管理和技术措施，保障数据得到有效保护和合法利用，并持续处于安全状态。

❑ **网络安全**：通过采取必要措施，防范网络攻击、侵入、干扰、破坏、非法使用以及意外事故，使网络处于稳定可靠的运行状态，保障网络数据的完整性、保密性、可用性。

❑ **信息安全**：保护信息的机密性、完整性和可用性的实践，还会涉及信息其他属性的保护，例如真实性、可问责性、不可否认性和可靠性，这些实践包括建立和采用的技术、管理上的安全保护措施，以保护计算机硬件、软件、数据不因偶然或恶意的原因而遭到破坏、更改和泄露。（这里取信息安全的广义概念，包括硬件、软件、网络、数据在内的信息系统安全，狭义的信息安全可以理解为数据安全。）

各安全概念之间的关系图 4-6 所示。另外，还有数据隐私、数据保护、数据伦理、数据风险等常用概念。数据隐私可以看作隐私保护与数据安全的交集部分，数据保护等同于数据安全。

数据伦理是推荐、捍卫与数据（特别是个人数据）有关的正确和错误行为的观念，也指评估数据活动是否会对人和社会产生不利影响，以使基于数据的自动化或人工智能（AI）驱动的动作和决策保持合理的透明度、可解释性、可辩护性。

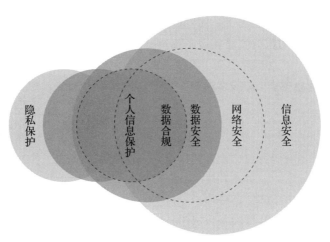

图 4-6　各安全概念之间的关系

（3）上述安全概念的具体对比

☐ **隐私保护与个人信息保护**。从隐私的定义可以看出，隐私保护不限于隐私信息的保护，只是隐私信息保护同时也属于个人信息保护的范畴，因此，隐私保护与个人信息保护既有共同的内容，也有互不相关的组成部分。

☐ **隐私保护、个人信息保护、数据合规**。数据资源已成为企业的重要资源，而且数据合规也是企业数字化发展的不可忽视的工作。个人信息保护是数据合规的重要部分，是群众最关心的部分。数据合规也包含从国家角度出发的重要数据安全要求的合规性。对于组织而言，合规仅是个人信息保护的基本要求，出于组织信誉、用户利益、商业利益，数据活动中的个人信息保护实践一般要高于合规的基本要求。隐私保护、个人信息保护、数据合规的关系如图 4-7 所示。

☐ **数据合规与数据安全**。基于以上定义可以看出数据安全包含数据合规，合规仅是数据安全的基本要求，如图 4-8 所示。

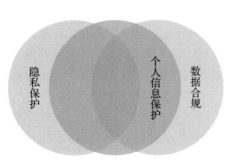

图 4-7　隐私保护、个人信息保护、数据合规的关系

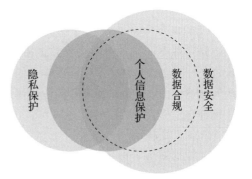

图 4-8　数据合规与数据安全的关系

❑ **数据安全与网络安全**。由于一切的联网化，数据安全的威胁主要来源于网络，但也有非网络环境下的数据安全实践，而网络安全不仅是网络数据的安全，还包括网络基础设施安全、网络运行安全，因此二者既有共有部分，也有不同部分。

❑ **网络安全与信息安全**。广义的信息安全包含网络安全。

2. 数据安全的特点

不同于其他领域的安全，数据安全具有隐蔽性、完整性、可用性、隐私性、公平性、广泛性、严重性、价值性等特点，使得数据安全面临更大的挑战。

（1）隐蔽性

数据具有可复用、可破坏、可转换、可衍生、可被挖掘的特性，因此数据一旦脱离控制，我们将很难监管和规范数据权责，也很难预知和控制数据共享的安全问题，甚至不能感知或及时感知危害。实际上，缺乏专业技术的个人往往无力维护自身信息安全，难以确定个人信息如何被采集、处理、传播和使用，很多时候也无法知道自己的信息权益被侵犯了，即使知道了，也不易维权。

（2）完整性

数据可以部分被篡改、破坏、丢失，因此保护数据的完整性是数据安全的重要要求。

（3）可用性

数据的大小、格式、读取速度、传输速度、计算速度、可访问性都会影响数据的可用性。数据安全需要实现在安全状态下的数据可用性，不能因为安全而让数据变得不可用。

（4）隐私性

大量数据涉及个人隐私，而隐私信息的处理不当会给信息主体带来伤害。大数据挖掘和分析的目的就是通过数据共享和融合将简单、孤立、分散、片段的数据建立联系，从而发现深入的、隐藏的、有价值的信息和知识。在这一过程中我们很难发现和控制对隐私的侵犯。隐私信息管理困难、隐私保护的技术挑战等多个安全方面的问题是大数据共享面对的最大阻力，大数据深入发展的主要瓶颈不是技术问题，而是数据共享和融合的安全机制问题。

（5）公平性

基于数据的决策有时会使数据主体遭到不公平对待，即使是准确真实的数据，也会带来公平性问题，特别是基于深度学习的自动化决策，由于决策逻辑的不可解释性，会造成有些人被不公正地对待，而有些商业主体还会主动利用数据侵犯用户权益，如大数据杀熟的个性化价格歧视。

（6）广泛性

数据涉及方方面面，因此数据安全问题的影响广泛而深入，并且影响的范围与结果也常常无法准确预测和掌握。由于网络的普及和提速，数据传播的渠道多、速度快、范围广，人们无法全面掌握信息如何被收集、如何传播，也不知道信息会被用作何种目的，更不知道信息泄露会产生怎样的后果。

（7）严重性

数据存在巨大的价值，特别是个人数据被过度收集、超范围使用的现象日益严重，同时信息泄露、黑客攻击、数据黑市交易、灰色应用事件频频发生，并时而引发恶性社会事件，对公民个人生活、企业经营，甚至国家安全都造成了严重的影响。

（8）价值性

数据安全的目标之一是保障数据价值的有效挖掘，而不是安全的无价值。《网络安全法》的第十八条指出，"国家鼓励开发网络数据安全保护和利用技术，促进公共数据资源开放，推动技术创新和经济社会发展。"《数据安全法》第七条指出，"国家保护个人、组织与数据有关的权益，鼓励数据依法合理有效利用，保障数据依法有序自由流动，促进以数据为关键要素的数字经济发展。"还在第二章通过专章阐述国家将坚持维护数据安全和促进数据开发利用并重，通过实施大数据战略、推进数据基础设施建设、加强数据开发利用技术的基础研究、推进数据安全标准体系建设、促进数据安全检测评估等服务的发展、建立健全数据交易管理制度、开展相关教育和培训等措施，以鼓励和支持数据在各行业、各领域的创新应用，促进数字经济发展。

4.3.2 数据安全管理流程

数据安全管理是指计划、制定、执行相关安全策略和规程，确保数据和信息资产在使用过程中有恰当的认证、授权、访问和审计等措施，保障数据合规使用和避免数据安全风险，同时有效支持数据价值的开发的实践。有效的数据安全策略和规程要确保合适的人以正确的方式使用和更新数据，并限制所有不合适的访问和数据更新。数据安全管理流程可以从要求、策略、实施、审计四个方面开展。

1. 明确数据安全管理要求

数据安全管理的目标是保证数据的合规性、数据和数据主体信息保密性、数据和数据主体信息真实性、数据可用性。

数据安全管理要求包括在大数据环境下的数据保密性、数据合规性、数据可用性与价值保护等方面的安全要求。具体分析如下。

- ❑ **数据合规性的要求**，需要依据法律、法规、国家标准、行业规范的规定，结合自身业务，明确组织的合规要求，包括重要数据安全、个人信息保护、隐私保护、数据交易、跨境传输等方面的要求和义务。
- ❑ **数据保密性的要求**，需要基于组织业务的特点和数据价值，形成各类数据在组织的数据资产管理与各种业务应用中的保密要求。
- ❑ **数据可用性与价值保护的要求**，结合数据应用的重要程度和数据的重要程度，有针对性地确定数据的存储、备份、访问等方面的要求。

2. 定义数据安全策略

在实施数据安全管理前，首先要参考数据安全管理要求及相关依据定义大数据安全管理原则、数据安全策略、数据安全规范、管理流程、控制措施等。

大数据安全管理原则包括职责明确原则、意图合规原则、最小授权原则、数据分类分级原则、可审计原则、责任不随数据转移原则等。

创建合适的数据安全策略，建立相应的组织结构和安全管理体系，包括系统和数据资产清单、元数据体系、数据供应链管理体系、组织和人员等与数据服务基础能力相关的安全要求。

针对数据生命周期管理相关的数据活动，包括采集、存储、传输、处理、分析、分发、销毁等活动，形成数据服务安全规范、权限管理策略、控制措施、管理流程等数据安全规范和管理流程，目的是降低各种数据活动的安全风险，保障数据安全。从规划、开发、部署到系统运维的生命周期各阶段对数据平台和应用采取必要的安全技术和管理安全措施，目的是建立安全的数据服务环境，降低运行安全风险。

3. 实施数据安全管理和运用数据安全技术

数据安全策略和要求的落实主要靠组织的安全制度流程及相关平台工具进行。数据应用工程从数据源、采集、存储、处理、接口、应用等环节进行数据全生命周期的安全策略控制。数据安全管理需要基础设施安全和信息系统安全进行支持和配合。一些数据安全管理方法和技术体系举例如图4-9所示。

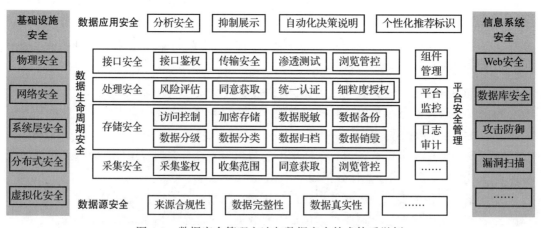

图4-9　数据安全管理方法与数据安全技术体系举例

4. 实施数据安全审计

数据安全审计是一项控制活动，负责经常性地分析、验证、讨论数据安全管理相关的政策、标准和活动。数据安全审计的目标是为管理层和数据治理人员提供客观中肯的评价、合理可行的建议。对于有效的数据安全管理而言，审计是一个支持性、可重复的过程，应当有规律、高效地持续执行数据安全审计工作。

数据安全审计包括：分析数据安全策略和标准，评估现有标准和规程是否合适，是否与业务要求和技术要求相一致；分析实施规程、实际做法、监控实际执行过程，确保数据安全目标、策略、标准、指导方针和预期结果相一致，发现异常行为；验证机构是否符合监管法规要求，评价违背数据安全行为的上报规程和通知机制；评审合同、数据共享协议，确保外包和外部供应商切实履行他们的数据安全义务，同时要保证组织履行自己应尽的义务；向高级管理人员、数据管理专员以及其他利益相关者报告数据安全状态，以及数据安全实践成熟度；提出数据安全的设计、操作和合规工作的改进建议；检查安全审计数据的可靠性和准确性。

4.3.3　数据合规要求的法规体系

当前数据合规要求分布在大量的法律规定中，主要分为三类：法律法规、行政规范性文件、标准。法律法规又可以分为两种：法律、行政法规及部门规章。数据合规要求的法规体系如图 4-10 所示。

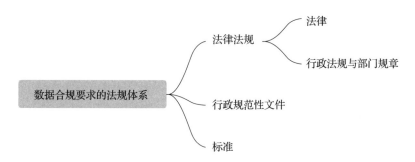

图 4-10　数据合规要求的法规体系

在整个数据合规要求法规体系中，不同级别和类型的规范性文件在要求的强制性、要求的细致性、修订频次等方面有较大的差别，下面详细说明并列举数据安全与隐私合规要求相关的主要规范性文件。

1. 法律体系

法律是全国人民代表大会和常务委员会制定。当前我国现行法律分为七大类（法律部门）：宪法及相关法、刑法、行政法、社会法、民商法、经济法、程序法。

很多法律都涉及网络安全、数据安全、个人信息与隐私保护，几乎分布在每个法律部门中，其中主要有《刑法》《网络安全法》《民法典》《电子商务法》《消费者权益保护法》《未成年人保护法》，特别是《网络安全法》是近年在数据安全与个人信息保护方面的主要法律依据，另外重要的《数据安全法》与《个人信息保护法》都已生效，这两部法律将成为未来数据合规要求中的主要框架。

2. 行政法规及部门规章

行政法规由国务院依据法律和宪法要求制定，包括法律要求制定的执行细则、宪法规定的国务院职权要求、受全国人民代表大会委托制定的行政法规等。与数据相关的行政法规有国务院基于《测绘法》在 2015 年发布的《地图管理条例》。

部门规章由国务院所属的各部委与指定机构制定。与网络安全、信息安全、数据隐私相关的部门规章主要由国家网信办、工信部、公安部、安全部、市场监管总局、中国人民银行等部门制定，例如，网信办在 2019 年发布了《儿童个人信息网络保护规定》，中国人民银行在 2020 年发布了《金融消费者权益保护实施办法》。

3. 行政规范性文件

行政规范性文件是由行政机关依照法定权限、程序制定并公开发布，具有普遍约束力，在一定期限内可反复适用的公文。

例如，在网络安全与信息安全的行政管理方面，国家网信办联合其他部门在 2019 年发布了《云计算服务安全评估办法》，网信办秘书局在 2019 年发布了《App 违法违规收集使用个人信息行为认定方法》，并联合工信部、公安部和市场监管总局等联合大力开展 "App 违法违规收集使用个人信息专项治理"，同时委托全国信息安全标准化技术委员会、中国消费者协会、中国互联网协会、中国网络空间安全协会成立 App 专项治理工作组，发布了《App 违法违规收集使用个人信息自评估指南》。

4. 国家标准体系

国家标准由国务院标准化行政主管部门（国家标准化管理委员会）制定，行业标准由国务院有关行政主管部门制定，标准分为如下几种。

- ❑ 强制性标准（代号 GB），必须执行。
- ❑ 推荐性标准（代号 GB/T），由企业自愿采用，一旦采用则具有法律约束性。
- ❑ 指导性标准（代号 GB/Z），不具有强制性，也不具有法律约束性。

为了支撑《网络安全法》的落地，全国信息安全标准化技术委员会（简称信息安全标委会 TC260）制定了与大数据安全和隐私相关的国家标准，作为大数据标准体系的一部分。

与大数据安全和隐私相关的国家标准包含四部分：应用安全、服务安全、数据安全、平台和技术安全。其中数据安全主要围绕个人信息安全、重要数据安全以及跨境数据安全标准进行研制，覆盖数据生命周期的数据安全，包括分类分级、去标识化、数据跨境、风险评估等内容，保障数据主体所拥有数据不被侵害。

目前重点推出的有《信息安全技术 大数据安全管理指南》《信息安全技术 个人信息安全规范》《信息安全技术 个人信息安全风险评估指南》《信息安全技术 个人信息去标识化指南》，另外《个人信息告知同意指南》已发布征求意见稿。

另外，中国人民银行在 2020 年发布了《个人金融信息保护技术规范》，针对金融机构提出了比《信息安全技术　个人信息安全规范》更高的要求，同年发布了《金融数据安全　数据安全分级指南》。

4.3.4　数据安全的基础合规要求

随着移动互联网的发展，数字化进程的推进，企业经营、政府治理、个人生活都已数字化，大量的数据产生、被处理和应用。在万物互联和大数据环境中，数据内容、形式日趋丰富，数据处理环境十分复杂，数据风险日趋严重，数据安全管理挑战日趋加大，在数字经济高速发展的同时，亟需建立数据安全的社会治理体系，以及指导企业进行数据运用的安全方法。

1. 数据安全的中国法规要求

我国正在加快数据安全相关的立法工作，致力于尽快建立数据安全的法规体系。目前有两部相关法规已发布，一个是 2021 年 9 月 1 日生效的《数据安全法》，旨在建立从上到下的国家数据安全体系，另一个是网信办在 2019 年发布的部门规章《数据安全管理办法（征求意见稿）》，重点约束网络运营者的数据安全。

（1）《数据安全法》

《数据安全法》提出国家将对数据实行分级分类保护、开展数据活动必须履行数据安全保护义务，对政务数据安全与共享做出规定，具体要求如下。

- ❑ 适用范围。中国境内的数据活动，涵盖了境内外的数据控制与处理者，具有域外适用效力。
- ❑ 数据安全制度。在国家层面自上而下建立数据安全制度，国家建立风险评估、监测预警、应急处理、安全审查等机制和制度。
  - 国家层面建立数据分级分类保护制度。提出了自上而下的分类分级制度构建，但目前各领域的数据分级分类要求与标准还十分缺乏，仅有少量标准可以参考，如《信息安全技术　个人信息安全规范》《个人金融信息保护技术规范》等。
  - 各地区、各部门应当按照国家有关规定，确定本地区、本部门、本行业重要数据保护目录。
- ❑ 数据安全保护义务。《数据安全法》对开展数据活动组织的管理义务要求和特定数据处理者的特定要求。
  - 合法、正当、必要地收集、使用数据。
  - 开展数据活动的组织需建立全流程数据安全管理制度。
  - 开展数据活动应当加强风险监测，发现数据安全缺陷、漏洞等风险时，应当立即采取补救措施。
  - 重要数据的处理者应当设立数据安全负责人和管理机构；重要数据的处理者应当按照规定对其数据活动定期开展风险评估，并向有关主管部门报送风险评估报告。当前对重要数据处理者没有给出定义。

- 数据交易中介服务机构具有数据来源核查义务。
- 专门提供在线数据处理等服务的经营者，应当依法取得经营业务许可或者备案。
□ 政务数据安全与共享。
- 国家机关委托他人处理政务数据，应当经过严格的批准程序，并应当监督接收方履行相应保护义务。此项要求政府在选择数据处理服务商时，重点审查供应商的数据安全能力。
- 要求国家制定政务数据开放目录，并构建统一的政务数据开放平台，推动政务数据开放利用。

（2）《数据安全管理办法（征求意见稿）》

2019年5月国家网信办发布《数据安全管理办法（征求意见稿）》，对利用网络开展数据收集、存储、传输、处理、使用等数据活动做出规定，保障个人信息和重要数据安全。相对于其他法规、标准来说，该意见稿专门的或更细致的规定如下。

□ 网络运营者以经营为目的收集重要数据或个人敏感信息的，应向所在地网信部门备案，并应当明确数据安全责任人。

□ 网络运营者利用用户数据和算法推送新闻信息、商业广告等（以下简称"定向推送"），应当以明显方式标明"定推"字样，为用户提供停止接收信息的功能；用户选择停止接收定向推送信息时，应当停止推送，并删除已经收集的设备识别码等用户数据和个人信息。

□ 网络运营者利用大数据、人工智能等技术自动合成新闻、博文、帖子、评论等信息，应以明显方式标明"合成"字样；不得以谋取利益或损害他人为目的自动合成信息。

□ 网络运营者发布、共享、交易或向境外提供重要数据前，应当评估可能带来的安全风险，并报经行业主管监管部门同意；行业主管监管部门不明确的则经省级网信部门批准。

该意见稿中的"重要数据"是指一旦泄露可能直接影响国家安全、经济安全、社会稳定、公共健康和安全的数据，如未公开的政府信息，大面积人口、基因健康、地理、矿产资源等。重要数据一般不包括企业生产经营和内部管理信息、个人信息等。

2. 数据安全的国家标准要求

在大数据的系统环境中，数据是分布式离散存储的，数据的存储位置与计算位置并不是确定的，数据应用场景十分丰富，因此大数据时代的数据安全管理比传统的数据安全管理复杂很多。信安标委已发布了两个重要的大数据安全管理相关标准，一个是2017年发布的《信息安全技术　大数据服务安全能力要求》，另一个是2019年发布的《信息安全技术　大数据安全管理指南》。

（1）《信息安全技术　大数据安全管理指南》

为了在实现数据价值的同时保障数据安全，《信息安全技术　大数据安全管理指南》要求企业建立大数据安全管理的组织架构，设置数据安全的管理者、执行者与审计者来执行具体操作。《信息安全技术　大数据安全管理指南》明确了大数据安全管理基本原则，主要有职责明确、安全合规、责任不随数据转移、最小授权、可审计等。《信息安全技术　大数据安全管理指南》将数据安全管理主要分为四个部分，先明确数据保密性、完整性与可用性的安全需求，再建立符合需求的数据分类分级制度与数据处理环节的安全管理制度，最后进行数据安全风险评估，通过技术手段和管理制度保证自己控制的数据安全风险可控。

❑ 数据安全需求。应明确数据安全需求，分析在大数据环境下的数据保密性、完整性、可用性、合规性、共享、跨境、价值保护面临的安全需求。

❑ 数据分类分级。在明确安全需求的基础上，企业应结合自身的业务特点，制定数据分类分级规范，其应包含数据分类方法、数据分级详细清单、分级保护的安全要求。

❑ 数据活动安全。在明确数据安全需求，并建立了数据分类分级制度之后，企业应明晰大数据活动的主要特点，在数据的整个生命周期的各个环节遵循安全要求，且全生命周期可审计。数据活动安全的具体要求如下。

● 数据采集：数据采集行为需符合合法性、正当性与业务必要性。

● 数据存储：要求分开储存不同类别和级别的数据，可使用物理或逻辑隔离机制；采用技术和管理措施保障存储架构安全、逻辑储存安全、储存访问控制、数据副本安全、数据归档安全；还应建立时效管理和数据存储冗余策略，以及数据备份与恢复操作过程规范。

● 数据处理：应明确数据处理的目的和范围，建立数据处理的内部责任制度；遵循最小授权原则，提高细粒度访问控制机制；对数据处理结果进行风险评估；采取有效的技术措施保障分布式处理安全、数据分析安全、数据加密与脱敏处理、数据溯源；遵循可审计原则。

● 数据分发：遵循责任不随数据转移原则；进行风险评估；进行数据敏感性评估，并依据评估结果进行脱敏操作；进行传输安全风险评估；建立数据发布的审核制度；遵循可审计原则。

● 数据删除：应依据数据分类分级建立相应的数据删除机制，明确需要销毁的数据、方式和要求，明确销毁数据范围和流程，以确保超出留存期限的数据会被删除；遵循可审计原则。

❑ 数据安全风险评估。应从大数据环境潜在的系统脆弱点、恶意利用、后果等不利因素，以及应对措施等评估大数据安全风险，进行资产识别、威胁识别、脆弱性识别、已有安全措施确认，综合分析安全事件可能性，严重程度，以及对于国家、社会、个人利益的影响。

（2）《信息安全技术　大数据服务安全能力要求》

《信息安全技术　大数据服务安全能力要求》规定了提供大数据服务的机构应具备的组

织相关基础安全能力要求和数据服务安全能力要求。该标准中的"大数据服务"是指支撑机构或个人对大数据采集、存储、使用和数据价值发现等数据生命周期相关的各种数据服务和系统服务。

该标准将大数据服务安全能力分为一般要求和增强要求，如果服务中承载了重要数据则适用于增强要求。重要数据是指对国家经济发展和社会公共利益影响较大，或者影响国家安全和国际民生的数据。

基础安全要求涉及六个方面，对大数据服务提供者的主要要求如下所示。

- ❑ **安全策略与规程**：创建大数据服务安全策略、相关的规程及实施细则。
- ❑ **数据与系统资产**：建立数据资产分类分级方法和操作指南，建立系统和数据资产清单。
- ❑ **组织和人员管理**：建立安全管理组织机构，制定追责制度，制定人员安全管理制度，明确安全角色及授权范围，提供安全培训。
- ❑ **服务规划和管理**：制定大数据服务安全规划，分析安全合规性需求、业务安全需求，建立元数据安全管理规范。
- ❑ **数据供应链管理**：建立数据供应链安全管理规范，明确服务接口安全规范，具备接口访问的审计能力。
- ❑ **合规性管理**：建立符合国家法律法规和相关标准的个人信息保护能力、重要数据的安全能力，确保数据跨境传输的合法性和正当性。

数据服务安全要求则包括针对数据采集、传输、存储、处理、交换、销毁等全数据生命周期相关的各个数据活动环节的详细安全要求。

4.3.5 个人信息处理的专门合规要求

大数据时代人人都是大数据的制造者、服务享受者，但也可能成为受害者，所以个人信息保护成为急需解决的问题。世界主要国家在最近几年都出台了大数据安全相关的法律法规和政策来推动大数据利用和安全保护，既要保护个人隐私，又要避免一刀切，限制组织、行业、社会的发展。由于国际化贸易、分工与合作的加深，各国的立法原则与趋势会相互影响，并会向对方提出要求，例如美欧之间隐私盾协议的反复谈判磋商。

在这些新的法规出台后，企业需要从技术、管理、运营等多个方面做出大幅调整，以符合相关法律法规的要求，同时要理解这些立法背后的精神。目前仍有很多更细致的规定正在制定中，未来会逐渐发布和调整。

1. 个人信息保护的法律法规发展趋势

各国的数据安全立法有共同的趋势，也存在不同的原则。通过对比可以看到各国数据安全法案整体上呈现以下趋势：

- ❑ 适用范围从属地原则基础上向属人原则方向扩展；

❑ 对数据主体权利的保护规定越来越细致、完善，增加个体权利申诉支持；

❑ 对违反规定的处罚越加严厉。

中国的个人隐私、数据安全的立法保护起步较晚，但自《网络安全法》出台之后，相应的数据安全国家标准出台速度正在加快。

2. 个人信息保护的各国法律法规对比

由于历史文化、经济发展、国情的不同，各个国家和地区在隐私安全保护方面的法律规定也有所异同。相对来说，欧盟倾向采取严格的立法对个人数据的流动、处理进行保护；美国则奉行相对灵活的保护策略，通过行业自律机制配合政府执法保护隐私；中国也越来越重视对个人信息的法律保护，在借鉴了不同国家和地区的法律法规的基础上（主要是欧盟的《通用数据保护条例》），逐步推出相关法律。

主要国家和地区的立法原则和方法异同说明如下。

❑ 欧洲：法律保护。欧盟个人信息保护法是基于隐私权的，并且立法过程随信息技术的发展而发展。总体上可以分为三个阶段：《个人信息保护公约》（1981）、《个人数据保护指令》（Data Protection Directive，DPD）（1995）、《通用数据保护条例》（General Data Protection Regulation，GDPR）（2016）和《刑事犯罪领域个人信息保护指令》（2016）。GDPR 引入新型数据主体权利，包括被遗忘权、数据可携带权、泄露获得通知权。GDPR 目前影响巨大，Google、Facebook 等科技巨头都曾受到欧盟罚款。欧洲在保护个人信息方面成效显著。

❑ 美国：行业自律。美国的个人信息保护的起步是比较早的。美国对于商业一般倾向采取不阻碍、不限制的立场，所以它采取政府引导下的行业立法模式，实行联邦立法与行业立法两者相结合的保护模式，形成了完整的美国个人信息保护制度。联邦层面并没有统一的数据保护基本法，而是分别在通信、金融、保险、健康医疗、教育以及儿童在线隐私等行业和领域分别通过了专门的数据保护相关法案。为了鼓励、促进信息产业的发展，美国对网络服务商采取比较宽松的政策，通过商业机构的自我规范、自我约束和行业协会的监督，实现个人信息的安全，并在隐私保护和促进信息产业发展之间寻求平衡，以保证网络秩序的安全、稳定。美国加州继欧洲的GDPR 后也发布了《加州消费者隐私法》（CCPA），于 2020 年元旦生效。CCPA 相对GDPR 更宽松，如设置了保护中小企业的门槛（超过一定营业额或客户量等条件才受约束），被称为精简版的 GDPR，但相比之前的美国法律更加严格。同时，微软等一些大型企业宣布将在全美遵守该法案。

❑ 中国：专法加强。中国政府历来重视保护个人信息，并通过相关立法予以规制，如《刑法》《网络安全法》《民法典》都有个人信息保护的专门条款。2021 年发布并实施的《个人信息保护法》对个人信息提供全面的保护。

不同国家和地区个人信息保护的法律法规对比如表 4-13 所示。

表 4-13　不同国家和地区个人信息保护的法律法规的对比

	立法原则	立法模式	特点	代表性法律
欧洲	采用"规范性"方法； 个人信息是一项基本权利，应得到法律的有效保护； 制定详细的法律，强制执行； 同意获取选择性加入原则：用户明示同意才能处理个人数据	统一和集中的立法模式。国家、联盟主导立法，通过政府制定严格、完善、规范的个人信息保护法对公民的人格权加以保护	限制科技公司，对依赖个人信息的创新很谨慎	GDPR
美国	倾向"结果导向性"立法； 没有制定一部全面的联邦个人信息保护法，认为隐私权建立在自由之上，倾向行业自律。 更加注重消费者保护的实际效果，与企业发展、技术创新之间的平衡。 同意获取选择性退出原则：除非用户拒绝或退出，可以处理个人数据	零散的部门性立法模式，政府立法仅做纲领性约束，由行业根据纲领性内容制定具体的实施细则。 没有统一的立法、执法机构，各州的立法尺度不同	鼓励科技发展和创新	《隐私权法》 《加州消费者隐私法》 《健康保险携带和责任法》 《儿童在线隐私保护法》 《电子通信隐私法》 《金融消费者保护法》
中国	倾向认为个人信息是一项基本权利，应得到法律的有效保护	起步较晚，立足国情，借鉴欧美立法先进经验	发展科技同时保护个人信息	《网络安全法》 《个人信息保护法》

（1）欧洲：GDPR

为了应对数字时代个人数据的新挑战，在当今快速的技术变化中，加强对欧盟所有人的隐私权保护，同时简化数据保护的管理，并替换掉已过时的《个人数据保护指令》，欧盟于2016年通过了《通用数据保护条例》，于2018年5月25日实施。GDPR在处理个人数据的原则、合法处理数据要求、被遗忘权、儿童等特殊人群的数据处理等方面做了严格的规定，对个人信息的保护及监管达到了前所未有的高度，成为史上最为严格的个人数据保护法案，是未来欧盟个人数据保护法的核心。

该条例在数据主体的权利、控制者的义务、数据传输规则等方面进行了明显调整。

❑ 构建新型个人信息行政管理机制：欧盟及其成员国均建立了专门的个人信息保护机构，负责个人信息保护的协调、行政管理、执法工作。GDPR从管理机构、管理模式和管理方法三个方面对个人信息保护行政执法机构的管理方式做了改革创新：设立欧洲信息保护委员会并升级欧洲信息保护局工作战略、建立欧盟内个人信息保护一站式管理服务模式、实施风险等级差异化管理方法。

❑ 全面保障个人对其信息的控制权：个人信息流转导致个人丧失了对自己信息的控制权。GDPR力图通过完善和细化个人信息权利，全面保障个人对其信息的控制权。具体有：①明确个人信息的范围；②细化个人授权；③强制个人删除权利（被遗忘权）；④强化个人查询、转移权利（可携带权）；⑤完善救济措施。

❑ 重新分配数据控制者、处理者的义务和责任：GDPR在不同领域分别增加了信息控制者、处理者的义务，包括：①将信息的处理者与控制者同等对待；②强制设立信息保护官制度；③要求通过技术加强信息保护；④强化数据控制者在信息泄露时履行报告和通知义务；⑤提高了处罚的力度。

- ❑ 完善跨境数据流动机制：世界经济已经全球化，因此个人数据的跨境流动已经成为常态。DPD 和 GDPR 均规定，除非满足一定条件，即可以证明个人信息能在欧盟境外某一地区得到充分保护，否则禁止数据控制者、处理者将欧盟内的个人信息转移至该境外地区。GDPR 则对境外信息保护水平的判断条件做了更加详细的解释，充分性保护评估由委员会执行。

GDPR 对 DPD 做了大幅改革，通过提高用户同意获取的要求及新增被遗忘权、数据可携带权等规定强化了数据主体的权利，为数据控制者增设了数据泄露告知、任命数据保护官员（DPO）、进行隐私影响评估（DPIA）等义务，同时大幅扩展了条例的适用范围，加大了对违法行为的惩处力度，强化了对数据保护的监管及起诉机制。该条例在国际社会已产生深远影响，许多跨国组织都被迫调整涉及欧洲地区与欧洲人员的数据业务实践，甚至一些科技巨头已受到惩罚。该条例对中国的立法方向的影响也很大。

（2）美国：《隐私权法》

美国于 1974 年发布《隐私权法》，就政府机构对个人信息的采集、使用、公开和保密问题做出了详细规定，以此规范联邦政府处理个人信息的行为。美国以《隐私权法》为基本法，指导不同行业针对性法律的建立，如《儿童在线隐私保护法》《电子通信隐私法案》《健康保险携带和责任法案》等。

《加州消费者隐私法》（CCPA）的制定与生效比 GDPR 迟一年半左右，于 2020 年 1 月 1 日生效，其内容和目的与 GDPR 相似。如果说 GDPR 被称为欧盟"史上最严"的数据保护法，那么 CCPA 则是全美最严厉的隐私保护法。CCPA 赋予了消费者对其个人信息更多的控制权，规范了企业收集、使用、转让消费者个人信息的行为，主要包括数据披露请求权、删除权、退出权、公平服务权（禁止歧视）、诉讼权等，强调未成年人特殊保护。相对 GDPR，CCPA 的控制点在于特定商业主体，受约束主体的营业额或客户量门槛限定。也就是说，CCPA 在有意豁免小微企业，减少小微企业的合规成本，相对 GDPR 来说，它对个人信息的商业流通要求更宽松。CCPA 法律保护的范围仅限于加州公民，但事实上 CCPA 将影响美国的绝大部分地区，甚至海外公司。加州是美国硅谷所在地，是全球科技创新和互联网发展的中心，对全球科技与经济发展有着举足轻重的影响，Google、Amazon、Facebook、Netflix 等数据科技领导企业都在加州，很多跨国公司都选择在加州设立分公司，加州企业也在全球其他地区设立了分支机构。CCPA 引起了美国互联网协会、零售联合会、广告商协会等行业协会的反对。

3. 个人信息保护的中国法规要求

中国的个人信息保护相关法律主要有《网络安全法》《民法典》《个人信息保护法》，部门规章方面有《儿童个人信息网络保护规定》《金融消费者权益保护实施办法》，还有正在制定中的《个人信息出境安全评估办法》，以及针对 App 的个人信息保护的由网信办发布的政策文件《App 违法违规收集使用个人信息行为认定方法》。下面主要对《网络安全法》《民法典》《个人信息保护法》做介绍。

（1）《网络安全法》

《网络安全法》于 2017 年 6 月 1 日生效。《网络安全法》是中国第一部全面规范网络空间安全的基础性法律，明确了网络空间主权的原则，明确了网络产品和服务提供者的安全义务和网络运营者的安全义务，完善了个人信息保护规则，建立了关键信息基础设施安全保护制度。《网络安全法》规定了网络运营商对个人信息保护的责任和义务。

- 第一：收集和使用公民个人信息必须遵循合法、正当、必要原则，且目的必须明确并经用户的知情同意。明示收集、使用信息的目的、方式和范围。不得收集与其提供的服务无关的个人信息。

- 第二：泄露、损坏、丢失个人信息的告知和报告制度。网络运营商不得泄露、篡改、毁损其收集的个人信息，若未经被收集者同意，不得向他人提供其个人信息，但经过处理无法识别特定个人且不能复原的除外。网络运营者应当采取技术措施，确保其收集的个人信息安全，防止信息泄露、损毁、丢失。在发生个人信息泄露、毁损、丢失的情况时，应当立即采取补救措施，按照规定及时告知用户并向有关主管部门报告。

- 第三：个人对信息的删除权和更正权制度。个人有权要求网络运营者删除或更正其个人信息，网络运营者应当采取措施予以删除或者更正。

- 第四：明确对公民个人信息安全进行保护。任何个人和组织不得窃取或者以其他非法方式获取个人信息，不得非法出售或者非法向他人提供个人信息。

第五：网络安全监督管理机构及其工作人员对公民个人信息、隐私和商业机密的保密制度。依法负有网络安全监督管理职责的部门及其工作人员，对在履行职责中知悉的个人信息、隐私和商业秘密严格保密，不得泄露、出售或者非法向他人提供。

（2）民法典

2021 年 1 月 1 日生效的《民法典》的人格权编将个人信息保护和隐私权放在一起做出了具体规定，提供了个人信息保护的民事权利法律基础，让受害人可以就个人信息侵权提出民事诉讼。另外，相对于《网络安全法》，民法典是对所有的信息处理者（包括非电子形式的信息处理者）提出的法律要求，而不仅仅是网络运营者。

需要说明的是，个人信息不同于个人隐私，也不同于隐私权。《民法典》规定：个人信息中的私密信息，适用有关隐私权的规定；没有规定的，适用有关个人信息保护的规定。

相对于《网络安全法》等其他法律，《民法典》在以下几个方面对个人信息保护与隐私保护做了进一步的规定。

- 个人信息范围：相对于《网络安全法》明确了电子邮箱属于个人信息。

- 隐私保护：除法律另有规定或者权利人明确同意外，任何组织或者个人不得以电话、短信、即时通信工具、电子邮件、传单等方式侵扰他人的私人生活安宁，不得处理他人的私密信息。这对电销、网销等营销活动将产生影响，但需要后续的法规细则进行明确。

- □ 免责事由：从法律层面规定了未获取个人信息主体同意的数据处理行为的免责事由，以下情况不负民事责任。合理处理自然人自行公开或其他已经合法公开的信息，但该自然人明确拒绝或者处理该信息侵害其重大利益的除外；为维护公共利益或该自然人的合法权益，合理实施的其他处理行为。此规定降低了信息处理者在获取个人信息主体同意方面的负担，同时也赋予权利主体对其公开信息的控制权，具有很强的灵活性。
- □ 处理者义务：提出个人信息处理者有不得泄露、篡改个人信息和保护信息安全的义务。此规定与《网络安全法》的要求基本一致，比《侵权责任法》更为严格，即出现信息泄漏行为，不论是否存在损害结果，都会被追究侵权责任。
- □ 信息主体权利：信息处理者需要支持信息主体对其个人信息的查阅权、复制权、更正权、删除权。相对于《网络安全法》增加了对查阅权与复制权的支持。

（3）《个人信息保护法》

2021 年 11 月 1 日正式实施的《个人信息保护法》借鉴了 GDPR 等法案，继承了《网络安全法》《民法典》的相关规定，对个人信息保护做了全面的规定。其中关键要点分析如下。

- □ **域外效力**：不但适用在中国境内的个人信息处理活动，也适用于境外处理中国境内自然人个人信息的活动。
- □ **扩大合法性基础**：对于个人信息处理的合法性，以"告知－同意"为主线，但增加了 5 种其他合法情形，其中一种合法情形是：为订立或者履行个人作为一方当事人的合同所必需。这一条规定将减轻企业不必要的获取同意负担。
- □ **细化"告知－同意"要求**：明确征求同意时需要告知的内容；支持"不得强制同意"和"撤回同意"的权利；处理目的、方式、信息种类变更时需重新取得同意；向第三方提供时，明确需要告知的内容，并要求取得个人的单独同意；处理已公开的个人信息超出被公开时用途合理范围的，应当重新取得同意。
- □ **强化个人权利**：个人享受知情权、决定权、查询权、复制权、更正权、删除权，以及要求解释说明、申请受理的权利。首次提出了解释权。
- □ **增强处理者义务**：保护个人信息不被泄露、篡改、删除；处理个人信息达到规定数量的，应指定个人信息保护负责人并公开负责人信息；应定期进行合规审计；应进行事前的风险评估，包括处理敏感信息、自动化决策、委托处理、向第三方提供、公开等；在法律上首次提出了设置个人信息保护负责人、合规审计、风险评估等要求。
- □ **专章强调敏感信息处理要求**：个人信息处理者具有特定的目的和充分的必要性，方可处理敏感个人信息，需主体同意的，需要获取单独同意。
- □ **专章规定跨境提供规则**：需符合通过安全评估、通过个人信息保护认证、境外接收方达到本法标准、满足法规或网信部门规定的其他条件这四项中的至少一项；需向个人详细告知并取得单独同意；国际司法协助需申请有关部门批准。此部分规定对在中国经营的跨国公司和在其他国家经营的中国公司，会有很大影响。

- **对自动化决策做专门规定**：利用个人信息进行自动化决策，需保证结果公平，个人有权要求处理者予以说明，并有权拒绝处理者仅通过自动化决策的方式做出决定。
- **匿名化信息**：个人信息处理者向第三方提供匿名化信息的，第三方不得利用技术等手段重新识别个人身份。
- **处罚力度大**：全方位地规定了违反个人信息处理规定的行政处罚、民事赔偿和刑事责任，情节严重可处以上一年度营业额百分之五以下罚款，并可以责令暂停相关业务、停业整顿、通报有关主管部门吊销相关业务许可或者吊销营业执照。

4. 个人信息处理的国家标准要求

全国信息安全标准化技术委员会组织了几十名政府的政策专家和知名企业的企业专家，制定了国家重点标准《信息安全技术　个人信息安全规范》，于2018年5月实施，修订后的2020版已发布，并于2020年10月1日实施。这个标准经过不同背景、不同立场专家的深入交换意见和适度平衡，是一个既努力保护个人又让企业可实操的务实标准，以避免太强调监管效果而阻碍行业发展。标准明确了个人信息安全基本原则，对个人信息的收集、保存、使用、委托处理、共享、转让、公开披露等各项活动以及安全事件处理提出了应当遵循的原则和具体的安全要求，是中国个人信息保护工作的基础性标准文件。最近的修订建议中增加了"不得强迫收集个人信息""用户可退出个性化信息展示或推送""第三方接入点（SDK）管理"等要求。《信息安全技术　个人信息安全规范》虽然是推荐性技术标准，非强制，但却是监管部门、第三方评测机构等开展个人信息安全管理、评估工作的重要参考依据，因此对组织将产生一定的约束力。

（1）基本原则

规范中规定的个人信息安全基本原则提到，个人信息控制者开展个人信息处理活动时应遵循合法、正当、必要的原则，具体包括权责一致原则、目的明确原则、选择同意原则、最小必要原则、公开透明原则、确保安全原则、主体参与原则。

- **权责一致原则要求**：个人信息控制者采取必要措施保障个人信息的安全，当对个人信息主体合法权益造成损害，需承担责任。
- **目的明确原则要求**：个人信息处理活动需要具有明确、清晰、具体的个人信息处理目的。
- **选择同意原则要求**：收集和处理个人信息前需向个人信息主体征求其授权同意。
- **最小必要原则要求**：只收集和处理满足完成向个人提供服务的最少个人信息类型和数量。
- **公开透明原则要求**：个人信息控制者以明确、易懂和合理的方式公开处理个人信息的范围、目的、规则等，并接受外部监督。

□ **确保安全原则要求**：个人信息控制者需要具备与所面临的安全风险相匹配的安全能力，并采取足够的管理措施和技术手段，保护个人信息的保密性、完整性、可用性。

□ **主体参与原则要求**：个人信息控制者需要向个人信息主体提供能够查询、更正、删除其个人信息，撤回授权同意，注销账户以及投诉等方法。

这些原则主要强调，个人信息处理活动如果对个人信息主体造成损害，需承担责任，处理活动的目的需合法、正当、必要，只收集、处理主体授权的目的所需的最少信息并及时删除，主体可访问、更正、删除其个人信息，也可以撤回同意。

（2）个人信息判定

判定某项信息是否属于个人信息，应考虑以下两条路径，即符合下述两种情形之一的信息，均应判定为个人信息。

□ 一是识别，即从信息到个人，由信息本身的特殊性识别出特定自然人，个人信息应有助于识别出特定个人。

□ 二是关联，即从个人到信息，如已知特定自然人，由该特定自然人在其活动中产生的信息（如个人位置信息、个人通话记录、个人浏览记录等）即为个人信息。

（3）重点要求

规范同时阐释了个人信息控制者进行个人信息处理活动时的要求，当前数据控制组织需要加强的一些重点要求如表 4-14 所示。

表 4-14　对个人信息处理活动的重点要求

过程	要求
收集	①遵循最小必要原则、多项业务功能的自主选择原则（即不得功能绑定） ②间接获取个人信息时，需要核实信息来源的合法性及提供方获得的授权同意范围 ③获取收集个人信息授权同意要求的例外情形包括：国家安全、公共卫生、重大公共利益直接相关；主体自行向社会公众公开的；合法公开披露的；为合法新闻报道必需；维护所提供产品或服务的安全稳定运行所必需（2020 版新增）；学术研究机构的学术研究必需且在发表成果中做去标识化处理 ④个人信息控制者需要制定个人信息保护政策，说明收集、使用个人信息的业务功能，以及个人信息类型，说明处理规则，说明主体的查询、更正、删除等权利和实现机制
存储	①宜立即进行去标识化处理，将尽量去标识化数据与可用于恢复识别个人的信息分开存储 ②信息控制停止运营时需对所持有的个人信息进行删除或匿名化处理
使用	①组织内部个人信息数据访问采用最小授权原则，设置审批流程，管理、操作、审计角色分离 ②超出原授权使用范围，应再次征得主体明示同意 ③用户画像使用，应消除明确身份指向性，避免精确定位到特定个人（2020 版新增） ④个性化展示，应显著区分个性化和非个性化展示内容，新闻信息服务提供关闭个性化展示选项（2020 版新增）
委托处理	①不得超出已授权同意范围 ②信息控制者需确保受委托者具备足够的数据安全能力，并履行对受委托者的监督职责 ③受委托者在委托关系解除后不再保存个人信息 ④个人信息控制者需要与第三方共同信息控制者（如三方插件）通过合同等形式确定应满足的个人信息安全要求，明确各自的责任，并向信息主体明确告知

（续）

过程	要求
共享转让	①需征得授权同意，经去标识化处理的个人信息，且确保数据接收方无法重新识别或者关联个人信息主体的除外；个人信息控制者应承担因此对个人信息主体合法权益造成损害的相应责任 ②在收购、兼并、重组时发生个人信息转让，需告知信息主体，若使用目的发生变更，应重新取得个人信息主体的明示同意
公开披露	①个人信息原则上不得公开披露 ②如需披露需征得信息主体明示同意，一些公共利益目的除外，并承担因此给信息主体权益造成损害的相应责任
主体权利支持	①个人信息查询：信息控制者应向主体提供其所持个人信息、来源、使用目的、第三方身份或类型，对于非主体主动提供的个人信息，控制者可综合考虑可行性与成本等因素不响应主体的访问请求 ②信息控制者需向主体提供实现更正、删除（控制者违反法规或约定）、撤回同意、注销账号、获得信息副本的方法 ③信息控制者需向主体提供系统自动决策影响主体权益的投诉渠道 ④响应主体请求原则上不收取费用，但多次请求可收取成本费用
安全事件	①制定预案，定期培训和演练 ②记录事件内容，评估影响，采取必要措施 ③按有关规定及时上报 ④及时告知受影响的信息主体，若难以逐一告知，则采取有效方式发布警示信息
组织管理	①任命个人信息保护负责人和机构，当满足某些条件时，如大于一定人员规模或处理信息量超过一定规模，需设立专职人员和机构 ②建立个人信息安全影响评估制度 ③应建立自动化审计系统，进行数据安全审计

> 注意　授权同意包括明示同意和默认同意。明示同意需要主动通过积极的行为做出授权，如书面、口头等方式做出的纸质或电子形式声明，或者自主做出的肯定性动作（主动勾选、主动点击"同意""注册""发送""拨打"、主动填写）；默认同意通过消极的不作为从而做出授权，如信息采集区域内的个人信息主体在被告知信息收集行为后没有离开该区域。

（4）规范与 GDPR、CCPA 的对比

规范与 GDPR、CCPA 的对比如表 4-15 所示。

表 4-15　规范与 GDPR、CCPA 的对比

项目	规范	GDPR	CCPA
适用范围	各类数据处理行为	各类数据处理行为，但有例外情况，如纯粹个人或家庭活动、刑事犯罪处罚和公共安全	特定的商业主体（豁免小微企业）
地域范围	中国	欧盟境内及广泛的域外效力	美国加州及广泛的美国境内影响力

（续）

项目	规范	GDPR	CCPA
个人信息认定	识别或关联	识别或关联	识别或关联 包括家庭相关信息 排除公开可用信息
同意的认定	声明或明确肯定的方式，自愿的、具体的、知情的及明确的意思表示（相当于明示同意）	授权同意，包括明示同意和默认同意	无（没有专门规定同意条款）就个人信息被出售可以选择退出同意
撤回同意规定	有	有	无
可访问权的限制	无	访问权使用的前提：数据正在被处理	12 个月内消费者不得请求企业提供两次以上的个人信息
用户画像使用	在基于用户画像做出对个人产生显著影响决定时，应向个人信息主体提供申诉方法	主体可以拒绝种族、宗教等个人数据被禁止用于画像	无
处罚	无（相关规定参见网络安全法）	规定了行政罚款，且允许各成员国自己实施其他处罚，处罚方式多样且处罚金额非常高，可按营业额比例处罚，如上一年全球总营业额 4% 的金额	只规定了通过民事诉讼而产生的民事罚款且处罚金额较低

（5）个人金融信息保护技术规范要求

金融机构掌握和处理的个人金融信息绝大多数属于个人敏感信息，此类信息一旦泄露，不仅会直接侵害个人金融信息主体的合法权益，还会带来系统性金融风险。近年来金融领域的个人信息违法、违规行为日益增长，所以在此背景下，由中国人民银行提出，全国金融标准化技术委员于 2020 年 2 月发布了《个人金融信息保护技术规范》，其中很多细化要求都借鉴了《信息安全技术　个人信息安全规范》的规定，并在此基础上，从安全技术和安全管理两个方面，强化了个人金融信息在数据处理的全生命周期各环节的安全防护要求。

个人金融信息分类包括账户信息、鉴别信息、金融交易信息、个人身份信息、财产信息、借贷信息和其他反映特定个人金融信息主体某些情况的信息。

根据信息遭到未经授权的查看或变更后产生的影响和危害，将个人金融信息按敏感程度从高到低分为三级：C3，主要为鉴别信息；C2，主要为可识别特定个人金融信息主体身份与金融状况的个人金融信息，以及用于金融产品与服务的关键信息；C1，主要为机构内部的信息资产，是指内部使用的个人金融信息。表 4-16 是个人金融信息在其生命周期中的重点要求示例。

表 4-16　个人金融信息在其生命周期中的重点要求示例

过程	要求
收集	获得明示同意 确保来源可追溯性 不委托或授权为金融业相关资质的机构收集 C3、C2 类信息

（续）

过程	要求
传输	传输前提供有效技术手段进行身份鉴别和认证 公网传输时，C2、C3 类信息应使用加密方式
存储	针对 C3 类信息：不应留存非本机构的信息，应采用加密措施，客户端不应存储 针对去标识化、匿名化数据与可用于恢复识别个人的信息，采取逻辑隔离的方式进行存储
信息展示	对软件、设备、纸面等界面展示采取屏蔽层措施 执行明文查看时应对所有查询操作进行细粒度的授权与行为审计
共享/转让	执行前，应开展个人金融信息安全影响评估，对接受方信息安全保障能力进行评估 应根据"业务需要"和"最小权限"原则，对导出操作进行细粒度的访问控制和全过程审计 对外部嵌入或接入的自动化工具，应定期检查或评估安全性和可靠性，并留存评估结果记录 应执行严格的审核程序，并准确记录和保存个人金融信息共享和转让情况
公开披露	原则上不得公开披露
委托处理	不应超出已征得的主体授权同意范围 C3 以及 C2 类别信息中的用户鉴别辅助信息，不应委托给第三方 对委托处理的信息应采用去标识化等方式进行脱敏处理 进行安全影响评估，确保受委托者具备足够的数据安全能力，并对其进行监督
加工处理	应采取必要的技术手段和管理措施对信息进行保护 应评估匿名化或去标识化数据集的重识别风险 应具备完整的个人金融信息加工处理操作记录和管理能力
访问控制	应根据"业务需要"和"最小权限"原则 应对访问与增删改查等操作进行记录，并保证操作日志的完整性、可用性及可追溯性
汇聚融合	不应超出收集时所说明的使用范围，如超出，需再次征得明示同意 应开展安全影响评估，并采取有效的技术保护措施
开发测试	应有效隔离开发测试环境与生产环境 开发环境、测试环境不应使用真实的个人金融信息
销毁	应对个人金融信息存储介质销毁过程进行监督和控制 销毁过程应保留有关记录 存储介质不再使用的，应采用不可恢复的方式进行销毁；介质继续使用的，应通过多次覆写等方式安全地删除 云环境下有关数据消除应依据《云计算技术金融应用规范 安全技术要求》（JR/T 0167—2018）的 9.6 节的要求执行

4.3.6 数据安全管理的技术和方法

随着国家大数据发展战略的实施，各行业大数据应用蓬勃发展，这些大数据应用涉及的数据量大、种类多，又包含很多与用户相关的重要数据，在存储、处理、传输等过程中面临诸多安全风险，使得组织对数据进行管理和监控的挑战也越来越严峻。数据开放应用创造价值与数据安全之间的矛盾，成为大数据应用发展过程中亟待解决的问题。

1. 数据分类方法

为了解决数据安全与数据开放应用之间的矛盾，一个有效的办法就是数据分类分级，然后执行有针对性的管控措施。对数据进行分类分级的管控，既可以达到对重要数据资源和相关利益群体的保护目的，又可以避免因对数据的一刀切（过度保护）而不利于数据价值的开发，影响组织和社会效率的提升，实现数据价值应用与个人及组织权益保护的有效平衡。不同行业的数据具有各自不同的特点，涉及的数据敏感度、重要性也因政策、行业环境的不同存在一些差异。组织可根据法律法规、业务、市场需求等，对敏感数据进一步分级，以采取相适应的安全管理和技术措施。

（1）分类的原则与方法

在国标《信息分类和编码的基本原则与方法》与《信息技术　大数据　数据分类指南》中说明了信息分类的一般原则和方法。

信息分类的基本原则包括科学性、系统性、可扩延性、兼容性、综合实用性。宜选择事物稳定的本质属性作为分类的依据，要进行系统化的分类。分类体系可以方便地增加新分类，争取与国际国家标准相兼容，在工程实践中较为实用。

信息分类有三种基本方法：线分类法（层级分类）、面分类法（组配分类）、混合分类法。

❑ 线分类法是先把分类对象划分到一个一级类别，再划分到该类别的二级子类别，依次类推，上下级类别间是隶属关系，同分支同层级间是并列关系，互不重复、互不交叉，如经济林 – 饮料林 – 咖啡林。

❑ 面分类法是将分类对象的每个属性视为一个独立的面，每个面内划分出一组并列的类别，将多个面中的某个类别组合在一起，即可形成新的类别，如纯毛男士西服。

❑ 混合分类法是将线分类法与面分类法混合使用。

线分类法与面分类法的优缺点如表 4-17 所示。

表 4-17　方法优缺点

分类方法	优点	缺点
线分类法	层次性好，能较好地反映类目之间的逻辑关系 实用方便，既符合手工处理信息的传统习惯，又便于电子计算机处理信息	结构弹性较差，分类结构一经确定，不易改动 效率较低，当分类层次较多时，代码位数较长，影响数据处理的速度 实际操作中，某个属性的分类在不同分支中重复出现或者不易归类
面分类法	具有较大的弹性，一个面内类目的改变，不会影响其他的面 适应性强，可根据需要组成任何类目；同时也便于机器处理信息 易于添加和修改类目	不能充分利用容量，可组配的类目很多，但有时实际应用的类目不多 不如线分类法的树状分类结构容易理解

（2）大数据的数据分类指南

《信息安全技术　大数据安全管理指南》中要求对数据进行分类分级管理。建议基于《信息分类和编码的基本原则与方法》中的方法，即按数据主体、主题、行业、业务等不同的属性、类型特征以及安全保护需求对数据进行分类。

《信息技术　大数据　数据分类指南》提供了大数据分类过程、分类视角、分类维度等方面的建议。分类视角可以分为技术选型视角、业务应用视角、安全隐私视角三种，在每个视角下，可以针对一个分类维度划分一组类别，划分依据是该维度相关的一些分类要素（属性或特征），如表 4-18 所示。

表 4-18 大数据分类指导表

分类视角	分类维度	分类要素	类别	适用场景
业务应用	产生来源	产生主体 数据权属	社交数据 电子商务交易 移动通信数据 物联网感知数据 系统日志	根据数据来源确定数据归集策略、预测服务提供和数据交易定价
	业务归属	业务类型 业务职能 具体业务	生产类业务数据 管理类业务数据 经营类业务数据	按业务属性评价数据应用价值等
	流通类型	数据权责 计费方式 交付内容 行业主题 敏感程度	可直接交易数据 间接交易数据	以大数据分析和大数据交易为经营内容的企业进行产品规划等
	行业领域	数据产生行业 数据应用行业	《国民经济行业分类》 （GB/T 4754—2017）	公安、气象、水文等行业大数据分析等
	质量情况	准确性、完整性、一致性、及时性、重复性	高质量数据 普通质量数据 低质量数据	根据不同数据质量的比例确定数据利用的价值和数据质量管理工作难易程度等
技术选型	产生频率	产生周期 产生量	年更新 月更新 日更新 小时更新 分钟更新 秒更新 无更新	根据产生频率判断资源分配合理性和数据分析价值等
	产生方式	采集方式 加工程度	人工采集 系统产生 感知设备 原始数据 二次加工	确定数据采集方案、数据保护方案和数据处理方案等
	结构化特征	模型预定义 结构规则 长度规范 类型固定	结构化数据 非结构化数据 半结构化数据	根据数据结构规划数据处理和存储架构等
	存储方式	数据模型类型 查询语言类型	关系型 键值型 列式存储 图数据 文档型	选择数据存储采用的数据库系统、确定应用系统与数据存储系统之间的数据访问方式

（续）

分类视角	分类维度	分类要素	类别	适用场景
技术选型	疏密程度	缺失值占比	稠密数据 稀疏数据	根据单位时间内数据的量级进行数据价值密度分析判断等
	时效性	延迟时间要求 价值时效性 时限内处理量	实时处理数据 准实时处理数据 批量处理数据	根据数据时效性要求安排业务顺序和资源投入等
	交互方式	网络状况 同步实时性 单次数据量 交换频次	ETL 方式 系统接口方式 FTP 方式 移动介质复制	根据不同交换方式对大数据共享便利程度的营销，规划信息交换系统架构等
隐私保护	安全隐私保护	敏感性 保密性 重要性	高敏感数据 低敏感数据 不敏感数据	根据数据内容敏感程度确定大数据应用边界、数据保护政策、数据脱敏方案等

（3）行业数据分类

《信息安全技术　大数据安全管理指南》针对电信与互联网大数据给出了分类示例，如表 4-19 所示。

表 4-19　电信与互联网大数据的分类示例

类别	子类及范围
用户身份相关数据	用户身份和标识信息：自然人身份标识、网络身份标识、用户基本资料、实体身份证明、用户私密资料 用户网络身份鉴权信息：密码及关联信息
用户服务内容数据	服务内容和资料数据：服务内容数据、联系人信息
用户服务衍生数据	用户服务使用数据：业务订购关系、服务记录和日志、消费信息和账单、位置数据、违规记录数据 设备信息：设备标识、设备资料
企业运营管理数据	企业管理数据：企业内部管理数据（核心、重要、一般）、市场经营数据（核心、重要、一般）、企业公开披露信息、企业上报信息 业务运营数据：业务运营服务数据（核心、重要、一般）、数字内容业务运营数据 网络运维数据 合作伙伴数据

《个人金融信息保护技术规范》中定义了个人金融信息分类，如表 4-20 所示。

表 4-20　个人金融信息分类

分类	举例
账户信息	账户基本信息：支付账号、银行卡磁道数据、银行卡有效期、证券账号、保险账号、账户余额等 账户相关信息：账户开立时间、开户机构、支付标记信息

（续）

分类	举例
鉴别信息	银行卡密码、预付卡支付密码 个人金融信息主体登录密码、账户查询密码、交易密码 卡片验证码、动态口令、短信验证码、密码提示问题答案等
金融交易信息	交易金额、支付记录、透支记录、交易日志、交易凭证 证券委托、成交信息、持仓信息 保单信息、理赔信息
个人身份信息	个人基本信息：客户法定名称、性别、国籍、民族、职业、婚姻状况、家庭状况、收入状况、身份证和护照等证件类信息、手机号码、固定电话号码、电子邮箱、工作及家庭地址 个人生物识别信息：指纹、人脸、虹膜、耳纹、掌纹、静脉、声纹、眼纹、步态、笔迹等生物特征样本数据、特征值与模板
财产信息	个人收入状况、拥有的不动产状况、拥有的车辆状况、纳税额、公积金存缴金额等
借贷信息	授信、信用卡和贷款的发放及还款、担保情况等
其他信息	通过对原始数据进行处理获得的，如特定个人金融信息主体的消费意愿、支付习惯和其他衍生信息 提供产品和服务中，获取、保存的其他个人信息

《信息安全技术 健康医疗数据安全指南》定义了健康医疗数据的分类，包括个人属性数据、健康状况数据、医疗应用数据、医疗支付数据、卫生资源数据、公共卫生数据。

2. 数据分级的要求

组织应根据数据安全目标和数据安全违背后潜在的影响进行数据分级，应对已有数据或新收集的数据进行分级。数据分级需要组织的主管、业务专家、安全专家等共同讨论确定。组织应制定数据的分级管控要求，涉密信息的处理、保存、传输、利用按国家保密法规执行，组织应根据搜集、存储和使用的数据范围，结合自身行业特点制定组织的数据分类分级规范。针对数据对外开放的场景，提出不同级别数据在对外开放形态上应实施的安全管控措施。针对数据内部管理的场景，围绕数据生命周期针对不同级别的数据，明确大数据采集、传输、存储、处理、使用和销毁环节应分别采取的安全管控措施。

（1）个人信息分级

《信息安全技术 个人信息安全规范》中明确了个人信息和个人敏感信息。

❑ 个人信息是以电子或者其他方式记录的能够单独或者与其他信息结合识别特定自然人身份或者反映特定自然人活动情况的各种信息。

❑ 个人敏感信息是一旦泄露、非法提供或滥用可能危害人身和财产安全，极易导致个人名誉、身心健康受到损害或歧视性待遇等的个人信息。

据此可将个人信息分为个人敏感信息和个人一般信息，个人一般信息即属于个人信息但非敏感的信息。个人一般信息与个人敏感信息的主要区别如表 4-21 所示。

表 4-21　个人一般信息与个人敏感信息的主要区别

个人信息分级	个人一般信息	个人敏感信息
举例	基本信息（姓名、生日、性别、国籍、个人电话号码、电子邮箱） 教育工作信息（学历、职业、工作单位） 个人常用设备信息（设备识别码、MAC地址、软件列表） 用户画像（能够单独或者与其他信息结合识别特定自然人身份或者反映特定自然人活动情况的个人特征描述标签）	财产信息（如消费记录、虚拟财产信息） 健康信息（如生育信息、家族病史） 生物识别信息（如指纹、声纹、面部识别特征） 身份信息（如身份证、工作证） 其他（如性取向、婚史、通信记录和内容、通讯录、好友列表、网页浏览记录、住宿信息、行踪轨迹、精准定位信息）
收集	授权同意	明示同意 个人信息保护政策中需明确标识或突出显示 收集时，应明确注销账户的处理措施，如达成目的后立即删除或匿名化处理等
共享、转让	授权同意	明示同意 告知涉及的个人敏感信息类型、数据接收方的身份和数据安全能力
存储、传输		应采用加密等安全措施，采用密码技术时宜遵循密码管理相关国家标准 个人生物识别信息应与个人身份信息分开存储
处理	从业人员或处理信息量达到一定规模的组织，应设立专职的个人信息保护负责人和个人信息保护工作机构	处理信息量达到一定规模（阈值比个人一般信息的要求低）的组织，应设立专职的个人信息保护负责人和个人信息保护工作机构 对接触的处理人员进行背景调查 访问、修改等操作行为，宜在对角色权限控制的基础上，按照业务流程的需求触发操作授权
公开披露		向个人信息主体告知涉及的个人敏感信息的内容 不应公开披露个人生物识别信息 不应公开披露我国公民的种族、民族、政治观点、宗教信仰等个人敏感数据的分析结果

（2）个人金融信息分级

前面提到，《个人金融信息保护技术规范》中定义了个人金融信息分级，根据信息遭到未经授权的查看或变更后，对主体的信息安全和财产安全产生的影响和危害程度，将个人金融信息按敏感程度从高到低分为三级，如表 4-22 所示。

表 4-22　个人金融信息分级

级别	内容	影响程度	举例
C3	用户鉴别信息	严重危害	银行卡磁道数据、卡片验证码、卡片有效期、银行卡密码、网络支付交易密码 账户登录密码、交易密码、查询密码 用于用户鉴别的个人生物识别信息

（续）

级别	内容	影响程度	举例
C2	可识别特定个人金融信息主体身份与金融状况的个人金融信息 用于金融产品与服务的关键信息	一定危害	支付账号及等效信息，如支付账号、证件信息、手机号码账号登录的用户名 用户鉴别辅助信息，如动态口令、短信验证码 直接反映个人金融信息主体金融状况的信息，如个人财产信息、借贷信息 用于金融产品与服务的关键信息，如交易信息 个人金融信息主体的照片、音视频等信息 其他能够识别出特定主体的信息，如家庭住址
C1	主要为机构内部的信息资产，是指内部使用的个人金融信息	一定影响	账户开立时间、开户机构、支付标记信息 C2 和 C3 类未包含的其他个人金融信息

（3）电信与互联网大数据分级

《信息安全技术　大数据安全管理指南》中针对电信与互联网大数据给出了分级示例，如表 4-23 所示。

表 4-23　电信与互联网大数据分级

类别	定位	子类及范围
第四级	极敏感级	用户身份相关数据：实体身份证明、用户私密资料、用户密码及关联信息
第三级	敏感级	用户身份相关数据：自然人身份标识、网络身份标识、用户基本资料 用户服务内容数据：服务内容数据、联系人信息 用户服务衍生数据：服务记录和日志、位置数据
第二级	较敏感级	用户服务衍生数据：消费信息和账单、终端设备标识、终端设备资料
第一级	低敏感级	用户服务衍生数据：业务订购关系、违规记录数据

（4）政府数据分级

指导政府部门使用云计算服务的国家标准《信息安全技术　云计算服务安全指南》（GB/T 31167—2014）中规定了政府数据分级，政府涉密信息的安全措施按国家保密法规执行，非涉密政府信息分为敏感信息、公开信息，如表 4-24 所示。

表 4-24　政府数据分级

政府数据分级	说明	举例
敏感信息	不涉及国家秘密，但与国家安全、经济发展、社会稳定，以及企业和公众利益密切相关的信息	一定精度和范围的国家地理基础数据
公开信息	不涉及国家秘密且不是敏感信息的政府信息	统计信息 突发公共事件的应急预案

3. 个人信息去标识化技术

《网络安全法》要求网络运营者在未经被收集者同意时，不得向他人提供个人信息，但经过处理无法识别特定个人且不能复原的除外。《信息安全技术　个人信息安全规范》针对个人信息安全提出了更为详细的规范要求，其中多个地方要求个人信息控制者对个人信息做去标识化处理，便于在保护个人隐私的情况下开发数据价值。《信息安全技术 个人信息去标识化指南》给出了去除个人信息身份标识的具体方法。

（1）去标识化定义

所谓去标识化，即通过对个人信息的技术处理，使他人在不借助额外信息的情况下，无法识别个人信息主体的过程，也即解除或降低可识别数据集中信息和个人信息主体之间关联关系的过程。通过这个过程，可以使数据扩展共享与应用范围，同时影响一定的数据有用性。去标识化不仅可以对数据集中的直接标识符、准标识符进行删除或变换，还可以结合后期应用场景综合考虑数据集被重标识的风险、数据可用性要求、处理成本，从而选择合适的去标识化模型和技术措施，并进行合适的效果评估。

（2）重标识风险

去标识化的要求就是避免数据被重标识。常见的重标识方法，或者说重标识风险，主要有三种。

❑ 分离：将属于同一个个人信息主体的所有记录提取出来。

❑ 关联：将不同数据集中关于相同个人信息主体的信息联系起来。

❑ 推断：通过其他属性的值以一定概率判断出一个属性的值。

（3）共享方式及去标识化要求

不同公开共享方式对去标识化有不同的要求，具体分为三种共享方式。

❑ 完全公开共享：数据一旦发布，很难召回，一般通过互联网直接公开发布。

❑ 受控公开共享：通过数据使用协议进行约束。

❑ 领地公开共享：在物理或虚拟的领地范围内共享，数据不能流到领地范围外。

不同公开共享方式对去标识化的影响如表 4-25 所示。

表 4-25 不同公开共享方式对去标识化的影响

公开共享方式	可能的重标识风险	对去标识化的要求
完全公开共享	高	高
受控公开共享	中	中
领地公开共享	低	低

（4）常用的去标识化技术与模型

不同类型的数据和业务特性需要采用不同的去标识化技术。去标识技术是降低数据集中信息和个人信息主体关联程度的技术，不同的技术可以在不同程度上降低分离、关联、推断三类重标识风险。常用的去标识化技术及其说明如表 4-26 所示。

表 4-26 常用的去标识化技术及其说明

分类	子类	说明	用途与局限	计算消耗
统计技术	抽样	随机抽样能增加识别特定个人信息主体的不确定性，可以减少计算量	用于去标识化的预处理	低
	聚合	将数据聚合计算为统计指标（求和、计数、均值等）	用于反映群体特征，而去除个体特征	低 中

（续）

分类	子类	说明	用途与局限	计算消耗
密码技术	确定性加密	相同数据的密文相同	适用精准匹配搜索、数据关联和分析	中
	保序加密	密文排序与明文排序相同	适用于范围、区间匹配搜索	中
	保留格式加密	密文与明文具有相同的格式，格式类型包括字符、数字、二进制等	有助于在不修改原有应用程序的情况下，实施去标识化	高
	同态加密	对密文进行计算，将结果再解密，与直接用明文计算的结果相同	在不泄露原始明细数据的情况下实现数据应用，如条件判断、统计汇总	高
	同态秘密共享	将秘密信息拆分成多个份额，对所有份额执行相同数据运算，与对原始信息处理结果相同	用于秘密多方共享与控制	高
抑制技术	遮蔽	遮蔽标识的全部或部分信息，如身份证号码的部分位数 可在数据层面实现，也可在系统层面实现	实现简单，执行容易 可以保持数据的真实性 需要与权限管理等其他安全措施配合使用	低
	局部抑制	删除特定属性值，如稀有值或组合，该值与其他数据结合可识别信息主体	用来移除准标识符在泛化后仍然出现的稀有值（或组合）	低
	记录抑制	删除某些记录，如包含稀有属性值的记录	删除包含稀有属性（如异常值）组合的记录	低
假名化		使用假名替换直接标识符； 包括基于假名分配表和基于密码派生假名两种技术	不同数据集中的相关记录仍可通过假名关联，但不会泄露信息主体的身份 需严格控制假名分配表或密钥的访问 基于散列函数需要考虑碰撞概率与数值空间的可遍历性	低 中
泛化技术	取整	将数值向上或向下取整	减少属性值的记录唯一性，同时保持记录级别数据的真实性，但会降低精度	低
	顶层与底层编码	使用顶层（底层）的阈值替换高于（低于）该阈值的值	适用于连续或分类有序的属性；避免易识别的离群记录被识别	低
随机化技术	噪声添加	在尽量保持分布、均值等统计特性的基础上，添加随机值、随机噪声到所选的连续属性值	保持分布、均值等原统计特性	低
	置换	对所选属性的值进行重新排序，达到不改变该属性的统计分布的目的	保持准确的统计分布	中
	微聚集	将一个或一组连续属性的记录分组，组内属性相近，每组的属性使用该组的均值	可尽量保持数据的有效性	中
数据合成技术		通过创建新的数据去拟合原有数据的特性，可依据从数据得到的统计数据模型来随机生成；实际上合成数据的生成会采用随机化技术与抽样技术对真实数据集进行多次或连续转换	可用作真实数据的替代项	低 中

（续）

分类	子类	说明	用途与局限	计算消耗
嵌入		嵌入技术可以将属性值做映射变换，新得到的数据仍然能代表原来对象的特征，但不再有原来直接的含义，如使用 SVD	可用于机器学习应用中，可以减少特征维度，特别是针对高维度的稀疏数据，可以替代原始属性的输出，同时保持机器学习获得的最终效果	高

注：嵌入技术没有列在《信息安全技术　个人信息去标识化指南》(GB/T 37964—2019) 中。

去标识化模型是应用去标识化技术并能计算重标识风险的方法。常用去标识化模型及其说明如表 4-27 所示。

表 4-27　常用去标识化模型及其说明

分类	说明	用途与局限	计算消耗
K- 匿名模型	发布数据中属性值相同的每一等价类至少包含 K 个记录，使攻击者不能判别出具体个体 可综合使用各种去标识化技术实现，如遮蔽、取整等 总体重识别风险度量需综合考虑数据重识概率（由 K 决定）、发布方式（公开 / 受控）、环境风险度量（受控接受者的安全控制水平 / 攻击动机与能力）	可量化计算重识别概率和总体风险度量 可基于总体风险度量要求和环境风险评估来计算确定重识别概率的参数（K） 多数实现技术可保持数据记录集的真实性	高
差分隐私模型	差分隐私攻击是对只有一条数据记录不同的两次查询结果或两个数据集做对比，推断出该条记录的属性值 差分隐私基于严谨的数据模型，以量化控制隐私泄露的风险，通过增加随机化噪声的技术，如拉普拉斯分布噪声，使原可识别某一条记录的两次查询结果经过增加噪声处理后，获得相同结果的概率相近，概率比值小于 e^ε，ε 是隐私预算参数，ε 越小引入噪声越大，隐私泄露风险越小 分服务器模式和本地模式两种。服务器模式是保持原始数据不变，在查询系统的程序中对查询结果增加噪声；本地模式直接对数据增加随机噪声，如对值域为"是 / 否"的属性值以预设概率返回相反值，已知预设概率就可以在个体准确属性不准确的情况下反推相对准确的均值等群体统计特征	用于需要可量化证明隐私保护水平的数据使用场景 对隐私保护要求很高时，会极大降低数据可用性，或隐私预算（查询量）很少，进而造成实用性不强；失去数据记录集保真性	中高

4. 营销数据的形态分类与安全共享形式

从安全角度可将营销数据按信息形态划分为以下类别：标识数据、原始数据、脱敏数据、标签数据、群体数据。这些数据形态的敏感度依次降低，具体定义如下。

❑ 标识数据：可以对个人信息主体实现唯一识别的一个或多个属性。

❑ 原始数据：数据的原本形式和内容，未做任何加工处理。

- **脱敏数据**：对各类数据所包含的自然人身份、网络身份标识、用户基本资料等隐私属性进行模糊化、加扰、加密或转换后的新数据，通过该数据无法识别、无法推算演绎或关联分析出原始用户身份标识。
- **标签数据**：对用户个人敏感属性等数据进行区间化、分级化（如消费类信息仅区分高、中、低三级等）、统计分析后形成的非精确的模糊化标签数据，仅根据模糊化标签属性无法推理计算匹配到具体个人。
- **群体数据**：群体性综合性数据，是由多个用户个人或实体对象的数据进行统计或分析后形成的数据，如交易统计数据、统计分析报表、分析报告方案等，根据群体数据，应无法推演、无法与其他数据关联间接分析出个体数据。

不同信息形态类型的敏感度如图 4-11 所示。

图 4-11　不同信息形态类型的敏感度

在数据共享或数据服务环节，原则上应尽量使用和输出低敏感度的数据。对于标签数据确实不能满足应用场景需求的情况，可以按照相关要求提供脱敏数据。

不同数据形态可采用的共享方式建议如表 4-28 所示。

表 4-28　不同数据形态可采用的共享方式建议

数据形态	标识数据	原始数据	脱敏数据	标签数据	群体数据
领地共享	否	可	可	可	可
受限共享	否	否	可	可	可
完全公开共享	否	否	部分	可	可

注：1）共享方式定义参考《信息安全技术　个人信息去标识化指南》。
　　2）部分，是指需要控制共享的数据量或提供的查询量，如基于差分隐私的隐私预算。

在数据服务环节，原则上尽量减少不必要的信息输出。在数据处理和数据应用环节，可将真实标识数据与属性数据分离，创建假名化标识以关联真实标识数据与属性数据。在数据输入或读取数据服务中的标识入参时，先通过统一的 ID-Mapping 服务转换为假名化标识，再通过假名化标识获取属性数据。在做数据应用时，若必须输出真实标识数据，比如在营销或运营的个体触达环节，可以采用判断标识是否存在的基数统计数据包形式（如布隆过滤器），避免输出原始的标识数据；如必须输出原始标识，则尽量通过系统对接直接输出到触达通道的系统中，避免经过第三方或个人操作员。

不同数据应用场景的数据形态类型使用和输出形式建议如表 4-29 所示。

表 4-29　不同数据应用场景的数据形态类型使用和输出形式建议

应用场景	标识数据	原始数据	脱敏数据	标签数据	群体数据	输出形式
统计分析	可	可	可	可	可	群体数据 统计报表 数据报告
ID-Mapping	必须	否	否	否	否	标识 假名化标识
人群筛选	否	可	可	可	否	假名化标识记录集
个体触达	必须	否	否	否	否	标识记录集 标识判断基数包
数据验真	必须	可	可	否		"是"或"否"值
联合建模	否	可	可	可		群体数据 标签数据 假名化标识记录集 分值
个性推荐	否	可	可	可	否	排序结果 分值
风控与反欺诈	可	可	可	可	否	标识记录集（黑名单） "是"或"否"值 分值

注：1）标识，即个体的标识符，定义参考《信息安全技术　个人信息去标识化指南》。
　　2）假名化标识，参考去标识的假名化技术处理，如 Hash、密钥加密等。
　　3）标识判断基数包，运用布隆过滤器等基数统计技术，提供一个可以判断某个标识是否存在的数据包，并且不会暴露原始的标识，只有消费方已有该标识时才可用。
　　4）"是"或"否"值，数据服务接受"标识数据"做入参，返回结果仅为"是"或"否"。

4.4　本章小结

本章针对数据治理中最核心的三个主题做了细致的介绍。从传统数据治理时代进入大数据时代，元数据管理与数据质量管理的内容与方法并没有很大变化，但数据安全管理的内容与方法在快速更新中，对于企业而言，在大数据环境中满足数据合规要求的挑战很大。特别是数据安全管理中的个人信息保护要求，国外对此的立法和标准制定都在不断加强，监管部门也在执法过程中不断探索和完善法规执法明细，因此需要大家持续关注和了解。另外，本章介绍的内容仅是数据治理知识体系中的一部分，如果大家想全面系统了解数据治理体系，可以通过专门的数据治理著作学习。

Chapter 5

第 5 章

大数据技术详解

本章首先介绍利用大数据技术解决大数据问题的主要方法、大数据开源生态的情况，分析大数据系统的主要架构并进行对比，然后按数据存储、数据计算、数据分析、数据科学几个数据技术类别，详细介绍每个类别中包含的技术内容，通过典型开源组件展示每个类别的技术特点。由于开源生态仍在不断发展，大数据技术及其组件纷繁复杂，且更迭很快，所以本章的目的是总结一个简要的大数据技术图谱，帮助大家了解大数据技术体系与主流开源组件。

5.1 大数据技术的方法和流行开源组件

什么是大数据技术？大数据技术主要解决哪些问题？大数据技术主要用哪些方法解决这些问题？大数据技术生态中都有哪些主流的开源组件？本节将介绍这些内容。

5.1.1 大数据的 4V 特性与技术挑战

大数据（Big Data）一词在 20 世纪 90 年代就已提出，但到了本世纪才出现了可规模化应用的技术，并在近 10 年广泛流行，甚至被提到国家战略高度。在不同的语境中，大数据可以指大数据技术、大数据行业、大数据思维，或者符合大数据特征的一种数据类型，本书中主要指大数据技术。

大数据技术概念的核心是数据集的大小超出典型数据库软件的采集、储存、管理和分析等能力。根据麦肯锡的说明，这是一个主观定义，而不是给出具体的容量阈值大小，因为大数据会随着技术的进步而不断变化，在不同的领域也会有所不同。

IDC（International Data Corporation，国际数据公司）给大数据技术下的定义是：大数据技术是新一代的技术与架构，被设计用于在成本可承受的条件下，通过非常快速的采集、发现和分析等能力，从大体量、多样的数据中提取价值。该定义体现了大数据的 4V 特性以及相应的技术挑战，具体如下。

1）**数据体量大**（Volume）：即所需要收集、存储、处理、分析的数据规模比较大，导致单机系统无法有效处理，这是第一大技术挑战。

2）**数据速度快**（Velocity）：数据产生、增长速度快，这就要求相应的数据传输、处理速度快，所以时效性要求高、延迟低是第二大技术挑战。

3）**数据多样性**（Variety）：主要体现在数据来源、内容、结构以及应用的多样性，传统的数据库技术只能处理结构化数据，而大数据中半结构化、非结构化数据占了绝大部分，所以能够处理丰富的数据类型、用于丰富的应用是第三大技术挑战。

4）**价值密度低**（Value）：这里指大数据整体包含的价值很高，但相对的价值密度较低，也就是用昂贵的硬件存储数据可能不划算，所以在低成本的硬件上进行大规模数据处理是第四大技术挑战。另外，面向大规模数据的价值挖掘技术也变得异常重要。

我们一般将应对这些挑战的技术归类为大数据技术，主要通过跨单体计算机的分布式并行技术解决大体量数据的存储和计算问题。经过十几年的发展，大数据技术可谓百花齐放，形成了庞大的技术生态体系。同时，能够运行在大规模数据集上的机器学习等数据科学技术也在大幅改进。

5.1.2 大数据技术的主要方法

信息处理的优化思路主要是分而治之、时间与空间互换、减少不必要的动作、绕过某个性能瓶颈点、提高利用率等。

提到大数据技术，大家常听到的关键词是分布式、集群、普通硬件、多副本、列式存储、并行计算、流式计算、内存计算、资源管理、NoSQL、MPP、图计算，等等。从单机系统与关系型数据库系统发展到大数据系统，主要是以下一种或几种技术方法的综合运用，从而实现了大容量、高可用、高可靠性、高吞吐量、低时延、易扩展、高资源利用率、丰富的数据模型支持。

1. 跨计算机并行

可以通过以下三种方法实现跨计算机并行。

❑ **使用普通硬件集群**。使用普通商业机器组成的集群替代专门定制的高性能一体机，对数据进行分片（partition）存储，实现廉价近无限的存储容量、计算能力的水平扩展能力。

❑ **使用多副本**。通过多副本（replication）提高可靠性与读取吞吐量，实现容错，提供高可用性。

❑ **使用分布式并行计算模型**。MapReduce 计算模型的核心意图是"移动计算代替移动数据",简单易用,没有规模瓶颈。MapReduce 命名来源于函数式编程范式中的 Map 与 Reduce 操作。Map 阶段是指对每条数据执行转换、过滤等操作,将数据映射为另一条数据返回,操作间相互独立且没有副作用(不依赖或更新外部状态,仅执行一个结果确定的映射函数),因此 Map 操作无须按顺序执行,同时 Map 操作失败后会自动重试以实现容错,可以将计算逻辑分发到靠近数据存储的位置进行计算的本地执行,在提高并行度的同时减少不必要的数据传输,这非常适合大规模数据的并行处理。Reduce 阶段是对 Map 操作的结果进行汇总规约。

2. 读写优化

可以从以下两方面进行读写优化。

❑ **减少读写次数**。利用磁盘批量顺序读写比随机读写快的特点,尽量减少对磁盘的读 / 写次数。例如利用 LSM-Tree(日志结构合并树)存储结构实现数据更新追加式批量刷入磁盘,这样可以大幅度提高数据更新的写入速度。另外,采用列式存储方式减少不必要的数据读取并提高批量读取速度,可以提高汇总统计分析时批量读取某些字段的速度。

❑ **使用高性能随机读写设备**。使用高性能内存、SSD 存储替代 HDD 磁盘,并做专门的存储与计算优化。

3. 资源管理优化

可以从以下两方面进行资源管理优化。

❑ **存储与计算架构分离**。不同的数据应用,同一数据应用的不同阶段,有时存储需求比较大,有时计算需求比较大,若采用存储与计算一体的架构,会造成一定程度的资源浪费,因此随着网速的提高,将存储与计算架构分离开,可以实现针对每种资源的统一调度,实现冷热存储的分层,从而提高资源利用率,兼容不同配置的硬件升级,提高可扩展性,减少能耗,节省总体成本。

❑ **云原生与虚拟化**。快速动态扩展以应对业务波动与扩张,减少运维工作量并降低研发复杂度,从而可以让开发人员专注业务开发,提高研发效率,同时降低总体基础设施投入。

4. 数据模型扩展

可以从以下两方面进行数据模型扩展。

❑ **针对各种数据模型的专门设计**。放弃严谨的关系数据模型支持,实现无模式(schema-free)、半结构化文档(如 JSON)、图模型等数据结构从存储到计算的原生优化设计,以应对大数据时代丰富的数据类型、业务快速变化的场景。

❑ **并发与一致性、事务支持的平衡优化**。放弃对 ACID 原则的全面支持,减少事务锁的应用,在降低事务与强一致性的同时,提高数据读写的并发速度。

5.1.3 大数据技术的流行开源组件

大数据技术结束了关系型数据库"一统天下"的时代。经过十几年的发展，大数据生态圈涌现出一大批优秀的组件和框架。从技术溯源角度，可以将这些组件分为以下几类：Hadoop 生态体系、MPP 数据库、NoSQL 数据库、NewSQL 数据库。从数据用途角度，又可以将它们分为以下几类。

1. 数据采集

数据采集组件用于从其他的系统采集或导出数据，例如 Flume、Kettle、Sqoop 等。

2. 数据存储

数据存储涉及以下三个方面。

（1）分布式文件系统

实现文件级别的管理功能与存储格式优化，例如 Hadoop HDFS 分布式文件系统、Alluxio 统一文件访问系统、Parquet 列式存储格式等。

（2）分布式数据（库）引擎

实现针对专门数据模型的管理与服务，包括库（表）管理、账户管理、权限与安全管理、查询搜索服务等，细分类型示例如下：

❑ NoSQL 之键 – 值模型数据库 Redis；

❑ NoSQL 之宽列模型数据库 Hbase、Cassandra、ScyllaDB（此类也称为列族模型）；

❑ NoSQL 之文档模型数据库 MongoDB；

❑ NoSQL 之图模型数据 Neo4j、Nebula；

❑ MPP 数据库 Greenplum、MPP 列式存储数据库 Vertica；

❑ 搜索引擎系统 Elasticsearch、Solr，虽然搜索引擎系统不属于严格意义上的数据库，但也可以归类为数据引擎。

（3）消息传递系统

实现消息的存储、消费管理，例如 Kafka、Pulsar 等。

3. 数据计算

数据计算组件可进一步分为分布式的流式处理组件和批式处理组件，例如批式的 Spark、流式的 Flink 与 Storm 等，还有面向特定领域的算法库，如图计算库 Giraph、Spark Graphx，机器学习库 Spark MLlib 等。

4. 数据分析

实现大数据 OLAP 分析功能的组件，按不同的实现技术路线分别举例如下：

❑ 基于 MapReduce 的 Hive；

❑ 基于 MPP 数据库架构的分析引擎 Impala、Presto；

❑ 基于 Cube 预计算的 Kylin；

❑ 支持实时聚合的 Druid（Druid 可被分类为时序数据库）；

❑ 基于 MPP 数据库架构的分析数据库 ClickHouse。

5. 周边工具

这里主要列举三种周边工具。

❑ 任务调度与工作流工具。实现计算任务的调度与工作流编排，例如 Oozie、Azkaban、airflow、Jenkins 等。

❑ 安全管理。实现大数据系统中的账户认证与权限管理，例如 Kerberos、Sentry 等。

❑ 分布式应用协调服务。在一个大数据系统中通常存在大量的分布式组件与系统，由于是分布式环境，系统之间需要一个高可用的协调服务，实际是一个高可用的配置存储服务，如提供哪个节点作为当前集群的控制节点。目前最流行的协调服务是 ZooKeeper，它是 Hadoop 的一个子项目。Hadoop 生态中的分布式组件就像一个动物园，很多大数据组件也以动物命名，而 ZooKeeper（动物园管理员）这个名字很好地体现了它的作用。

5.2 大数据系统架构

从资源管理角度来看，当前的大数据系统架构主要有两种：一种是 MPP 数据库架构，另一种是 Hadoop 体系的分层架构。这两种架构各有优势和相应的适用场景。另外，随着光纤网络通信技术的发展，大数据系统架构正在向存储与计算分离的架构和云化架构方向发展。

5.2.1 MPP 数据库架构

本节首先回顾并行硬件架构的发展，并进一步介绍基于并行硬件架构的数据库一体机系统与基于 MPP 架构的数据库软件系统。数据库一体机系统在银行等大型企业中采用广泛，一体机的优点是开箱即用、功能丰富、稳定、售后服务好，缺点是价格昂贵、扩展不灵活。基于普通服务器集群加 MPP 数据库软件构建的数据库系统，优点是硬件成本低、水平扩展容易、易于进行海量数据处理、吞吐量高，缺点是仅适合用于数据分析。

1. 并行硬件架构的发展

为了提高计算机系统的处理能力，在处理单元（CPU）性能确定的情况下，就需要增加处理单元的数量，此时从计算单元（CPU）对资源（特别是内存）访问的角度来看，并行硬件架构分为三种，详细说明如下。

❑ SMP（Symmetric Multi Processing，对称多处理器）架构。这里的"对称"是指所有处理器之间是平等的，并且共享包括物理内存在内的所有资源，处理器访问不同资源的能力（速度）是一致的，每个处理器访问内存中的任何地址所需的时间是相同的，因此 SMP 架构也被称为 UMA（Uniform Memory Access，一致存储器访问）架构。

❑ NUMA（Non-Uniform Memory Access，非一致存储访问）架构。NUMA 架构服务器内部有多个处理模块（节点），每个模块有多个 CPU 和本地内存，但每个 CPU 也可以访问整个系统的内存，当然访问本模块的内存要比访问其他模块内存的速度快，这也是非一致存储访问架构名称的由来。

❑ MPP（Massively Parallel Processing，大规模并行处理）架构。MPP 架构是将多个处理节点通过网络连接起来，每个节点是一台独立的机器，节点内的处理单元独占自己的资源，包括内存、硬盘、IO 等，也就是每个节点内的 CPU 不能访问另一个节点的内存（这是 MPP 与 NUMA 的主要区别），MPP 架构服务器需要通过软件实现复杂的调度机制以及并行处理过程。

这三种技术架构的发展是一个并行能力、扩展能力逐渐提高的过程，也是耦合度逐渐减低的过程，它们的区别如图 5-1 所示。SMP 架构服务器的主要问题是扩展能力十分有限，随着 CPU 数量的增加，内存访问冲突出现的概率会快速增加。实验表明，SMP 架构服务器 CPU 利用率最好的情况是服务器内有 2 ～ 4 个 CPU。NUMA 架构可以在一个物理服务器内最多集成上百个 CPU，但由于访问非本节点内存的延时远远超过本地内存，因此在 CPU 达到一定数量后，无法再通过增加 CPU 实现系统性能的线性提高。MPP 架构的扩展性最好，理论上对节点数量没有什么限制，可以包含几百个节点。

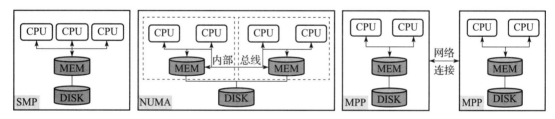

图 5-1　并行硬件架构对比

2. 基于并行硬件架构的数据库设备

数据库厂商推出了很多软硬件一体的数据库设备产品，此类产品是由一台或多台主机组成的集成设备，将服务器、存储、操作系统和数据库软件集成在一起，可以实现开箱即用。国内一般将此类产品称为数据库一体机（Database Machine）。

为了提高性能，此类产品都会采用并行硬件架构。从资源共享角度来看，这类产品的数据库架构可分成三类，详细说明如下。

❑ **完全透明共享**（Shared Everthing）系统。一般是针对单个主机，采用 SMP 或者 NUMA 硬件架构，是一个高性能的单台服务器，此类产品可以提供较高的事务处理能力。

❑ **完全不共享**（Shared Nothing）系统。由多个主机组成，采用 MPP 硬件架构，各节点都有自己私有的 CPU、内存、硬盘等，不存在共享资源，每个节点是一台 SMP 服务器，在每个节点内都有操作系统和管理数据库的实例副本，管理本节点的资源，节点间通过网络通信，能够处理的数据量更大，适合复杂的数据综合分析，对事务支持较差。

❑ **共享磁盘**（Shared Disk）系统。由多个主机组成，也属于 MPP 硬件架构，各节点使用自己私有的 CPU 和内存。共享磁盘系统可实现高可用性，即使一个节点故障，也可以通过其他节点访问所有数据，但由于节点之间不共享内存，需要一个锁管理器来维护节点缓存之间的一致性，会带来额外的开销。

这三类产品的功能特点对比如表 5-1 所示。

表 5-1　三类产品的功能特点对比

类型	OLTP	OLAP	数据量	延迟	吞吐量	并发	存算分离
Shared Memory+SMP	优	良	小	低	低	低	否
Shared Disk+MPP	良	良	大	高	高	高	是
Shared Nothing+MPP	差	优	大	高	高	高	否

3. 基于 MPP 架构的数据库软件系统

基于 MPP 架构的数据库软件系统，一般简称为 MPP 数据库，它是运行在由普通商用服务器组成的服务器集群上，服务器（节点）之间通过网络连接，每一个节点都是独立的、自我管理的，且计算节点的功能是相同的。也就是说，每个节点是一台相对独立的数据库服务器，节点上运行着一个单机操作系统和数据管理系统，用于管理本节点上的资源与数据，即节点资源私有。以基于 PostgreSQL 的 MPP 数据库系统 Greenplum 为例，每个节点上实际运行着一个单机版的 PostgreSQL 数据库实例。如果是主从模式，由管理节点接收客户端请求并将任务分解分派到多个节点上，在每个节点上完成数据读取和计算后，再将各部分的中间结果汇总到管理节点一起计算，得到最终的结果并返回客户端。如果是环形模式，则每个节点都可以接收客户端的请求，并向其他节点请求数据，待完成汇总计算后将结果返回客户端。MPP 数据库架构（主从模式或环形模式）如图 5-2 所示。

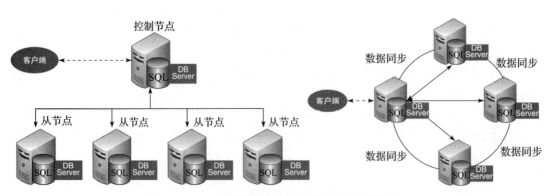

图 5-2　MPP 数据库架构（主从模式或环形模式）

从硬件架构上来说，MPP 数据库与 Shared Nothing+MPP 的数据库一体机是一样的，区别是服务器硬件选择不限定厂商，集群弹性伸缩更灵活，成本更低。在大多数情况下，所有节点都使用相同的硬件和相同的操作系统。

5.2.2　Hadoop 体系的架构

传统的系统已无法处理结构多变的大数据，而高性能硬件和专用服务器价格昂贵且不灵活，Hadoop 因此应运而生。Hadoop 使用互连的廉价商业硬件，通过数百甚至数千个低成本服务器协同工作，可有效存储和处理大量数据。

1. Hadoop 生态体系

Google 通过三篇重量级论文为大数据时代提供了三项革命性技术：GFS、MapReduce 和 BigTable，即所谓的 Google 大数据的"三驾马车"。

- GFS（Google File System）是 Google 面向大规模数据密集型应用的、可伸缩的分布式文件系统，可在廉价的硬件上运行，并具有可靠的容错能力。
- MapReduce 是一种并行编程模式，可以在超大分布式集群上并行运算，对超大规模数据集进行处理。
- BigTable 是在 GFS 上构建的处理结构化数据的分布式数据库，可以用于处理海量数据的更新和随机查询。

Hadoop 和 Hbase 是基于这三项技术发展出的开源实现。在大数据分析和处理领域，Hadoop 兼容体系已经成为一个非常成熟的生态圈，涵盖了很多大数据相关的基础组件，包括 Hadoop、Hbase、Hive、Spark、Flink、Storm、Presto、Impala 等。

2. Hadoop 集群硬件架构

Hadoop 集群遵循主从架构，由一个或多个主节点（控制节点）和大量从节点组成，可以通过增减节点实现线性水平扩展。集群中的每个节点都有自己的磁盘、内存、处理器和带宽。主节点负责存储元数据，管理整个集群中的资源，并将任务分配给从节点；从节点负责存储数据并执行计算任务。

Hadoop 包含三大组件：HDFS、Yarn 和 MapReduce。HDFS 负责将文件切分为固定大小的数据块，以多副本分布式方式进行存储。Yarn 是资源管理器，通过不同的进程执行资源管理和任务调度 / 监控任务。MapReduce 是计算层，它通过将数据处理逻辑抽象为 Map 任务和 Reduce 任务，将"计算"在贴近数据存储位置并行执行。

Hadoop 集群硬件架构如图 5-3 所示，具体的组件部署结构分析如下。

- 主节点上：部署 HDFS 的 NameNode 组件，管理命名空间，管理客户端对文件的访问，负责跟踪数据块到 DataNode 的映射；部署 Yarn 的 ResourceManager 组件，管理整个集群中的资源。
- 从节点上：部署 HDFS 的 DataNode 组件，服务于客户端的读 / 写请求；部署 Yarn 的

NodeManager 组件，监视本节点容器的资源使用情况，并将其报告给 Resource-Manager；运行 MapReduce 的容器。

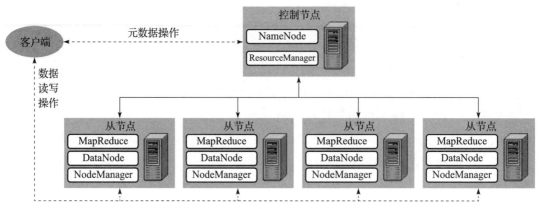

图 5-3　Hadoop 集群硬件架构

3. Hadoop 体系分层功能架构

Hadoop 设计了一个在分布式集群上实现资源管理与功能水平分层的架构，该分层解耦架构让大家可以在 Hadoop 上不断地叠加组件，并且每个组件可以独立升级，同类组件可以相互竞争，不断提升性能。作为 Hadoop 生态系统的核心，HDFS、YARN、MapReduce 形成了一个灵活的基座，并以此为基础扩展出了非常多的 Hadoop 兼容开源项目和软件。

Hadoop 体系架构可分为四层，上层一般需要依赖下层的组件，层与层之间相互透明，仅基于下层组件的接口进行交互，四层从下到上分别为分布式存储层、分布式计算资源管理层、分布式并行处理框架层、分析应用层，如图 5-4 所示。

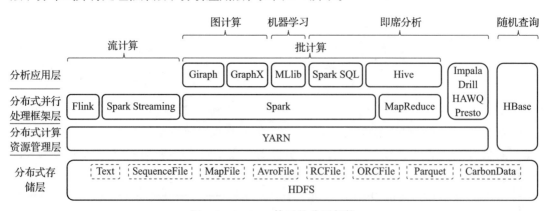

图 5-4　Hadoop 体系的分层架构

每层的功能具体说明如下。

（1）分布式存储层

HDFS 是一个分布式文件存储系统，它将统一管理整个集群的所有存储空间，并将写入的数据切分成相同大小的数据块，每个数据块保存多个副本（通常是三个），每个副本存储在不同的从节点上，以避免因单节点故障造成数据丢失。HDFS 主节点（NameNode）保存命名空间、文件名、每个数据块及所有副本的元数据信息。

在大数据量情况下，文件存储格式与压缩方法对读写效率影响非常大。在 HDFS 上的数据格式主要包括文本、KV 格式、行式存储格式、列式存储格式。具体的文件格式举例如下。

- ❑ 文本：Text。
- ❑ KV 格式：SequenceFile、MapFile。
- ❑ 行式存储：AvroFile。
- ❑ 列式存储：RCFile、ORCFile、Parquet、CarbonData，其中 CarbonData 是带索引的列式存储格式，由华为贡献给开源社区。

（2）分布式计算资源管理层

YARN（Yet Another Resource Negotiator）是一个资源协商器，它将统一管理和调度整个集群的计算资源，并将接收到的计算任务拆分到各个节点执行。如果一个节点运行缓慢或失败，YARN 会将节点上的任务取消，然后分发到数据的其他副本所在节点进行运算。YARN 作为资源协商器，可以让大量的应用程序和用户有效地共享集群计算资源，即支持多租户，这些数据处理可以是批处理、实时处理、迭代处理等。

最初，Hadoop 由 MapReduce 组件同时负责资源管理和数据处理。Hadoop 2.0 引入了 YARN 后将这两个功能分开。基于 YARN，我们为 Hadoop 编写的不同组件可以非常方便地集成到 Hadoop 生态系统中，例如 Spark、Giraph、Hive 等项目，以及 MapReduce 本身。

YARN 框架内有 ResourceManager、NodeManager 组件：ResourceManager 在集群的主节点上运行，负责接收计算任务，并在所有竞争应用程序之间做资源分配；NodeManager 在从节点上运行，负责容器，监视资源（CPU、内存、磁盘、网络）使用情况。

（3）分布式并行处理框架层

数据处理框架分为批式处理框架和流式处理框架。

批式处理框架主要有 Hadoop MapReduce 和 Spark 等。Hadoop MapReduce 组件封装了 MapReduce 并行编程模型。Spark 是对 Hadoop MapReduce 组件的改进，通过对中间结果使用内存存储，大幅提高了计算速度，目前是批处理应用的主流选择。

传统的并行计算模型的实现和使用都非常复杂，如 MPI（Message Passing Interface，消息传递接口）一般都用在科学计算等专门领域。MapReduce 作为一种全新的通用并行编程模型，是基于集群的并行计算方式的创新抽象，非常简单易用，开发友好。MapReduce 处理数据为 Key-Value 格式，其主要思想是从函数式编程借鉴而来的。MapReduce 模型将计算分为两个阶段。

- ❑ Map（映射）阶段：对每条数据记录进行独立处理，其处理逻辑相当于对每条输入执行一个映射变换（即函数的计算），因此可以在大量节点进行并行处理（通常在数据所在节点）。

❑ Reduce（规约）阶段：汇总计算阶段，即处理逻辑具有记录之间的相关性，例如按 Key 对 Value 进行加和运算，此阶段一般会产生节点间的数据传输（即 Shuffle 操作）。

流式处理框架主要有 Storm、Spark Streaming、Flink 等。Storm 是较早成熟的低延迟流式数据处理框架，可以进行事件级（单条数据）处理。Spark Streaming 是基于 Spark 批处理实现的微批式的流式处理，延迟较高，可以和 Spark 一起应用，实现流批一体的数据处理。Flink 是当前最出色的流式数据处理框架，可以进行事件级数据处理，具有低延迟、吞吐量大、支持 SQL 等优点。

（4）分析应用层

基于 HDFS、YARN 和并行处理框架中的一个组件或组合，可以搭建非常多样的大数据应用，主要包括交互分析（OLAP）、随机查询、专门领域的数据分析、搜索等。各类应用的介绍如下。

❑ **交互分析**。此类应用可统称为 SQL on Hadoop，并且可以分成两类。一类是基于 MapReduce 计算模型的 Hive、Spark SQL，此类组件的计算效率虽然一般，但均由 Hadoop 和 Spark 默认支持，所以应用非常广泛。另一类是独立实现的兼容 Hadoop 的 OLAP 分析引擎，典型的有 Impala、Drill、HAWQ、Presto，此类组件为分析实现了专门的计算引擎，计算效率非常高，可以仅依赖 HDFS 或者 HDFS+YARN。

❑ **随机查询**。HDFS+Parquet+Spark 的方式非常适合批量扫描式的数据处理，但当需要查询单条数据时，效率非常低。HBase 针对这个场景专门设计了列族数据模型和存储格式，提高了数据的随机读取效率，也支持数据的随机更新。HBase 仅依赖 HDFS 实现数据的分布式存储。

❑ **专门领域的数据分析**。此类一般是提供一个该领域的并行算法库实现，主要有机器学习和图计算两类。机器学习库有 Hadoop 默认提供的 Mahout 和 Spark 提供的 MLlib，图计算库有 Giraph 和 Spark GraphX。

5.2.3 两种架构的对比

同样都可以处理大规模数据的 MPP 数据库架构与 Hadoop 体系架构属于不同的技术体系，二者没有直接的相关性，却常常被放在一起进行比较。特别是在企业数据仓库建设中，MPP 架构与 Hadoop 架构代表两类典型的技术路线选型，事实上，在 2015 年左右甚至有人认为基于 Hadoop 体系的数仓将彻底取代基于 MPP 数据库的数仓。

1. 设计思路对比

两类系统运行的硬件架构是相同的，都是普通服务器组成的集群，但从资源管理角度来说，它们并行化软件实现的设计思路却是相反的。

❑ MPP 架构相当于对单机的各类资源进行垂直综合管理，再将多个单机系统横向连接进行集成，可以说是先垂直后水平。

❑ Hadoop 架构相当于将所有机器的存储资源与计算资源抽象出来，分开管理，再进行组件级的垂直集成，可以说是先水平后垂直。

MPP 与 Hadoop 架构对比如图 5-5 所示。

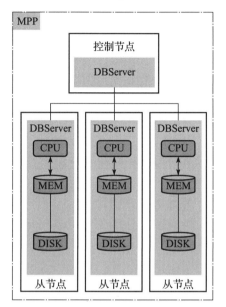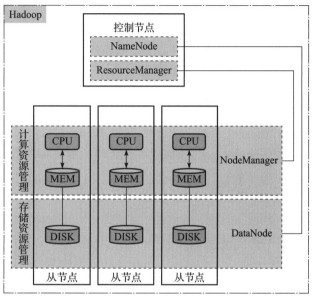

图 5-5　MPP 与 Hadoop 架构对比

具体分析如下。

❑ MPP 架构是将许多单机数据库通过网络连接起来，相当于将一个个垂直系统横向连接，形成一个统一对外服务的分布式数据库系统，每个节点由一个单机数据库系统独立管理和操作该节点所在物理机上的所有资源（CPU、内存、磁盘、网络），节点内系统的各组件间的相互调用不需要通过控制节点，即对控制节点来说，每个节点的内部运行过程相对透明。

❑ Hadoop 架构是将不同的资源管理与功能进行分层抽象设计，每层形成一类组件，实现一定程度的解耦，包括存储资源管理、计算资源管理、通用并行计算框架、各类分析功能等，在每层内进行跨节点的资源统一管理或功能并行执行，层与层之间通过接口调用，相互透明，节点内不同层的组件间的相互调用需要由控制节点掌握或通过控制节点协调，即控制节点了解每个节点内不同层组件间的互动过程。

2. 优缺点对比

MPP 架构的优缺点总结如下：

❑ 支持标准 SQL，每个节点都有丰富的事务处理和管理功能；

❑ 资源管理精细；

❑ 更适合预知数据结构模型的中等规模的固定模式数据管理；

❑ 集群规模调整要求较多，增减节点时通常需要停机，且有的系统只能增加不能减少；

❑ 延迟小，相对吞吐量一般，单节点缓慢会拖累整体性能；

❑ 表记录进行水平分割存储，方法通常包括一致性哈希（Consistent Hashing）、循环写入（Round Robin），但容易产生数据热点。

Hadoop 架构的优缺点总结如下：

■ 每个节点功能简单，不具备丰富的数据管理功能，不支持事务；

■ 数据更新采用追加方式实现，同等数据量处理需要的资源更多；

■ 可以不用预先了解数据的格式与内容；

■ 扩展性好，支持集群规模更大，能动态扩容，支持扩充仅用于计算的节点；

■ 延迟高、吞吐量大、容错性（Failover）好。

总体来说，Hadoop 架构在数据量较低的情况下，运行速度远不及 MPP 架构，但数据量一旦超过某个量级，Hadoop 架构在吞吐量方面将非常有优势。有些大数据数据仓库产品也采用混合架构，以融合两者的优点，例如 Impala、Presto 等都是基于 HDFS 的 MPP 分析引擎，仅利用 HDFS 实现分区容错性，放弃 MapReduce 计算模型，在面向 OLAP 场景时可实现更好的性能，降低延迟。

5.2.4 存储与计算分离及云化的未来架构

在经过 Hadoop 与 NoSQL 浪潮后，当前大数据组件的发展趋势如下：

❑ 针对特定场景的全面极致的性能优化，例如面向 OLAP 的 MPP 数据库 ClickHouse；

❑ 基于分布式实现支持 ACID 原则的 OLTP，也就是 NewSQL 类产品，例如谷歌的 Spanner 和 F1、国产的 TiDB；

❑ 存储与计算分离的架构以及云化。

存算分离架构会越来越有优势。大数据处理中需要的主要计算机资源是 CPU、内存和磁盘，它们也是主要的成本来源。我们常常遇到的问题是：CPU、内存、磁盘三种资源中总有一种或两种存在浪费现象。因为不同的场景、不同的发展阶段对三种资源的需要配比差别很大，如果是波动业务，资源闲置是常态，当一种资源不足时，需要对所有资源同时扩容，机器的选型常常顾此失彼。

之前在大数据处理时，IO 常常成为瓶颈，包括磁盘 IO 和网络 IO。但最近十几年，HDD 磁盘的性能并没有发生很大的提升，仅是容量提升，但网络的传输速度提高了 100 倍（从百兆提升到万兆）。网速的提升使存算分离成为大数据架构演进的一个重要趋势。存储是指持久化存储，主要资源需求是磁盘，计算是指计算过程，主要资源需求是 CPU 和内存。

不论是 MPP 架构还是 Hadoop 架构，都是将计算尽量贴近数据的存储位置执行。Hadoop 的分层架构将存储与计算进行了一定程度的解耦，但仍然采取"移动计算到存储"方式，而不是将数据传输到计算节点，尽量避免网络 IO。Hadoop 的每次版本升级都在逐渐将存储和计算进一步解耦。Hadoop 1.0 中存储和计算并未实现分离，2.0 引入 YARN 开始实现存储资源管理与计算资源管理的解耦，3.0 通过容器化、扩展 YARN 的资源类型、EC（纠删码）进一步向存算分离演进。

网络的高速发展、大数据计算框架对 IO 的优化、数据的压缩，使得计算本地化的重要性逐渐降低，而存储和计算分离的架构会带来如下的优势：

- 不同资源独立扩展，避免浪费，节省成本；
- 弹性计算，当计算资源需求波动时，可以迅速扩容，使用后立即释放，无须迁移数据；
- 方便实现冷热数据分离，热数据放高速存储，温数据放普通存储，冷数据放低速存储或云上（如 AWS S3）；
- 便于硬件的升级更新，可以垂直升级，也可以水平扩展；
- 潜在的零停机时间，集群调整无须停机、停服。

存算分离架构与云化是天然的结合，当数据存储在云上时，可以直接实现存算分离，云上的大数据系统可以实现完全的弹性，典型的如 AWS Aurora 和 Snowflake。Snowflake 将数据存储在 AWS S3 上。SnowFlake 将这种架构称为 EPP（Elastic Parallel Processing，弹性并行处理）。存储与计算分离架构的示意图如图 5-6 所示。

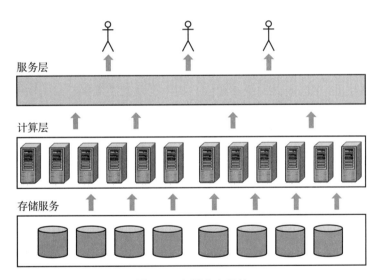

图 5-6　存算分离架构

5.3　大数据存储技术

本节介绍面向大数据场景的分布式文件管理系统、分布式数据库系统、分布式消息传递系统这三类与存储相关的软件的特点，并以最典型的开源软件为示例说明每个细分类别的功能、设计思路以及典型应用场景。

5.3.1 分布式文件存储系统

当前很多组织的数据量都已超过单机的存储能力，即使专门定制的存储服务器也无法应对数据量的快速增长。因此，基于普通廉价硬件上可水平扩展的分布式文件存储系统应运而生。当前最流行的分布式文件存储系统就是 Hadoop 分布式文件系统（HDFS）。

当前对于数据应用来说，它可能需要使用各类不同的层次与类型存储系统，例如单机存储系统、网络文件系统（NFS）、HDFS 集群、跨网络跨机房的存储、云存储、OSS 存储，也需要一个透明的统一数据访问，同时需要基于内存的快速缓存，而 Alluxio 正是面向这个场景设计的。

下面分别对这两种系统进行详细介绍。

1. 分布式文件系统——HDFS

HDFS 提供部署在低成本硬件上的高度容错能力，支持对数据的高吞吐量访问，适用于操作大数据集的应用程序建设。HDFS 是面向大文件设计的，因此在实际使用时需要注意小文件的治理。

（1）HDFS 的设计目标

HDFS 的设计目标体现在以下几个方面。

- **兼容硬件故障**：对于包含数百或数千个服务器的集群，硬件故障是正常现象。如果每个组件都有一定不可忽略的故障概率，那么由大量组件组成的系统就一定始终存在某些组件无法正常工作的情况。因此，检测故障并从故障中快速自动恢复是 HDFS 的核心架构目标。

- **支持高吞吐量**：HDFS 是用于批处理，而不是用户交互的。即 HDFS 的重点在于数据访问的高吞吐量，而不是数据访问的低延迟。在设计时，HDFS 在一些关键方面对 POSIX 的语义要求做了放松以提高数据吞吐率。

- **支持大数据集**：HDFS 的目标是支持操作大型文件的应用，HDFS 中的典型文件大小为 GB 到 TB，可以提供很高的聚合数据带宽。一个集群规模支持几百个节点，单实例支持数千万个文件。

- **保持数据一致性的简单模型**：HDFS 实现了文件一次写入多次读取访问模型。文件只支持顺序写入、追加到文件末尾、截断，但不支持在文件任意位置的更新。这种设计简化了数据一致性问题并实现了高吞吐量数据访问，MapReduce 应用程序非常适合此模型。

- **移动计算算法比移动数据代价更小**：如果计算在数据附近执行，而不是将数据传输到应用程序某执行位置，则效率会更高，特别是数据集很大的时候。这样可以最大限度地减少网络拥塞，并提高系统的整体吞吐量。HDFS 为应用程序提供了接口，让应用程序传递到存储数据的位置执行。

- **跨异构硬件和软件平台的可移植性**：HDFS 支持从一个平台轻松移植到另一个平台的特性让 HDFS 被大量应用程序采用。

（2）HDFS 系统架构

HDFS 采用主从架构。HDFS 集群由一个 NameNode 和多个 DataNode 组成，NameNode 管理文件系统的命名空间并控制客户端对文件的访问，DataNode 管理其所在节点上的存储，通常一台服务器上运行一个 DataNode 实例。NameNode 执行文件打开、文件关闭、文件和目录重命名等文件命名空间操作，DataNode 负责处理来自文件系统客户端的读写请求。在内部，文件被分成一个或多个数据块，这些数据块存储在一组 DataNode 中，NameNode 管理目录、文件与数据块到 DataNode 的映射等元数据。对于 HDFS 的读写客户端来说 HDFS 的内部操作是透明的，感觉就是连续的数据流。HDFS 架构示意图如图 5-7 所示。

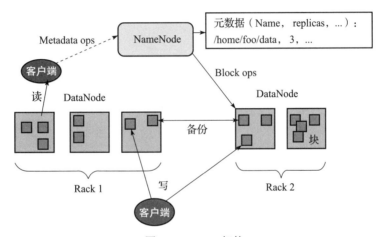

图 5-7　HDFS 架构

2. 统一数据访问系统 ——Alluxio

Alluxio 可以为大数据应用提供统一的数据访问接口，也使数据访问速度得到数量级提升，同时支持存储与计算分离。

（1）Alluxio 简介

Alluxio 项目由加州大学伯克利分校 AMP 实验室发布，是增长最快的开源项目之一。Alluxio 是基于内存的虚拟分布式存储系统，它提供统一的数据访问方式，可实现上层计算框架和底层存储系统之间的解耦。数据应用只需要连接到 Alluxio 即可访问存储在底层任意存储系统中的数据。同时，Alluxio 提供内存缓存，使得数据的访问速度能够比直接读取远程的持久化存储快几个数量级。

在大数据生态系统中，Alluxio 介于计算框架（如 Spark、Apache MapReduce、Flink）和现有的存储系统（如 Amazon S3、HDFS）之间。当前主流的分布式数据计算框架，如 Spark 和 MapReduce 程序，可以不用修改代码直接在 Alluxio 上运行。Alluxio 的定位如图 5-8 所示。

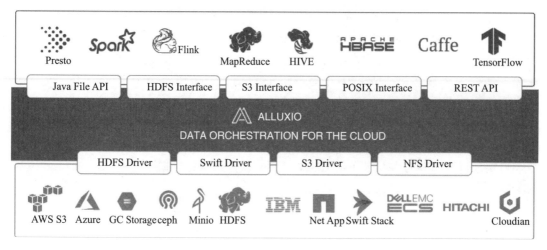

图 5-8　Alluxio 定位

Alluxio 通过全局命名空间、智能多层级缓存、服务端 API 翻译转换三项创新提供了一套独特的功能。它能够对多个独立的存储系统提供单点访问；充当底层存储系统中数据的读写缓存，还能够配置跨内存和磁盘（SSD/HDD）的自动优化数据放置策略，以优化性能和可靠性。Alluxio 支持工业界场景的 API 接口，例如 HDFS API、S3 API、FUSE API、REST API，能够透明地从标准客户端接口转换到任何存储接口。

（2）Alluxio 系统架构

Alluxio 也采用主从架构，其架构示意图如图 5-9 所示。它包含三个组件：Master、Worker 和 Client。

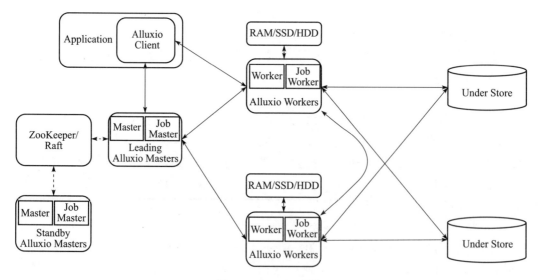

图 5-9　Alluxio 架构

- Master 负责管理文件系统的全局元数据，处理所有用户请求和日志文件系统的元数据更改。
- Worker 负责管理本节点数据存储服务，负责管理本地资源（如内存、SSD、HDD），将数据分块存储。注意，Worker 仅负责管理数据块，从文件到块的映射元数据仍然存储在 Master 上。
- Client 为用户提供一个与 Alluxio 服务器进行交互的统一文件存取服务接口。Client 先向 Leading Master 请求元数据信息，再向 Worker 发送读写请求。

5.3.2 分布式数据库系统

当前存在为各种专门场景设计的数据库系统，在实践中可以依据具体应用的规模、复杂性和功能需求来选择合适的数据库。这与早期信息化解决方案中"用一套 Oracle 数据库解决所有问题"形成鲜明的对比。数据库有增、查、改、删四大操作，简称 CRUD（Create、Read、Update、Delete）操作。不同的数据库技术设计的本质都是对这四种操作的性能进行优化和平衡。本节会重点介绍各种 NoSQL 数据库类型、关系型 MPP 数据库类型，以及每种类型的成熟开源软件。

1. 关系型数据库与 NoSQL

关系型数据库一直是信息技术发展的主流。随着大数据的出现，由于关系型数据库在应对大数据时遇到挑战，因而在面向某些特定场景时，全新的 NoSQL 数据库技术开始兴起。NoSQL 数据库能够提供丰富的数据模型支持，可实现大吞吐量"读"或"写"的高效率，以及良好的扩展性。NoSQL 数据库技术普遍选择牺牲支持复杂的 SQL 及 ACID 事务来换取弹性扩展能力，通常不保证强一致性，但支持最终一致性。与此同时，关系型数据库也在不断演进，通过支持列式存储模式、MPP 分布式架构，在保持一定关系数据处理能力的基础上，也能够实现良好的分析性能支持。在关系型数据库技术与 NoSQL 数据库技术之间，不同路线的技术不是完全的替代关系，而是互补关系，综合运用可以更好地应对不同场景的需求。

（1）关系型数据库理论及优势

关系型数据库（Relational Database）是建立在严谨的关系数据模型基础上的，支持强事务，通过统一结构化语言（SQL）操作。关系型数据库主要面向事务（Transaction）设计，要求保证事务过程（Transaction Processing）的正确执行与数据的正确性，即使执行过程中遇到出错、断点、系统崩溃等异常也是如此。关系型数据库严格遵循 ACID 原则。

- 原子性（Atomicity）：保证一个事务被看作一个单元，事务中的所有操作，要么全部完成，数据库更新到新的状态，要么全部不完成，数据库状态保持不变。
- 一致性（Consistency）：保证一个事务执行前后的数据库状态都是有效的。有效状态（Valid State）是指事务完成后数据库的数据符合所有预定义的规则：约束

（Constraint）、级联（Cascades of Rollback）、触发器（Trigger）及其任意组合。一致性可以阻止数据库被非法的事务所破坏，例如参照完整性（Referential Integrity）保证了主键 – 外键关系。一致性并不保证从应用层看事务是正确的。

❑ 隔离性（Isolation），又称独立性：保证事务并发执行与串行执行所获得的数据库状态相同。为了提高数据库的处理效率，事务通常需要并行执行，例如多个事务同时读取和写入一个表。为了保持隔离性，需要对事务进行并发控制，不同级别的控制方法提供不同的效率与事务间影响的平衡。

❑ 持久性（Durability）：保证一旦事务被提交，即使存在系统故障，事务也一定是生效的。

为实现以上原则，数据库需要实现同步锁、多版本并发控制（MVCC）、日志（Log）等功能，例如在提交事务前，先把事务写入 WAL（Write Ahead Log）。关系型数据库无论是在理论，还是在技术、商业产品、产业生态方面都十分成熟，易于理解、方便使用、维护简单，除了支持事务，也支持一定量级的分析应用。

（2）关系型数据库在应对大数据时遇到的挑战

关系型数据库技术难以应对数据量大、增长速度快、高响应时效、内容丰富等大数据场景的数据处理要求，举例如下。

❑ **低延迟高并发**：大数据时代要求支持海量数据的高效存储和访问，但关系型数据库受事务、架构约束，随着数据量的增长，其读写性能会迅速下降，难以实现高并发、实时动态大数据量的获取和更新。

❑ **扩展性**：大数据时代用户量可能出现爆发式增长，需要数据系统具有快速扩展的能力，而关系型数据库难以方便、灵活、短周期、低成本地满足这一需求。

❑ **模型自由**：对于半结构化（如 JSON）、非结构化数据（如文档、影像），关系型数据库只能将其存储为一个二进制数据块，无法支持对数据内容的检索、分析等处理。

❑ **大规模的数据读取**：在进行数据统计分析时常常需要批量读取数据，随着数据量的增长，传统关系数据库在需要批量扫描对数据进行读取时效率不足。

常见的解决方案有两种：纵向扩展（Scale Up）与横向扩展（Scale Out）。对于关系型数据库，纵向扩展是提升单服务器的性能，这是 IOE（IBM、Oracle、EMC）类厂商给大型银行等机构提供的常见一体机解决方案，上限瓶颈明显，且成本高昂；横向扩展是通过读写分离、分库分表等方法在数据库设计与应用层实现的，这会使得应用层实现、维护都变得十分复杂和僵化，无法应对需求的快速变化。随着数据量的不断增长，我们需要不断调整方案，效率十分低下，且容易出错。

（3）NoSQL 数据库的特点

NoSQL 主要指非关系型、分布式、不提供 ACID 的数据库设计模式，支持快速大规模的水平扩展。对 NoSQL 最普遍的解释是"非关系型的"。NoSQL 是一组相互非常不同的数据库系统的泛称，并且难以用一个分类去划分。NoSQL 数据库的数据模型主要包括键 – 值模型（Key-Value）、列族模型（Wide Column）、文档模型（Document）、图模型（Graph）。另外，DB-ENGINES 网站将搜索引擎（Search Engine）系统也视为 NoSQL 数据库，但严格来讲，搜索引擎并不是普遍意义上的数据库。DB-ENGINES 网站还认为 NoSQL 包含 RDF 存储库、Native XML DBMS、内容存储库。

通过放松标准关系数据模型、ACID 原则要求支持，NoSQL 数据库具有如下优点：

❑ 更高的性能；
❑ 易于在不同节点上分布数据（如分片），从而实现扩展性（scalability）和容错能力（fault tolerance）；
❑ 通过使用无模式（schema-free）的数据模型来提高灵活性；
❑ 管理简化。

2. 键 – 值模型数据库

当前键 – 值数据库使用极其广泛，适用于高性能缓存场景，例如会话、用户配置、购物车等场景的数据存储，单条超低延迟读 / 写，高并发要求，内容简单且相互独立，但不适用于事务处理、多键关联数据、统计分析。Amazon 的工程师对他们自己的数据库查询和使用情况进行了分析，发现 70% 的工作负载都是单键值操作，而且键值操作很少使用 Oracle 数据库提供的关系功能，另外 20% 的工作负载访问也仅限于一个表，只有 10% 的工作负载需要跨多个键访问数据而使用到关系型数据库的功能。

（1）键 – 值模型简介

从使用方式来看，键 – 值模型数据库是最简单的 NoSQL 数据库。客户端可以根据键对其所对应的值进行 CRUD 操作。键值数据库支持的键值类型十分丰富。

键 – 值模型极大地简化了传统的关系数据模型，相当于只有两个字段的表。键 – 值模型的实现类似于 Map 结构，在键和值间建立映射关系。键 – 值模型数据库面向高效访问场景，使用非常广泛，典型的如 Memcached、Redis、DynamoDB。

（2）Redis

Redis 是开源的、键 – 值模型 NoSQL 数据库，适合在高速响应场景下作为数据缓存使用，同时提供持久化数据的能力。Redis 集群使用主从架构实现高可用。

Redis 不是简单的键值存储数据库，而是一个数据结构服务器。这里的值不局限于简单的字符串，还包括几种复杂的数据结构。Redis 的每条记录都有一个键和一个值。键是二进制安全的，这意味着可以使用任何二进制序列作为键，如可以是一个字符串，也可以是一个 JPEG 图片文件的内容，最大支持 512 MB，但太长的键会影响存储效率和查询效率。值支持五种数据结构类型：String、List、Hash、Set、Zset。不同数据结构类型的说明如下。

❑ List 是按照插入顺序排列的字符串列表。
❑ Hash 是字段和值都是 String 类型的映射表。
❑ Set 是成员为 String 类型的不重复无序集合。
❑ Zset（或 Sorted set）与 Set 的区别是每个元素关联一个分值，元素按分值从小到大排序。

为了支持多种值类型、优化存储、内存回收、共享对象等功能，Redis 的值存储使用一个内部定义的 RedisObject 结构体。该结构体包括五个字段：值的数据结构类型（type）、内部编码格式（encoding）、最后一次访问时间（lru）、被引用次数（refcount）、值或值的指针（*ptr）。该结构体在 64 位系统中占 16 个字节。Redis 支持多种数据结构类型，在不同的使用场景，Redis 会选择合适的内部编码，以节省内存或优化性能，最多可以省 90% 的内存（平均为 50%），并且这对于用户和 API 来说是透明的。内部编码涉及如下内容。

❑ String 有三种内部编码：int（8 字节）、embstr（≤ 44 字节）、raw（>44 字节）。

❑ 当 List 的元素较少时，使用 ziplist（压缩列表）存储；当元素增多，超过配置的阈值时，List 会自动转换为 linkedlist（双向链表）存储。ziplist 是 Redis 为了节约内存而专门开发的一种连续的数据结构。

❑ 同样，Hash 和 Zset 在数据量小时也使用 ziplist 存储，当超过配置的阈值后会分别转存为 hashtable（哈希表）和 skiplist（跳跃链表）。

❑ 当 Set 的元素较少时，使用 intset（整数集合）存储，当超过配置的阈值后则转存为 hashtable（哈希表）。

3. 列族模型数据库

列族模型数据库能够支持大量的动态列，与文档模型数据库具有相似的无模式特性，但实现方式完全不同。列族可以看作二维的键 - 值存储。注意，列族模型与列式存储不是一个概念。列族模型数据库支持低延迟单条数据读写、高并发、灵活的表结构调整，但不适合做需要大规模批量读取的统计数据分析。

（1）列族模型简介

在列族模型数据库中预先定义的是列族而不是列。一个列族下可以有很多个列，且每个列族下列的个数可以不一样。一个列族下的数据存储在一起。列族在建表的时候定义，一般是不可变的，但在后续的使用中还可以添加列。列族不需要像关系型数据库的列那样预定义数据类型，只要数据可以转为字节数组即可。比较常见的开源列族模型数据库有 Hbase、Cassandra/ScyllaDB。

（2）HBase

HBase 的设计思想来源于 2006 年 Google 发布的 Bitable 论文。HBase 是一个开源、分布式、可扩展、面向列族的 NoSQL 数据库，主要解决超大规模数据集的实时、随机访问等问题，其底层文件存储基于 HDFS。

HBase 采用主从架构，主要由 HBase Master（也称 HMaster）和 HRegionServer 构成，同时使用 ZooKeeper 协同管理。HBase 将表横向切分来实现分布式存储，将一个表分为多份（HRegion），同一个表的不同 HRegion 分布在不同的 RegionServer 上。HMaster 负责表的创建、删除等 DDL（数据库定义语言）操作，同时在新表上线、集群启动、负载均衡时，负责将各个表的 HRegion 分配至 RegionServer 上。ZooKeeper 维护集群中所有节点的状态，比如节点出现了故障等。

HBase 中的表由行和列族构成，列族对应的逻辑概念是存储。HBase 是先写内存，再将内存中的数据刷写至 HDFS，因此存储分为内存中的 MemStore 和 HDFS 上的 StoreFile。HBase 架构示意图如图 5-10 所示。

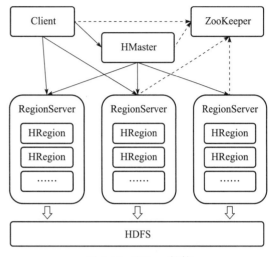

图 5-10　HBase 架构

4. 文档模型数据库

文档模型数据库是无模式的，适合处理半结构化数据，如日志、网页、内容等，无须将文档解析为独立字段的表，但支持按文档内的字段进行查询分析等操作，不适合复杂事务场景。

（1）文档模型简介

文档模型数据库用于储存、检索和管理面向文档的信息。与关系型数据库按字段处理不同，在文档模型数据库中，文档是信息处理的基本单位。文档格式其实是半结构化数据，一般是键值对的一个有序集，支持嵌套结构，例如 XML、JSON、BSON 等。文档模型没有预定义的模式，文档的键和值不要求固定类型和大小。常见的文档模型数据库有 CouchDB、MongoDB 等。

（2）MongoDB

MongoDB 不需要像关系型数据库那样预定义表结构，而是通过 BSON 将数据和结构保存在一起。参考关系型数据库的库、表、行、列（字段）等层次，MongoDB 的逻辑结构分层依次是库、集合、文档、字段，但这些库、集合的作用与关系型数据库中的库、表完全不同，主要是为了便于用户分类组织管理数据。

- **字段**：每个字段包含字段名和字段值两部分。字段名是字符串类型，区分大小写，字段名不能重复。字段值可以是 string、int、long、double、boolean、子文档、数组等。
- **文档**：MongoDB 中数据的基本存储单元。文档使用 BSON 结构表示，文档中的字段是有序的，不同序则是不同文档。每个文档都有一个默认的 _id 键，相当于关系型数据库中的主键，默认是 ObjectId 类型。若用户不显式定义文档的 _id 值，MongoDB 会自动生成。
- **集合**：集合由若干条文档记录构成，集合是无模式的，即集合中的文档可以拥有不同的结构。在集合上可以对文档中的字段创建索引。
- **数据库**：一个数据库中可以包含多个集合。

5. 图模型数据库

图模型数据库适合处理知识图谱、推荐、反欺诈、物流、社交关系等场景。近年来，图模型数据库是各种数据库类型中发展最快的。当前人气最高的图模型数据库仍然是 2007 年发布的开源图数据库——Neo4j，但 Neo4j 不支持横向扩展，在处理数据规模上受限于单机，集群模式仅用于高可用和提高查询性能。支持水平扩展的图模型数据库有从 Titan 发展来的 JanusGraph，其底层依赖 Hbase、ScyllaDB 等作为外部存储。分布式原生图模型数据库有 2019 年开源的 Nebula 和 2017 年发布的 TigerGraph（未开源）。

（1）图模型简介

图模型数据库使用图结构进行语义查询，主要是使用节点、边、属性来描述和存储数据。图模型可以高效地存储实体"关系"数据，这个"关系"与关系型数据库的含义不同。最常见的关系数据的例子是人与人之间的关系、知识图谱。

以图形式表达实体之间的关系非常便于关系的检索，无论是正向的还是反向的。如果使用关系型数据库处理"关系"数据，需要使用外键将数据关联起来，在检索时需要执行表间的 JOIN 操作，计算成本很高，且不便于反向关系查找。

图结构就是顶点、边以及属性的集合。

- **顶点**：图中的节点，每个顶点会有一个唯一的 ID，顶点可以拥有一个或者多个属性描述。

- **边**：边用来连接各个顶点，表达节点之间的关系，边可以是无方向的，也可以是单向或者双向的，边也可以拥有属性和 ID。

图通常使用邻接矩阵或邻接表等存储模式。邻接指的是顶点之间的关系，如果两个顶点之间有边，则这两个点互为邻接点。邻接矩阵与邻接表分别使用数组与链表作为基础存储数据结构，所以数组与链表的优缺点就是邻接矩阵与邻接表的优缺点。

- 邻接矩阵使用二维数组来存储图关系，矩阵的行和列都代表顶点，相同行号和列号对应同一个顶点。如果两个顶点之间存在关系，则在数组的相应位置存储相应的数字。对于无向图，则数组可以仅仅是 0、1 值，0 代表无关系，1 代表有关系。使用数组存放数据，可以实现数据的快速定位和更新，但如果对于顶点量大但边稀疏的图，例如路网图，会存在很大的存储浪费，因此邻接矩阵适合顶点少、关系稠密的关系图。

- 邻接表使用链表存储图关系，顶点信息存储在一个一维数组中，数组的每个元素是一个结构体，对应一个顶点，并且每个元素中存储一个指向该元素邻接点链表的指针。

（2）Neo4j

Neo4j 是一个有商业支持的开源图模型数据库，它是基于图原生底层存储设计，而不是嫁接在关系型数据库之上设计的。Neo4j 具有以下特点：ACID 事务处理模式、高可用性、可扩展到数十亿节点和关系、通过遍历可实现高速查询、强大的图形搜索能力。Neo4J 通过 Cypher 语言来操作数据库。Cypher 是当前图模型数据库领域主流的图查询语言之一。

Neo4j 不支持数据规模的水平扩展，但支持高可用集群模式 Neo4j HA。Neo4j 由独立的主数据库（Master）和从数据库（Slave）组成，Master 主要负责数据的写入，Slave 从 Master 同步数据更改，Slave 是 Master 的精确副本，以提高查询负载支持。如果 Master 失效，集群将选举出新的 Leader 作为新的 Master。

6. 搜索引擎系统

搜索引擎系统不是面向数据库场景设计的，但在某些场景可以替代数据库，作为存储系统，例如文档数据处理、数据分析。搜索引擎系统相对于提取数据系统具有如下特点：

❑ 全文检索；

❑ 词干提取；

❑ 复杂的搜索表达式；

❑ 搜索结果的排名和分组；

❑ 分布式搜索以实现高可扩展性。

搜索引擎系统需要的存储空间比其他数据库系统大很多，另外，为了提高搜索的性能，在插入和更新时需要消耗比较多的计算和存储资源去建立索引。流行的开源搜索引擎系统有 Elasticsearch、Solr，这两个都是在全文检索引擎工具包 Lucene 基础上实现的。

Elasticsearch 是一个分布式的开源全文搜索和分析引擎，适用于所有类型的数据，包括文本、数字、地理空间、结构化和非结构化数据。Elasticsearch 会存储文档并构建倒排索引，支持近实时的、快速的全文本搜索，可以找到包含词汇的全部文档。它通常与 Logstash 和 Kibana 配合使用，Logstash 进行日志采集，Kibana 做可视化展现，合称为 ELK，在日志处理领域应用非常广泛。

7. 关系模型 MPP 数据库

在需要大规模数据读取的数据分析场景，传统的单机数据库已无法满足需求，所以一些数据库厂商推出了 MPP 数据库一体机，但价格昂贵。这时运行在普通硬件集群上的开源 MPP 数据库软件出现了，最典型的就是 Greenplum。

（1）Greenplum 介绍

Greenplum 数据库系统是基于 PostgreSQL 开源技术开发的，实际上是由一组 PostgreSQL 数据库节点组合而成，可以作为一个单一数据库管理系统使用。PostgreSQL 是功能最为完善、健壮的开源关系型数据库，因此 Greenplum 也是所有开源 MPP 数据库系统中功能支持最为完善的。数据库用户与 Greenplum 数据库进行交互，就像与常规 PostgreSQL DBMS 进行交互一样。Greenplum 数据库的特点如下所示。

❑ 并行数据加载；

❑ 实现新的查询规划器；

❑ 可以使用追加优化（append-optimized）存储；

❑ 支持行存储，也支持列存储，可以针对每个表来指定。

（2）Greenplum 数据库架构

Greenplum 的设计初衷是管理大规模分析数据仓库和 BI 系统。Greenplum 数据库通过在多个服务器之间分布数据和工作负载来存储与处理大量数据，其体系架构实际上是由多台 PostgreSQL 数据库服务器组成的矩阵。

Greenplum 中的服务器节点按功能可分为两种：Master 实例和 Segment 实例。Greenplum 架构示意图如图 5-11 所示。

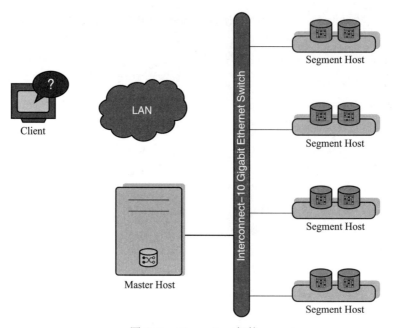

图 5-11　Greenplum 架构

Master 是 Greenplum 数据库系统的入口点，客户端通过 Master 上的数据库实例连接并提交 SQL 语句。Master 上存储全局系统目录，但不包含任何用户数据。Segment 上存储和处理实际数据，它是独立的 PostgreSQL 数据库，每个数据库都存储一部分数据并执行大部分查询处理。Master 协调所有 Segment 数据库实例的工作。当用户在 Master 节点上执行 SQL 查询时，Master 会将 SQL 以及 SQL Plan 分发到所有 Segment 节点，待 Segment 处理好后，再由 Segment 将数据发回 Master 节点。

Segment 运行在被称作 Segment 主机的服务器上。一台 Segment 主机通常运行 2 ～ 8 个 Greenplum 的 Segment，具体取决于 CPU 核数、RAM、存储、网络接口和工作负载。通常 Segment 实例所在主机应采用相同的配置，集群的互联网推荐采用万兆网络。

5.3.3　分布式消息传递系统

传统系统之间的交互使用消息队列（Message Queue）实现，随着分布式系统和大数据的需要，消息队列类组件的性能越来越好、功能越来越丰富，也称为消息中间件或消息传递系统。

使用此类组件的目的包括系统的解耦、实现系统间异步通信、应对并发高峰。在大数据处理环境中，由于其高吞吐量、高容错的需求，目前 Kafka 是采用率最高的分布式消息传递系统。

1. Kafka 介绍

Kafka 不单单是一个分布式消息传递系统，还是一个分布式的流平台。它最初由 LinkedIn 开发，于 2012 年由 Apache 孵化成为顶级项目。Kafka 与传统消息队列的区别是：消息持久化存储、消息消费后不删除（支持重放）、消费者之间相互独立、分布式架构、大吞吐量。Kafka 通常用于两类场景：构建可以在应用程序之间进行可靠数据传输的实时数据流管道；构建可以对数据流进行转换和响应的实时流应用程序。作为流平台，Kafka 需要具备三个关键功能：

❏ 发布和订阅消息流，即类似于消息队列或企业消息传递系统；

❏ 以容错的方式存储消息流；

❏ 在消息流产生的时候进行处理。

2. Kafka 架构

一个 Kafka 系统由多个 Producer、多个 Broker 和多个 Consumer 构成，其架构示意图如图 5-12 所示。

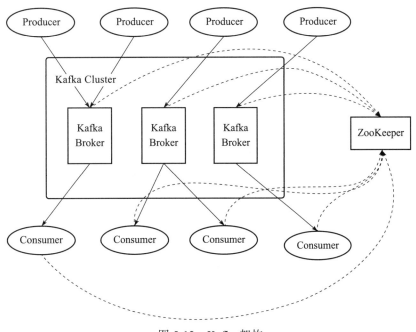

图 5-12　Kafka 架构

❑ Producer：消息生产者，即向 Broker 发送消息的客户端。

❑ Broker：消息中间件处理节点，一个 Kafka 节点就是一个 Broker。

❑ Consumer：消息消费者，即从 Broker 读取消息的客户端。

多个 Broker 构成一个集群，Broker 可以水平扩展，数量越多，集群吞吐率越高。Producer 使用推送（push）模式将消息发布到 Broker，Consumer 使用拉取（pull）模式从 Broker 订阅并消费消息。

Kafka 中的消息按 Topic（主题）和 Partition（分区）组织。Topic 在逻辑上可以理解为一个消息队列。Producer 需要将消息（日志）发送到指定 Topic 中，而 Consumer 则需要从指定 Topic 消费消息。

一个 Topic 可以分为多个 Partition，每个 Partition 对应一个目录，存储对应的数据和索引文件。每个 Partition 内部的消息是有序的、不变的，并且可以持续添加。分区中的消息都被分配了一个序列号，即 offset（偏移量），每个偏移量在同一个 Partition 中都是唯一的。

Kafka 集群使用可配置的保留策略持久保留所有已发布的消息，无论消息是否被消费。如果保留策略设置为两天，则在发布消息后的两天内，该消息可以一直被使用。消费者也可以任意设置偏移量并读取数据。一个消费者的操作不会影响其他消费者对此日志的处理。

5.4 大数据计算技术

分布式的并行计算框架，从数据处理时效角度可以分为离线的批处理框架和实时的流处理框架。当前最流行的批处理框架是 Spark，流处理框架是 Flink。

5.4.1 离线批处理

这里所说的批处理指的是大数据离线分布式批处理技术，专用于应对那些一次计算需要输入大量历史数据，并且对实时性要求不高的场景。目前常用的开源批处理组件有 MapReduce 和 Spark，两者都是基于 MapReduce 计算模型的。

1. MapReduce 计算模型

MapReduce 是 Google 提出的分布式计算模型，分为 Map 阶段和 Reduce 阶段。在具体开发中，开发者仅实现 map() 和 reduce() 两个函数即可实现并行计算。Map 阶段负责数据切片，进行并行处理，Reduce 阶段负责对 Map 阶段的计算结果进行汇总。

这里举一个通俗的例子帮助你理解。假如现在有 3 个人想打一种不需要 3～6 的扑克牌游戏，需要从一副扑克牌中去掉这些牌，过程描述如下：

第一步，将这一副牌随机分成 3 份，分给 3 个人，然后每个人一张张查看手中的牌，遇到 3 ～ 6 的牌就挑出去；

第二步，等所有人都完成上面的步骤后，再将每个人手上剩余的牌收集起来。

在这个过程中，第一步操作属于 Map 阶段，相当于对每张牌做一次判断（映射、函数运算），是否保留；第二步属于 Reduce 阶段，将结果汇总。

MapReduce 数据流图如图 5-13 所示。

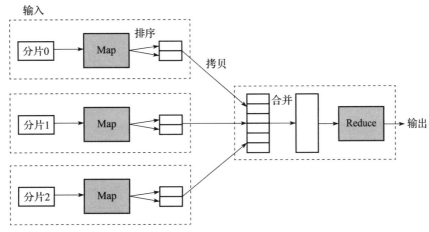

图 5-13　MapReduce 数据流图

MapReduce 处理的数据格式为键 – 值格式，一个 MapReduce 作业就是将输入数据按规则分割为一系列固定大小的分片，然后在每一个分片上执行 Map 任务，Map 任务相互独立，并行执行，且会在数据所在节点就近执行；当所有的 Map 任务执行完成后，通过缓存机制将分散在多个节点的键值相同的数据记录拉取到同一节点，完成之后的 Reduce 任务，最后将结果输出到指定文件系统，比如 HDFS、HBase。基于以上解释和描述，可以看出 MapReduce 不适合实现需要迭代的计算，如路径搜索。

2. Spark

Spark 是基于内存计算的大数据并行计算框架，最初由美国加州大学伯克利分校的 AMP 实验室于 2009 年开发，于 2010 年开源，是目前最主流的批处理框架，替代了 MapReduce。

整个 Spark 项目由四部分组成，包括 SparkSQL、Spark Streaming、MLlib、Graphx，如图 5-14 所示。其中 SparkSQL 用于 OLAP 分析，Streaming 用于流式计算的（微批形式），MLlib 是 Spark 的机器学习库，Graphx 是图形计算算法库。Spark 可在 Hadoop YARN、Mesos、Kubernetes 上运行，可以访问 HDFS、Alluxio、Cassandra、HBase 等数据源。

图 5-14　Spark 组件

Spark 使用先进的 DAG（Directed Acyclic Graph，有向无环图）执行引擎，支持中间结果仅存储在内存中，大大减少了 IO 开销，带来了更高的运算效率，并且利用多线程来执行具体的任务，执行速度比 MapReduce 快一个量级。

在 Spark 中，Spark 应用程序（Application）在集群上作为独立的进程集运行，由主程序（称为 Driver）的 SparkContext 中的对象协调，一个 Application 由一个任务控制节点（Driver）和若干个作业（Job）构成。Driver 是 Spark 应用程序 main 函数运行的地方，负责初始化 Spark 的上下文环境、划分 RDD，并生成 DAG，控制着应用程序的整个生命周期。Job 执行 MapReduce 运算，一个 Job 由多个阶段（Stage）构成，一个阶段包括多个任务（Task），Task 是最小的工作单元。在集群环境中，Driver 运行在集群的提交机上，Task 运行在集群的 Worker Node 上的 Executor 中。Executor 是运行在 Spark 集群的 Worker Node 上的一个进程，负责运行 Task，Executor 既提供计算环境也提供数据存储能力。在执行过程中，Application 是相互隔离的，不会共享数据。Spark 集群架构示意图如图 5-15 所示。

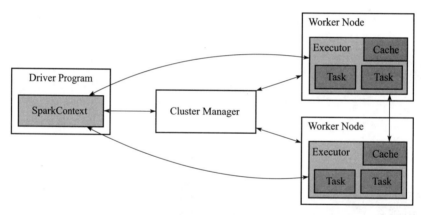

图 5-15　Spark 集群架构

具体来说，当在集群上执行一个应用时，SparkContext 可以连接到集群资源管理器（如 YARN），获取集群的 Worker Node 的 Executor，然后将应用程序代码上传到 Executor 中，再将 Task 发送给 Executor 运行。

Spark 的核心数据结构是 RDD（Resilient Distributed Dataset，弹性分布式数据集），只支持读操作，如需修改，只能通过创建新的 RDD 实现。

5.4.2　实时流处理

当前实时处理数据的需求越来越多，例如实时统计分析、实时推荐、在线业务反欺诈等。相比批处理模式，流处理不是对整个数据集进行处理，而是实时对每条数据执行相应操作。流处理系统的主要指标有以下几个方面：时延、吞吐量、容错、传输保障（如支持恰好一次）、易扩展性、功能函数丰富性、状态管理（例如窗口数据）等。

目前市面上有很多成熟的开源流处理平台，典型的如 Storm、Flink、Spark Streaming。三者的简单对比如下：Storm 与 Flink 都是原生的流处理模型，Spark Streaming 是基于Spark 实现的微批操作；Spark Streaming 的时延相对前两者高；Flink 与 Streaming 的吞吐量高，支持的查询功能与计算函数也比 Storm 多。总体来说，Flink 是这三者中综合性能与功能更好的流平台，当前的社区发展也更火热。

1. Flink 简介

Flink 最初由德国一所大学开发，后进入 Apache 孵化器，现在已成为最流行的流式数据处理框架。Flink 提供准确的大规模流处理，支持高可用，能够 7×24 小时全天候运行，支持 exactly-once 语义、支持机器学习，具有高吞吐量和低延迟的优点，可每秒处理数百万个事件，毫秒级延迟，支持具有不同的表现力和灵活性的分层 API，支持批流一体。

2. Flink 的架构

Flink 是一个分布式系统，可以作为独立群集运行，也可以运行在所有常见的集群资源管理器上，例如 Hadoop YARN、Apache Mesos 和 Kubernetes。

Flink 采用主从架构，Flink 集群的运行程序由两种类型的进程组成：JobManager 和一个或多个 TaskManager。TaskManager 连接到 JobManager，通知自己可用，并被安排工作。两者的功能如下所示：

❑ JobManager 负责协调 Flink 应用程序的分布式执行，完成任务计划、检查点协调、故障恢复协调等工作。高可用性设置需要用到多个 JobManager，其中一个作为领导者（leader），其他备用。

❑ TaskManager，也称为 Worker，负责执行数据处理流（dataflow）的任务，并缓冲和交换数据流。TaskManager 中资源调度的最小单位是任务槽（slot），TaskManager 中slot 的数量代表并发处理任务的数量。

Flink 架构示意图如图 5-16 所示。

客户端（Client）不是 Flink 运行程序的一部分，它在给 JobManager 发送作业后，就可以断开连接或保持连接状态以接收进度报告。

3. Flink 对数据的处理方式

流处理是对没有边界数据流的处理。执行时，应用程序映射到由流和转换运算符组成的流式数据处理流。这些数据流形成有向图，以一个或多个源（source）开始，以一个或多个输出（sink）结束。程序中的转换与运算符之间通常是一对一的关系，但有时一个转换可以包含多个运算符。Flink 流式处理步骤示例如图 5-17 所示。

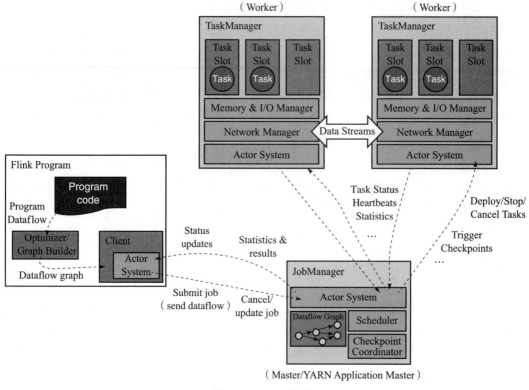

图 5-16 Flink 架构

```
DataStream<String>lines=env.addSource(                          ⎫
                    new FlinkKaf kaConsumer<>(...));              ⎬ 源

DataStream<Event> events=lines.map((line)–> parse(line));       ⎬ 转换

DataStream<Statistics> stats=events                              ⎫
        . keyBy(event–>event.id)                                 ⎪
        . timeWindow(Time.seconds(10))                           ⎬ 转换
        . apply (new MyWindowAggregationFunction());             ⎭

stats.addSink(new MySink(...));                                  ⎬ 输出
```

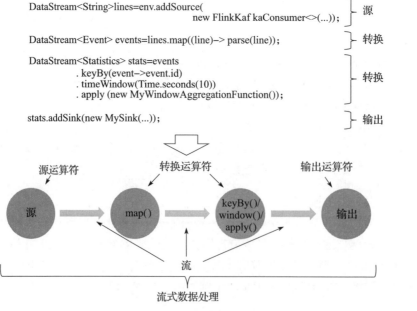

图 5-17 Flink 流式处理步骤示例

4. Flink 的接口抽象

Flink 为开发流、批处理的应用提供了四层抽象，实践中大多数应用程序是基于核心 API 的 DataStream/DataSet API 进行编程的，四层抽象从低到高的示意图如图 5-18 所示。

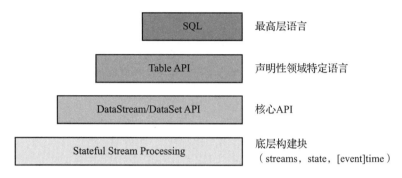

图 5-18　Flink 接口抽象层次

- Low-level：提供底层的基础构建函数，用户可以注册事件时间和处理时间回调，从而允许程序实现复杂的计算。
- Core API：DataStream API（有界 / 无界流）和 DataSet API（有界数据集）。基于这些 API，用户可以实现 transformation、join、aggregation、windows、state 等形式的数据处理。
- Table API：基于表（table）的声明性领域特定语言（DSL）。Table API 遵循（扩展的）关系模型，表具有附加的表结构（schema），并且该 API 提供类似关系模型的操作，例如 select、join、group-by、aggregate 等。Table API 的表达性不如 Core API，但优点是使用起来更为简洁，编码更少。Flink 支持在表和 DataStream/DataSet 之间进行无缝转换，因此可以将 Table API 与 DataStream/DataSet API 混合使用。
- SQL：此层是最高层的抽象，在语义和表达方式上均类似于 Tablc API，但是将程序表示为 SQL 查询表达式。

5.5　大数据分析技术

基于数据驱动的业务必然会运用数据分析技术。在线分析处理（Online Analytical Processing，OLAP）技术是大数据技术中快速解决多维分析问题的方法之一。由于 OLAP 需要快速读取大量数据，因此它对数据的读取吞吐量和计算效率有很高的要求。目前，基于大数据的 OLAP 技术一般从面向读的存储优化、预计算、支持灵活分析等方面不断提高，近几年出现了很多令人激动的产品。

5.5.1　OLAP 技术介绍

OLAP 技术让用户能够从多个角度交互地分析多维数据，从中发现规律，用来做决策支持。在分析过程中，用户需要获取和处理历史数据（一段时期内），有时也需要获取和处理实时数据，此时查询吞吐量和相应时间是关键性能指标。

1. OLAP 分析操作

OLAP 分析一般需要设计数据立方体，立方体由分析的维度（dimension）、层级（level）和指标（metric）来定义，支持上卷（roll-up）、钻取（drill-down）、切片（slicing）和切块（dicing）等分析操作。

- 上卷：将数据按一个或多个维度向更高层级聚合，例如基于县级销售额统计市级销售额。
- 钻取：上卷的反向操作。
- 切片和切块：从 OLAP 多维数据集中按选择维度的特定数值选取出一组特定的数据，例如一季度的所有数据。
- 切块：从 OLAP 多维数据集中按选择维度的特定数值区间选取出一组特定的数据，例如 2 月到 5 月的所有数据。

2. 与 OLTP 的区别

与 OLAP 相对的是 OLTP。OLTP 的全称是联机事务处理（Online Transaction Processing），是传统关系型数据库的主要应用。OLTP 的特点是实现插入、更新、删除等事务的在线处理，但系统需要保证事务的完整性，满足 ACID 原则。在 OLTP 中，事务的吞吐量是关键性能指标，以每秒事务数来衡量效率。

由于严格的约束限制，支持 OLTP 的数据系统通常无法满足 OLAP 大规模数据读取与处理的需求，二者对数据读取的吞吐量要求相差不止一个量级，因此 OLAP 系统的技术选型一般与 OLTP 不同，数据的组织方式也不同。

5.5.2　实时 OLAP 系统的两种架构模型

随着 DT 时代的到来，越来越多的业务需求要求大数据系统既能处理历史数据，又能进行实时计算，同时越来越要求运营的时效性，以便即时评估运营活动效果，即时调整策略。针对实时大数据统计分析系统，有两种架构设计路线：Lambda 和 Kappa。

- Lambda 架构包含三层：批处理层（Batch Layer）、速度层（Speed Layer）和服务层（Serving Layer）。批处理层对历史数据进行预处理，速度层处理新增实时数据，服务层实现上述两层处理结果的融合，将其合并为统一视图，为用户提供全时域数据分析查询。每层可以分别选择合适的大数据组件来构建系统，比如用 Spark 构建批处理层、用 Flink 构建速度层。
- Kappa 架构在 Lambda 架构的基础上去掉了批处理层，对速度层进行了改进，使其既能够支持实时数据处理，又能够支持历史数据处理。Kappa 架构只有实时层和服务层。Kappa 架构通常是将流式框架中的数据通道替换成消息队列（如 Kafka），可以设定一定的保留期限，如分析逻辑改变，重新从消息队列消费数据处理即可。

实时 OLAP 系统的两种架构模型对比如图 5-19 所示。

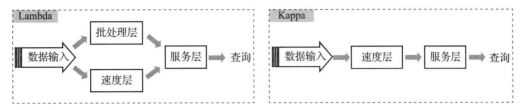

图 5-19　实时 OLAP 的两种架构模型对比

两种架构模型的优缺点对比如下：

❑ Lambda 架构具有很好的灵活性、可扩展性和容错性，但分别处理历史数据与实时数据时常常出现处理逻辑或计算结果不一致的情况，另外系统建设和维护复杂。

❑ Kappa 架构只需维护一套代码，可以做到数据处理逻辑与计算结果的一致性。Kappa 架构并不是 Lambda 架构的替代品，二者的应用场景不同。Kappa 架构由于全部采用流式处理，数据处理吞吐量不如 Lambda 架构，处理资源成本也较高。

5.5.3　OLAP 相关技术分类

按照数据模型可将 OLAP 相关技术分为 MOLAP、ROLAP 和 HOLAP 3 种类型：

❑ MOLAP 表示 Multidimensional OLAP（多维型 OLAP），一般是基于预计算生成多维数据立方体；

❑ ROLAP 是指 Relational OLAP（关系型 OLAP），一般不进行预计算，直接关联事实表与维度表进行查询；

❑ HOLAP 是指 Hybrid OLAP（混合型 OLAP），是混合利用 MOLAP 和 ROLAP 方法，综合二者的优缺点。

按照实现的技术方法可将 OLAP 相关技术分为 MPP 架构、预计算和搜索引擎三类。

❑ **MPP 架构**：最常见的 OLAP 引擎架构，MPP 架构具有完全的可伸缩性、高可用、高性能、高性价比等优势。此类又分两种，一种是 MPP 数据库，它基于关系数据模型建立数据仓库的主要技术选型，是大数据场景 ROLAP 的实现方法，典型的产品是 Greenplum、ClickHouse；另一种是 MPP 分析引擎，它仅基于 MPP 架构实现计算功能，数据存储则依赖于其他存储系统（如 HDFS），典型的产品有 Presto、Impala。

❑ **预计算**：基于定义的数据立方体，在明细表上进行预计算，在多维分析时仅执行查询操作，是实现 MOLAP 的典型方法。优点是查询时如果命中预计算结果则几乎没有延迟，适合对超大原始数据集的分析，可实现秒级响应；缺点是预计算量大、不灵活、支持维度有限（否则存在维度灾难）、查询延迟时间不稳定（取决于是否命中预计算结果）。典型的产品如 Apache Kylin，也有产品通过控制预计算的程度以避免预计算量太大，如 Druid。

❑ **搜索引擎**：在入库时将数据转换为倒排索引，在搜索类查询上能做到亚秒级响应，但是对于扫描聚合为主的查询，随着处理数据量的增加，响应时间也会退化到分钟级。另外，搜索引擎对存储消耗很大。典型的产品如 Elasticsearch、Solr。

三种技术方法的优缺点及适用场景对比如表 5-2 所示。

表 5-2　三种技术方法的优缺点及适用场景对比

技术方法	MPP 架构	预计算	搜索引擎
优点	支持任意的 SQL 表达，无数据冗余和预处理	支持超大原始数据集，高性能、高并发	强大的明细检索功能，同时支持实时与离线数据
缺点	大数据量、复杂查询下分钟级响应，不支持实时数据	不支持明细数据查询，需要预先定义维度、指标	大数据量、复杂查询下分钟级响应，不支持 JOIN、子查询等
适用场景	对灵活性非常高的即席查询场景	对性能要求非常高的 OLAP 场景	中小数据规模的简单 OLAP 分析场景

针对这三种技术实现方法，该如何做技术选型呢？ OLAP 技术需要考虑系统的数据量、性能和灵活性三个方面，但是目前还没有一种方法能同时在这三个方面做到完美，在设计时需要在这三个方面之间做出取舍。比如 MPP 架构，它有很好的数据量和灵活性的支持，但是它的性能无法保证，随着计算量和复杂度的增加，响应时间可能从秒级变为分钟级甚至小时级。而预计算系统和搜索引擎技术方法则是通过牺牲灵活性来换取高性能。另外，还要考虑是否需要查询明细数据等辅助需求。

5.5.4　OLAP 技术典型流行产品示例

本节介绍两个 Hadoop 体系兼容的 OLAP 产品，一个是基于 MPP 架构的 OLAP 引擎——Impala，一个是基于预计算方法的 OLAP 引擎——Kylin。

1. Impala

Impala 属于 SQL on Hadoop 的开源 MPP 分析引擎，可在 Hadoop 集群上运行。它由 Cloudera 公司主导开发，作为 Hive 的高性能替代品，用于大数据实时查询分析。Impala 提高了 Apache Hadoop 的 SQL 查询性能，同时保留了熟悉的 Hive 用户体验，采用 SQL 语法（Hive SQL），使得 Hive 的用户可以顺畅地迁移到 Impala 上。Impala 采用与基础数据存储引擎分离的设计，使用 HDFS 和 HBase 作为数据存储，并从 Hive 获取元数据，这是它与传统关系型数据库系统的主要区别。传统关系数据的查询引擎与存储引擎是紧密耦合的。

为了避免延迟，Impala 避开了 MapReduce，通过专门实现的分布式查询引擎直接访问数据，比 Hive 快几个数量级。

Impala 的优点如下所示。

❑ 在数据所在节点对数据进行本地处理，避免网络传输瓶颈；

❑ 支持线性扩展；

❑ 与 Hadoop 体系使用相同的基础设施，直接利用 Hadoop 体系的元数据、安全和资源管理；

❑ 直接读取 Hadoop 系统中的数据，无须进行高成本的数据格式转换；

❑ 所有数据均可立即查询。

Impala 由三个服务组成：Impala 主进程（Impala daemon）、StateStore 进程和 Catalog 进程。

❑ Impala 主进程：负责接收客户端的查询请求，协调请求在集群中的执行，并负责执行一个查询片段。Impala 主进程包含三个子模块：Query Planner、Query Coordinator、Query Exec Engine。每台服务器上会运行一个 Impala 主进程（与 HDFS 的 DataNode 在同一个主机上运行），所有的 Impala 主进程都是对等的。Impala 主程序与 StateStore 进程保持持续通信，以确认哪些节点的主进程是健康的并可以接收新工作。

❑ StateStore 进程：充当 Impala 的 Catalog 储存库和元数据访问网关，会检查集群中所有 Impala 主进程的运行状况，并将发现结果不断传递给每个主进程。

❑ Catalog 进程：将 Impala SQL 语句的元数据更改传递到集群的所有 Impala 主进程中。

Impala 架构示意图如图 5-20 所示。

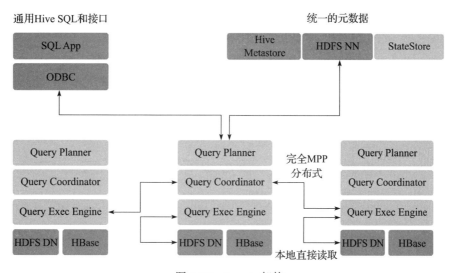

图 5-20　Impala 架构

2. Kylin

Apache Kylin 是一个开源的分布式分析引擎，提供 Hadoop、Spark 之上的 SQL 查询接口及多维分析能力以支持超大规模数据，最初由 eBay 开发并贡献至开源社区。

Kylin 通过三步支持查询。

❑ 模型定义：定义数据集的星形或雪花形模型。

❑ 预计算：通过数据立方体计算引擎（Cube Build Engine）组件对明细数据进行离线计

算，生成用于查询的数据立方体（OLAP Cube），并将 Cube 数据存储于 HBase 中。

❑ 在线查询：在线查询时通过标准 SQL 或 RESTful API，查询引擎（Query Engine）首先对预计算的数据立方体进行查询，如果命中缓存，则可以实现秒级响应，如果没有命中缓存，则进行实时计算，延迟会比较高。

Kylin 原理示意图如图 5-21 所示。

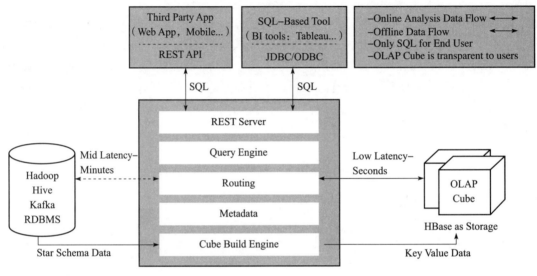

图 5-21　Kylin 原理

Apache Kylin 的特性如下所示。

❑ 能够处理百亿规模数据，可扩展，预计算生成数据立方体，在线查询亚秒级响应。

❑ 兼容 Hadoop 体系。

❑ 提供标准 SQL，支持大部分查询功能。

❑ 能与 BI 工具的无缝整合，如 Tableau。

5.6　数据科学技术

本节主要介绍与机器学习相关的基础知识，包括机器学习任务概述、算法通用构建流程、评价指标等，并在此基础上针对有监督、无监督机器学习中的常用算法进行简要介绍，希望可以使读者对机器学习的流程、整体概念及常用算法有一定的了解。

5.6.1　机器学习的基础概念

本节主要从机器学习任务分类、算法通用构建流程等方面来对机器学习的基础概念进行阐述。

1. 机器学习任务概述

（1）什么是机器学习算法

机器学习算法是指能够从给定的数据中自动学习得到规律，并能够利用学到的规律对未知的数据进行预测的一类算法。

机器学习算法与普通的计算机算法在决策方面有着明显的区别，可以这样理解，普通的计算机算法中的"决策规则"是人工预设的，而机器学习算法是从给定的大量数据中自动"学习"得到"决策规则"。

例如，小王去菜市场买苹果，妈妈告诉他"买圆的、红的才好吃"，小王去菜市场按照"if（红 & 圆）then 买"的规则，一个苹果也没有买到，因为市场只有黄元帅苹果在销售。如果小王是机器学习算法工程师，他可以找一些关于什么样的苹果好吃以及什么样的苹果不好吃的评论，然后利用机器学习算法针对数据进行建模，从而确定苹果是否好吃的评判标准。建模的过程中用到的描述苹果的不同维度数据称为特征，比如颜色、大小、是否有磕碰、是否有褶皱等，而需要建模的目标——苹果是否好吃，称为学习目标。

（2）机器学习任务分类

传统机器学习任务从训练样本是否自带 y 值（target）来看，可以分为：

❏ 有监督机器学习任务；

❏ 无监督机器学习任务。

举例来讲，如果小王要做的事情是根据已经标记"好吃 / 不好吃"的一组苹果数据来构建模型用以判断苹果是否好吃，那么当前的任务就是一个典型的有监督二分类机器学习任务。如果用于建模的数据没有标记是否好吃，只有每个苹果的描述信息，此时可以通过各个苹果的描述特征对该组苹果数据进行聚类，聚类结束之后可以人工判断哪些聚簇的苹果好吃，为下次购买做准备，这就是无监督机器学习任务。

在有监督机器学习任务中，分类任务又分成二分类任务和多分类任务，二分类任务一般是多分类任务的特例，主要区别是要建模的目标取值是两个值还是多个值。回归任务要解决的问题是目标取值不再是二类或多类，而是连续值，比如根据苹果的描述特征预测其价格。而无监督机器学习任务中除了聚类之外，还有一类叫作降维的子任务，该任务通过降维来将原始的高维特征降低到低维稠密特征或比较重要的 top 特征，进而作为下游机器学习任务的输入。

综上所述，从任务类型角度来看，机器学习算法分类如表 5-3 所示。

表 5-3　机器学习算法分类

一级分类	二级分类	三级分类
有监督机器学习任务	分类任务	二分类任务
		多分类任务
	回归任务	
无监督机器学习任务	聚类	
	降维	

2. 算法通用构建流程

上文讲到不同的机器学习算法能够从给定的数据中学习到一定的"规律"，那么这一"规律"到底是如何通过给定数据学习到的呢？机器学习过程是一个不断迭代优化的过程，迭代的是什么？优化的又是什么呢？下面将从比较通用的角度来阐述有监督模型的构建流程。

（1）确定优化目标

首先需要确定一个优化目标，而且这个目标需要满足可量化、可优化的基本要求。

以小王训练的二分类模型为例，如果建模目标是对苹果是否好吃做出尽可能准确的判断，那么这个可量化、可优化的函数可以是一个 logloss 损失函数，其中 n 是样本个数，y_k 为第 k 个样本的真值（苹果好吃标记成 1，不好吃标记成 0），p_k 为模型预测第 k 个样本取值为 1（苹果好吃）的概率。为什么 logloss 能够作为我们优化的目标呢？极端来讲，logloss 会在所有样本都正确分类（$y_k=1$，$p_k=1$；$y_k=0$，$p_k=0$）的情况下取得最小值 0，在所有样本都错误分类的情况下取得正无穷。如果我们可以找到一组模型参数，使得在这组参数下，训练样本对应的 logloss 取得最小值，那么这组参数所确定的模型对训练样本来说就是最优的。

但是，我们所追求的最终目标并不是模型在训练样本上表现优异，而是所训练的模型有较好的泛化能力，也就是能够对之前没有见过的样本做出准确的判断。正是由于这个差别的存在，模型的优化目标除了损失函数（也叫经验风险）之外，还需要加上结构风险惩罚项来抑制模型复杂程度，比如逻辑回归中 L1 和 L2 正则、XGBoost 中衡量树模型复杂程度的叶子节点个数及迭代轮数，来降低"过拟合风险"以提高模型的泛化能力。其中正则化系数 λ 用于调节结构风险和经验风险在目标函数中的贡献比例。

$$\text{loss\_func} = \text{logloss} = \frac{1}{N}\sum_{i=1}^{N}(y_i\log(p_i)+(1-y_i)\log(1-p_i))$$

$$\text{obj\_func}=\text{loss\_func}+\lambda\Omega$$

（2）选择算法模型

当定义好待优化的目标函数之后，就可以选择具体的算法模型来对样本进行建模了。所谓不同的算法就是从样本的特征到样本的预测值之间的映射函数不同。将映射函数记作 f，X 表示样本的特征，p 表示模型 f 对样本 X 的预测结果为正样本的概率，W 为模型参数，也就是进行模型训练的最终产物。当确定要使用的算法模型（比如 LR、SVM、DNN）确定后，就意味着映射函数 f 将只是模型参数 W 的函数。将这一定义带入 loss_func 的定义中，可以得到 loss_func 是参数 W 的函数，而其他输入都已知，比如 X 的特征及真值以及预设的超参数（比如正则化系数 η）。

$$p=f(X; W); \text{loss\_func}=L(W)$$

（3）模型求解，即模型训练

当定义好待优化的目标函数及选定具体的算法模型后，就可以来确定满足 argmin_W $L(W)$ 的 W 作为模型最终的参数，这也是模型训练优化的过程。有些读者可能会想，既然

已经有了 $L(W)$ 的定义公式，那么利用高等数学求解使 $L^{(1)}(W)=0$；$L^{(2)}(W)>0$ 的点就可以顺利找到最完美的 W。想法固然没错，但是在绝大多数情况下，上述的公式是没有解析解的，也就是无法直接求解出满足条件的 W。既然没有解析解，为了找到满足条件的 W，我们还可以怎么做呢？穷举法也许是另一种选择，但是一般情况下 W 的维度一般是几百甚至上亿维，这种情况下运算时间复杂度和资源消耗是无法估量的。其他的一些改进穷举法的方法（比如贝叶斯优化）也存在相同的问题。

既然上述两种方法都行不通，数学上还有另外一种算法，也就是优化算法可以解决这个问题。常用的优化算法有：

❑ 基于一阶信息梯度下降法；

❑ 基于二阶信息的牛顿法；

❑ 梯度下降法的各种演化变形（Momentum、RMSProp、Adam 等）、各种拟牛顿法（DFP、BFGS、LBFGS 等）。

（a）梯度下降法介绍

下面先从梯度下降法来看如何寻找最优的 W 以满足 $W=\mathrm{argmin}_W L(W)$。为了讲解梯度下降的工作原理，我们先来回忆一下泰勒展开公式。泰勒公式是将一个在 $w=w_0$ 处具有 n 阶导数的函数 $f(w)$ 利用关于 $(w-w_0)$ 的 n 次多项式来逼近函数的方法。$f(w)$ 在 w_0 附近的泰勒展开公式如下：

$$f(w) = f(w_0) + \frac{f^{(1)}(w_0)}{1!}(w-w_0) + \frac{f^{(2)}(w_0)}{2!}(w-w_0)^2 + \cdots + \frac{f^{(n)}(w_0)}{n!}(w-w_0)^n + R_n(w)$$

迭代的旅程：有了这一公式，我们就可以探讨如何通过梯度下降法来不断迭代并找到满足要求的参数组合 W。通常，由于无法得知损失函数 $L(W)$ 在参数空间中的分布情况，所以需要首先选定一个初始的参数组合 W_0，这一过程既可以随机选取也可以添加一定的参数初始化策略（比如使用预训练的模型参数 transfer 到当前模型作为初始化参数），从下一个时刻起，就即将进入迭代优化的旅程。

迭代的方向：虽然我们不知道 $L(W)$ 在空间中的分布情况，但是至少可以利用一阶泰勒展开 $L(W) \approx L(W_0)+L^{(1)}(W_0)(W-W_0)$ 在的邻域内使用一个超平面 $L^*(W)=L(W_0)+L^{(1)}(W_0)(W-W_0)$ 来模拟 $L(W)$，有了这个超平面 $L^*(W)$，就可以确定下一个迭代方向。从数学上的角度来看，梯度的方向是函数增长速度最快的方向，那么梯度的反方向就是函数减少最快的方向，也就是取 $W_1=W_0-\eta L^{(1)}W_0$ 时 $L^*(W_1) \leqslant L^*(W_0)$。也可以从另外的角度来看这个问题，如果将 W_1 迭代公式带入 $L^*(W)=L(W_0)+L^{(1)}(W_0)(W-W_0)$ 可得 $L^*(W_1)=L(W_0)+L^{(1)}(W_0)(W_0-\eta L^{(1)}(W_0)-W_0)=L(W_0)-\eta L^{(1)}(W_0)^2$，由于 η 用于控制步长是一个正数，所以也能从另外一面验证 W_1 沿着 W_0 的负梯度方向进行迭代会使得函数值减小。

迭代的步长：由于 $L^*(W)$ 只是 $L(W)$ 在点 W_0 邻域内的一个估计，所以 $L^*(W)$ 的取值也只能在 W_0 的一个邻域内代表 $L(W)$，而步长 η 可以控制下一个迭代点迈出的步子大小，如果步子迈太大可能导致 W_1 远离 W_0 进而错过最优解并且在最优解的左右来回震荡，如果步子迈太小就会导致模型收敛速度较慢，以至耗费更长的时间和更多的计算资源。

避免局部最优：理论上讲，如果 $L(W)$ 是凸函数，那么找到的局部最优解就是全局最优解，即 $L^{(1)}(W)=0$ 需停止迭代。实际上，在大部分的情况下，待优化的目标函数都不是严格的凸函数，假设 t 时刻的一阶导数为 0，即 $L^{(1)}(W_t)=0$，如果严格按照迭代公式 $W_{t+1}=W_t-\eta L^{(1)}(W_t)=W_t-\eta*0=W_t$，此时将导致算法无法继续迭代从而陷入局部极小点或者鞍点，因此需要对原始的梯度下降法进行优化。Momentum 就是一种为了解决上述问题而提出的优化算法，该方法会使用前面若干轮的梯度均值作为当前点的梯度，使得就算在迭代到某个点时的梯度为 0，也会由于梯度均值不为 0 而继续迭代。RMSProp 则是从迭代速度角度对梯度下降法进行优化，主要解决因某个方向上的梯度太小，每次迭代前进的步长也比较小，导致整体的迭代速度比较慢的问题。RMSProp 通过引进前面若干轮梯度平方和的开平方作为步长的分母来让梯度小的方向步子迈大一些以加快迭代，让梯度大的方向步子迈小一些以避免在该方向上震荡。其他的一阶优化算法基本思路都与此相似。

（b）牛顿法

关于二阶优化算法，大家也可以参考相关文献。这里以牛顿法为例来简单介绍。牛顿法使用二阶泰勒展开（曲面）来逼近目标函数，从而确定下一步迭代的方向。由于在计算过程中涉及 Hessian 矩阵，继而出现一些拟牛顿法来减少计算量，比如 DFP、BFGS、LBFGS，感兴趣的读者可自行查阅。

（4）效果评估

模型训练完毕就到了效果评估环节，目的是指导模型的进一步优化方向及评估模型的泛化效果从而指导模型上线。

有监督机器学习模型的评估流程一般是看评价指标在训练集与测试集上的效果。具体分析如下。

❑ **欠拟合**：如果模型在训练集上的评价指标较差，那么模型就陷入了欠拟合，此时需要提升模型的复杂程度，比如添加更多的特征、提高树的深度、调低正则化系数等。

❑ **过拟合**：如果模型在测试集与训练集上的评价指标相差较多，即模型在训练集上的效果较好，但是在没有见过的样本上的效果较差，那么模型就陷入了过拟合，此时需要降低模型的复杂程度，比如删减特征、削减树的深度、增加正则化、使用 early stopping 等操作。

常用的有监督机器学习模型评价指标如下。

（a）分类任务

❑ 二分类任务

混淆矩阵（Confusion Matrix）是有监督机器学习模型效果评估的一个工具，主要用于比较分类结果和真实标签，如图 5-22 所示。矩阵中的每一行代表实

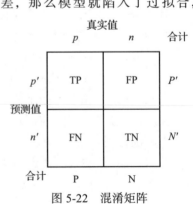

图 5-22　混淆矩阵

例的预测结果，每一列代表实例的真实结果。

❑ 真正（True Positive，TP）：左上格，被模型预测为正的正样本。

❑ 假正（False Positive，FP）：左下格，被模型预测为正的负样本。

❑ 假负（False Negative，FN）：右上格，被模型预测为负的正样本。

❑ 真负（True Negative，TN）：右下格，被模型预测为负的负样本。

准确率：(TP+TN)/(TP+TN+FP+FN)，即被正确分类的样本占总样本的比例。

精确率：TP/(TP+FP)，即被正确分类的正样本占模型预测为正样本的所有样本的比例。

召回率：TP/(TP+FN)，即被正确分类的正样本占所有正样本的比例。

F1：$\dfrac{2*\text{precison}*\text{Recall}}{\text{precision}+\text{Recall}}$，精确率和召回率存在此消彼长的关系，而 F1 可同时考虑这两个指标。

ROC/AUC：ROC 曲线（Receiver Operating Characteristic Curve）的横坐标是假正率（FP/TN+FN），纵坐标是真正率（TP/(TP+FN)），它通过将模型预测分值从高到低遍历切分正负样本（大于该得分，结果为正，反之为负）来得到图中的每个点，进而画出如图 5-23 所示曲线。ROC 曲线下的面积即 AUC 指标。AUC（Area Under Curve of ROC，ROC 曲线下与坐标轴围成的面积）指标的实际意义是衡量模型的排序能力，也就是从模型打分结果中随机取出一个正样本和一个负样本，正样本的预测分值比负样本的预测分值高的概率。测试集上的 AUC 越高，表示模型对样本的排序效果越好，泛化能力越强。评价指标 ROC 曲线与 AUC 面积示意图如图 5-23 所示。

logloss：相关计算方式见前文目标函数部分，测试集上的 logloss 越小，模型效果越好，泛化能力越强。

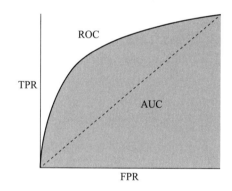

图 5-23　评价指标 ROC 曲线与 AUC 面积

❑ 多分类任务

交叉熵（Cross Entropy）：上文介绍的 logloss 是 Cross Entropy 的特殊情况，计算公式是

$$\text{loss} = -\frac{1}{N}\sum_{i=1}^{N} y_{ij}\log(p_{ij})$$，其中当第 i 个样本的类别是 j 时，y_{ij} 的值为 1，否则为 0，p_{ij} 为第 i 个样本预测为第 j 类的概率。

混淆矩阵（Confusion Matrix）：与前文介绍二分类时的混淆矩阵一致，只是原有的 2 行 2 列变成 n 行 n 列（n 为分类个数），混淆矩阵主对角线上的值为该类的召回比例。

（b）回归任务

回归任务的评价表容易理解，其中 $\hat{y}$ 为模型预测结果，y 为样本的真实值，N 为样本的个数。

$$\mathrm{MAE} : \frac{1}{N}\sum_{i=1}^{N}|y_i - \hat{y}_l|$$

$$\mathrm{MSE} : \frac{1}{N}\sum_{i=1}^{N}\|y_i - \hat{y}_l\|_2^2$$

MSE 作为回归模型的评价指标时会受异常点的影响，为了解决这个问题提出了 Hubeer Loss 等不同衡量方法。

至此，机器学习的相关概念和脉络已经介绍完毕。

5.6.2 有监督机器学习算法

本节将介绍几类有监督机器学习相关的典型算法，从简到繁主要涉及线性模型、树模型和神经网络模型。其中线性模型主要介绍线性回归和逻辑回归；树模型则从基础的决策树开始介绍，再到随机森林；神经网络模型则主要介绍典型的全连接网络和 CNN 及 RNN。

1. 线性模型

下面主要介绍两个模型，首先介绍用于回归任务的线性回归，再介绍用于二分类任务的逻辑回归，用于多分类任务的 Softmax 则是逻辑回归的更一般形式，感兴趣的读者可以自行参考相关文献。

（1）线性回归

线性回归（Linear Regression），是用线性函数解决回归问题。以小王需要预测每个苹果的售价为例，假设小王已经有 N 个苹果的售价数据，第 i 个苹果的售价是 y_i，描述第 i 个苹果的特征则是 $X_i = (x_{i1}, x_{i2}, x_{i3}, \cdots, x_{in})$，共 n 个特征，模型对第 i 个苹果的售价的预测值记为 $\hat{y}_l$。

按照一般的机器学习建模流程可知，我们首先需要确定目标函数，此处选择 obj_func= $\frac{1}{2N}\sum_{i=1}^{N}\|y_i - \hat{y}_l\|_2^2 + \frac{\lambda}{2}\|W\|_2^2$ 作为目标函数，同时由于已经确定使用线性回归，那么线性回归的

映射函数为 $\hat{y} = w_0 + \sum_{j=1}^{n} w_j x_j$，其中 w_0 为模型偏置项，w_j 为第 j 个特征对应的参数，找到使得 obj_func 最小的 $W^* = (w_0, w_1, \cdots, w_n)$ 即模型训练的目标。将该映射函数带入 obj$_\text{func}$ 后可得线性回归的目标函数：

$$\mathrm{obj\_func}_{\mathrm{linear_{regression}}} = \frac{1}{2N}\sum_{i=1}^{N}\|y_i - \hat{y}_l\|_2^2 + \frac{\lambda}{2}\|W\|_2^2$$

$$= \frac{1}{2N}\sum_{i=1}^{N}\left(y_i - \left(w_0 + \sum_{j=1}^{n} w_j x_{ij}\right)\right)^2 + \frac{\lambda}{2}\sum_{j=1}^{n} w_j^2$$

此时可以利用上文讲到的优化算法来寻找 W^*。为了简化问题，可以采用梯度下降法来寻找模型参数，具体可以采用如下步骤进行。

1）初始化时刻 $t=0$ 的参数 $W_t = W_0 = (w_{00}, w_{10}, w_{20}, \cdots, w_{n0})$，可通过随机初始化来设定。

2）利用线性回归映射函数 $\hat{y}$ 计算每个样本在当前时刻 t 下的预测值，第 i 个样本的预测值通过 $\widehat{y_{lt}} = w_0 + \sum_{j=1}^{n} w_{jt} x_{ij}$ 来获取，其中 x_{ij} 代表第 i 个样本的第 j 个特征取值，w_{jt} 代表第 j 个特征在时刻 t 对应的参数取值情况。

3）根据梯度下降法 $w_{t+1} = w_t - \eta \frac{\partial(\text{obj\_func})}{\partial(w)}(w_t)$ 更新每个参数：

❑ 由于目标函数对偏置项 w_0 的偏导数比较特殊，此处单独给出：$w_{0(t+1)} = w_{0t} - \eta\left(\frac{1}{N}\sum_{i=1}^{N}(\hat{y}_l - y_i) + \lambda w_0\right)$；

❑ 其他的参数则由如下迭代公式给出：$w_i(t+1) = w_{it} - \eta\left(\frac{1}{N}\sum_{i=1}^{N}(\hat{y}_l - y_i)x_i + \lambda w_i\right)$。

4）执行上述步骤 2 和 3 直到迭代终止，迭代终止条件可以是达到最大迭代次数、触发 early_stopping，也可以是到达局部极小点（如果原始目标函数非凸，此时局部极小无法保证全局最小）。

（2）逻辑回归

逻辑回归（Logistic Regression）用于解决二分类问题，是一种广义线性模型。回到小王判断苹果是否好吃的例子上，假设小王已经有了 N 个苹果是否好吃的分类数据，将第 i 个苹果是否好吃标记为 y_i，描述第 i 个苹果的特征则是 $X_i = (x_{i1}, x_{i2}, x_{i3}, \cdots, x_{in})$，共 n 个特征，模型对第 i 个苹果是正例（好吃）的预测值记为 $\hat{y}_l$。

与线性回归不同的是，逻辑回归需要预测的是一个二分类问题，模型需要对第 i 个样本属于正例的概率进行预测，也就是 $\hat{y}_l = P(y=1|X_i)$，而概率需要介于（0，1）之间，在这种情况下，如何从线性回归的预测值范围（$-\infty$，$+\infty$）映射到二分类问题的（0，1）呢？逻辑回归通过 Sigmoid 函数 $\left(\text{Sigmoid}(x) = \frac{1}{1 + \exp(-x)}\right)$ 来解决这个问题，由 Sigmoid 函数可知，它是一个 S 型曲线，且值域为（-1，1），如图 5-24 所示。

按照一般的机器学习建模流程可知，我们首先需要确定目标函数，此处选择 obj_func $= -\frac{1}{N}\sum_{i=1}^{N}(y_i \log(\hat{y}_l) + (1 - y_i)\log(1 - p_i)) + \frac{\lambda}{2}\|W\|_2^2$ 作为目标函数（也可以通过极大似然来推

导，感兴趣的读者可自行推导）。同时，由于已经确定使用逻辑回归，那么逻辑回归的映射

函数为 $\hat{y}_{LR} = \text{sigmoid}\left(w_0 + \sum_{j=1}^{n} w_j x_j\right)$，其中 w_0 为模型偏置项，w_j 为第 j 个特征对应的参数，

将该映射函数带入 obj_func 后可得逻辑回归的目标函数为：

$$\text{obj\_func}_{\text{logistic\_regression}} = -\frac{1}{N} \sum_{i=1}^{N} \left((y_i \log(p_i) + (1-y_i)\log(1-p_i)\right) + \frac{\lambda}{2}\|W\|_2^2$$

$$= -\frac{1}{N}\left(\sum_{i=1}^{N}\left(y_i \log \frac{1}{1+\exp-\left(w_0 + \sum_{j=1}^{n} w_j x_{ij}\right)}\right) + \right.$$

$$\left.(1-y_i \log)\left(1 - \frac{1}{1+\exp-\left(w_0 + \sum_{j=1}^{n} w_j x_{ij}\right)}\right)\right) + \frac{\lambda}{2}\|W\|_2^2$$

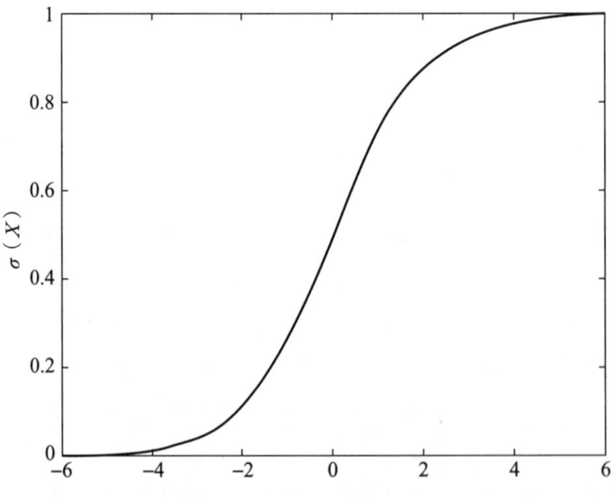

图 5-24 Sigmoid 函数曲线

此时可以利用上文讲到的优化算法来寻找最优的 W^*。为了简化问题，可采用梯度下降法来寻找模型参数，具体步骤与线性回归的优化方式一致，只是具体的偏导数不同，导致迭代公式有所区别。具体分析如下。

1）初始化时刻 $t = 0$ 的参数 $W_t = W_0 = (w_{00}, w_{10}, w_{20}, ..., w_{n0})$，可通过随机初始化来设定。

2）利用逻辑回归映射函数 $\hat{y}_{LR}$ 计算每个样本在当前时刻 t 下的预测值。

3）根据梯度下降法 $w_{t+1} = w_t - \eta \dfrac{\partial(\text{obj\_func})}{\partial(w)}(w_t)$ 更新每个参数，w_0 作为偏置项，单独给出迭代公式：

□ $w_{0(t+1)} = w_{0t} - (\sum_{i=1}^{N}(-y_i) + w_0)$，其中 $\hat{y}_l$ 为模型此时预测第 i 个样本为正例的概率。

□ $w_i(t+1) = w_{it} - \eta \left(\dfrac{1}{N} \sum_{i=1}^{N}(\hat{y}_l - y_i)x_i + \lambda w_i \right)$。

4）执行上述流程 2 和 3 直到迭代终止，迭代终止条件可以是达到最大迭代次数、触发 early_stopping，也可以是到达局部极小点（如果原始目标函数非凸，此时局部极小无法保证全局最小）。

至此，两个简单的线性模型就讲解完毕。

2. 树模型

在生产环境中，树模型应用广泛，并且在中小数据集上的表现往往比深度学习方法好，而且速度更快。理论上树模型可以对特征空间进行无限划分，在模型的可解释性方面也更好，同时可以加入反映树复杂度的正则项、剪枝策略等防止过拟合，因此通过参数调整权衡方差与偏差，可以得到较优的精度。下面介绍最基础的决策树模型原理。生产中会使用通过 Bagging 方法与 Boosting 方法优化后的 GBDT、XGBoost、LightGBM 等算法。

（1）决策树

决策树（Decision Tree）是一类常见的机器学习模型。决策树由节点（node）和有向边（directed edge）组成，而节点又分为根节点、内部节点和叶节点。一棵决策树可以理解为对一个问题的判定过程，并基于树的结构来进行决策。例如，对"一个员工是好员工吗？"这种问题进行决策，采集到的信息有"出勤率、业绩、领导评价"等。那么应用在决策树场景中，根节点就是所有待判定人的信息全集，每一类信息就是一个特征，或者说内部节点，而叶节点则是该信息下的决策结果。从根节点到每个叶节点的路径都是一个有顺序的判定过程。

决策树的生成主要分以下两步，这两步通常通过学习已经知道分类结果的样本（训练样本）来实现。

□ **节点的分裂**：一般当我们无法判断一个节点所代表的属性时，则选择将这一节点分成两个子节点（如不是二叉树的情况会分成 n 个子节点）。

□ **阈值的确定**：选择适当的阈值使得分类错误率最小。

比较常用的决策树有 ID3、C4.5 和 CART。ID3 算法的核心是在决策树的各个节点上应用信息增益选择特征。C4.5 算法在 ID3 的基础上进行了改进，用信息增益比来选择特征，这里对信息增益的原理进行粗略介绍。

熵定义为： $Entropy = -\sum p_{x_i} \log_2 p_{x_i}$，用于度量随机变量的不确定性，其中 p_{x_i} 为 x_i 出现的概率。

假如是二分类问题，当 A 类和 B 类各占 50% 的时候， $Entropy = -(0.5 * \log_2 0.5 + 0.5 * \log_2 0.5) = 1$；当只有 A 类或只有 B 类的时候， $Entropy = -(1 * \log_2 1 + 0) = 0$。

熵越大，随机变量的不确定性就越大，故熵的不断最小化，实际上就是构建决策树时不断提高分类正确率的过程。

CART（Classification and Regression Tree）算法利用了二叉树的思想，将一个父节点分为两个子节点，每个节点特征取值为"是"和"否"。CART 用基尼系数来决定如何分裂，总体内包含的类别越杂乱，基尼系数就越大（跟熵的概念很相似）。

A）根据出勤率大于 75% 这个条件将训练数据分成两组。大于 75% 的数据有两类："好员工"和"差员工"，而小于等于 75% 的数据也有两类："好员工"和"差员工"。

B）根据领导评价小于 60 分（百分制）来对训练数据进行分组，小于 60 分只有"差员工"一类，而大于等于 60 分有"好员工"和"差员工"两类。

比较 A 和 B 两个方案，按照 A 方案的划分方法，两组中两类员工都存在，而按照 B 方案的划分方法，每组只有一类员工，因此 B 方案的混乱程度比 A 方案要小，即 B 方案的基尼系数比 A 方案小，所以选择 B 方案。以此为例，将所有条件列出来，选择基尼系数最小的方案，这个和熵的概念很类似。

由于决策树的生成过程就是递归地构建二叉树的过程，为了减小误差，必然存在决策树分类过细（过度拟合）的问题，所以通常需要进行剪枝处理。

（2）随机森林

随机森林（Random Forest）由多棵决策树组成，每一棵决策树之间是没有关联的，即用随机的方式建立一个森林。用训练得到的"随机森林"进行预测时，对于一个新的样本，用森林中的每一棵决策树分别进行判断，即每棵决策树输出这个样本的一个类别（对于分类算法），然后统计被最多选择的那个类别，并预测这个样本为该类别。

下面是随机森林的构造过程。

1）选择样本：假设有 N 个训练样本，则有放回地随机选择 n 个样本，用选择的 n 个样本训练一棵决策树。

2）选择特征：假设每个样本的属性有 M 个，在决策树的每个节点需要分裂时，从这 M 个属性中随机选取 m 个属性（满足条件 $m \ll M$），然后从这 m 个属性中基于某种策略（例如基尼系数最小），选择一个属性作为该节点的分裂属性。

3）树训练：按照步骤二产生每个决策节点，一直到不能够分裂为止（在生产中一般还需要用到剪枝策略）。

4）重复步骤 1～3 形成大量决策树，共同构成一个决策树森林。

由以上步骤可以看出，随机森林进行了两次采样：样本采样和特征采样。由于每棵树的生成都会有放回地选择一部分样本，所以在训练的时候，每一棵树的输入样本都不是全部的样本，从而尽量避免了过拟合问题。

3. 神经网络与深度学习模型

要了解深度学习，需要先了解神经网络，而了解神经网络前需要先了解组成神经网络的神经元的原型——感知机。

（1）感知机

感知机（Perceptron）是一种人工神经元。感知机接收输入 x_1，x_2，…。并产生单个二进制（0或1）输出，如图5-25所示。

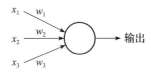

在上述例子中感知机有 3 个输入 x_1、x_2、x_3，可以用一个简单的规则来计算输出，这里通过引入了实数权重 w_1、w_2、w_3，来表征对应输入对输出的

图 5-25　感知机原理

重要程度，并增加一个偏置（bias）来调整输出。感知机的输出（0或1）由加权 $\sum_j w_j x_j$ 大于或小于某个阈值来决定。感知机算法的通用描述如下：

$$\text{Prediction}(y') = \begin{cases} 1, & WX + b \geq 0 \\ 0, & WX + b < 0 \end{cases}$$

其中 W 是权重向量，X 是输入变量向量。

通过一个感知机算法和权重值即可定义一个感知机，同时感知机又可以基于不同的输入获得不同的结果。

（2）神经网络

将多个感知机组合在一起，多个感知机的输出可以是另一个感知机的输入，就可以形成一个具有一定结构的神经网络，如图5-26所示。通过设计"学习算法"可以自动调整人工神经元网络的权重和偏置，这种调整是对外部刺激的响应，无须程序员直接干预。

但是由于感知机计算方法的线性特性，网络中任何单个感知机的权重或偏置的微小变化都可能导致该感知机的输出完全翻转，该翻转可能会

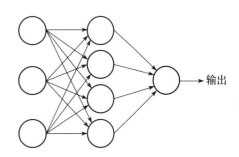

图 5-26　神经网络示例

导致网络其余部分的行为完全改变，所以在实际网络中我们一般使用另一种人工神经——S型神经元（Sigmoid Neuron）。S型神经元与感知机类似，只是输出不再是 0 和 1，而是 0 到

1 之间的取值。

Sigmoid 方程定义为：

$$\sigma(z) = \frac{1}{1+e^{-z}}$$

> **注意** 逻辑回归用的也是 Sigmoid 函数。

具有输入 x_1，x_2，$\cdots$，权重 $w_1, w_2, \cdots$，和偏置 b 的 S 型神经元的输出为

$$\frac{1}{1+\exp\left(-\sum_j w_j x_j - b\right)}$$

可以用 S 型神经元搭建网络来完成复杂的任务，图 5-27 是神经网络的基本结构示例。

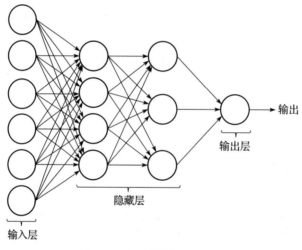

图 5-27　深度神经网络示例

一般我们把最左边的层称为输入层，这一层的神经元称为输入神经元；把最右边的层称为输出层，包含输出神经元；把中间层称为隐藏层。

（3）反向传播

前面提到可以设计"学习算法"自动调整人工神经元网络的权重和偏置，其思想与逻辑回归等算法一致，也是通过梯度下降的方法实现的，具体请参考前面 5.6.1 节的第 2 点。下面介绍一种计算神经网络的代价函数（cost function）的梯度下降快速算法——反向传播（Back Propagation）。

反向传播的核心是代价函数相对于网络中任何权重（或偏置）的偏导数的表达式，该表

达式描述了更改权重和偏置时代价（cost）的变化速度。

（a）网络激活函数

首先定义一些符号，使用 w_{jk}^l 表示从第（$l-1$）层的第 k 个神经元到第 l 层的第 j 个神经元的连接权重。用类似的符号表示网络的偏置和激活（activation），用 b_j^l、a_j^l 分别表示第 l 层中第 j 个神经元的偏置和激活。

假设网络采用如下激活函数方程：

$$a_j^l = \sigma\left(\sum_k w_{jk}^l a_k^{l-1} + b_j^l\right)$$

其中 σ 表示 Sigmoid 激活函数，求和是对第（$l-1$）层的所有神经元 k 的求和。

可定义 $z_j^l = \sum_k w_{jk}^l a_k^{l-1} + b_j^l$，则激活函数方程可简化为 $a_j^l = \sigma(z_j^l)$。

（b）代价函数

为了简单起见，接下来使用二次代价函数进行公式的推导，二次代价函数可以写成如下形式：

$$C = \frac{1}{2n}\sum_x \left\| y(x) - a^L(x) \right\|^2$$

其中，n 是训练样本的总个数，$y = y(x)$ 是相应的期望输出；L 表示网络中的层数；$a^L = a^L(x)$ 是从网络输出的激活向量。

> 🔔**注意** 为方便表达，再来定义一下 Hadamard 乘积或者 Schur 乘积。假设 *s* 和 *t* 是相同维度的两个向量，那么使用 *s* ⊙ *t* 表示两个向量的元素乘积，因此 *s* ⊙ *t* 的分量就是 $(s \odot t)_j = s_j t_j$，举例如下：
>
> $$\begin{pmatrix} 1 \\ 2 \end{pmatrix} \odot \begin{pmatrix} 3 \\ 4 \end{pmatrix} = \begin{pmatrix} 1 \times 3 \\ 2 \times 4 \end{pmatrix} = \begin{pmatrix} 3 \\ 8 \end{pmatrix}$$

（c）误差计算

反向传播的实现在于理解网络中权重和偏置的变化如何改变代价函数，这意味着计算偏导数 $\partial C / \partial w_{jk}^l$ 和 $\partial C / \partial b_j^l$。但是为了计算这些误差，我们首先引入一个中间量 δ_j^l，表示第 l 层第 j 个神经元的误差。

最后一层（即 L 层的误差）可定义为：

$$\delta_j^L = \frac{\partial C}{\partial a_j^L} \sigma'(z_j^L)$$

右边的第一项 $\dfrac{\partial C}{\partial a_j^L}$ 衡量代价（cost）随着第 j 个激活输出而变化的速度，例如，如果 C 不太依赖特定的输出神经元 j，那么 δ_j^L 将很小，这是我们所期望的。右边的第二项 $\sigma'(z_j^L)$ 衡量激活函数 σ 在 z_j^L 处变化的速度。上述表达式是 δ^L 的分量表达式，可以将它改写成基于矩阵运算的形式，方便后续算法的实现：

$$\delta^L = \nabla_a \boldsymbol{C} \odot \sigma'(z^L) \text{——标记为公式 BP1}$$

其中，$\nabla_a \boldsymbol{C}$ 是分量为偏导数 $\dfrac{\partial C}{\partial a_j^L}$ 的向量。按照之前的二次代价函数假设，$\nabla_a \boldsymbol{C} = (a^L - y)$，所以完整的基于向量的表达式变成：$\delta^L = (a^L - y) \odot \sigma'(z^L)$。

误差 δ_j^l 关于下一层误差 δ_j^{l+1} 的等式如下：

$$\delta^l = ((w^{l+1})^T \delta^{l+1}) \odot \sigma'(z^l) \text{——标记为公式 BP2}$$

其中 $(w^{l+1})^T$ 是 $(l+1)$ 层的权重矩阵 w^{l+1} 的转置。

下面对上述等式做一下解释。假设已知第 $(l+1)$ 层的误差 δ^{l+1}，当乘上转置权重矩阵 $(w^{l+1})^T$ 时，可以直观地认为这是向网络后面传递误差，从而为第 l 层输出处的误差提供某种度量。然后，进行 Hadamard 乘积 $\odot \sigma'(z^l)$。也就是说，通过第 l 层中的激活函数把误差向后传播，即以加权输入到第 l 层，给出误差 δ^l。

结合公式 BP2 和 BP1，就可以计算网络中任何层的误差 δ^l。首先使用 BP1 计算 δ^L，然后用 BP2 计算 δ^{L-1}，再使用 BP2 计算 δ^{L-2}，依此类推，一直反向传播，直到传遍整个网络。

（d）偏置与权重的变化率计算

具体来看代价关于任意偏置和权重的方程。代价关于网络中任意偏置的变化率方程为：

$$\frac{\partial C}{\partial b_j^l} = \delta_j^l \text{——标记为公式 BP3}$$

也就是说，误差 δ_j^l 恰好等于变化率 $\dfrac{\partial C}{\partial b_j^l}$。这很好，因为公式 BP1 和 BP2 已经说明了如何计算 δ_j^l。

代价关于网络中任意权重的变化率方程为：

$$\frac{\partial C}{\partial w^l_{jk}} = a^{l-1}_k \delta^l_j \text{——标记为公式 BP4}$$

这告诉我们如何根据 δ^l 和 a^{l-1} 来计算偏导数 $\frac{\partial C}{\partial w^l_{jk}}$。

（e）反向传播算法的步骤

整理一下，反向传播算法分以下 5 步。

1）输入 x：为输入层设置相应的激活 a^l。

2）前向传播：对每一个 $l = 2, 3, \cdots,$ 计算 $z^l = w^l a^{l-1} + b^l$ 和 $a^l = \sigma(z^l)$。

3）输出误差：计算向量 $\delta^L = \nabla_a C \odot \sigma'(z^L)$。

4）反向传播误差：对于每一个 $l = L-1, L-2, \cdots, 2$ 计算 $\delta^l = ((w^{l+1})^{\mathrm{T}} \delta^{l+1}) \odot \sigma'(z^l)$。

5）输出：损失函数的梯度由 $\frac{\partial C}{\partial w^l_{jk}} = a^{l-1}_k \delta^l_j$ 和 $\frac{\partial C}{\partial b^l_j} = \delta^l_j$ 计算得出。

从算法中可以看出为什么将其称为反向传播，因为是从最后一层开始反向计算误差向量。反向通过网络似乎很奇怪，但由于代价是网络的输出函数，要了解代价如何随着前面的权重和偏置变化，就需要不断使用链式法则，通过反向穿过网络层来得到可用的表达式。

（4）深度神经网络

前面介绍了神经网络的学习过程，通常情况下，随着神经网络的深度加深，模型能学习到更加复杂的问题，功能也更加强大。一般把层数大于 3 层（包括输入、输出层）的神经网络称为深度神经网络（Deep Neural Network，DNN）。这里简单介绍两种常见的深度神经网络——RNN 和 CNN。

（a）RNN

前面所谈论的前馈网络是一幅非常静态的图，网络中的所有内容都是固定的。但是，假设允许网络中的元素以动态方式不断变化，例如，隐藏神经元的行为可能不仅取决于前序隐藏层的激活输出，还取决于早期的激活输出。实际上，神经元的激活也可能受自身在早期的激活输出的影响。这肯定不可能在前馈网络中发生。再或许，隐藏和输出神经元的激活不仅取决于网络的当前输入，还取决于早期输入，具有这种时变行为的神经网络称为递归神经网络（Recurrent Neural Network，RNN）。

撇开数学底层证明，RNN 的大致思想是随时间动态变化的神经网络，因此 RNN 适用于分析随时间变化的数据或过程，而这种随时间变化的数据和过程在诸如自然语言处理等问题中普遍存在。

（b）CNN

前馈网络中每一层网络都和相邻层全部连接，但是在以图像识别为代表的任务中，这样并没有考虑到图片中像素的空间分布，无论两个像素间距离多少，均一视同仁，显然是不合理的，于是出现了卷积神经网络（Convolutional Neural Network，CNN）。

CNN 是从"卷积"运算符派生出的名称，CNN 中卷积的主要目的是从输入图像中提取特征，通过使用输入数据的小方块学习图像特征来保留像素之间的空间关系。正如前面所暗示的，CNN 最初是服务于图像识别的，后来被广泛应用于视频分析、自然语言处理、异常检测等领域。

（5）神经网络的扩展内容

为了提高网络的学习能力，神经网络算法的优化还涉及很多研究领域，举例如下。

❑ 更好的代价函数，如交叉熵代价函数。

❑ 四种网络的正则化方法：L1 正则化、L2 正则化、Dropout、人为扩展训练数据。正则化网络不会严重过拟合，泛化训练数据。

❑ 更好的初始化网络权重的方法。

❑ 一组启发式方法，以帮助选择合适的网络超参数等。

限于篇幅，这里不再深入介绍，感兴趣的读者可自行查阅相关内容。

5.6.3 无监督机器学习算法

本节将介绍几种典型的无监督机器学习相关算法，主要涉及聚类、降维两大类任务。针对聚类算法，我们是从最基础的基于欧氏距离的 KMeans 算法开始讲解，进而到基于密度的 DBScan 算法；针对降维算法，则主要为大家介绍主成分分析（PCA）算法。

1. 聚类算法

我们可以根据事物属性的相似性来进行归类。聚类算法是指能够利用相似性将样本进行划分，继而得到不同聚簇的方法。

（1）衡量样本相似度的方法

为了说明聚类算法，我们首先介绍衡量样本之间相似度的方法，假设两个样本分别为 $X(x_1, x_2, \cdots, x_n)$ 和 $Y(y_1, y_2, \cdots, y_n)$，有三种衡量方法，说明如下。

❑ 利用距离来衡量。这里说的距离主要是指闵可夫斯基距离，其定义为 $d = \left(\sum_{i=1}^{n} |x_i - y_i|^p \right)^{\frac{1}{p}}$，如果 $p = 1$，就是曼哈顿距离；如果 $p = 2$，就是应用最广泛的欧氏距离。使用欧氏距离来衡量相似度时容易受到样本间量纲不一致的影响。

❑ 利用余弦相似度来衡量。余弦相似度的定义为 $\cos\_sim = \dfrac{XY}{\|X\| * \|Y\|}$，当两个样本对应

向量的夹角为 0 时，则认为二者的相似度最大，当两者正交时，两个样本相似度为
0，当夹角为 180 时，两个样本成最大负相关。

- 利用相关系数来衡量。主要介绍 Pearson 相关系数，其定义为 $\rho_{X,Y} = \dfrac{\mathrm{Cov}(X,Y)}{\sigma_X \sigma_Y}$。
  Pearson 相关系数的应用非常广泛，但是其基础假设是衡量两个样本间的线性相关
  性，同时当数据维度较大时计算时间复杂度较大。

（2）KMeans 算法

有了衡量样本间相似度的算法，就可以设计 KMeans 算法。KMeans 的名字中分为两个
部分：K 是指需要事先指定聚簇的个数，Means 是指该算法通过迭代更新聚簇的中心（均
值）来完成聚类。算法的具体步骤如下。

1）输入待聚类数据集（包括特征），聚簇个数 K。

2）随机初始化 K 个样本作为初始的聚类中心。

3）针对数据集中每个样本 X_i 计算它到 K 个聚类中心的欧氏距离（公式见上文），并将
X_i 划分到距离该点最小的聚类中心所对应的聚簇。

4）针对划分后的每个聚簇，重新计算聚类中心点，$\mathrm{Center}_i = \dfrac{1}{|\mathrm{Cluster}_i|} \sum\limits_{X_i \in \mathrm{Cluster}_i} X_i$。

5）重复步骤 2、3，直到达到终止条件（最大迭代次数或聚类中心不再改变等）。

但是，该问题存在一些缺点，列举如下。

- K 值不好确定：KMeans 算法需事先确定聚类数 K，而通常情况下需要通过不断实验
  或业务需求来确定较优的 K 值。

- 易受异常噪声影响：由于 KMeans 算法需要通过计算聚类中心来完成迭代，而在计
  算中心点时比较容易受到异常点（离群点）的影响，这就导致 KMeans 算法容易受到
  噪声的影响。

- 非圆形聚簇结果差：由于 KMeans 算法使用欧氏距离来判断样本归属，所以更倾向
  找出圆形聚簇，当样本空间分布不是圆形聚簇时，KMeans 算法会得到较差的结果。

（3）DBSCAN 算法

正是由于 KMeans 算法存在上述问题，接下来介绍另一种典型的聚类算法——
DBSCAN（Density-Based Spatial Clustering of Application with Noise，具有噪声的基于密度
的聚类方法）。DBSCAN 是一种基于密度的聚类算法，它将聚簇定义为密度相连的点的最大
集合，能够把具有足够高密度的区域划分为同一个簇，且可以发现任意形状的聚簇（当然不
局限于圆形）。

首先介绍该算法涉及的几个概念。

- ε- 邻域：对于 $X_i \in D$，X_i 的 ε- 邻域表示在该数据集 D 中与 X_i 的距离（欧氏距离）

小于等于 ε 的样本。

❏ 核心对象：若 X_i 的 $\varepsilon-$ 邻域至少包含 MinPts 个样本，则称 X_i 为一个核心对象。

❏ 密度直达：若 X_i 是核心对象，且 X_j 位于的 $\varepsilon-$ 领域中，则 X_j 可由 X_i 密度直达。

❏ 密度可达：对于数据集 D，给定一个序列 P_1，P_2，$\cdots$，P_n，如果 P_i 到 P_{i+1} 密度直达，则称 P_1 到 P_n 密度可达。

❏ 密度相连：若存在使 X_i 与 X_j 均密度可达的 X_k，则称 X_i 与 X_j 密度相连。

有了上述的概念后，DBSCAN 通过如下方式来进行聚类。

1）输入待聚类数据集（包括特征）、半径 ε，判断核心对象的最小样本数 MinPts。

2）从 D 中随机取一个未处理过的点 X_i。

3）根据 X_i 是否为核心对象做后续操作：

❏ 如果该点是核心对象，则找到所有到该点密度可达的点，并形成一个聚簇后，回到第 1 步；

❏ 如果该点不是核心对象（边缘异常离散点），则将该点标记为异常点，回到第 1 步。

4）直到所有的点都被处理，DBSCAN 聚类结束。

KMeans 与 DBSCAN 算法的聚类效果对比如图 5-28 所示。

图 5-28　KMeans 与 DBSCAN 算法的聚类效果对比

同样，DBSCAN 算法也存在聚类过程强依赖输入半径 ε 及最小样本数 MinPts 的问题，需要我们在实战过程中通过不断试验或根据业务需求来调整超参数。

除了 KMeans 算法和 DBSCAN 算法外，还有很多优秀的适用不同场景的聚类算法，比如 MeanShift、SpectralClustering、Birch、GaussianMixture，但是了解了这两类基本的聚类算法后，再学习其他算法时会更加容易，感兴趣的读者可以自行查阅相关内容。

2. 降维算法

（1）为什么要降维

在机器学习领域，一方面，很多机器学习算法的复杂度和数据的维数有着密切关系，甚至与维数呈指数级关联，处理百万甚至百亿维的情况也是可见的，此时机器学习模型训练的资源消耗是巨大的；另一方面，在某些场景下，如果特征之间存在较强的相关性也会对模型学习带来负面影响，如线性回归中的共线性问题，因此需要对原始数据进行降维。

（2）降维算法分类

降维是指通过降低特征维度，得到一组"不相关"主变量的过程。降维算法一般可以分为两大类：

❑ 特征选择；

❑ 特征提取。

特征选择是指假定原始数据中包含大量冗余或无关特征，从原有特征中找出主要特征。前文介绍的 L1 正则化是一种典型的通过对模型参数的绝对值进行惩罚，最终导致无效参数取值趋于零而达到特征选择的目标的方法。

下面主要对特征提取的典型算法——PCA 进行讲解。

（3）PCA

在小王买苹果的例子中，如果描述苹果的特征中涉及重量、体积、含水量等特征，这些特征是存在一定冗余的，此时 PCA 便可派上用场。PCA 是通过正交线性变换将原始数据变换为一组各维度线性无关的表示，从而提取主要特征分量的一种方法。

以图 5-29 为例，圆圈表示原始的二维数据集，如果我们想要将数据降到一维，那么直观上来看应该是使原始数据向"PCA 第一维度"方向投影而不是"PCA 第二维度"，因为向"PCA 第一维度"投影能够使得投影后的各个样本尽可能分散从而保留更多的原始信息。最差的投影方向应该是"PCA 第二维度"，因为投影后很多样本都叠加在一起。更极端的情况是，如果投影后所有样本只对应一个点，那么投影后将完全没有携带原始信息。在数学上，可以使用方差来表述数据间的这种离散程度。

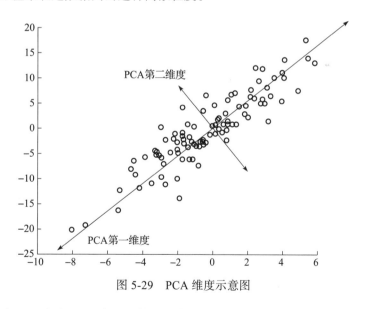

图 5-29　PCA 维度示意图

那么如何表示两个向量无关呢？数学上使用协方差来表示两个变量之间的相关性。而在数学上可以通过协方差矩阵来表示方差和协方差。同时，降维问题的优化目标是：将一组 N 维向量降为 K 维，则需要通过选择 K 个单位正交基，使得原始数据变换到这组基对应的特征空间后，各特征两两协方差为 0（线性无关），而字段的方差则尽可能大（离散程度越大，越能保留原始信息）。在数学上通过矩阵对角化即可完成该任务。

基于上述了解，假设输入数据 X 是 n 行 m 列的矩阵（n 个特征，m 个样本），PCA 算法通过如下的流程来进行降维。

1）确定降维后保留的特征维度数量 k。

2）使用 $x_{ij}^* = x_{ij} - \mu_j$ 对各个特征零均值化，其中 μ_j 表示第 j 个特征的均值，为求（协）方差做准备。

3）通过 $C = \dfrac{1}{m} XX^{\mathrm{T}}$，$C$ 为 $n \times n$ 矩阵，求解原始数据的协方差矩阵，其对角线上的值 C_{ii} 表示第 i 个特征的方差，非对角线上的值 C_{ij} 表示第 i 个特征与第 j 个特征的协方差。

4）通过对协方差矩阵 C 对角化，求出特征值及对应的特征向量（n 维），进而得出每个特征值对应的协方差矩阵 C 变换后的基向量。

5）按照特征值大小排序，选取前 k 个特征值对应的特征向量，记为映射矩阵 $M(k \times n)$。

6）$\hat{X} = MX$ 即为降维到 k 维后的数据，$\hat{X}$ 为 $k \times m$ 维矩阵，每列代表一个降维后的样本。

降维算法会造成原始数据信息丢失，但若更关注保留原始数据的信息，又会造成降维后的维数仍然很高，所以好的降维算法应该在保留更多原始数据信息的同时，尽可能降低数据维度。实际上，评估降维算法的效果时一般需要结合业务来判断，比如模型的泛化能力，或者通过 T-SNE 等算法将降维后的数据进一步降低到二维或三维，进而通过可视化的方法结合业务来判断降维效果。

5.7 本章小结

大数据由于巨大的数据量、时效性要求、丰富的数据格式给数据存储、计算、查询、分析都带来了很大的挑战，因此大量的大数据技术组件不断涌现，并且开源。当前开源社区不但活跃而且形成了庞大的产业生态，这些开源组件会迅速更新与淘汰。大数据技术在给企业数字化升级带来能力的同时，也要求企业需要时刻关注技术的更迭，一项技术的革新可能会带来数据处理能力大幅度增长，或带来分析效率的提升，或让处理成本的下降，或提升数据安全，都会提升组织的数字化竞争力。

本文在每个技术类别只介绍了一两个当前流行的产品，按产品数量算，仅占整个大数据开源生态的小部分，并且仅做了简要的普及性介绍，由于篇幅所限，在全面性与深度性上都远远不足，需要深入掌握大数据技术的读者可以按图索骥寻找专门的技术资料继续学习。

第四部分 *Part 4*

实 践 案 例

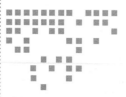

第 6 章

数据工程与治理案例——
移动大数据的数据处理实践

本章将基于移动端（App）用户行为数据分析的一个具体案例来介绍如何运用大数据技术进行数据工程与治理，内容涉及数据采集、数据处理、数据挖掘和数据治理等过程。首先介绍一个统一的大数据工程与治理架构，然后按照架构中说明的顺序依次进行详细介绍。

❏ 用于数据资产组织的数据仓库设计。

❏ 数据加工处理设计与技术，举例如下。

　● 数据接入案例：移动端用户行为的日志采集 SDK 设计及埋点方法。

　● 数据处理过程中的数据处理技术架构设计、数据处理流程（ETL）设计等内容，完整地展现了基于大数据技术的数据处理过程。

　● 数据科学建模的过程与人口属性预测实践案例。

❏ 用于数据治理的大数据治理平台的设计与实现。

6.1　统一的大数据工程与治理架构

在面向数据价值挖掘的应用时，组织首先都会将组织的所有数据汇总到一起，运用一致的数据处理流程，打通不同业务之间的壁垒，建立统一的 ID 体系，形成统一的数据资产，开发基础通用的数据服务，即建立四个"统一"：统一过程（One Process）、统一标识（One ID）、统一资产（One Data）、统一服务（One Service），从而保证统一的数据质量、最优的资源利用率和最大化的数据价值。

企业统一的大数据工程与治理架构一般可以抽象为三层，如图 6-1 所示。

1. 最底层是基础设施

大数据处理的物理资源需求很大，各类开源计算与存储的基础组件十分丰富，需要建立资源的自动化管理与监控系统，在保证稳定的同时实现弹性伸缩与复用，并实施有效的成本管控，因此基础设施运维和管理是数据能力中的关键一环。

2. 中间层是数据处理与管理

实现数据的接入、处理、管理与服务，具体可分为三个维度：数据资产组织、数据加工处理及服务、数据治理。具体分析如下。

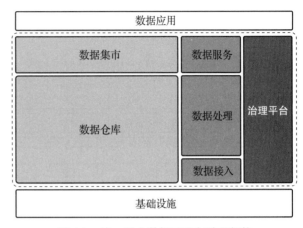

图 6-1　统一的大数据工程与治理架构

（1）数据资产组织

数据资产组织可以通过建立数据仓库/数据集市实行统一的数据资产视图与数据供给。

数据仓库/数据集市：通常在数仓中对数据进行分层、分主题、分级的管理，通过资产仓库与消费集市的分离，向数据消费方屏蔽数据处理细节，实施权限管理策略，约束数据应用方对数据的读写操作，形成统一的生产与消费界面，易于管理数据消费的依赖关系与明确数据供给的 SLA。在数据仓库层面，对数据进行整合，形成标准化、规范化、统一的各层数据资产管理，形成质量一致的数据能力层。在数据集市层面，直接面向数据应用产品或客户的需求，可用于满足各消费方特有、灵活的需求。

（2）数据加工处理与服务

数据加工处理与服务需要实现一套数据加工任务流程，还需要建立数据服务系统，实现数据的标准化输出。

- **数据接入**：当前数据来源十分丰富，包括业务系统、SDK 自动采集、公开网络信息爬虫、外部数据源等，因此对数据接入的处理和管理也比较复杂。

- **数据处理**：在数据接入后，需要建立一系列数据处理任务，包括清洗、增强、匹配、聚合等操作，并配置周期性调度，实现对数据的持续加工处理。数据处理的任务可以部署在数仓内部，也可以独立于数仓，只是将加工成果写入数仓。数据处理是数据开发工作的主要组成部分，从技术实现上可分为批处理和流处理两种方式。

- **数据服务**：在数据处理完成后，需要通过统一的数据服务进行输出，供数据应用或其他用户使用，例如标签查询服务、人群构建等。数据服务的实现方式有同步服务和异步服务两种。数据服务还需要实现统一的服务管理系统。

（3）数据治理

数据治理需要建立一个数据治理平台，提供相应的工具，实现数据的统一治理。数据治理平台需要包括数据资产管理、元数据管理、数据血缘、数据质量、数据安全等方面。

3. 最上层是数据应用

当前大数据应用非常广泛，可以用于统计分析、内容推荐、广告营销等诸多场景。图 6-2 展示了每个层次包含各项具体设计的一个移动设备行为数据处理与治理实践示例。

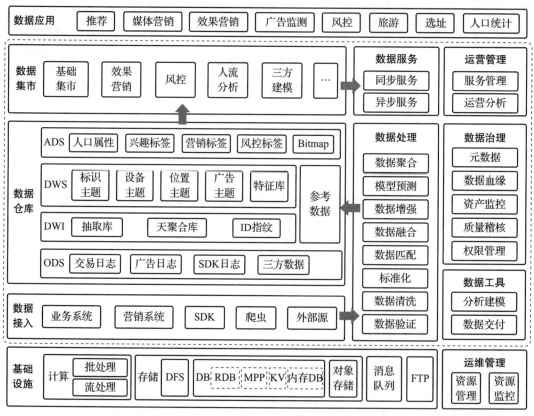

图 6-2　移动设备行为数据处理与治理实践示例

在大数据工程中，重点工作包括数据架构设计、大数据日志收集技术、数据处理设计，数据架构设计又包括数据模型设计与数据处理技术架构设计。如果基于数据仓库进行数据资产管理，则数据模型设计就包含在数据仓库设计中。

6.2　数据仓库设计

在通过数据集成建立统一数据资产时，若采用自顶向下的设计方式，首先需要进行数据架构设计，从抽象层次对数据资产的组成与逻辑进行设计，生成数据模型架构，然后在具体实施时基于数据模型架构进一步设计详细的数据模型。实际上，在多数情况下，我们是在已有的基础上建立统一数据资产，因此通常会在已有的数据模型的基础上进行总结，形成上层架构，即自底向上的方式，再基于完整的新架构对数据模型中不合适的部分进行调整和完善。

6.2.1　数据模型架构设计

一般统一的数据资产会以数据仓库形式展现，数据仓库是面向分析用途，是集成的、非易变的、反映历史变化的，因此适合用于数据资产管理。

1. 架构设计原则

在做数据架构设计前，需要结合组织的数据资产管理需求与未来规划制定架构设计的原则，举例如下。

- **易管理性**。坚持数据架构设计清晰合理，既易于对数据集资产与血缘关系进行准确、现势、精细化的管理，全面及时掌握资产状况，又易于进行效率与成本优化。功能简单易用，管理方便快捷，降低管理维护成本，易于进行数据安全管理与隐私保护管理。
- **易用性**。坚持数据架构设计易于支持使用方需求，支持业务效率提升，从而使管理者和使用者能够方便地获得准确的数据相关信息，包括元数据、资产情况、分布情况，使数据变化能被数据消费者及时发现并有效感知。
- **可扩展性**。坚持数据架构设计符合组织实际发展规划需要，满足组织各业务部门对数据仓库需求的近期目标和长远目标，充分考虑未来的可扩展性。
- **内外解耦、安全管控、利于优化**。如果外部用户能够访问细节数据与敏感数据，将既不利于数据的迭代优化，也不利于数据安全管理，因此需要在系统层面通过数据仓库进行权限划分，对外减少数据使用方对数据仓库敏感数据的直接访问，"按需提供，内外解耦"；对内通过账号权限管理、安全监控、开发工具等方式，控制处理人员对数据仓库数据的查询权限和操作权限，以实现数据分级、分类管理，专人负责，专人管理。
- **稳健运行**。数据仓库的建设离不开持续稳定的管理，所以数据架构设计需要通过元数据管理、数据质量管理、数据集合管理、调度管理以及运维管理，保证数据仓库长期处于一个健康稳定的运行状态，同时需要尽量避免和及时发现数据仓库运行中的问题。

2. 分层分主题的架构

在进行数据架构设计时，我们通常会采用分层分主题的设计方法，一般分为四层，按数据处理流程的顺序自底向上分别为 ODS → DWI → DWS → ADS，上层数据通过下层数据计算产生。

ODS（Operational Data Store）：操作数据层，存储数据仓库接入基础数据源，一般不做转换处理，仍然按来源形式来组织数据，例如原始日志、SDK 日志、业务数据和外部数据源等。

DWI（Data Warehouse Integration）：数据整合层，也可称为 DWD（Data Warehouse Detail，明细数据层），具有集成、可变、规整的特点，为各种分析类应用提供明细数据支持，是数据仓库的核心，同时为未来需求的扩展提供历史数据支持。DWI 负责对数据进行清洗、标准化等处理以提高原始数据的质量，通过数据匹配将不同来源数据打通，构建统一资产的细粒度视图。

DWS（Data Warehouse Summarization）：数据汇总层，也可称为主题数据层，在明细数据的基础上，基于上层应用和产品需求，按分主题的业务实体进行聚合加工处理，如 ID、设备、位置等主题。

ADS（Application Data Store）：应用数据层，能够直接提供数据集市的宽表，包括各个业务标签和 Bitmap 数据，业务可以直接调用。

另外，在数据加工处理时需要引入或产生参考数据，例如统计的维度表，有时会单列一个 DIM（Dimension）层。

面向移动设备行为数据处理的一个数据仓库架构设计示例如图 6-3 所示。

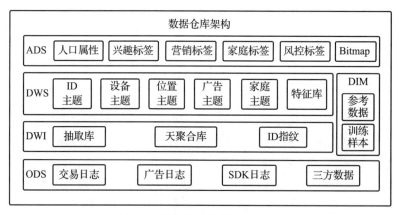

图 6-3　数据仓库架构设计示例

6.2.2　数据管理规范设计

当前组织中的数据类型越来越丰富、数据量越来越大，并仍在快速增长，使得数据资产管理越来越复杂。面向数据资产管理的良好数据架构及管理规范设计，能够使数据加工与数据资产管理实现如下目标：

❑ 保障数据质量；

❑ 降低数据集加工资源成本和人力管理成本；

❑ 便于数据的消费使用和价值挖掘；

❑ 易于对数据进行迭代和优化；

❑ 有利于数据安全；

❑ 实现清晰的数据资产统计和监控，以全面掌握数据资产情况。

不良的数据架构设计与不佳的规范设计，将会造成日益混乱的局面，无法有效支持业务，最后只能推倒重来，使组织付出巨大的资金成本和时间成本。可能出现的问题如下所示。

❑ 数据依赖关系复杂而混乱，对外提供数据和底层数据强耦合，内部数据的任务调整会直接影响外部客户，使得外部客户对数据稳定性、扩展性产生疑问；内部轻易不敢修改数据任务，无法快速迭代优化。

❑ 元数据系统中的内容过时、混乱、含义不明确，造成数据理解成本很高和不易使用。

❑ 数据集已经无消费方使用，但生产任务仍然在执行。

❑ 生产任务出现失败，无法确定影响的数据范围和消费方。

❑ 数据集的变更不确定应该通知哪些数据消费方或无法及时通知。

❑ 数据分级、权限管理混乱，数据安全存在非常大的隐患。

在面向数据资产管理的数据架构设计中需要制定符合仓库架构规范的管理原则、数据开发原则、数据集管理要求、安全原则、数据集命名规范、字段命名规范及字典表。

1. 数据仓库管理基本规范

使用数据仓库进行数据资产管理时，需要制定和遵循一定的规范，否则随着时间的推移，数据仓库里的内容与外部依赖将变得混乱，不再符合原有的架构设计，不便于进行迭代优化，也不易保障数据集加工的 SLA 要求，并可能会造成潜在的数据生产加工隐患。

数据仓库管理规范原则示例如表 6-1 所示。

表 6-1　数据仓库管理规范原则示例

分类	原则	说明
仓库集市划分	稳定（通用）入"仓"、变化（特有）入"集"原则	仓库存放加工逻辑相对稳定（需求不频繁变更）、多消费方依赖、具有通用用途的数据集；逻辑正在频繁迭代的宜放入集市层，在处理逻辑稳定后可沉淀进入数仓
分层依赖	不倒序依赖原则	不同分层的数据集之间的依赖关系需要满足不倒序、不跨层，同层可以依赖。如果有倒序依赖，需要重新划分数据集或在上游增加一个新的数据集用于新的依赖
消费方使用	避免细节依赖原则	消费方尽量使用下游数据集（ADS 或 DWS），避免将上游数据集暴露，否则会不便于数仓内部的迭代优化、增加数仓维护成本。如果下游没有对应数据集，根据需求提取加工放到 DWS 或 ADS 层
数仓生产	不依赖外部生产原则	数仓中的数据集加工不依赖外部数据集。如需依赖，则需要将其接入数据仓库中，但这会造成生产过程不可控，外部依赖的变化不便于监控。数仓中数据集的加工任务统一调度和管理，便于统一管控，保障数据生产的 SLA，也避免随着时间的推移和处理人员的更替，导致知识产生丢失，一些处理变成黑箱

（续）

分类	原则	说明
数据集定义	❑ 字段只增不减原则 ❑ 分区通常不独立加载原则 ❑ 分区类型预定义原则 ❑ 工程中间结果不进数仓原则	❑ 数据集一旦定义，数据结构（Schema）中的字段只能增加，不能减少，且已有字段不能改变类型、值域及其他约束，也不能改变用途，以保证兼容已有的数据任务；增加字段后，数据集的 Schema 版本相应增加；增加字段只是补充，不改变数据集的整体用途，如果需要增加的字段太多，则需考虑增加新的数据集 ❑ 对于 Schema 相同的不同数据是定义为不同的数据集，还是定义为一个数据集的不同分区，考量原则是数据在使用时通常是被一起加载处理，还是会分开使用，即从使用角度来判断 ❑ 分区类型需要预先定义后，才可使用，通常可以分为枚举值和序列值，若是枚举值，则每个枚举项需要预先定义，例如客户端的平台类型（iOS、Android、Web），序列值如日期（定义好的分区类型需要录入元数据扫描系统中，以便扫描系统区分目录是分区还是数据集） ❑ 对于数据加工任务，为了便于处理，落地的中间结果不加载入数仓，即不作为数据资产，这样可以使工程人员对任务的中间过程独立做优化，而不用担心有消费方依赖该中间结果，同时可以依据工程调试和分析问题的需要直接确定中间数据集的保留周期

2. 数据开放原则

为满足消费方在使用数据集时"避免细节依赖原则"的需求，我们需要制定以下数据仓库数据开放原则示例，如表 6-2 所示。

表 6-2　数据开放原则示例

数据分层	数据开放要求
ODS	不对业务方开放，面向数据源问题分析，如 SDK 团队，可根据需求小量提取
DWI	不对业务方开放，由业务方提出需求，将加工结果放入 DWS 或 ADS 层
DWS	可以适度开放，业务方有特有非通用的加工逻辑时，可以申请
ADS	是数仓主要的开放对象，也是公共集市数据的主要来源

3. 数据集管理策略

为实现良好的数据资产管理，我们需要针对数据资产库中的数据集制定详细的管理策略，包括数据质量、生产保证、成本管理、安全管理等数据资产治理要求。重点策略类型如表 6-3 所示。

表 6-3　数据集管理策略示例

策略类型	定义要求	说明
更新周期	❑ 自然周期定期规则：小时、日、周、月 ❑ Crontab 规则：参照 Linux 系统定时器的设定规则 ❑ 不定期规则 　以上规则使用枚举值代表：时、日、周、月、Crontab、不定期	❑ 多数数据集都会按照自然周期的规则进行更新，如每天更新一次 ❑ 定期规则需要备注具体启动的时间或方式，例如每天 0 时 30 分启动前一天的数据处理或由前序任务启动 ❑ Crontab 需要备注具体的规则

（续）

策略类型	定义要求	说明
SLA 要求	SLA 中可以包含质量指标和时效性指标 ☐ 质量指标依据数据定义与需求确定，如标签饱和度 ☐ 时效性指标，是指数据集的最长延迟时间要求，一般可使用 $T+?$ 表示最长的延迟天数，如对于日加工数据，$T+1$ 可以表示某日的数据，在该日下一天的 24 点之前加工完成，即 1 号数据需要在 2 号的 24 点前产生，以此类推；对于时效要求比较高的数据，可以使用 $T+?$ 小时表示，$T+8$ 小时，表示昨天的数据需要在今天早上 8 点处理完成	☐ 每个持续更新数据集需要指定具体的 SLA 保障约定，当 SLA 不能满足或预期不能满足时，需要给下游的数据消费方主动告警 ☐ 可以对所有数据集有一个默认的最低要求，例如：小时加工数据要求 $T+2$ 小时；日加工数据 $T+1$；周加工数据 $T+3$；月加工数据 $T+5$ 通常针对性地配置 SLA 满足生产监控、预警、报警策略
归档 （老化） 策略	分三种策略 ☐ 按时间分区制定策略：指定归档时间与老化时间，通过老化任务，自动删除在高性能的生产存储集群上超过归档时间的分区，以及备份存储集群上超过老化时间的分区；例如，指定日加工数据集的归档时间为 32 天（这样可以在生产环境直接进行日数据的月环比分析），日执行；老化时间为 13 个自然月（这样可以支持月数据的年同比分析），月初执行；策略可选项包括最近 X 天、最近 X 月、至少保留一个自然周、至少保留一个自然月、永久保留 ☐ 按记录时间制定策略：指定归档时间与老化时间，通过老化任务，剔除生产数据集上超过归档时间的记录，并合并到归档数据集中（可能仍然存储在生产存储上，归档是为了提高计算效率），永久删除归档数据集中超过老化时间的记录；例如指定全量快照终端设备信息数据集的归档时间为最近 2 年，老化任务为每月 10 号执行，即在生产数据集上保留最近两年活跃的设备，同时对于快照还需说明快照的保存个数，例如日加工快照保留最近 1 年每月 1 号生成的快照 ☐ 永久保存策略：通常是数据量比较小的统计级数据或抽样数据，可用于完整的历史情况分析	☐ 一般将数据资产划分为热数据、温数据、冷数据，可以依据数据内容与产生时间确定的数据价值进行判断，有时可以只有两级或更多级别 ☐ 随着时间的推移，数据由热变温、由温变冷、由冷变为失去价值，相应做存储位置迁移，直至彻底删除 ☐ 热数据存储在在线高性能存储中，并有多个副本；温数据存储在在线低性能存储中；冷数据一般存储在离线的冷备集群中
安全级别	依据数据内容指定数据集的安全级别，例如按由高到低顺序定义 S、A、B、C ☐ S 级别一般用于原始日志，要求不可输出 ☐ A 级别一般用于包含个人敏感信息的数据集，要求严格管控、专人处理、专人管理，使用时需要首席数据官（CDO）或数据安全官共同审批 ☐ B 级别一般用于包含个人一般信息的数据集，要求按权限级别严格管理，使用需要数据治理主管审批 ☐ C 级别用于可公开信息、去标识化（匿名化）数据，按业务流程申请使用	☐ 基于数据安全规范定义的数据分级规则，一般依据数据的详细程度、敏感程度、价值大小来确定级别；数据粒度越细，数据越敏感（可参考个人信息分类确定），数据价值越大，数据级别越高 ☐ 不同级别的数据集有相应的权限管理要求和数据使用申请流程要求

（续）

策略类型	定义要求	说明
状态管理	数据集状态分为上线、下线、停产 ❑ 上线：数据消费方可以依赖该数据集，读取到数据 ❑ 下线：数据消费方将无法读取到该数据集，但数据仍然在加工生产（常废弃一个数据集时，为避免仍然有依赖者使用或有新的需求出现，可以设置这个状态） ❑ 停产状态：数据集已不再加工生产	❑ 在数据资产管理中可以管理数据集的当前状态 ❑ 数据集管理需要制定上线、下线流程 ❑ 上线流程：通常新创建的数据集处于下线状态，当回补完需求的历史数据和检查完质量后，正式上线 ❑ 下线流程：发起下线流程后，首先将数据集更改为下线状态，可以基于预定义的规则再自动进入停产状态，以及最后老化删除，如日加工数据集下线状态30天后进入停产状态，再过90天后删除

4. 数据集命名规范

数据集命名需要遵循统一的命名规范，体现数据架构的设计逻辑，便于生产、管理、消费数据的人员在浏览数据资产目录时快速理解数据的内容及用途，避免冲突和错误使用。规范的数据集命名格式包含前缀关键字、数据集名称、后缀关键字，中间使用"_"分隔，具体格式约定如下：

分层关键字 _ 一级分类（主题）关键字 _[二级分类（主题）关键字]_ 数据集名称 _ 数据覆盖时间周期关键字

例如：dwi_std_ad_click_d 表示明细数据标准化的广告点击数据，数据集按天分区，即每天产生一个新的时间分区。

具体数据集命名要求：

❑ 关键字与名称的定义，统一使用字母和数字，字母为英文单词或单词缩写，不使用拼音或拼音缩写，因为拼音相对英文单词更难以理解和记忆；

❑ 分层、分类、数据覆盖时间周期等关键字必须使用预定义的关键字；

❑ 数据集名称尽量参考统一的命名字典，不可将命名字典中已有的名称定义用于其他含义，例如 dev 已用于代表 device 就不能用于表达 development，ph 已用于表达 phone 就不能用于表达 photo，当然在定义字典表时需要尽量避免这种易混的情况。

数据集命名中内容组织的时间周期关键字定义示例如表 6-4 所示。

表 6-4　数据集命名中内容组织的时间周期关键字定义示例

关键字	关键字全称	更新类型	含义	说明
h	hour	增量	数据覆盖一个自然小时	通常按小时进行分区，并按小时进行更新
d	day	增量	数据覆盖一个自然天	通常用日期进行分区，并按天进行更新
w	week	增量	数据覆盖一个自然周	可以用日期进行分区，比如取该周第一天的日期，也可使用一年 52 周的序号，并按周进行更新

（续）

关键字	关键字全称	更新类型	含义	说明
m	month	增量	数据覆盖一个自然月	通常用月份进行分区，并按月进行更新
*d	*day	回溯	数据覆盖从当前日期往前回溯的天数，例如"7d"表示该数据集包含当前日期往前 7 天内的数据（注意与自然周的区别）	通常用日期进行分区，更新周期多数按天，但也可以不按天
a	all	全量、快照	数据覆盖历史所有的数据	通常将新增的数据与历史数据做JOIN 连接，并生成新的全量表，更新周期多数按天，但也可以按周或月，具体由数据变化频率与加工成本决定

分层、分类的关键字定义示例如图 6-4 所示。

关键字	关键字完整名称	显示名称	分类	描述
ods	Operational Data Store	基础数据源（ODS）	数据分层	从数据源直接获取的数据都放在ods数据层，所以使用"数据源"作为缩写，用于中文表名命名
dwi	Data Warehouse Integration	明细数据（DWI）	数据分层	数据整合层，也可以称为数据仓库明细层
dws	Data Warehouse Summary	主题数据（DWS）	数据分层	数据仓库汇总层数据
ads	Application Data Service	应用层数据（ADS）	数据分层	面向应用的数据服务层
dim	Dimension Table	维度表数据（DIM）	数据分层	维度表层，包括参考数据等
sdk	Software Development Kit	SDK数据（SDK）	数据源	sdk是各个业务线提供的开发工具包，方便各个开发者集成。通过sdk可以获取用户丰富的操作行为和客户端信息，故对数据仓库来说sdk是一种数据源
api	Application Programming Interface	API数据（API）	数据源	通过API传递回来的数据，例如广告投放的曝光、点击、激活等行为
ext	Extract	数据抽取（Extract）	数据清洗	数据抽取，确定原始数据的来源、字段、topic和简单校验过滤规则
std	Standard	数据标准化（Standard）	数据清洗	数据标准化，对已抽取数据进行编码、转化、标准化、格式校验过滤等
agg	Aggregate	数据聚合（Aggregate）	数据清洗	数据聚合，对标准化后的数据按照一定规则、主键进行聚合
ofs	Offset	数据发号（Offset）	数据清洗	数据发号，对设备ID发放顺序的唯一序号，便于后续数据应用中的人群筛选使用
id	ID	ID主题（ID）	主题	各类ID与ID之间的关系
feat	Feature	算法特征（Feature）	主题	将详情数据处理成满足模型预测输入的数据集，如最近30天活跃天数
bitmap	Bitmap	Bitmap表（Bitmap）	数据结构	将所有设备的标签转换为bitmap格式，便于快速做人群交并差运算，用于人群画像或人群筛选
stdtag	Standard Tag	标准标签（Std-Tag）	数据产品	营销场景构建的标准标签，支持营销投放和人群包的画像
ref	Reference Data	参考数据（Reference Data）	维度类型	用于数据分析的维度表或数据增加的参考表
truth	Ground Truth	真值数据（Ground Truth）	维度类型	拥有机器学习训练的样本数据，应用一些规则筛选的人群也需要保留，便于追溯对比分析

图 6-4　分层、分类的关键字定义示例

6.2.3 数据规格设计

这里的数据规格设计相当于数据逻辑设计。大数据的数据集（表）结构设计一般不严格遵循关系型数据库的设计范式，例如第三范式（3NF），而是采用一定程度反范式，利用一定的冗余提高处理效率。传统的关系型数据库规范在处理数据时需要很多 JOIN 操作，在数据量巨大时，JOIN 操作的成本非常高昂。并且，大数据的数据集的维度通常很多，但值较为稀疏或值域为大量重复的枚举值，此时可以利用列式存储结构极大地避免冗余带来的存储大小增加，例如 parquet 格式。大数据的数据集通常使用类"JSON"的嵌套结果，使得数据处理效率更高。本文多数使用"数据集"替代"数据表"，也是因为数据集所指格式与内容通常更为丰富。

嵌套格式支持字段类型的约定要求分析如下。

❑ 基本类型：int、long、double、string。

❑ 组合类型：struct、array、map。

● struct 类型是多个数据项的组合，其中的每个数据项可以是任意类型。

● array 类型是相同类型的一个数组列表，每个单元的类型可以是 array 类型之外的任意类型。

● map 类型是键值对类型，键的类型要求为基本类型，值的类型可以为任意类型。

❑ 嵌套类型：可以是以下组合，如 array<struct>、array<map>、map<基本类型, struct>、map<基本类型, array>、map<基本类型, map>（struct 里的数据项可以是组合类型，但字段类型只描述为 struct 类型）。

移动端 SDK 的设备信息标准化数据集规格（部分字段）示例如图 6-5 所示。

NO.	字段名称	类型	长度	字段说明	取值范围	数据样例
1	uvid	string	33	设备虚拟编号	由0~9的数字、a~z的字母组成的字符串	237aecg4b8a34268d2f5hj872c2858e98
2	receiveTime	string	32	采集时间，空：未设定	时间戳是指格林威治时间1970年01月01日00时00分00秒(北京时间1970年01月01日08时00分00秒)起至现在的总秒数，单位是毫秒	1502286304823
3	source	string	5	产品线代码	参加产品线代码枚举列表	ad
4	platform	int	1	设备平台属性	1：iOS；2：Android；3：Window Phone；4：H5	2
5	os	struct	100	操作系统信息	详见os信息项说明	{"osVersion":"Android+6.0","osLevel":null,"osLanguage":"zh","osLocale":"CN","timezone":8}
6	device	struct	100	设备信息	详见device信息项说明	{"manufacture":null,"model":"Xiaomi:Redmi Note 4X","pixel":"10801920480","cpu":{"name":null,"core":0,"freq":0,"mem":0,"storage":0,"sdCard":0,"batteryCapacity":0,"slots":0,"bootTime":1503146851928}
7	location	array<struct>	100	位置信息	详见location信息项说明	[{"lat":36.958779,"lng":115.991059,"alt":0,"time":1503976205691,"hAccuracy":550,"vAccuracy":0,"bearing":0,"speed":0,"provider":"lbs"}]

图 6-5　设备信息标准化数据集规格示例

操作系统信息项示例如图 6-6 所示。

NO.	字段名称	类型	长度	字段说明	取值范围	数据样例
1	osVersion	string	10	SDK采集操作系统的版本	由0~9，A~Z和a~z字母和符号"+"组成	Android+7.0
2	osStandardVersion	string	10	标准化之后操作系统的版本	由0~9，A~Z和a~z字母和符号"+"组成	Android+7.0
3	osLevel	string	10	操作系统版本编号，比如Android的API level	由0~9，A~Z和a~z字母和符号"+"组成	9.3.5
4	osLanguage	string	10	操作系统语言	来自国际标准化组织ISO 639语言编码标准的第一部分	zh
5	osLocale	string	10	区域编码	中华人民共和国国家标准GB/T 2659-2000《世界各国和地区名称代码》	CN
6	timezone	int	10	时区	规定将全球划分为24个时区	8

图 6-6　操作系统信息项示例

位置信息项示例如图 6-7 所示。

NO.	字段名称	类型	长度	字段说明	取值范围	数据样例
1	oriLat	double	10	SDk采集原始纬度	0表示没有采集到位置或者表示纬度为0，坐标系wgs84，单位度，取值范围[-90,90]	24.73538357
2	lat	double	10	标准化后的纬度	0表示没有采集到位置或者表示纬度为0，坐标系wgs84，单位度，取值范围[-90,90]	24.73538357
3	oriLng	double	10	SDK采集的经度	0表示没有采集到位置或者表示经度为0，坐标系wgs84，单位度，取值范围[-180,180]	118.6142243
4	lng	double	10	标准化后的经度	0表示没有采集到位置或者表示经度为0，坐标系wgs84，单位度，取值范围[-180,180]	118.6142243
5	alt	double	10	高程：单位米	[0,N]的数，0代表未采集到	180
6	hAccuracy	double	10	水平精度，来自GPS模块	0代表未采集到	500
7	vAccuracy	double	10	垂直精度，来自GPS模块	0代表未采集到	500
8	bearing	double	10	方位	取0~360的整数，0代表未知	0
9	speed	double	10	速度	0代表未知	0
10	provider	string	10	位置信息提供者	iOS：custom，system；android：network，gps，baidu-network等	baidu-network
11	time	string	32	GPS坐标更新采集时间	时间戳是指格林威治时间1970年01月01日00时00分00秒(北京时间1970年01月01日08时00分00秒)起至现在的总秒数。单位是毫秒	1502286304823

图 6-7　位置信息项示例

6.3 大数据日志收集技术

日志收集可以分为服务端收集和客户端收集，服务端可以收集程序运行情况，提高服务运行效率和稳定性，客户端可以收集用户交互行为。本节主要介绍客户端收集。随着互联网、移动互联网的普及，大量的用户交互、消费行为在线发生，企业通过对用户行为的全景分析，可以更加充分地了解用户，进而改进产品、优化运营。

在日志分析中，架构上可分为日志收集客户端、日志接收服务器、后端处理服务器。通常我们将日志收集功能封装为一个 SDK 的方式，负责日志信息的收取、转储和整理、发送；而日志接收服务器则对上报的日志打包并传递给后续处理服务，一般不会对日志做任何加工处理。

客户端的日志收集依赖客户端的运行环境，目前运行环境主要有两类：Web 浏览器和移动 App。

6.3.1 Web 日志收集技术

基于浏览器的日志收集是数据收集的重要手段。浏览器追踪技术可用于标记网站的访客，一方面可以结合不同的 Web 技术进行多因素的身份验证，增强安全性，另一方面，可以针对历史访客，跟踪并识别其浏览习惯和浏览历史，进而为其提供定制化服务。

1. 终端标识

要准确地定义一个访客，就离不开浏览器的设备标识。

出于安全性的考虑，现代浏览器中运行的 JavaScript 直接访问系统硬件的能力非常有限，难以生成跨浏览器的设备唯一标识，目前常用的做法是只针对浏览器生成唯一标识，跨浏览器的设备唯一标识在实际中应用较少。

浏览器标识技术的发展大体可以分为两代。

第一代是植入 ID，常用手段是 cookie 或者 evercookie，即在用户访问页面时，向浏览器内植入特定的信息来标识一个用户。

第二代是指纹追踪技术，即利用浏览器、操作系统、硬件的一些信息，计算生成唯一ID。指纹追踪技术可以分为两种：

- 基本指纹信息技术，利用浏览器的特征标识，包括用户代理（UA）、接收格式类型、系统字体、屏幕分辨率、时区等信息。单纯依赖浏览器特征生成的指纹会有较大冲突概率，可以作为辅助识别。
- 高级指纹信息技术，包括 Canvas、AudioContext 等，利用不同操作系统不同浏览器的图片渲染、音频生成的细微差别进行识别。

2. 收集内容

数据收集是为后续的数据分析服务的，而不是为了收集数据而收集，盲目追求数据的大而全，会增加数据分析的困难，导致不同程度的资源消耗，是不可取的行为。一般来说，通过浏览器收集到的日志数据可以分为两类。

❑ 基础信息数据，用来计算一些通用指标的数据，如 PV、UV、来源分析等。计算 UV 需要依赖访客唯一标识，计算 PV 需要页面访问数据，一般基础数据可以分为以下几类：设备（浏览器）特征、应用特征、访问特征；

❑ 用户交互数据与业务事件，即用户的与网页之间的交互行为数据，比如按钮点击行为、控件的焦点变化，还可以是和业务场景相关的数据，比如电商的订单数据、游戏的任务数据等。

以下列举一些常见的 Web 端数据收集内容，如表 6-5 所示。

表 6-5　Web 端数据收集内容示例

类别	内容
浏览器特征	终端 ID、浏览器类型（user agent）、语言设置、时区、屏幕分辨率等
应用特征	网站版本信息、使用 SDK 版本信息、首次访问、发布渠道等；
访问特征	页面的 URL 和 title、页面访问时间（包含打开时间和关闭时间）、页面访问来源、首次访问时间、广告落地页地址等
用户交互	点击坐标数据、自定义事件、页面访问时长、回访间隔

3. Web 日志收集 SDK 设计

Web 日志收集 SDK 一般可以包含三部分：各类事件的收集模块、处理模块和发送模块。具体各个模块的功能说明如表 6-6 所示。

表 6-6　Web 日志收集 SDK 模块功能示例列表

分类	名称	功能
收集模块	pageLifecycleListener	用于监听页面的生命周期，主要是 load 和 unload 事件，也可以细化获取到的 pageShow 和 pageHide 事件，在后续数据处理时计算页面的 PV、UV、访问路径、停留时长等指标
	documentClickListener	用于接收全局的页面点击事件，一般是为了获取点击热力图，从而直观地展示用户的感兴趣内容
	documentScrollListener	用于接收页面的滚动事件，目的也是获取用户关注热力图。因为"用户停留的位置就是用户感兴趣的位置"
	eventHandler	用于接收自定义事件信息的接口，自定义事件可以包含事件 ID、事件 label、自定义参数。自定义事件可以实现丰富的需求，例如可以通过几个自定义事件来计算浏览到销售的转化率：详情页点击、下单、支付
	errorHandler	用于捕获错误信息的接口，可以是主动捕获或者是开发者主动传递，收集到的数据可以用于帮助研发人员进行后续的错误分析
处理模块	baseInfoWrapper	对收集模块收集到的信息进行初步加工处理、添加基础信息字段、统一格式等操作，形成统一数据，以便后续处理
	storageHandler	用于存储收集到的数据和页面的状态信息
发送模块	requestHandler	数据发送模块，将 storageHandler 中的数据逐一读出并发送给后端服务器，若发送失败则将数据写回存储，等待下次发送

浏览器日志收集 SDK 模块的模块关系图如图 6-8 所示。

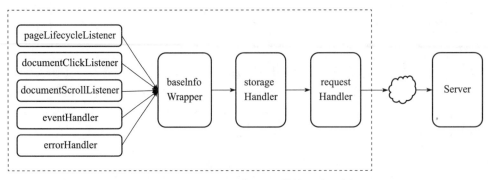

图 6-8 Web 日志收集 SDK 模块组成示例

收集 SDK 的重要机制有两个，一个是单次会话判断机制，另一个是上报策略。

1）单次会话判断机制。目的是解决如何定义一次访问会话的问题，从常识角度看单次会话是清楚的，但从技术角度看会话与会话之间的边界是模糊的。常见的 session 定义方式有以下两种。

❑ 浏览器的 sessionStorage：sessionStorage 属性允许访问一个 sessionStorage 对象，存储在 sessionStorage 里面的数据在页面会话结束时会被清除。页面会话在浏览器打开期间会一直保持，在浏览器重新加载或恢复时也会保持原来的页面会话，同时在新标签或新窗口打开一个页面时会复制顶级浏览会话的上下文作为新会话的上下文。

❑ 服务端的 session：服务器的 session 是为了弥补 HTTP 协议的无状态性而存在，比如在 Tomcat 服务器的默认配置中，如果客户端 30 分钟没有和服务器发生交互的话，session 就会失效。服务器接收到浏览器的请求时，如果发现请求中没有携带 session id，则会新建一个。

2）数据上报机制。其主要定义上报以及上报失败后的处理策略，包括上报频率、上报去重、存储策略、丢弃策略。Web 端一般选择使用 ajax 的方式异步上报，上报成功后删除 storage 中存储的数据信息，如果失败，则等待下一次上报。

6.3.2 移动端日志收集技术

当前组织在服务客户时，其客户端已逐渐以移动 App 替代了 Web 网站。在移动 App 端做产品开发时，无论是产品迭代还是运营活动设计与分析，都需要进行细致的数据收集，依赖数据进行决策。因此数据的准确性、埋点的便利性将极大地影响产品迭代的效率与运营效果。设备标识对分析有非常大的影响，收集内容会影响分析能力和价值挖掘潜力，埋点技术将影响分析和产品迭代的效率。移动设备丰富的信息使很多移动应用服务成为可能，如导航、网约车。

1. 设备标识

移动操作系统可收集的设备标识十分丰富，随着隐私保护的要求逐渐提高，权限管理也日趋精细，许多操作都需要终端用户的主动授权，或者只授权给某些特殊种类应用，例如系统应用。

同一 App 的终端设备跟踪场景，例如 App 的用户行为分析，Android 系统可以基于 ANDROID_ID（Android8.0 及以上）跟踪同一设备，iOS 可以基于 IDFV 跟踪同一设备。目前这两种 ID 都是在同一 App 和同一设备情况下 ID 保持不变，在操作系统升级或 App 升级时保持不变，但 ANDROID_ID 在 App 卸载后再重新安装时会改变。IDFV 与 ANDROID_ID 的区别是，同一厂商不同 App 获取的同一设备的 IDFV 相同，如果在一个设备上同一厂商的 App 都卸载后，再安装该厂商的 App 时读取到的 IDFV 会发生改变。

如果需要跨应用的跟踪设备场景，例如移动应用广告，可以使用广告 ID。iOS 提供 IDFA，使得用户可以在系统设置中重置该 ID 或关闭跟踪，当前在 iOS 14 以上版本中已经开始限制开发者对 IDFA 的获取；Android 系统提供 AdID，但在国内无法获取，原来可以使用 IMEI 替代，但 IMEI 属于设备硬件 ID，用户无法重置，目前国内主流的手机厂商通过联盟形式推出了 OAID（开放匿名设备标识符），具有广告 ID 的效果。

目前移动操作系统还在不断发展，隐私保护与立法环境也在不断完善，这些都会对设备标识产生比较大的影响，而操作系统对于设备标识的生成规则与政策也会不断变化。

2. 收集内容

移动端可以收集的内容包括设备信息、设备运行时状态、定位信息、联网信息、传感器信息、App 信息、App 业务事件，其中很多信息需要用户的主动授权才能获取。数据收集内容的样例如表 6-7 所示。

表 6-7　移动端数据收集内容样例

分类	数据类型	内容
设备	设备基础信息	☐ 设备 ID 数据：AndroidID、IDFV、IDFA、OAID、MAC、IMEI 等 ☐ 设备硬件数据：设备型号、终端制造厂商、CPU、磁盘大小、屏幕分辨率、SIM 卡槽数量等 ☐ 设备软件数据：操作系统版本、时区、语言设置、ROM 版本、基带版本等
	设备运行时状态	系统启动时间、内存磁盘可用空间、电池状态、CPU 使用情况等运行时信息
环境	定位信息	GPS 定位坐标，主要是经纬度坐标、时间戳、方向、速度，也可以获取水平精度、垂直精度、坐标来源类型等信息
	联网信息	IP 地址、连接 Wi-Fi 热点
	传感器信息	温湿度、光线、压力和磁场等设备传感器环境数据
App	App 信息	App 基础信息：安装时间、更新时间、包名 App 启动次数、使用时长 App 页面访问 App 异常崩溃数据

（续）

分类	数据类型	内容
App	App 业务数据	自定义事件，列举如下 ❑ 账户事件：账户注册和登录等信息，游戏类角色信息 ❑ 标准事件：应用内交易信息，比如游戏充值、电商订单 ❑ 广告事件：广告链接点、展示的数据

3. 移动端日志收集 SDK 设计

通过 SDK 方式进行日志收集，可以降低 App 主要业务流程开发的影响，使得活跃、页面统计等一些基础分析功能通过几行集成代码即可实现，并且可以统一实现数据的压缩、全链路加密、自适应的数据上报策略，提高日志收集的效率、稳定性和安全性。移动端日志收集 SDK 可以分为 3 个部分：公共部门、收集部分和处理部分。

具体每个部分包含的主要模块及功能说明如表 6-8 所示。

表 6-8　移动端日志收集 SDK 模块功能示例列表

分类	名称	功能
事件收集模块	ModInit	收集 App 初始化事件，并启动其他模块
	ModSession	Session 事件收集，该功能用于统计用户对应用的使用情况，包含使用时长、次数。Session 共有 begin 和 end 两个事件，用于记录时刻、间隔、持续时间、应用的前后台状态
	ModPageEvent	页面事件收集，用于统计用户使用 App 的页面进入和离开事件
	ModLocations	获取设备定位信息
	ModSensors	当前移动设备上集成的传感器十分丰富，包括三轴姿态、光感、压力、磁力、温度、湿度等
	ModBusiEvent	自定义埋点业务事件收集，可以传输事件 ID、事件标签、事件数据（一般可采用 KV 格式）
	ModAccount	账户信息和相关事件收集，记录用户在使用应用过程中关于账户的申请、激活、注册、登录、退出等事件，以账户为区分统计用户的行为和产生的对应事件
	ModIAP	交易相关事件收集，包括浏览商品、加入购物车、查看购物车、创建订单、支付订单等
	ModException	程序执行异常捕获，崩溃信息有助于开发人员定位崩溃位置，提高 App 的稳定性
处理模块	ModDataStore	收集的事件和数据首先要进行本地存储，保证数据不丢失，在上传服务器成功后再删除。在本地保存时首先保存在内存中，在满足一定条件或应用被杀死前转存到文件中。本地存储一般需要加密
	ModDataForward	分消息类型，有些立即发送，有些基于一定的轮询策略发送
公共与配置模块	ModCommon	公共功能组件，包括数据转换、压缩、加解密、ID 生成等功能
	ModCodelessController	可视化无码埋点配置模块，将界面和 UI 结构发送给服务端，并从服务端获取最新的配置
	ModCloudControl	云控制配置模块，获取收集、存储、发送策略等设置

移动端日志收集 SDK 模块的关系如图 6-9 所示。

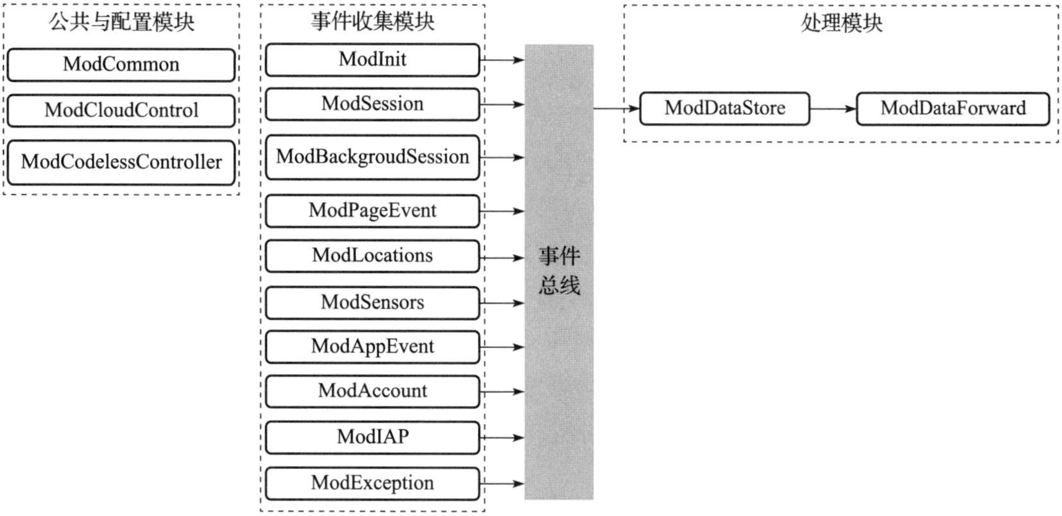

图 6-9 移动端日志收集 SDK 模块关系示例

6.3.3 埋点技术与埋点实现

埋点技术是数据收集中的关键技术，它代表着数据分析的边界。只有高效、准确、丰富的埋点技术才能带来高效、准确、丰富的分析，进一步提高产品阶段用户运营、价值挖掘的能力。埋点技术的实现依赖操作系统和编程语言的特性，可支持不同的数据收集 SDK 埋点功能设计，便于数据人员使用。这里重点介绍移动 App 上的埋点技术。

1. 埋点与埋点数据类型

埋点就是在网站或 App 中加入一些程序代码逻辑，收集用户的浏览、点击等操作行为与程序运行行为，然后在分析平台上统计分析用户的交互行为，例如用于分析从浏览推荐到点击推荐的转换漏斗，可帮助产品和运营人员进行后续的产品迭代和优化。

举一个简单的例子，在移动电商平台上可以收集以下行为：查看购物车、查看商品、添加到购物车、提交订单、支付订单等用户行为，在这些行为上程序会增加一些代码逻辑对用户行为进行记录，再利用这些数据进行一系列分析，这就是一个典型的埋点。

例如，在对一个产品进行数据分析的初级阶段，开发者想了解移动端的一个 App 运营指标的总体情况，比如用户的访问量（日活 DAU/ 月活 MAU）、新增用户（日新增 DNU/ 月新增 MNU）等，这些指标可以帮助开发者从宏观角度了解用户访问的整体情况和趋势，从整体上把握产品的运营状况。但是，开发者很难基于这些宏观指标直接得到一些切实的产品改进或优化的策略方向。埋点可以解决上面提到的问题，它可以把产品数据分析的深度提升到流量分布层面，找出人群的一些行为特点和关系，洞察用户行为，然后提升自己的业务和价值之间的潜在关系。大家经常听到的"用数据说话"就是基于这些数据统计的基础上能够构建产品和优化迭代产品的策略。

埋点数据的来源大致分为两种：

❑ 页面埋点

❑ 事件埋点

页面埋点主要统计页面的访问情况，事件埋点主要统计用户在应用内对某一个具体点或者操作行为，比如某个按钮或一个支付行为产生的金额、时间等。页面埋点和事件埋点就是分别从面和点这两个角度统计用户的访问情况。

2. 埋点实现方法类型

从技术角度来看，埋点实现方法可分为两大类：代码埋点和无码埋点。

（1）代码埋点

也可以称为主动式或命令式埋点，需要在工程代码中增加埋点相关代码，在指定的位置手动添加对收集接口的调用代码，上传埋点数据。

在具体实现时，先要根据运营、产品、开发等业务需求，形成一个详细的埋点方案，再由研发人员基于埋点方案编码实现。这种埋点方式和业务是强耦合的，收集的数据详细且精确。目前根据业界经验，业内80%的埋点业务采用此类设计。

1）代码埋点的优点。

❑ **灵活**。更容易定制，埋点数据可以精确地贴合业务逻辑，在业务事件发生的时候，忠实地记录业务事件。

❑ **支持额外参数**。比如针对一些App上常见的滚动广告轮播页，有码埋点可以很精确地定位到广告页的ID，直接统计某个广告点击的次数，从而判断出哪些广告的导流效果比较好，进而优化投放内容，提高导流效果。

2）代码埋点的缺点。

❑ **生效慢**。需要发布新版本App，待终端用户更新版本后，埋点才能生效，否则就不会有相应的数据产生。这非常不利于快速迭代，因为研发需要排期、发版需要测试、应用商店需要审核、终端用户更新周期长且不会所有用户都更新。特别对于iOS应用，苹果应用商店审核慢，还有很多不确定性，一旦被拒就需要重走一遍流程，常常从设计好埋点方案到收到数据，已经过去一两个月了。

❑ **工作量大**。研发工作量大，沟通的工作量也大，需要分析人员、数据产品人员、研发人员反复沟通确认需求与实现效果。

❑ **代码侵入**。埋点代码与业务逻辑代码混合在一起，形成埋点对业务代码的侵入污染和强耦合，会增加代码的可读性和软件的维护难度。

（2）无码埋点

也可以称为非主动式埋点，无须编写任何专门的埋点代码，通过配置即可实现数据收集。无码埋点是充分利用语言和操作系统的特性，通过部署在App上的基础代码对App上所有可交互元素进行解析，从而实现数据的收集。从具体实践角度来看，无码埋点又可以分为可视化无码埋点和全埋点。

（a）**可视化无码埋点**

分析人员通过后台系统界面进行可视化设置埋点配置，并可实时下发到 App 客户端上生效。埋点人员在后台管理系统就可以看见移动 App 的界面截图，通过点击该界面截图上的相应位置，可以获取点击位置的对应控件的标识等信息，接着对该控件的行为进行事件绑定，生成埋点配置，生效后，新配置就会下发到移动端，由移动端的收集程序对新配置事件进行收集并上传到服务端。通过云端进行控制，可以做到"零开发、零代码、云配置、云部署"，不用通过更新 SDK 或 App 版本，即可对埋点进行增减调整。

1）可视化无码埋点的优点。

❑ **高效**。分析人员的工作可以不依赖研发人员，直接进行埋点设置，实现产品运营分析工作和研发资源的解耦，互相不受影响，减少维护沟通成本。对比来说，有码埋点经常遇到研发人员任务安排的"带宽不足"的情况，导致埋点任务常常排不上优先级，不能及时增加或调整埋点。

❑ **实时**。埋点配置后即时生效，随时可以添加和删除，不用等待应用商店的新版本审核，节省了大量时间；不需要重新发版，已经生效的配置和新增的埋点可以共存，即不会存在版本迭代更新的问题。

❑ **准确**。统计数据不容易出错，埋点时几乎没有代码，也不用在功能代码中插入埋点代码，对功能影响很小，不用经常修改，也无须测试。对比来说，有码埋点需要管理埋点 ID，如果编码时使用了错误 ID 将导致错误的统计结果；产品 / 运营和研发 / 测试人员沟通时的不清晰、理解错误也将导致埋点错误；研发人员需要针对每次埋点专门写埋点代码，并且和应用正常逻辑交织在一起，比较容易出 Bug；测试人员出现疏漏，导致埋点功能失常无法及时发现。

2）可视化无码埋点的缺点

❑ **收集内容有限制**。不是所有的控件操作都可以通过无码埋点进行设置，无码埋点的适用场景是统计需求相对简单，且不需要对埋点事件设置特殊参数或属性。

❑ **埋点易失效**。随着操作系统的不断迭代，控件机制和逻辑可能会发生变化，导致历史埋点失效等。

（b）**全埋点**

通过技术手段无差别地记录用户在移动 App 页面上的交互行为，通过自动解析 App 的所有页面和控件，将这些控件上发生的所有交互操作事件都收集上来，数据不是按需收集，而是全量收集的，所以称为全埋点。全埋点主要适合产品上线前期，发版或迭代频次较快、用户量不大的场景，产品和运营人员可以随时验证假设，不需要埋点后的数据收集等待时间，从而大幅度提高迭代验证效率，节省时间和尝试工作量。

1）全埋点的优点。

❑ **收集全面**。可回溯历史，有码埋点和可视化无码埋点只能从当前设置的埋点时刻收集往后的数据，而不能收集在设置时刻之前的数据；数据全面、无遗漏，支持动态的页面统计分析。

❑ **开发人员工作量小**。

2）全埋点的缺点。

❑ **成本高**。数据量大，对服务器和网络传输压力增大，传输、存储与分析计算成本极高；对于移动端的流量消耗也会更多。

❑ **收集内容有限制**。与可视化无码埋点类似，它覆盖的范围有限，不能做一些自定义属性的数据收集。

❑ **分析的数据处理复杂**。因为全埋点的数据是自动收集，而不是按照业务上前期规划进行收集，所以业务人员拿到数据后一般不能直接使用，还需要进行二次加工和处理。

有码埋点与无码埋点的使用流程对比如图 6-10 所示。

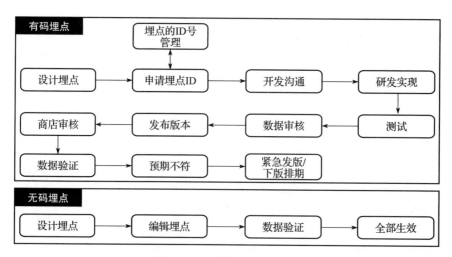

图 6-10　埋点方法流程对比

三种埋点方式的对比总结如表 6-9 所示。

表 6-9　三种埋点方式优缺点对比

分类	对比项	有码埋点	可视化无码埋点	全埋点
效率	支持分析效率	低	中	高
能力	收集内容	丰富	少	中
	获取历史数据	无	无	能
	灵活性	高	低	低
	埋点生效	慢	即时	始终
	埋点错误	高	低	无

（续）

分类	对比项	有码埋点	可视化无码埋点	全埋点
成本	资源成本	低	低	高
工作量	埋点工作量	大	小	无
	研发工作量	大	中	小
	埋点工作流程	长	短	短
	数据处理分析	简单	中	复杂
管理	埋点配置管理	复杂	中	低
	代码易维护性	差	优	优

（3）怎样设计一个好的埋点方案

产品与运营业务人员需要有针对性地优化用户体验，及时发现用户的行为变化、潜在需求，判断产品新特性或运营活动的成功与否，而这些都需要我们对埋点方案进行非常有效的设计，考虑不同的埋点方式，满足不同的数据需求。

上面提到多种埋点技术及方式，那么，怎样才能设计一个好的埋点方案呢？

总结来说，埋点是一项很复杂的工程，并没有一种通用的埋点方案。好的埋点方案一定是结合实际需求、自身资源、App 自身产品的成熟度等角度进行综合考量。要想做好埋点开发，一定要深入理解业务，根据业务场景选择最适合的埋点方案，在产品研发的不同阶段，针对产品的不同位置与运营要求，做有针对性的埋点设计。

因此，一个完整的埋点方案可能需要综合使用以上所有方法，对于不同的产品、不同的研发及运营阶段结合使用。以电商类 App 为例，通常整个页面分为几个区域，最上面一般有一些广告和产品的展示轮播图，埋点时需要额外携带一些参数，适合做有码埋点；页面往下其他部分，一般有分类入口标签、产品推荐列表等，更适合做无码埋点。有的场景需要埋点统一共用，比如支付，很多页面都会有支付，此时就适合做有码埋点，如果做无码埋点，则每个页面路径是分开统计的，不能统计全部。

3. 可视化无码埋点实现

可视化无码埋点极大地简化了研发人员的工作，同时使得产品和数据分析人员可以自助地进行数据收集和分析，大幅提高了整体工作效率。这里详细介绍一下可视化无码埋点的具体实践技术和实现逻辑。

（1）无码埋点实现技术

无码埋点实现技术是基于 AOP（Aspect Oriented Programming，面向切面编程）技术，通过预编译方式和运行期动态代理实现程序功能的统一维护的一种技术，原理如图 6-11 所示。在不同语言和平台上实现无码埋点技术的基本思想是相同的，从编程的角度来讲 AOP 一共分三步：

❑ 第一步，找到入口点（切开）；

❑ 第二步，插入自定义逻辑（插入）；

❑ 第三步，在自定义的逻辑中加入原来的调用（缝合）。

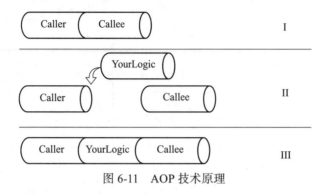

图 6-11 AOP 技术原理

这里的 Caller 是函数的调用者，Callee 是被调用函数，YourLogic 是自定义逻辑。YourLogic 找到了调用者和被调用者之间的入口点并将自身插入两者之间形成切面。YourLogic 成了新的 Callee，并且在自身被调用之后，通知原来的 Callee，完成逻辑的传递。这个过程对 Caller 和 Callee 是无感的。

AOP 技术极度依赖语言和平台，在 C 语言中，入口点可能是一个函数指针；在 Java 语言中，需要了解注入与反射机制；在 Objective-C 中，需要了解 Objective-C 的 runtime 机制；在 JavaScript 语言中，需要了解原型链机制。

从技术角度来说，基于 AOP 实现无码埋点的优点和缺点如下：

❑ 优点是开发者找到可以 AOP 的地方，插入统一的埋点逻辑，对于业务的耦合非常小；

❑ 缺点是由于不同平台的 view 模型不同，因此可视化无码埋点依赖于平台实现。埋点过程强依赖 view，但 view 类一般只维护和自身渲染及交互相关的属性，导致和业务逻辑相关的数据缺失。

（2）系统组成与数据交互流程

无码埋点分析系统分为三个部分：移动端的 App SDK、Server 端服务、PC Web 可视化配置系统，如图 6-12 所示。

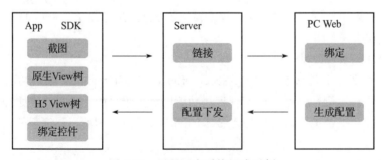

图 6-12 无码埋点系统组成示例

SDK 端包含四个部分：移动端设备的截图、原生 View 树、H5 View 树、绑定控件。原生 View 树可以把当前屏幕的元素形成一个树状的层次图；H5 View 树是把原生 View 树嵌入 H5 页面生成；绑定控件用于收集控件的事件。

埋点设置的数据交互流程分为两个阶段。

第一阶段：运营人员在测试设备上打开移动 App，通过特定操作（如十秒内摇动设备 5 次），让移动端 SDK 对设备的当前页面进行截图，然后通过服务链接将截图以及页面中元素的 View 树，包括所有可点击的控件信息（主要是位置和大小），传输到服务端，由 PC Web 端根据这些信息进行展示，这样就能在 Web 端看到和 App 端一样的屏幕页面了。

第二阶段：运营人员在 PC Web 端网页上，基于展示的移动端信息，对需要埋点的控件生成一个配置单，并将配置单通过服务下发到移动端 SDK 上，由 SDK 对配置单上的控件进行监听。

当用户打开 App 时，在 App 启动时，移动端 SDK 会主动获取服务端的埋点配置，如果服务端埋点配置版本更高，则拉取新的配置，之后根据配置绑定控件。当用户使用 App 时，点击配置的 View 上的相应控件，然后 SDK 就会记录相应的事件并上报，这样就实现了埋点事件的收集。

无码埋点交流流程示例如图 6-13 所示。

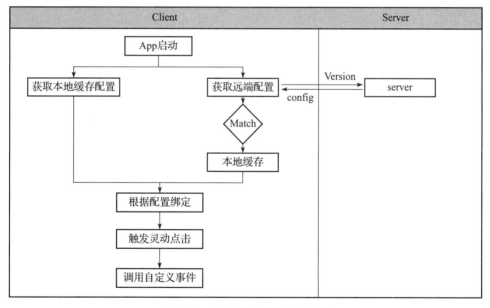

图 6-13　无码埋点交流流程示例

（3）可视化无码埋点实现的关键点

可视化无码埋点大部分的方案需要解决两个问题：

1）怎样监听到用户操作 App 时产生的回调事件；

2）当这些交互产生的时候，怎样判断这个操作位置是配置单里的位置而不是其他位置。

针对第一个问题，从技术上有两种实现方式：一种是使用系统的一些回调接口，通过反射或侵入式的方式进行交互事件的监听，即动态运行的时候产生的监听；另一种是在 App 编译过程中，通过一些编译技术将监听代码、逻辑插入一个回调按键里，也就是说，在编译的时候就生成了而不是在运行的时候进行查找。

针对第二个问题，首先需要解决 View 的唯一标识性，一般可以基于四种标识，包括 ID、Resource Id、Class name、Tag，根据这 4 种标识生成 View 的唯一标识，就可以判断交互事件是不是由埋点 View 产生的。

移动端显示控件关系示意图如图 6-14 所示。

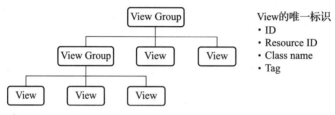

图 6-14　移动端显示控件关系

当一个事件产生的时候，可以通过一个逐级匹配的逻辑策略去匹配 View 标识，通过一个算法或者一个逻辑流程识别到对应的位置，如图 6-15 所示。

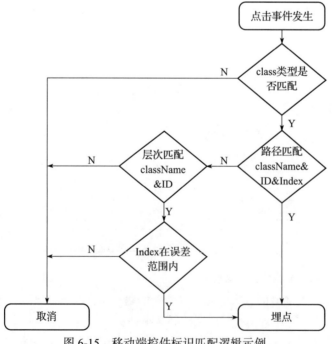

图 6-15　移动端控件标识匹配逻辑示例

6.4　数据处理设计

本节以面向移动行为数据处理的数据工程案例介绍数据开发的关键过程。在这个过程中，我们需要进行数据技术架构设计、数据处理流程设计，在具体的数据需求处理上遵循统一的数据处理逻辑设计规范。接下来将结合具体实例对这几方面进行说明。

6.4.1　数据处理技术架构设计

一般大数据系统可以包含三部分：数据收集、数据处理、数据应用，如图 6-16 所示。各部分依据不同设计目标进行技术选型。当前开源的大数据技术组件极其丰富，并仍在快速发展中，可选项比较多。大数据系统对各组成部分的一个普遍要求是易扩展性，所以当前各类大数据组件都是基于服务器集群进行设计，支持服务器的热伸缩。

1. 数据收集

数据收集主要考虑各种产品客户端的兼容、链接响应速度、吞吐量、消息可靠性等，可以划分为 SDK 层、消息缓存层。

- ❑ SDK 层。当前各类客户端的数据收集已经标准化，通常设计成 SDK 的形式，集成在客户端产品中，主要好处是：收集内容统一管理、利用语言的反射机制减少收集逻辑对主业务逻辑的代码侵入，以便于收集程序的自主迭代，减少 Bug 的引入，提高开发效率。SDK 要设计好数据缓存、自适应流量控制、加密、自带异常分析等特性，并实现可视化无码埋点。

- ❑ 消息缓存层。日志接收器（Collector）收集从 SDK 发送来的各种数据，以日志的形式保留在本地，然后再将数据发送到消息队列中，在设计实现中不承担任何的计算逻辑，主要承担的是存储和转发的逻辑，从而能够高效地接收数据。Collector 分为前置节点和中心节点两级，可以实现数据收集的分布式部署，前置节点分布式灵活部署在多个区域，使得 SDK 可以选择网络连接更快的节点发送数据，而前置节点和中心节点采用高压缩比的数据传输，从而更好地利用中心机房的带宽资源。消息缓存队列可以保证消息传输的可靠性、吞吐效率、日志持久化、消息重放、多方消费。消息队列可以实现数据收集与数据处理的解耦，处理相对于收集可以异步执行，降低流量峰值对数据处理系统的冲击。大多数日志收集可以不要求严格的处理顺序，也可以接收一定量的消息重复处理。消息队列是历史比较久、通用性比较强的一类组件，当前高性能、高社区活跃度的主流选择是 kafka。

2. 数据处理

数据处理主要考虑计算与存储效率、成本、易扩展性，可以划分为存储层、计算层、加工层以及数仓层。ETL 负责对数据进行抽取、规范化和逻辑组织，然后发送给实时计算部分和离线批量计算部分，处理结果供给数据应用。

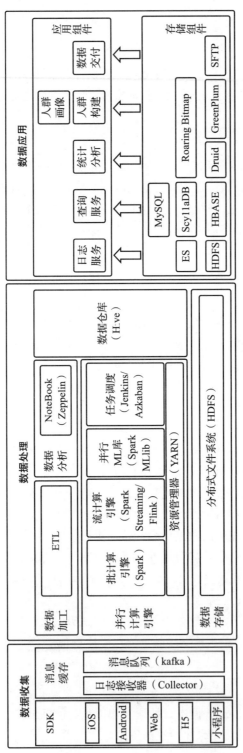

图 6-16 数据处理技术架构

❑ **存储层**。大数据量、低成本、易扩展、易维护的分布式文件系统是 HDFS。同时可以使用 Parquet 格式存储数据集以提高存储压缩率。

❑ **计算层**。包括批处理引擎、流式处理引擎，还需机器学习库的支持。良好配置的调度系统不但能提高数据处理的健壮性，还能为数据资产管理输出血缘关系等信息。批处理引擎现在普遍选择支持内存计算的 Spark 替代 Hadoop 的 MapReduce。流式引擎可以选择 Spark Streaming 和 Flink，Spark Streaming 是微批方式的，虽然延迟更高，但优势是便于和 Spark 批处理统一使用。Spark 同时有机器学习库，而且在这几年已日趋完善，在并行计算时替代 Python 的 Scikit-learn 库，可以在实验时使用 sklearn，上线生产时再转换为 Spark MLlib。任务调度组件可以选择 Jenkins 或 Azkaban 等。

❑ **加工层**。这是数据处理开发的核心，需要基于数据处理流程实现一整套的数据处理任务，通常这套流程被称为 ETL。除了例行化的数据生产，数据加工过程还需要进行即时的数据分析与探索，目前比较好的交互式数据处理一般可以选择 Notebook 组件，例如 Zeppelin，Notebook 组件一般支持丰富的编码语言丰富，并可以方便以表格、图形方式查看结果。

❑ **数仓层**。数据处理的成果可以使用数仓进行资产化管理。在 Hadoop 技术栈上，Hive 是数据仓库的自然选择。

3. 数据应用

数据应用主要考虑服务性能与稳定性，可以划分为存储及计算组件层、应用组件层。针对不同的应用形态，需要选择合适的组件。

❑ **查询服务**，需要低延迟、高吞吐量，小数据量可以存储在 MySQL 中，大数据量时可根据响应速度的要求使用 ScyllaDB 或 HBase。HBase 主要解决超大规模数据集的实时读写、随机访问的问题，并且具有可扩展、高吞吐、高容错等优点。ScyllaDB 延迟更低，还可以使用 SSD 盘服务器进一步提高查询速度，同时使用 HBase 作为降级存储。

❑ **统计分析**，需要支持指标的各种维度的交叉分析。Druid 的查询灵活且速度快，支持任何维度组合的查询，支持实时分析。

❑ **人群构建**，可以在 MPP 数据库上叠加 Bitmap 计算，实现人群的交并差计算。MPP 数据库可以选择 Greenplum，需要自主实现对 Bitmap 的切分以实现并行处理，Roaring Bitmap 具有相对良好的压缩和计算性能。

6.4.2 数据处理流程设计

面向移动设备行为数据的处理流程（ETL）可以划分为四大步骤：数据抽取、数据预处理与集成、数据丰富与增强、数据装载与应用，如图 6-17 所示。这个处理流程与数仓中数据资产的分层有一定的对应关系。在每个主题下还需要细化设计更详细的流程和每一步的处理逻辑。

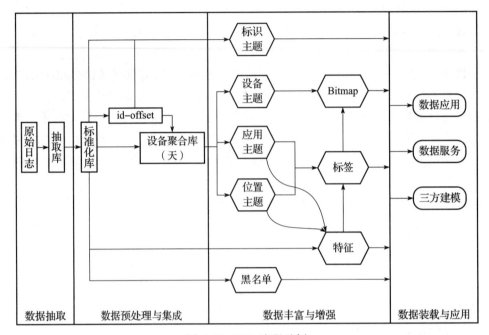

图 6-17 ETL 流程示例

1）**数据抽取层**：按小时落地原始日志，并从原始日志中抽取有用的信息形成抽取库，在抽取时统一不同业务来源、不同 SDK 版本、不同操作系统平台的数据，形成统一的数据格式，原始日志与抽取库都按照业务来源进行分区。

2）**数据预处理与集成**：包含数据清洗、标准化、ID 发顺序号、当天同设备所有日志消息进行聚合。具体分析如下。

❑ 从抽取库到标准化库，进行数据清洗和标准化处理，进行空值、格式校验、错误修正、格式统一、枚举值标准化，例如 ID 合法性校验，经纬度坐标系统一转换成 WGS84，机型、操作系统、联网类型、运营商等转标准化的枚举值，部分字段字符串值转整型值等。

❑ ID 发顺序号：给所有 ID 发顺序号形成 id-offset，并将 offset 字段加入后续的数据集中。

❑ ID 分离：将所有 ID 汇集到单独的 ID 数据集，便于独立权限管理，并建立 ID 间的关联关系，用于后续数据应用中的 IDMapping 转换服务。

❑ 设备聚合：将一段时间内同一设备的信息聚合为一条记录，便于后续处理，一般是按天周期处理。

❑ 黑名单：基于日志的一些分析规则，如同 IP 和 Wi-Fi 下的设备数量规则，生成 ID 黑名单。

3）**数据丰富与增强**：主要涉及四方面内容，分析如下。

☐ **分主题**：从设备聚合（相当于明细大宽表）抽取不同主题的数据分别处理，例如位置主题中基于 IP、Wi-Fi、基站等信息反向归因设备的位置。

☐ **特征**：基于设备的各类行为创建特征，例如最近 7 天活跃频次、天数，这些特征可以用于数据科学建模，如人口属性标签预测、营销建模、风控建模等。

☐ **标签**：基于设备的行为信息，并结合参数数据，可以创建各类标签，如广告受众标签、兴趣标签。

☐ **Bitmap**：基于设备的序号，可将各类属性与标签转换为 Bitmap 形式存储，便于人群的交并差计算，应用于群体画像、人群筛选等功能。

4）**数据装载**：在数据处理流程的最后，就将数据装载到各种数据应用的特定存储环境中。

6.5　数据科学建模

数据科学建模是大数据与人工智能时代数据处理能力的核心，是发挥大数据价值的关键，因此组织都需要大力建设自己的数据科学建模能力。数据科学建模非常依赖数据科学家对业务的理解和对机器学习技术运用的经验，因此组织需要持续地培养经验丰富的数据科学团队。本节以具体案例介绍数据科学建模的工程流程。

6.5.1　数据科学建模工程流程示例

本节以人口属性标签预测为例说明数据科学建模工程的整体流程，介绍流程中每项工作的关键点以及进行人口属性标签预测的具体处理方法。

数据科学建模工程流程，可以包含目标理解、数据准备与模型训练迭代、线上生产与数据发布、应用效果反馈四大阶段，并形成效果驱动的闭环，如图 6-18 所示。其中数据准备与模型训练迭代的子步骤之间也是反复迭代的过程，特征工程、种子准备、模型训练、模型评估几个步骤通常是交叉进行的，以便在训练中寻找更合适的种子处理方法或新的种子源。

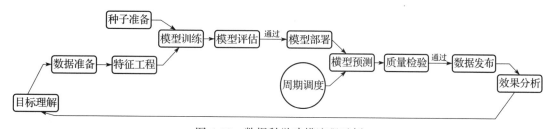

图 6-18　数据科学建模流程示例

1. 目标：预测指标要求

进行数据科学建模前，数据科学建模人员首先需要理解业务需求并准确定义数据科学问题。仔细阅读需求文档，并与需求方明确任务目标及审核方式，将业务指标转换为模型指标、工程指标、项目指标。

❑ 业务指标：包括准确率、召回率、时效性等。

❑ 模型指标：包括 AUC、PR、混淆矩阵、Loss 等。

❑ 工程指标：包括训练规模、处理规模、处理速度、执行周期等。

❑ 项目指标：工期要求。

人口属性是营销中最重要的基础标签，主要包含性别、年龄，扩展标签包含婚否、是否有娃、是否有车、职业等。针对性别标签的模型预测业务指标要求主要是准确率、召回率、变化率，例如准确率不低于 75%、召回率不低于 70%、累计月变化率不高于 5%。

2. 种子：训练样本准备方法

基于需求进一步了解训练样本（Ground Truth）的情况，例如训练样本是否有标注以及标注方式，是否需要提出新的标注需求。

在机器学习中，训练样本是指有监督学习技术的训练集或其中包含的"真值"，真值数据的来源可以分为客观属性、行为属性。训练数据可以通过调查方法、征求客户授权法、人工标注法、行为或属性筛选法、人工或程序构造法获取。有监督学习同时需要正样本和负样本，有时在只有正样本的情况下，可通过随机抽样方式构建负样本。

确认训练集、交叉验证集、测试集的划分方式和比例，计算每个数据集的基本统计情况，例如数据量、正负样本比例等，并据此考虑合适的特征数量。确认是否有外部的验证数据集。

3. 特征：特征工程方法

在设计特征工程时，在对数据了解的基础上，主要包括特征构建、特征选择、特征提取三部分。特征构建是在原始数据的基础上通过各种转换处理方法创建派生的特征，此步骤需要设计人员对数据和建模目标都非常了解，合适的特征设计才能取得良好的模型效果。这个步骤是非常耗时的，需要花大量的时间分析数据和样本，也需要丰富的经验和洞察力。特征选择是在所有特征中选择与目标相关的特征，形成最终用于模型训练的特征子集。特征选择的目标是寻找最优特征子集，剔除不相关或冗余的特征，从而达到减少特征个数、提高模型精度、减少运行时间的目的。特征提取是通过算法将原始特征自动转换为一组新的特征，可以让特征效果更显著，实现特征降维。

在进行特征构建时，我们可进行头脑风暴式的思考分析，开发尽可能多的特征，开始时不需过于严格地考虑特征是否真正有效，而是可以在构建过程中使用特征选择方法进行筛选和组合。特征可分为普通特征、时序特征、频次特征三类。特征构建方法如下所示。

❑ 转换：归一化、离散化、分箱、虚拟变量（Dummy Coding）、数值变换（如 log）、Multi-hot 编码等。

❑ 统计：进行聚合统计，例如活跃频次、购买频次、周期、款数、品类等。

❑ 切词：对文本进行切词，然后进行统计，如 TF-IDF。

❑ 交叉：将两个或更多的类别属性组合成一个特征。

当特征维度非常多时，比如几十万维，为了计算效率和模型效果，需要对特征进行筛选，剔除长尾特征。特征选择可以有三种方法，过滤法（Filter）、包装法（Wrapper）、集成法（Embedded）。过滤法是基于单个特征与目标变量的直接相关度进行过滤，如相关系数、卡方检验等，优点是计算时间高效、过拟合鲁棒性，缺点是特征冗余，可能会剔除某些有效的特征组合；包装法是通过遍历各种特征组合，通过代表预测效果的目标函数（AUC、MSE）来选择，组合搜索时可以进行完全搜索、启发式搜索、随机搜索；集成法是通过某些机器学习算法，得到各个特征的权重系数，进而按照权重系数大小进行特征筛选，主要方法包括正则化、决策树等。

为了提高开发效率，减少重复数据处理，规范模型开发流程，我们会生成宽表式的统一特征库，可以仍按主题来组织，在进行人口属性不同标签预测时再基于预测目标进行特征筛选。统一特征库会在数据和结构上做优化，以便提高模型效果，节省建模时间，具体处理举例如下：

❑ 所有采集的数据维度进行 ID 脱敏、聚合；

❑ 按照特征构建的设计进行加工；

❑ 剔除饱和度极低的长尾特征（按饱和度排序排在后面的特征），防止建模时过拟合；

❑ 对分类的特征进行预转换，如转为 Multi-hot 编码；

❑ 数据结构预处理，如 Vector 特征预处理（CountVectorizer）。

4. 模型：训练、评估、迭代

这是数据科学建模的核心过程，包括模型选择、模型训练、模型评估四个步骤。这些步骤在实际建模工程过程中汇总是交叉反复进行。寻找最合适的模型、模型超参数与特征选择，目标是实现最好的模型指标与泛化效果，并进一步在保证模型效果的基础上，以计算效率优化为目标进行特征选择与参数选择优化。

（1）模型选择与训练

在模型训练时可以尝试不同特征的组合，尝试特征之间的交叉以及生成新特征，尝试适合于当前数据情况的不同模型。常用的模型有逻辑回归、随机森林、XGBoost 等。

算法的调参一般使用网络搜索（Grid Search）方法，为便于查看，训练结果需尽可能图像化，同时提取特征权重（feature importance），依据经验判断、考察重要特征是否合理，是否存在标签泄露问题。针对不同的算法，定制网络搜索。

❑ 逻辑回归（Logistic Regression）：使用 L1 筛选特征，随后使用 L2 优化，主要寻找合适的正则化强度。

❑ 随机森林（Random Forest）：初期可以选择 100 棵树左右，树更多效果不会太明显，但是训练时间会同比延长，训练周期会加大，主要寻找合适的树的深度或者 min_ samples_split + min_samples_leaf(sklearn)，防止过拟合。

❑ GBDT/XGBoost：设好提前终止训练（Early Stopping）的指标，把树的数量设到很大（例如 1000），靠交叉验证（Cross-Validation）数据集的表现提前停止训练，主要寻找合适的树的深度。

人口属性标签预测相关模型多是分类模型，除年龄模型为多分类外，性别、车辆情况、婚育情况模型均可看作二分类模型。在实践中，对于性别标签，我们先后尝试过逻辑回归、XGBoost、DNN 等算法，结合特征和样本优化，来提升准确率和召回率。目前生产中，对于性别模型，我们采用 DNN，对于年龄、车辆、婚育模型等，均采用 XGBoost。在性别模型迭代过程中，种子人群和模型选择的优化对模型提升的效果较为明显。例如，在某次优化中，更新种子人群后在准确率输出条件不变的情况下，月活设备中打上标签的设备量提升约 10%，即月活设备中召回率提升了 10%；模型算法从 LR 更新至 XGBoost 后，月活设备中打上标签的设备量提升约 25%。

（2）模型评估

一般模型训练完以后可以直接生成报告，输出训练集、测试集、验证集上的 PR 曲线、ROC 曲线、AUC，网络搜索报告，以及高排名的重要特征。

模型评估需要判断如下内容。

❑ 目标满足：基于当前问题，评估模型是否达到标准（准确率、召回率等）。

❑ 泛化能力：是否过拟合，可通过比较测试集和训练集的实验结果得出结论。

❑ 特征删减：在保证模型一定性能的情况下，特征数量是否可以删减。

❑ 参数选择：参数的选取需要在模型性能（包括预测能力和训练时间）之间取得平衡。

在构建完模型后，基于测试数据集我们能绘制相应的 PR 曲线，但模型训练和测试都只在小规模的样本数据（如百万量级）上进行，而每次做人口属性预测的设备数量为上亿甚至十几亿，所以预测人口属性标签的整体质量情况，只看模型提供的 PR 等指标数据还不够，需要寻找其他源进行交叉验证。

以性别模型为例，设计如下方案来评估每次预测的大规模性别预测数据的质量。

❑ 基于训练模型给各设备打分，按照降序排列，模型预测分取值范围为 0 ～ 1，分数越接近 1 男性概率越大，反之女性概率越大。

❑ 按照设备量等分 20 段，对每个分段的数据在区分设备类型（Android、iOS）后进行随机采样。

❑ 通过合作方或可信第三方开放平台对采样数据进行画像，确定按照不同分数分段的男女标签对应的准确率。

❑ 基于画像结果可以计算出按照不同准确率要求输出性别标签时能覆盖的预测设备占比，即不同准确率下的召回率，以产品定义准确率要求，可以确定预测分值的阈值。

❑ 同时，可绘制相应的 PR 曲线，并基于此对比不同模型版本的效果，以评估是否上线新模型。

模型评估数据分析示例如图 6-19 所示。

num	cnt	男性	女性	P	R
0		0.9	0.1	0.9	0.10647308
1		0.78	0.22	0.84503413	0.18446392
2		0.7	0.3	0.79897672	0.25556918
3		0.65	0.35	0.76337908	0.32084856
4		0.59	0.41	0.73045497	0.378977
5		0.56	0.44	0.70244247	0.43611432
6		0.54	0.46	0.68184406	0.48480054
7		0.52	0.48	0.66346952	0.53215251
8		0.48	0.52	0.64396679	0.57794517
9		0.51	0.49	0.62776355	0.64092251
10		0.51	0.49	0.61505664	0.70390158
11		0.51	0.49	0.60482471	0.76688164
12		0.45	0.55	0.59412702	0.80923188
13		0.43	0.57	0.58381773	0.84848594
14		0.4	0.6	0.57269111	0.88594188
15		0.36	0.64	0.56016138	0.92080357
16		0.32	0.69	0.54899465	0.9464546
17		0.25	0.75	0.53127581	0.97360488
18		0.22	0.78	0.51899822	0.99015991
19		0.13	0.87	0.5041537	1

图 6-19　模型评估数据分析示例

在没有外部源可以进行交叉验证的情况下，可以基于某些经验假设，从设备行为中构建一些验证数据，可以通过模型在这些验证数据上的效果（如召回率）判断模型是否有提升，这种方式无法给出模型预测相对更真实的指标。例如有车标签，基于车载 Wi-Fi 连接行为构建的人群作为有车验证数据集，如果预测结果数据集对该验证集的覆盖率有显著提升，说明模型效果有提高。

5. 生产：例行化预测加工

在完成模型训练后，我们需要将模型部署到线上生产环境用于数据的例行化加工生产。进入生产运营阶段后，需要对模型的输入、输出进行持续的监控和检查，并将最终的数据产品发布到应用端。

（1）模型上线

在完成模型训练与评估达到上线要求后，需要打包模型文件并部署到线上生产环境中，标签预测通常还需要选好预测分的阈值，并录入后续基于模型预测结果产生标签的处理任务的配置文件中。

模型训练中经常使用 Python 的 scikit-learn 库，线上的大数据环境一般使用 Spark MLlib，因此上线前有时会涉及将 Python 实验代码转化成生产上用的 Spark 代码，并重新训练和验证，两者有时效果不一致，需要分析原因。

（2）模型预测

模型上线后，通过调度系统例行化执行模型预测任务，调度周期一般为天、周、月，具体基于不同的产品和模型特征要求而确定。

有时模型上线涉及历史回溯问题。如果模型效果提升比较大，需要考虑对历史数据重新进行处理。例如使用 DNN 替代 XGBoost 后，模型召回率有 30% 的提升，就可以对最近 1 年的所有数据重新加工处理。

（3）质量检验

模型上线后，需要对模型预测执行情况进行监控和质量分析，例如监控模型输入特征数据的分布是否发生变化、模型预测结果的关键指标及分布是否发生变化。

对于可以利用合作方或可信第三方开放平台进行验证的，可以自动按预测分值分段抽样进行验证，并与预设规则进行对比，输出每期的数据质量报告。从多次画像测试结果来看，针对性别标签，每个分段随机抽样 2 万条可达到测试误差要求；针对年龄标签，每个分段需随机抽样 5 万条。

（4）数据发布

在完成数据加工生产和质检后，可以进行数据更新和发布，并将数据同步到数据消费区，或直接装载到数据服务及数据应用的存储中。

数据更新时需要确定数据更新的策略，一般有全量更新和增量更新两种。对于模型预测的标签还存在标签发生变化的覆盖策略，例如性别标签变化时，定义覆盖规则为新标签的分值大于一定阈值才替换，以保持标签稳定。另外，对于人口属性标签来说，标签间会存在常识冲突，例如年龄、已婚、有娃、大学生几个标签之间，需要确定好冲突解决策略。另外，这种标签之间的相关性也可以用于判断某一模型是否有提升效果，比如固定年龄数据，更新大学生模型，看新大学生人群的青年年龄比例是否有提升。在数据更新时，有时也需要同步确定老化策略。

（5）效果反馈

在数据应用过程中，需要基于数据应用效果的反馈来分析模型迭代的效果和方向，例如针对年轻女性人群的美妆产品广告投放的点击率指标的变化。使用中也会有直接的需求或问题反馈，有些跟模型相关，例如要求提高准确率，有些跟数据产品的其他方面相关，例如人群包的实际投放量不高，有些可能是 ID-Mapping 的问题，例如某些标签冲突可能是标签产品本身定义的问题。

6.5.2　面向数据安全的 Embedding 数据特征提取方法与应用实例

传统的数据大部分都是采用将原始数据以明文的方式直接输出的方式，这样在安全方面存在显著风险，不符合日益完善的法律法规要求，也越来越不能满足当今数据体量、规模日益庞大而复杂的应用需求。另外，也存在将数据加工为标签类数据再输出的方式，但通常存在信息漏损，使用这类数据进行建模，效果会大打折扣。

数据安全和隐私保护越来越重要，相关的法律法规要求越来越完善和严格，因此在数据联合建模和数据共享时，需要能提供隐私保护的数据特征处理技术，另外在大数据中一般特征的维度都很高，需要进行降维以提高模型效果。

基于保护用户隐私、保障数据输出安全性以及提升大数据输出处理速度的考量，经过实践，我们可以借助机器学习技术对原始数据进行分布式的隐含表征提取计算，以满足上述需求。该数据特征提取方法主要基于机器学习的分布式 Embedding 算法（嵌入算法）。Embedding 算法是一系列算法的统称，该类算法能够对原始数据进行变换，可以理解为一种映射，将原始输入通过一定方式映射或者说嵌入另一个数值向量空间，并挖掘其中的潜在关联，且这种方式往往伴随着降维的思想。Embedding 算法处理后的数据由于信息漏损较少，相对标签类数据有更好的建模效果，被广泛用于推荐系统、自然语言处理等领域。原始数据在经过变换后，新的数据维度已不能表达原始数据代表的含义，因而数据获取方无法从中提取到与个人身份相关的敏感信息，也即实现了保护隐私数据的目的。

使用 Embedding 算法，组织可以将内部来自垂直领域的第一方数据，比如用户的活跃、消费、人口属性标签等，与第三方数据融合，丰富企业的自有模型特征维度。理论上，不需要业务解释的预测模型均可使用本方法对数据进行处理，可以应用在金融、零售、互联网、广告等行业中。

1. 算法方案详解

Embedding 算法具有通用性，可以应用于任何能变换为标准格式的原始数据输出。下面通过一个示例详解说明处理过程。

第一步，数据使用方上传了一批设备 ID（设备标识），通过 ID 匹配，得到对应的数据机构的虚拟设备 ID（VDID）。

第二步，使用 VDID 作为索引，提取原始数据。假设有 M 个 VDID，VDID 可以看作每一台智能移动设备的虚拟唯一编号，则提取后的原始数据共有 M 行，每行对应一个设备的属性信息。假设属性个数为 N，每个设备的每个属性值为 1 或 0（即 Multi-hot 编码），代表一个设备具有或不具有某个属性。将该原始数据变换为 $M \times N$ 的稀疏矩阵，每行对应一个设备，每列对应一个属性。例如第三行第五列为 0，则表示第三个设备不具有第五列对应的属性。

相比普通矩阵，稀疏矩阵能够极大地节省存储空间。构造稀疏矩阵的步骤如下：

❑ 创建一个 $M \times N$ 的矩阵，将其中的值全部填充为零；

❑ 逐行扫描，如果一个设备具有某个属性，就将该处的值替换为 1，直到扫描完成；

❑ 记录哪些行和哪些列的数据为 1，并存储这些信息，这些信息实际上就是一个系数矩阵，通过它们可以随时还原出原始矩阵。

第三步，通过嵌入模型对标准格式的原始数据进行表征学习。实际上就是对输入的原始矩阵进行分解。嵌入模型可以使用的算法很多，此处以奇异值分解（Singular Value

Decomposition，SVD）算法为例进行介绍。

与 SVD 相关的一个概念是 PCA（主成分分析），又称特征值分解，用于降维。PCA 是在原始空间中顺序地找一组相互正交的坐标轴，第 1 个是使得方差最大的坐标轴，第 2 个是在与第 1 个坐标轴正交的平面中使得方差最大的坐标轴，第 3 个是在与第 1、2 个坐标轴正交的平面中方差最大的坐标轴。这样，假设在 N 维空间中，可以找到 N 个这样的坐标轴，取前 r 个去近似这个空间，就可以从一个 N 维的空间压缩到 r 维的空间了，而选择的 r 值对空间的压缩要能使数据的损失最小。PCA 从原始数据中挑选特征明显的、比较重要的信息保留下来，这样一来问题就在于如何用比原来少的维度去尽可能刻画原来的数据。

但 PCA 有很多的局限，比如变换的矩阵必须是方阵，而 SVD 算法能够避免这一局限。SVD 算法能够将一个矩阵分解为三个子矩阵，而三个子矩阵相乘可以还原得到原始矩阵。这三个矩阵可称为 U、Sigma 及 V，其中 Sigma 矩阵为奇异值矩阵，只有对角线处有值，其余均为 0。

$$A = U \sum V^{\mathrm{T}}$$

假设原始矩阵是 10 000 行 ×1000 列，那么分解后即可得到如下三个子矩阵：

❑ U 矩阵为 10 000 × 10 000；

❑ Sigma 矩阵为 10 000 × 1000（除了对角线的元素都是 0，对角线上的元素称为奇异值）；

❑ V^{T} 矩阵（V 的转置）为 1000 × 1000。

在实际应用过程中，我们只保留 U 矩阵的前 512 列，于是三个矩阵的维度就变成了：10 000 × 512，512 × 512，512 × 1000。

为什么是保留 512 列呢？原因是奇异值在 Sigma 矩阵中是从大到小排列，而且奇异值的减小特别快，在很多情况下，前 10% 甚至 1% 的奇异值之和，就占了全部奇异值之和的99% 以上。根据多次实验证明，512 列已经能够很好地保留奇异值的信息。

第四步，矩阵分解得到三个子矩阵后，将 U 和 Sigma 相乘，得到输出矩阵。输出矩阵的维度为 10 000 × 512。可以看到，输出矩阵与输入矩阵有着相同的行数，每一行仍旧代表一个设备。但是输出矩阵的列数变为了 512，与原始矩阵中每一列代表一个属性不同，此时的输出矩阵中每一列对应一个特征。该特征不具备可解释性，保证了输出数据不会泄露个人隐私。

第五步，将输出矩阵直接输出，但 V 矩阵对使用方保密，故使用方无法还原出原始矩阵，也就无法还原出任何与个人相关的原始属性信息。

2. 实践效果

对于 Embedding 输出数据在建模中的实际表现，通过实验和项目验证，可以确定Embedding 方法既可以保证隐私安全，又可以保证模型效果。以下是两个实验案例的效果说明。

案例一：性别标签预测效果提升

性别标签是基于设备信息通过机器学习模型预测打分得出的。在过往的建模过程中，算法人员往往会对原始信息进行一定处理，比如将非结构性的数据处理为结构性的统计数值，或者将其他标签作为特征输入模型中。但是，这些特征工程方法都会产生一定的信息漏损或者误差引入。而 Embedding 处理后的数据相比人工的特征筛选，信息漏损较少，理论上会取得更好的建模效果。从图 6-20 可以看出，基于相同原始数据，使用 Embedding 模型的预测效果比原始性别预测模型提升 13.7%（（0.71−0.63）/0.63）。

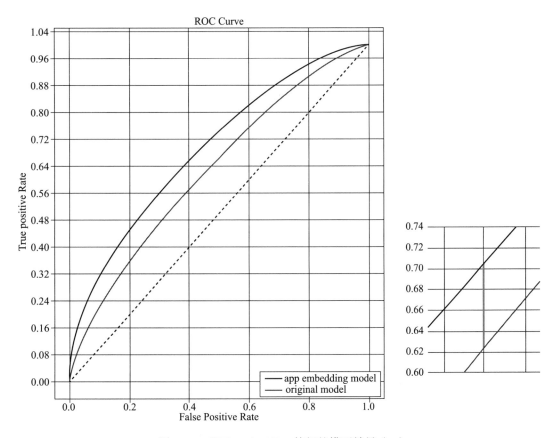

图 6-20 基于 Embedding 特征的模型效果（一）

案例二：某金融企业的风控模型预测效果提升

在金融风控模型中，在保护隐私情况下，可以使用 Embedding 算法输出的数据进行联合建模，从模型效果可看到引入设备行为数据模型效果提升明显。在相同的假阳率（False Positive Rate）下，企业原有算法的生产准确率为 0.42，而加入嵌入算法输出的数据后，经过优化的生产准确率达到 0.52，提升 25%，如图 6-21 所示。

Embedding 算法在保证了原始数据输出安全性的同时，也带了数据可解释性较弱的问题。由于 Embedding 算法将原始数据转化为另一个空间的数值向量，因此无法给输出矩阵的每一列赋予实际意义。假设建模人员构建一个"工资预测回归模型"，收集到的样本特征包括"性别、年龄、学历、工作城市、工作年限……",分别对应数据集中的每一列,那么他们就可以容易地计算出每个特征的权重,并且能够比较这些特征的权重,对特征重要性进行排序,得到诸如"工作年限对工资高低的影响比性别更大"这样的结论。但是在使用Embedding算法输出的数据构建模型的时候,建模人员没办法向上述模型一样分析,从比较每一列特征对模型的影响得出知识性结论,只能得出增加Embedding特征是否能提升模型效果这样粒度较粗的结论。显然,如果建模人员对于模型的解释性有特别严苛的需求的话,Embedding方法存在一定局限性。

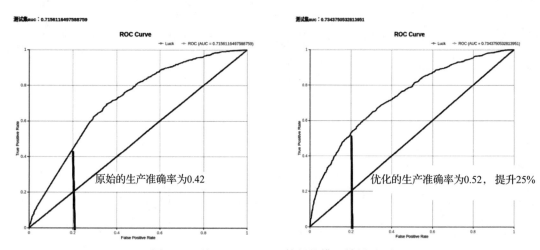

图 6-21　基于 Embedding 特征的模型效果(二)

6.5.3　基于移动设备行为数据的人口属性性别标签预测模型迭代实例

借助用户画像进行广告投放非常常见,而人口属性中的性别、年龄是最基本的信息。本案例介绍基于移动设备行为数据的人口属性标签中性别标签的机器学习模型构建过程。

1. 性别标签预测流程

通常情况下,通过无监督学习,我们不仅很难学习到有用信息,而且很难评估学习到的效果,所以实践中应尽可能地把问题转化成有监督学习。对于性别标签也是如此,这里我们使用可信性别样本,将性别标签的生产任务转化成有监督机器学习任务。更具体来说,男 / 女分别作为 1/0 标签(Label,也就是常说的 Y 值),这样性别标签的预测任务就可以转化为二分类任务。

性别标签的生产流程如下。

- ❑ 训练集生成:输入为收集到的真实的性别样本和从近期活跃的原始数据中提取出的有用特征,将两者 JOIN 连接之后得到可以直接用于建模的数据集。
- ❑ 模型训练:基于该数据集进行建模,学习出性别模型。

❑ 模型预测：之后用该模型对全部样本进行预测，从而得到所有样本的性别打分，至此模型部分的工作基本完成。

❑ 标签输出：最后一步是确定阈值，输出男女标签。

上述实践中未依赖模型确定阈值，而是借助比较可信的合作方与第三方开发平台，保证在大于期望整体准确率阈值的情况下，召回尽可能多的样本。另外，面对十几亿的 ID 体量，在标签生产的过程中，为了加速运算，需要优先采用分布式计算（如 Spark）来加速。

2. 特征与模型方法的版本迭代

了解了性别模型的基本流程之后，下面介绍一下实践中性别模型的版本迭代，包括模型算法的选择与特征处理。

（1）性别模型 V1

模型使用特征包括 4 个维度：设备应用行为信息、嵌入 SDK 的应用包名、嵌入 SDK 的应用内自定义事件以及设备机型信息。

模型采用 XGBoost（版本为 0.5），基于每个维度的特征分别训练模型，得到 4 个子模型。每个子模型会输出基于该特征维度的设备的男女倾向的打分，分值区间从 0 到 1，分值高代表设备为男性倾向，反之则为女性倾向。模型核心代码示例如下：

```
import com.talkingdata.utils.LibSVM
import ml.dmlc.xgboost4j.scala.DMatrix
import ml.dmlc.xgboost4j.scala.spark.XGBoost// 版本为 0.5

// 训练阶段
val trainRDD = LibSVM.loadLibSVMFile(sc, trainPath)// sc 为 SparkContext
val model = XGBoost.train(trainRDD, paramMap, numRound, nWorkers = workers)

// 预测阶段
val testSet = LibSVM.loadLibSVMFilePred(sc,testPath,-1,sc.defaultMinPartitions)
val pred = testSet.map(_._2).mapPartitions{ iter =>
    model.value.predict(new DMatrix(iter)).map(_.head).toIterator
}.zip(testSet).map{case(pred, (tdid, feauture)) =>
    s"$tdid\t$pred"
}
```

缺点及优化方向：

❑ 模型为 4 个子模型的融合，结构较复杂，运行效率较低，考虑使用单一模型；

❑ 嵌入 SDK 的应用内自定义事件日志特征覆盖率低，且 ETL 处理资源消耗大，需重新评估该字段对模型的贡献程度；

❑ 发现设备名称字段看上去有男女区分度，有些人会以自己的名字或者昵称命名设备名，验证效果并考虑是否加入该字段。

（2）性别模型 V2

模型使用特征包括 4 个维度：嵌入 SDK 的应用包名、嵌入 SDK 的应用 Appkey、设备机型信息以及设备名称，其中对嵌入 SDK 的应用包名和设备名称进行分词处理。再使用 CountVectorizer 将以上 4 类特征处理成稀疏向量，同时用 ChiSqSelector 进行特征筛选。

模型采用逻辑回归 LR 算法，核心代码示例如下：

```
import org.apache.spark.ml.feature.VectorAssembler
import org.apache.spark.ml.PipelineModel
import org.apache.spark.ml.classification.LogisticRegression

val transformedDF = spark.read.parquet("/traindata/path")
// 分词、CountVectorizer、ChiSqSelector 操作之后的特征，为 vector 列

val featureCols = Array("packageName","appKey", "model", "deviceName")
val vectorizer = new VectorAssembler().
                    setInputCols(featureCols).
                    setOutputCol("features")
val lr = new LogisticRegression()
val pipeline = new Pipeline().setStages(Array(vectorizer, lr))
val model = pipeline.fit(transformedDF)

// 预测阶段
val transformedPredictionDF = spark.read.parquet("/predictData/path")
// 同 train 一致，为分词、CountVectorizer、ChiSqSelector 处理之后的特征，为 vector 列
val predictions = model.transform(transformedPredictionDF)
```

优点及提升情况：采用单一的模型，能够用常见的模型评估指标衡量模型，比如 ROC、AUC、Precision-Recall 等，并可在后续的版本迭代中可作为基准线，方便从模型角度进行版本提升的比较。

缺点及优化方向：LR 模型较简单，学习能力有限，后续需替换成更强大的模型，比如 XGBoost 模型。

（3）性别模型 V3

模型使用特征除了嵌入 SDK 的应用包名、嵌入 SDK 的应用 Appkey、设备机型信息以及设备名称这 4 个维度，还添加了近期聚合了的设备应用信息，处理方式与上个版本类似，不再赘述。

模型从 LR 替换成 XGBoost（版本为 0.82），核心代码示例如下：

```
import org.apache.spark.ml.feature.VectorAssembler
import ml.dmlc.xgboost4j.scala.spark.XGBoostClassifier// 版本为 0.82

val transformedDF = spark.read.parquet("/trainData/path")
// 分词、CountVectorizer 操作之后的特征，为 vector 列

val featureCols = Array("packageName","appKey", "model", "deviceName")
val vectorizer = new VectorAssembler().
                    setInputCols(featureCols).
                    setOutputCol("features")
val assembledDF = vectorizer.transform(transformedDF)
```

```
// 训练模型
// 设置 XGBoost 参数
val xgbParam = Map("eta" -> xxx,
    "max_depth" -> xxx,
    "objective" -> "binary:logistic",
    "num_round" -> xxx,
    "num_workers" -> xxx)
val xgbClassifier = new XGBoostClassifier(xgbParam).
    setFeaturesCol("features").
    setLabelCol("labelColname")

model = xgbClassifier.fit(assembledDF)

// 预测阶段
val transformedPredictionDF = spark.read.parquet("/predictData/path")
// 同 train 一致，为分词、CountVectorizer 操作之后的特征，为 vector 列
val assembledpredicDF = vectorizer.transform(transformedPredictionDF)
val predictions = model.transform(assembledpredicDF)
```

优点及提升情况：相比上个版本，AUC 提升了 6.5%，在最终的性别标签生产中召回率提升了 26%。

在这个版本上又进行了多次小版本迭代，以持续不断地提升模型效果，图 6-22 是一次迭代的分男女和操作系统平台的 PR 曲线。

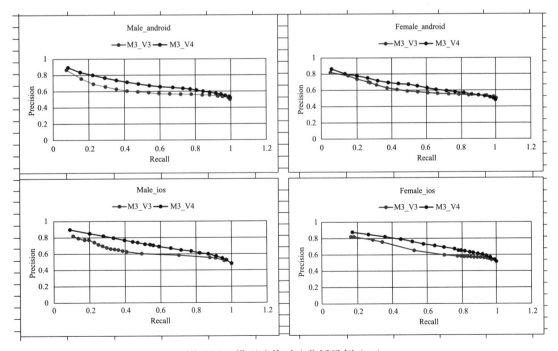

图 6-22 模型迭代对比分析示例（一）

（4）性别模型 V4

模型使用特征除了嵌入 SDK 的应用包名、嵌入 SDK 的应用 Appkey、设备机型信息、设备名称以及设备应用信息这 5 个维度，还添加了三个广告行为维度的特征。虽然广告行为特征覆盖率仅占 20%，但对最终标签的召回率的提升也有着很大的影响。

模型将 XGBoost 替换成 DNN，设置最大训练轮数（Epoch）为 40，同时设置了提前结束训练（early stopping）参数。考虑到神经网络能工作是基于大数据的，因此将用于训练的样本量扩充了一倍，保证神经网络的学习。

DNN 的结构如下：

```
GenderNet_VLen(
    (embeddings_appKey): Embedding(xxx, 64, padding_idx=0)
    (embeddings_packageName): Embedding(xxx, 32, padding_idx=0)
    (embeddings_model): Embedding(xxx, 32, padding_idx=0)
    (embeddings_app): Embedding(xxx, 512, padding_idx=0)
    (embeddings_deviceName): Embedding(xxx, 32, padding_idx=0)
    (embeddings_adt1): Embedding(xxx, 16, padding_idx=0)
    (embeddings_adt2): Embedding(xxx, 16, padding_idx=0)
    (embeddings_adt3): Embedding(xxx, 16, padding_idx=0)
    (fc): Sequential(
      (0): Linear(in_features=720, out_features=64, bias=True)
      (1): BatchNorm1d(64, eps=1e-05, momentum=0.1, affine=True,
          track_running_stats=True)
      (2): ReLU()
      (3): Dropout(p=0.6)
      (4): Linear(in_features=64, out_features=32, bias=True)
      (5): BatchNorm1d(32, eps=1e-05, momentum=0.1, affine=True,
          track_running_stats=True)
      (6): ReLU()
      (7): Dropout(p=0.6)
      (8): Linear(in_features=32, out_features=16, bias=True)
      (9): BatchNorm1d(16, eps=1e-05, momentum=0.1, affine=True,
          track_running_stats=True)
      (10): ReLU()
      (11): Dropout(p=0.6)
      (12): Linear(in_features=16, out_features=2, bias=True)
    )
  )
```

优点及提升情况：相比上个版本，AUC 仅提升了 1.5%，但在最终性别标签生产中召回率提升了 13%，考虑到几十亿的 ID 体量以及现有的标签体量，这个提升还是很可观的。由此可以看出，在验证版本迭代效果的时候，不应该仅仅从模型的 AUC 这个单一指标来衡量，因为这对版本迭代的效果提升程度的衡量不够准确，应该验证最终的、真正的指标提升情况。在性别标签中，是期望准确率（precision）下，召回的样本数量，但这并不否认可以在版本优化时使用 AUC 等模型相关指标来快速验证控制变量的实验效果，毕竟这些模型相关指标容易计算。

在这个版本上又进行了多次的小版本迭代，图 6-23 是一次迭代的分男女和操作系统平台的 PR 曲线。

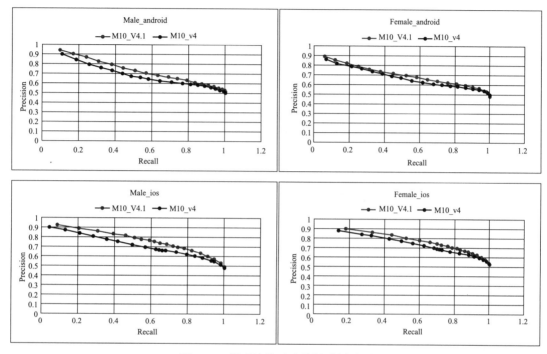

图 6-23　模型迭代对比分析示例（二）

6.6　数据治理

随着数据成为越来越重要的生产要素，如何管理利用数据、释放数据价值是组织面临的重要课题。随着大数据技术的普及，组织的数据都在快速增长，PB 数据量级已比较普遍，并且随着组织业务不断丰富，数据体系越来越复杂，数据乱象也愈加严重。例如，数据信息更新维护实时性不足、准确性没有保障、含义不明确，没有统一数据标准规范，整体数据质量持续恶化，数据易用性也越来越差，数据的增长带来了成本却没有带来收益。元数据离线管理，不利于公司内部的数据共享，且管理成本高。数据集访问权限缺乏有效管控，数据安全有很大隐患。数据治理工作成为组织数据能力的核心能力之一，它是数据工程的重要支撑，是数据应用价值挖掘的有效保障。建设出色的数据治理能力是一个数字化组织亟迫的任务。数据治理贯穿数据收集、加工和价值实现等整个生命周期全过程，本节介绍数据治理的实践经验。

6.6.1　数据治理平台的目标

由于数据越来越丰富，数据治理工作需要工具化的支持，设计良好的数据治理系统会极大地简化数据治理工作的复杂性，提高治理工作的效率及可持续性，更好地支持数据开放和数据应用开发。

本文介绍的数据治理平台，是面向数据资产管理规划建设，目标是满足数据分析师和数据管理人员发现数据、了解数据、使用数据、管理数据的需求，减少数据维护工作量，提高数据治理效率。具体分析如下。

- ❑ 实现全域数据地图，构建数据资产目录，厘清数据之间的关系，展示详细的数据资产全景视图，实现数据的统一管控和精细化管理，构建标准化、规范化的据管理体系，提供统一的元数据查询服务，让数据变得可视化、易管理、易使用、易获得、高质量、业务化，促进数据资产的价值创造，促进数据共享，提升对业务支持的响应效率。
- ❑ 监控和提升数据质量，不断优化数据成本，执行权限管理保障数据安全合规，实现数据全生命周期的智能化管控。

6.6.2　数据治理平台的功能架构

数据治理平台与数据加工生产系统是配合关系，治理平台从生产系统获取数据信息，支持数据生产和数据管理。治理平台与数据存储系统、生产调度系统进行集成，可实现自动获取元数据、血缘等信息，并通过集成实现权限管理、质量自动分析等功能。平台自身需实现账号及权限管理等支持功能，账号系统需要支持单点登录。

1. 数据治理平台的设计原则和要点

数据治理平台的设计原则和要点分析如下。

- ❑ **可持续性与及时性**。能自动化获取的信息就不通过人工管理，与生产系统集成及时自动获取现势性的信息，强制管理规则实现自动化检查，以实现管理的可持续性，不因管理人员的更迭、管理流程的改变而发生中断。对于很多管理信息系统，随着时间的推移，一旦信息更新中断，数据将逐渐与实际情况不符，使得信息的可用性下降，所以错误过时的信息有时还不如没有，不会引起误导。
- ❑ **易扩展与单元功能独立迭代**。子系统或单元功能模块在设计与开发时，要做到代码、配置与资源层面的解耦，保证功能单元之间的交互接口协议化与标准化，例如通过RESTful API 形式，以便于每个子部分可以独立迭代，子部分独立更新只需遵循模块间接口协议不变即可；这样的设计也易于扩展，例如生产上增加新类型的调度系统，就可以单独集成。
- ❑ **不制约生产环境及系统更新**。将生产环境及系统的具体信息配置化，例如数据库链接信息，严格避免硬编码在代码中；代码设计时进行功能抽象以便于生产环境发生变化时易于扩展，例如存储格式类型的增加、存储系统类型的增加、调度系统组件的变化、多生产集群的增加、跨机房的支持等；与生产系统集成时，尽量减少对生产系统的侵入，单向依赖设计，治理平台依赖生产系统，而不是反向；只做资产信息的收集、补充、展示、分析，不直接对生产环境的数据集实体进行操作。

- **数据信息延续性**。对元数据、血缘等信息实现版本管理，可以查看时光轴，便于管理者了解历史的演进情况，同时自动建立新数据集与历史数据集的相关性（可通过数据结构与内容相似比较）提示，供数据管理人工建立关联；将数据资产管理与运营事件、异常分析结果关联，便于数据资产变化情况的自助解读。
- **易于执行安全管理**。角色体系需要支持按资产安全分级设置针对各级资产的管理与查看权限。
- **控制治理的 OverHead 成本**。治理平台需要避免对生产系统产生负责压力，资产的统计需要尽量复用生产系统已有的资源和成果数据，并控制精度与密度需求以避免成本膨胀。

2. 数据治理平台边界

数据治理平台需要通过其他系统获取数据，并通过其他系统实现任务触发和配置同步。主要交互系统有三类：存储数据的数据仓库 / 集市、调度管理系统、基础设施管理系统。如图 6-24 所示。

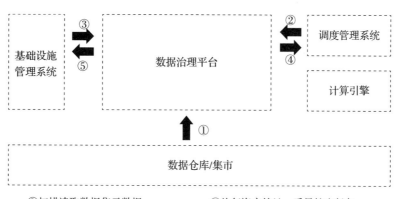

①扫描读取数据集元数据　　　④执行资产统计、质量核查任务
②获取血缘关系与任务运行信息　⑤执行权限配置
③获取数据集访问信息

图 6-24　数据治理平台与其他系统的交互关系

3. 数据治理平台的核心功能

数据治理平台核心功能分为三组，共 8 个功能单元，如图 6-25 所示。

（1）信息管理与查询

- **元数据管理**。内置丰富的采集适配器，自动采集数据中心各层次数据的技术元数据信息，支持业务元数据录入与管理，支持自定义构建数据目录，支持版本管理，通过元数据统一视图进行查询和使用。
- **血缘关系查询**。与生产的调度系统集成，支持自动解析调度日志，实现数据血缘分析，展现数据来龙去脉。

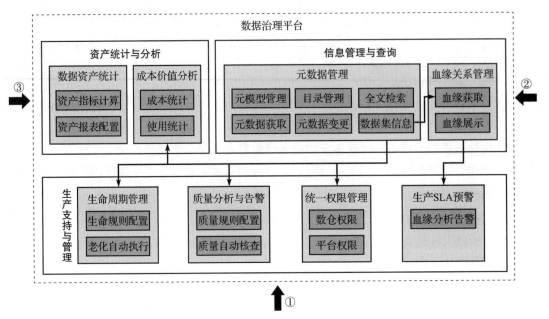

图 6-25 数据治理平台的功能架构

注：图中治理平台边界的箭头表示其他系统的输入，具体输入内容参考图 6-24 中的说明。

（2）资产统计与分析

☐ 数据资产统计。覆盖从采集到应用的全生产流程，针对数据内容的资产量、饱和度等指标，支持各类维度的交叉分析，维度包括业务来源、终端类型／系统平台／版本、SDK 版本、数据主题，支持分布统计，支持历史趋势展示，支持各类图表丰富的展示形式，支持灵活的配置。

☐ 成本及价值分析。与生产存储系统、生产调度系统集成，自动获取数据存储资源与计算资源消耗，自动获取数据访问信息，统计数据使用情况，提高数据成本与价值分析报表，支持数据管理与数据工程人员对数据生产的优化。

（3）生产支持与管理

☐ 生产 SLA 预警。支持针对数据集的生产 SLA 规则配置，自动获取实时数据加工情况，基于血缘关系向数据资产管理人员与数据消费方自动告警与预警。

☐ 质量分析与告警。根据业务及管理要求制定的核心数据质量指标与标准，自动进行质量统计分析并告警。

☐ 生命周期管理。依据每个数据集的存储策略规则，自动执行老化等操作。

☐ 资产权限管理。统一控制数据中心的数据访问权限，以及元数据访问和维护权限，保障数据安全，支持按数据资产级别的自动、灵活、可视化的配置。

4. 数据治理平台各模块单元的功能

各模块的功能详细说明如表 6-10 所示。

表 6-10 数据治理平台模块功能说明示例

分类	功能模块	一级功能	功能说明
信息管理与查询	元数据管理	元模型管理	对于不同的元数据对象（文件／表，数据库／HDFS），设定模型属性信息
		元数据获取	数据源信息维护，以及元数据扫描配置，扫描自动识别分区信息
		数据目录管理	根据数据仓库的层级以及业务结构，自定义配置维护数据目录树
		数据集信息	数据集元数据信息展示，包括基本信息、字段结构、样例数据、物理存储、关联任务、血缘关系等
		元数据变更	元数据的历史版本信息，以及变更提醒
		全文检索	针对全局数据进行关键字快速检索
	血缘关系	血缘获取	自动解析任务平台的相关日志，获取所需要的血缘信息
		血缘展示	血缘地图展示，包括数据集之间的关系图谱、数据集跟任务之间的关系、任务之间的依赖关系等
资产统计与分析	数据资产统计	资产指标计算	汇总数据加工中的资产类指标；从支持交叉维度计算的数据成果应用系统中获取成果类资产指标
		资产报表配置	支持各类资产报表系统的自定义配置，支持丰富的图表，如表格、趋势曲线、柱状图、饼图、堆积图等
	成本及价值分析	成本统计	统计数据集的计算资源消耗情况，包括数据集加工分配计算资源大小及执行时长等；统计数据集的存储资源消耗情况，包括文件大小和文件个数等
		使用统计	统计数据集的访问批次、访问方等信息，统计数据的使用情况
生产支持与管理	生产 SLA 预警	血缘分析告警	支持配置 SLA 规则配置（如延迟／变更等），在异常时及时告知上下游相关人员
	质量分析与告警	质量规则配置	支持配置核查分析逻辑与报警规则
		质量自动核查	自动例行化的质检任务，并生产检查报告，基于预设规则与智能规则提供质量告警
	生命周期管理	生命周期规则配置	支持数据集的存储类型、存储周期与老化周期等存储策略配置；定期生产未配置策略的数据集报告，主动提醒管理者
		老化自动执行	自动实现数据集的迁移、副本变更、屏蔽访问、回滚、老化等生命周期管理操作
	统一权限管理	数据仓库权限管理	支持可视化配置数据仓库中数据集的读写权限
		平台数据权限管理	对平台上所有的数据权限进行统一配置

（续）

分类	功能模块	一级功能	功能说明
支持	系统管理	登录管理	集成数据中台统一的单点登录认证
		用户管理	集成数据中台统一的用户管理
		角色管理	集成数据中台统一的角色管理
		菜单管理	集成数据中台统一的菜单管理
		日志管理	支持查询用户的登录及操作日志

6.6.3 元数据管理

元数据管理系统以数据集（表）为中心，围绕数据集进行管理和应用，总体架构包括 4 个模块：元模型配置、元数据获取、数据中心、数据访问权限。具体如图 6-26 所示。

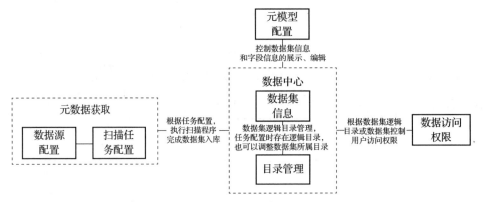

图 6-26　元数据管理模块设计示例

1. 元模型配置

元模型配置页面主要是对数据集的展示进行控制，包括展示范围模块、展示顺序模块、展示内容是否可编辑模块，以及针对采集的数据集属性和字段属性的信息补充模块。展示范围和展示顺序模块配合完成最终的数据情况展示，可编辑模块决定最终展示的内容是否可以在线编辑，信息补充模块对展示信息进行补充。

一个元模型的各属性编辑与配置示例如图 6-27 所示。

2. 数据中心

数据集信息的集中存储与展示。查询与展示相关模块包括元数据列表展示、数据集信息查询与展示模块、变更历史与版本对比、全文检索模块。编辑管理相关模块包括数据集的业务属性信息管理模块、数据集的字段业务属性信息管理模块、数据集分区信息管理模块、数据集的归属树形目录树管理模块、变更提醒与确认。所有的数据集都对应唯一的树形目录结构的一个节点。

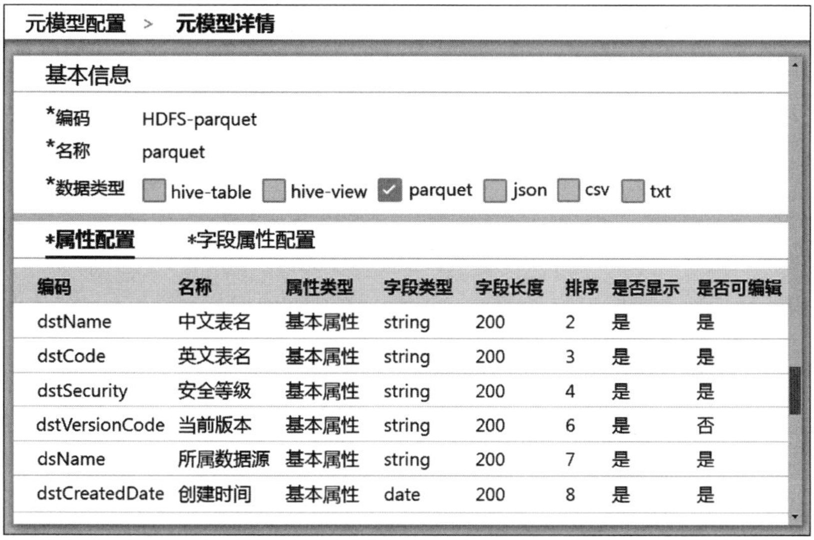

图 6-27　元模型配置示例

数据集列表示例如图 6-28 所示。

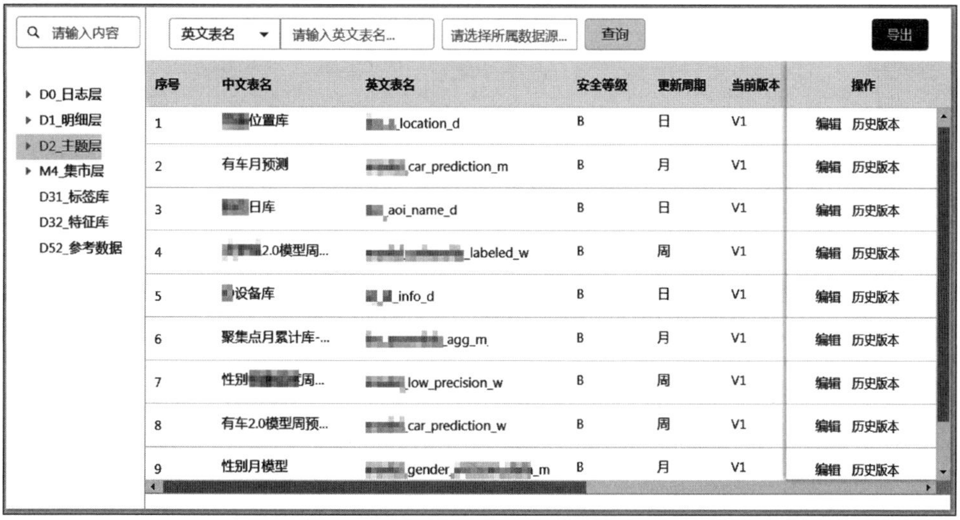

图 6-28　数据集列表示例

数据集属性示例如图 6-29 所示。

数据集结构字段属性示例如图 6-30 所示。

3. 元数据获取

元数据获取模块是通过配置任务定期或手动方式执行的，元数据采集模块包括数据源配置模块、扫描任务配置模块和扫描日志记录模块，扫描任务读取数据源配置列表中的源数据库信息，然后执行数据源扫描，自动提取数据集的元数据信息，扫描日志记录模块完成对任务扫描过程的日志记录和展示。

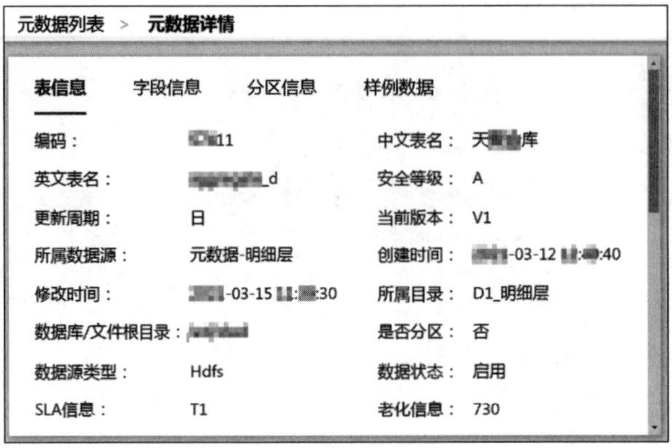

图 6-29 数据集属性示例

图 6-30 数据集结构字段属性示例

数据源管理列表示例如图 6-31 所示。

图 6-31 数据源管理列表示例

数据源扫描任务配置列表如图 6-32 所示。

序号	任务名称	任务类型	扫描用户	状态	执行时间	操作
4	D02_明细层	手动		启用		执行 扫描日志 停用
5	D03_主题层	手动		启用		执行 扫描日志 停用
6	D04_应用层	手动		启用		执行 扫描日志 停用
7	M01_服务层	手动		启用		执行 扫描日志 停用
8	D11_维度表	手动		启用		执行 扫描日志 停用

图 6-32　数据源扫描任务配置列表示例

4.元数据访问权限

元数据访问权限控制用户可以访问的数据集元数据信息的权限配置管理模块。

6.6.4　血缘查询与告警

血缘分析整体依赖于任务调度、元数据模块，血缘展示根据任务调度配置信息，获取任务依赖关系、数据集依赖关系以及任务和数据集的对应关系，血缘告警配置根据数据集扫描到的数据生成信息，自动告警。具体各模块关系如图 6-33 所示。

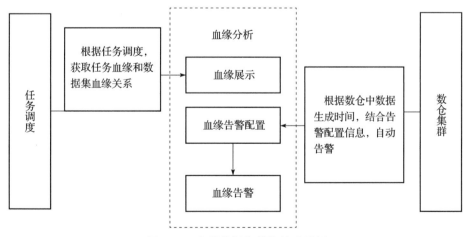

图 6-33　血缘分析各模块关系示例

1.血缘展示

通过配置的任务调度信息，获取数据集依赖关系、任务依赖关系以及任务和数据集的对应关系，然后通过任务执行日志，获取任务执行情况。

单个数据集血缘关系示例如图 6-34 所示。

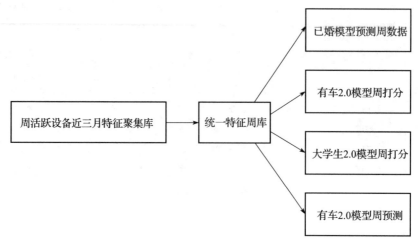

图 6-34 单个数据集血缘关系示例

整体数据集血缘关系示例如图 6-35 所示。

2. 血缘告警配置

通过前台配置告警信息，然后由后台根据告警信息，对数据集进行扫描，并获取数据生成时间，对符合告警规则的数据进行告警。

告警规则配置示例如图 6-36 所示。

6.6.5 数据资产统计

数据资产统计监控系统主要包含三个模块：报表系统、告警系统、归因系统。报表系统又包括报表计算与报表展示。如图 6-37 所示。

通过建立统一的数据统计监控平台，实现以下目标：

❑ 建立统一的数据指标体系；

❑ 例行化统计关键指标数据；

❑ 指标可视化展示与灵活的配置；

❑ 监测关键数据指标变化，及时告警；

❑ 分析数据变化原因，指引后续行动。

1. 指标定义

数据资产指标分为描述指标和评价指标，描述指标用于描述数据集特征的基础统计指标，评价指标用于表征评价对象各方面特性及其相互联系的统计指标。如图 6-38 所示。

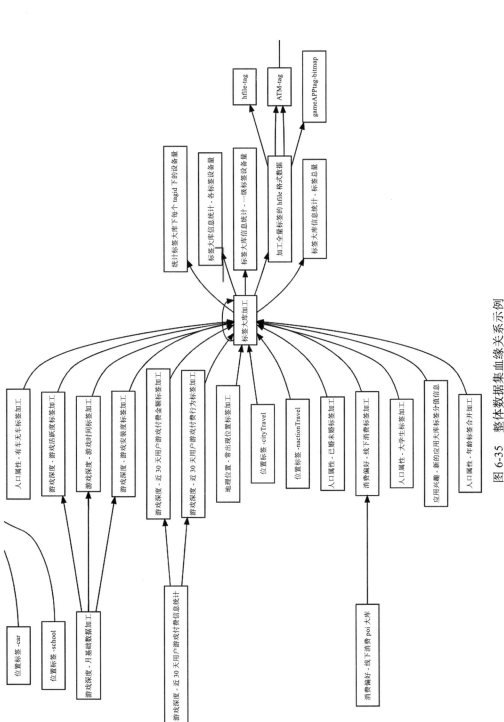

图 6-35 整体数据集血缘关系示例

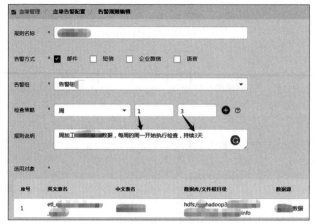

图 6-36 告警规则配置示例

图 6-37 数据资产监控系统组成

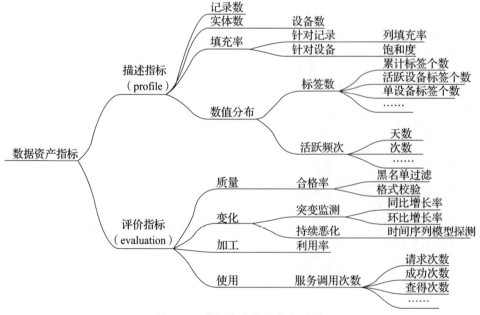

图 6-38 数据资产指标定义示例

详细的指标定义说明如表 6-11 所示。

表 6-11　数据资产指标定义示例

类型	指标	定义	计算	举例
描述	记录数	表征一个数据集的行数	数据集行数计数	log 日志记录数
	实体数	表征实体的个数	实体唯一标识排重个数	设备按设备唯一 ID 的排重数
	填充率	表征数据集（实体，按照标识排重）特定信息域的饱满程度	根据计算视角不同，可分为列填充率和饱和度 ❑ 列填充率：字段内值非空的记录数与总记录数的比值 ❑ 饱和度：字段内值非空的实体数与总实体数的比值	IDFA 饱和度
	数值分布	表征一个实体的特定属性在数据集中的出现频次分布	将属性出现频次进行分组，统计实体个数	单设备标签个数分布
评价	合格率	表征符合特定规则的数据实体的比率	符合规则的实体个数与实体总数的比值	机型合格率
	同比增长率	表征当前指标与上一周期内同期指标相比较的增长率	（当前指标 – 上一周期内同期指标）÷ 上一周期内同期指标 ×100	日活跃设备同比增长率
	环比增长率	表征当前指标与上一个相邻时期指标相比较的增长率	（当前指标 – 上一指标）÷ 上一个相邻时期指标 ×100	月活跃设备环比增长率等
	利用率	表征数据实际加工使用量与数据总量的比率	实际加工使用数据量 ÷ 总数据量 ×100	日有某类特征行为设备中创建了对应兴趣标签的比例
	数据调用次数	表征数据（服务）被用户使用的情况	数据（服务）接口实际被调用次数	各标签在服务平台被调用次数

2. 报表系统

报表系统支持数据资产基本状况的 Dashboard 展示、数据指标基于时间趋势的展示、多个指标基于任意时间段趋势的比较、多维度条件的组合筛选。展示组件支持线图、饼图、面积图、条图、地图、漏斗、表格、统计摘要、矩形、文本等。筛选组件支持日周月、日期范围、条件筛选器、指标 tab 页。页面布局组件支持水平容器、垂直容器。

报表系统展示示例如图 6-39 所示。

3. 资产统计系统管理要求

数据是组织的核心资产，数据资产的各项统计指标都是组织的核心业务指标，因此数据资产统计需要做好权限管理和保密工作，既要满足数据管理和业务使用需求，又要避免数据泄露，以及制定资产统计系统的权限管理原则与审批制度。

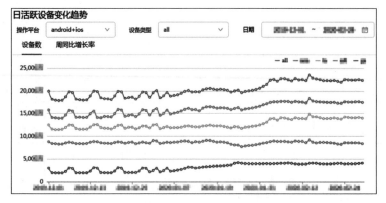

图 6-39　数据资产报表系统展示示例

报表指标分类说明示例如图 6-40 所示。

编号	数据主题	说明	已有报表数
00	数据概览	全局数据概览	1
01	数据收集	采集侧相关数据指标	6
02	数据资产	经整理加工后的资产类数据指标	16
03	标准标签	标准标签相关数据指标	8
04	参考数据	标准化处理相关数据指标	6
05	自由探索	支持数据指标自定义计算的功能报表	2
06	业务定制	业务部门定制的数据指标	2

图 6-40　报表指标分类说明示例

按报表指标分类定义的用户角色划分及权限管理原则示例如图 6-41 所示。

角色	数据主题	报表	角色范围
管理层	00、01、02、03	各数据主题的概览、重点明细 报表	——
数据收集人员	00、01、02、05	相应数据主题下的所有报表	▓▓▓▓▓▓▓▓▓
数据加工人员	00、01、02、03、04、05、06	相应数据主题下的所有报表	数据治理团队
成果消费人员	00、02、03	相应数据主题下的所有报表	▓▓▓团队
深度消费人员	00、02、03、04、05	相应数据主题下的所有报表	数据交付、▓▓▓团队

图 6-41　报表指标用户角色划分及权限管理说明示例

6.6.6　其他功能模块示例

下面给出数据成本及价值分析模块与数据生命周期管理模块的实现示例。

数据集成本 – 物理资源统计示例如图 6-42 所示。

图 6-42　数据集成本 – 物理资源统计示例

数据集成本 – 综合成本换算示例如图 6-43 所示。

code	名称	描述	计算成本（元）⇕	存储成本（元）⇕	总和（元）⇕
▩▩▩001	天▩▩库	天▩▩库	898047.21	459966.82	1358014.03
d▩▩▩004	▩设备库	▩设备库	740325.64	1657752.88	2398078.52
▩▩a001	标准库	标准库	516822.24	5110296.89	5627119.13
▩ba001	解析异常的日志	解析异常的日志	516708.94	328203.59	844912.53
d▩▩001	天▩▩库	天▩▩库	499586.03	191722.21	691308.24
▩▩a002	▩抽取库	▩抽取库	241037.9	31967.56	273005.46

图 6-43　数据集成本 – 综合成本换算示例

数据集成本 – 趋势示例如图 6-44 所示。

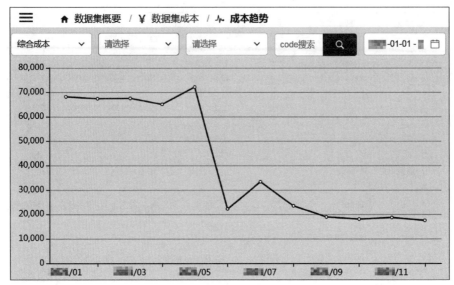

图 6-44 数据集成本 – 趋势示例

数据集访问情况统计示例如图 6-45 所示。

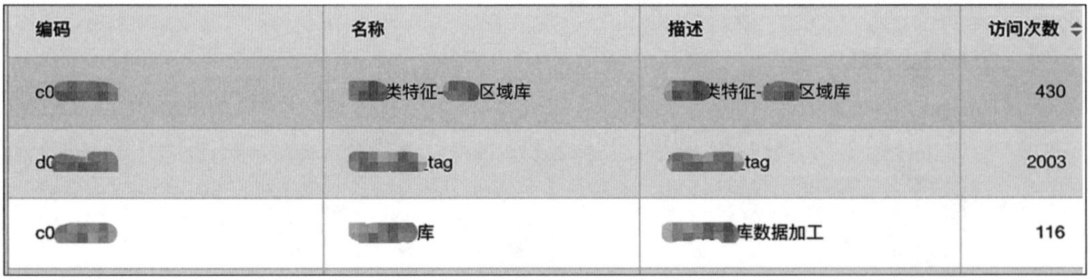

编码	名称	描述	访问次数 ⇕
c0▒▒▒▒	▒▒类特征-▒▒区域库	▒▒类特征-▒▒区域库	430
d0▒▒▒	▒▒▒▒_tag	▒▒▒▒tag	2003
c0▒▒▒	▒▒▒▒库	▒▒▒▒库数据加工	116

图 6-45 数据集访问情况统计示例

数据集（表）老化策略配置列表示例如图 6-46 所示。

ID ⇕	表前缀	保留周期	排障周期	表类型	更新时	操作
5	devices_	2	0	周	2020-04-20	查看 编辑 删除
6	loc_w_	30	0	周	2019-12-19	查看 编辑 删除
7	tag_	2	0	周	2020-07-29	查看 编辑 删除
8	id_adc_	10	3	日	2020-04-15	查看 编辑 删除

表信息管理 ✕　数据时长缓存管理 ✕

⊕ 添加　⊞ 切换ScyllaDB表　待停用表　除时间字段外皆可查　🔍　当前数据来源:HBase

图 6-46 数据集（表）老化策略配置列表示例

6.7　本章小结

　　本章展示了数据工程与数据治理关键环节的工作内容和技术。首先，重点介绍了数据资产管理过程中运用的数据仓库设计，包括数据模型设计和管理规范设计；然后，通过案例介绍了数据收集与处理过程中的收集技术、数据处理流程设计、数据技术架构设计、数据科学建模过程与技术；最后，针对数据治理，重点介绍了数据治理平台的架构设计、元数据管理、血缘管理、资产统计等功能。良好的治理平台设计与实现是组织数据治理能力的基础，也是组织数据能力建设的一项重点。

　　本章的案例介绍并未覆盖数据工程与数据治理的全过程，有些环节仅做了概述，并不全面，介绍的具体做法也并不十分完善，仅供大家用作相互印证的借鉴。事实上，每个组织的数据特点、业务场景差别比较大，对数据具体的处理方法不尽相同，数据相关的工作千头万绪，难以尽善尽美。

Chapter 7 第 7 章

数据工程过程案例——企业 CDP 建设中的数据工程实践

在很多情况下，大家会把数据工程与 ETL 开发画等号，其实 ETL 开发只是数据工程的一个部分，它的工作量一般只占到一个数据项目的 20% ～ 30%。一个数据工程项目要解决三大问题。

❑ 客户有什么？

❑ 客户想要什么？

❑ 怎样设计最合理？

因此数据现状梳理、业务理解、数据模型设计等工作量能占到百分之七八十。如果情况没摸清楚、需求理解不到位、设计不合理就会引起开发返工，影响整个项目的成功。

CDP[⊖]（Customer Data Platform）是客户数据平台，是面向营销的客户数据管理系统，它将来自不同渠道、不同场景的实时和非实时的客户数据进行采集、整合、分析和

⊖ CDP 与 CRM 系统、DMP 系统有很多关联，也有区别。CDP 是面向营销和客户运营场景，使用者以营销人员为主，营销活动既包括老客运营，也包含获新，数据以企业的一方客户数据为主，一般包含 PII（Personal Identifiable Information，个人身份信息）信息，也可以包括其他来源数据；CRM 是面向记录和分析场景，使用者以销售和服务人员为主，管理内容是一方客户数据；DMP 面向营销场景，使用者以营销人员为主，营销活动以拉新为主，系统一般会直接对接数字媒体，数据以二方或三方数据为主，一般不包含 PII 信息。CDP 系统也可以看作 CRM 系统的功能延伸，一般会从 CRM 系统、DMP 系统中获取数据，可以相互集成。另外，CDP 有时也会被称为一方 DMP。

本书中的一方数据是指企业自有的客户相关的数据，即收集来源为客户自有渠道；二方数据是指媒体或服务商来源的数据，如广告投放中的点击、曝光数据；三方数据是其他来源的数据。以上含义属于在数字化广告中的常见提法。

应用，以实现客户建模、设计营销活动、提升营销效率和优化客户体验的目标，功能上关注用户的群体分析，如分群、标签画像、变化趋势等，从而促进企业业绩及利润的增长。

CDP 项目数据工程主要包括 7 个数据工程子过程，如下所示，在后面针对每个子过程的详细介绍中会首先给出每个子过程的输入和输出，再介绍子过程的工作内容和要点。

1）数据整理——数据源梳理。

2）业务理解——标签体系及其计算口径梳理。

3）数据设计——数据同步接口及 ODS 层数据设计。

4）数据设计——数据模型设计。

5）开发过程——ETL 设计。

6）开发过程——ETL 开发。

7）部署运营——运维。

如图 7-1 所示，这些工作过程是自下而上顺序进行的，规范化命名设计过程贯穿始终。也可以根据项目的实际情况迭代进行，比如部分标签的计算口径梳理完成后，可针对该部分进行后续的同步接口设计、模型设计、ETL 设计和开发，待新一批标签的计算口径梳理完毕，可重复以上过程。

图 7-1　CDP 的数据工程过程

第一个子过程：数据源梳理。

该过程是在为数据采集做准备。要了解客户的一方数据，以及可获得的二方数据、三方数据都有哪些，数据内容是什么，数据间关系是什么，数据质量如何。

第二个子过程：标签体系及其口径梳理。

标签体系主要看业务方的数据需求，将业务方的数据需求转化为标签需求，同时需要梳理计算每个标签的业务口径和技术口径。

第三个子过程：数据同步接口定义。

数据同步接口定义主要是指设计从各个数据源获取数据的程序接口，基于准备获取的数据类型与数据结构等信息，设计数据同步后的存储目录，明确每个同步接口的更新周期、更新方式，比如是增量还是全量等内容。

第四个子过程：数据模型设计。

数据模型设计主要设计的是数据的逻辑结构，有时也将其称为 Schema（后文中会沿用这一名词）。在设计时，我们需要考量把哪些字段放到同一个数据集中，以及这些字段在数据集里如何组织，例如是定义宽表还是纵表、是否需要分区、是增量存储还是全量快照等。

第五个子过程：ETL 设计。

ETL 设计分为两步，第一步是数据处理工作流设计，第二步是数据处理逻辑设计。数据处理工作流设计是指设计加工一个目标数据集的步骤，形成一个数据处理的任务流。数据处理逻辑设计是指数据处理工作流中每一个环节的具体计算逻辑设计。

第六个子过程：ETL 开发。

ETL 开发主要是通过各类开发语言，如 SQL、Scala、Python 等，编写程序实现数据处理逻辑，代码实现后要配置调度依赖、设置调度的运行时间等，最后还要对数据结果的质量进行核查。

第七个子过程：运维。

运维的工作主要是关注系统运行问题、数据质量问题以及需求变更等。比如任务没有按时启动需要及时处理，数据质量出现了问题需要及时分析，追踪定位到问题需要快速解决。

本章所述案例是一个为甲方客户实施数据工程项目的工作经验总结。案例以乙方为甲方客户建立一个营销 CDP 系统项目为背景，重点介绍在项目实施方将其研发的 CDP 软件产品部署到甲方生产环境后，乙方数据工程人员与甲方数据工程人员一起完成的数据工程设计、开发、实施的过程及工作内容。

> 📝 **注意** 在本章的以下行文中以"大麦"一词来指代案例中的客户或项目，项目帮助客户的产品更加"大卖"。另外下文中的"客户"一词多数指"大麦"，也可能指"大麦"的客户。

7.1 CDP 平台的数据源梳理

数据源梳理是数据工程团队入驻项目后做的第一件事情，也是后续所有工作的基础。数据源梳理的工作内容包括三方面，一般也是按以下顺序：

❑ 了解客户的业务及流程；

❑ 了解客户的系统；

❑ 了解客户的数据。

只有对客户的业务、系统、数据有足够的了解，才能对后续的客户需求有一个准确的评估，如：需求能否实现、实现难度有多大、实现代价有多大、需要什么水平的人来处理等。

首先是了解客户的业务，需要对客户的业务做详细调研和分析，然后基于客户的业务进一步调研客户支撑业务的 IT 系统有哪些，例如销售的 CRM 系统、实体店销售的 POS 系统，系统中会有订单数据。调研清楚有哪些业务系统后就可以开始系统性分析业务相关的数据了。

7.1.1　数据源梳理过程的输入和输出

数据源梳理过程的输入和输出如图 7-2 所示。

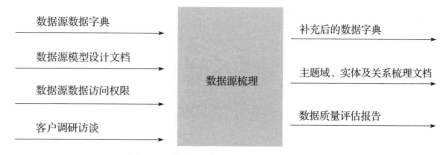

图 7-2　数据源梳理过程的输入和输出

数据源梳理过程需要客户提供一些输入，包括以下 4 项。

❑ 数据源的数据字典，一般是表结构以及表里各个字段的业务解释等。

❑ 数据源的数据模型设计文档，可以是 ER 图形式。

❑ 数据源的数据访问权限，只有获得读取权限才能访问实际存储数据的数据库或其他类型存储，了解数据内容的真实情况，并评估数据质量。为了安全起见，一般要求开放备份库或镜像库的访问权限即可。

❑ 客户调研访谈，因为有些信息可能不能通过文档来准确、详细掌握，需要跟客户进行细致的交流，确认一些细节和逻辑。

完成上述过程后有 3 项输出成果。

❑ 补充完善确认后的数据字典。客户现有的数据文档常常是不全的，并且也常常没有及时跟实际系统的变更进行同步更新，例如业务系统中已经增加了字段，或者改了表结构，但是文档还没有体现，会导致文档与实际系统中数据的真实情况不一致。这时要反过来根据实际系统的情况去补充修正数据字典。

❑ 主题域、实体及关系梳理文档。针对整个数据源里的各个系统，分析有哪些主题域，每个主题域里有哪些实体，以及实体之间具有怎样的关系，并对这些内容进行详细梳理。

❑ 数据质量评估报告。包括数据基本情况的统计描述，以及从完整性、一致性、准确性等维度对数据质量进行全面评估，例如字段的缺失情况，字段中的异常值的情况。

7.1.2 了解客户的业务及流程

不同行业的客户经营不同的业务，使用不同的业务流程，流程中流淌着不同的数据，当要涉足不同领域客户的数据工程项目时，首先要对客户所属行业的业务和流程做一定程度的了解，进而推导出其数据特点和分布，有助于后续工作的开展。

以"大麦"属于时装行业为例，尝试对其业务做如下解读。

❑ 时装设计最终输出的是设计好的产品，需关注产品数据。

❑ 时装生产出来后，需要通过仓库进行流转，需要关注其不同仓库间的流转数据。

❑ 时装最后需要通过各种渠道销售给最终用户，如线下门店或线上商城，需要关注不同销售渠道数据。

❑ 售后会有投诉和退货等事件发生，需要关注其售后服务数据。

❑ 企业会有一批忠实的会员，需要关注会员及会员运营数据。

通过对"大麦"的业务进行了解，在没有接触其 IT 系统之前，就可以大概推导出该企业的 IT 系统中存在哪些类型的数据，哪些是搭建 CDP 平台时需要重点关注的数据，然后对这些数据投入主要精力进行重点调研。

7.1.3 了解客户的系统

在了解了客户的业务后，我们还需要了解承载业务的 IT 系统，比如：客户的核心 IT 系统由哪几个构成，每个 IT 系统支撑的是哪些业务，几个 IT 系统之间的关系是什么，等等。

以"大麦"为例，它拥有的业务系统如下：

❑ 来自一方的产品设计系统，其中存放产品信息，是其他系统产品数据的来源；

❑ 来自一方的 CRM 系统，其中存放客户信息、交易信息、店铺信息等，是其他系统中客户信息的来源；

❑ 来自二方某软件服务商的电商 CRM 系统，其中存放来自京东和淘宝平台的客户信息、交易信息、活动信息等；

❑ 来自二方某软件服务商的社交 CRM 系统，其中存放来自微信公众号的粉丝和会员信息、行为信息等。

除了客户已有的系统是 CDP 的数据源外，客户同时在搭建的移动应用统计分析系统、营销管理系统、客流运营系统也是数据源。另外客户为此 CDP 项目购买的三方的画像数据也需要集成到 CDP 系统中。从存储系统类型角度来看，本次项目的数据源涉及 Oracle、MySQL、HANA、Hive、HDFS、API 等多种源头类型，数据采集的复杂度较高。

通过对客户现有 IT 系统的盘点，可以将客户的业务和系统的对应关系梳理清楚，从而摸清客户数据在整个企业的分布情况，以及不同系统数据之间的关系，为后续的数据探索打下基础。

7.1.4　了解客户的数据

一般在项目入场前、签署保密协议（NDA）后，客户会提供其系统的数据模型设计文档、数据字典、数据访问权限等。入场后这一环节的工作内容可细分为：数据模型和数据字典补全，识别数据主题域、数据实体及实体之间的关系，评估数据质量。

1. 数据模型设计文档和数据字典补全

有的客户的系统文档比较完善，通过这些文档，我们可以快速了解客户 IT 系统的数据结构，梳理数据之间的关系。但是实际上，多数项目中并没有这类文档或者文档不完整、不一致，甚至错乱，导致设计文档跟系统中真实使用的表和字段在很多地方存在不一致。这时需要通过工具逆向导出结构化数据源的物理模型，例如使用 ERWin、PowerDesigner 等工具链接 IT 系统对应的数据库，通过导出模型功能将数据库的物理模型导出，导出内容包括表、表与表的关系、表中的字段及类型。图 7-3 是一个借助工具导出模型的例子。

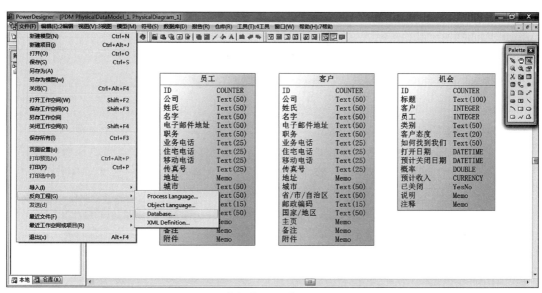

图 7-3　通过数据模型设计工具导出数据模型

"大麦"项目也存在数据模型文档不全的情况，但通过与客户侧 IT 人员多次沟通，对关键数据实体逐个字段确认其业务含义，最终形成一份对项目团队成员可用的数据字典。

2. 数据主题域、实体及实体间关系、属性的识别

通过阅读各系统的数据字典、数据模型设计文档，研究逆向导出的物理数据模型：

❑ 进行跨数据源的主题域识别；

❑ 以主题域为中心，跨数据源识别该主题域下的所有数据实体，并识别各实体之间的关系；

❑ 以实体为中心，跨数据源识别该实体下的所有属性。

通过对"大麦"项目识别出的主题域、实体以及实体之间的关系进行解读，并统计各实体的数据量，加深对客户数据的理解。从数据的视角来看，"大麦"的数据主题域由客户主题域、产品主题域、交易主题域等构成，而各主题域又由若干数据实体构成，同主题域以及跨主题域的数据实体之间都有若干的关联关系。例如，产品实体和客户实体都与订单实体有关联关系，虽然它们不在一个主题域。相同的属性字段也会在不同的数据实体中出现，如会员属性信息和产品属性信息也会在订单实体中出现。如图 7-4 所示。

货	产品	D_PRODUCT		品牌	D_BRAND	
				款式表	D_STYLE	
				类别表	D_CATEGORY	
				版型表	D_FITTING	
人	vip明细	D_CRM_VIP		会员等级	D_VIP_LEVEL	
				vip年龄范围	D_VIP_AGERANGE	
				性别	D_CRM_SEX	
				注册渠道	D_CRM_REGCHANNEL	
				vip类型	D_VIP_TYPE	
				vip状态	D_VIP_STATUS	
场	店铺	D_SHOP		城市	D_CITY	
明细	线上订单表	F_SALE_EC_ORDER		日期	D_DATE	
	销售明细	F_SALE		员工表	D_STAFF	
流转	仓库	F_STOCK_OCCUPY		到仓库到天到产品的占用		
	仓库大小	F_STOCK_SHOP_SIZE		到仓库到天到产品的数据，含占用		
	库存	F_STOCK_INROAD		到天到产品的跨库流转		

图 7-4　主题域与实体示例

3. 评估数据质量

通过线下调研，了解数据概况，对数据的可用性做一个判断，以便后续将精力聚焦到可用的数据上，避免在不可用的数据上浪费时间。"大麦"数据可用性调研结果如图 7-5 所示。

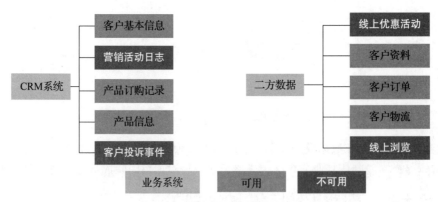

图 7-5　数据可用性调研结果

探索主要关注以下几个方面：

❑ 数据实体字段缺失情况，如该实体定义有 100 个字段，但真正有值的可能只有 50 个；

❑ 实体之间的关联关系是否实现，如主外键有定义，但执行 JOIN 连接时发现很多都关联不上等问题；

  ❑ 各属性字段数据空值率及数据异常情况，如某些字段是通过人工填写提交到数据库，且缺乏校验，字段的内容会相当"丰富"，也就是十分不规范。

  通过对"大麦"的数据进行详细的数据质量评估，发现了一些数据质量问题，如图 7-6 所示。这些数据质量问题对后续的数据需求评估很重要，比如某些需求看似可以实现，但是一旦考虑到数据质量问题，就会发现不可行。数据质量摸底也有助于解释后续工作中出现的数据异常问题，帮助团队快速定位数据异常的原因。

表名	表名	字段	字段描述	字段类型	空值率	备注
vip明细	D_CRM_VIP	VIP_ID	vipid	char	0.00%	
vip明细	D_CRM_VIP	VIP_NAME	姓名	char	████%	有0的空值
vip明细	D_CRM_VIP	VIP_SEX_ID	性别	char	████%	0表示空
vip明细	D_CRM_VIP	VIP_PH	电话	char	0.00%	0是空
vip明细	D_CRM_VIP	VIP_EMAIL	邮箱	char	████%	有0的空值
vip明细	D_CRM_VIP	BIRTH_DATE	生日	date	0.51	1900/1/1表示空
vip明细	D_CRM_VIP	BIRTH_YEAR	生日的年份	char	0.51	有空
vip明细	D_CRM_VIP	STAFF_FLAG	员工标识	char	0.00%	
vip明细	D_CRM_VIP	IF_WEB_IMPROVE_INF	官网完善信息标识	char	████%	有0的空值
vip明细	D_CRM_VIP	REG_CHANNEL_ID	注册渠道	char	0.00%	
vip明细	D_CRM_VIP	REG_BRAND_ID	注册品牌	char	████%	
vip明细	D_CRM_VIP	REG_SHOP_CODE	注册店铺代码	char	████%	有0的空值
vip明细	D_CRM_VIP	CHANNEL_NAME	渠道	char	0.00%	
vip明细	D_CRM_VIP	REG_DATE	注册日期	date	0.00%	慎用
vip明细	D_CRM_VIP	BU_ID	组织	char	0.00%	
vip明细	D_CRM_VIP	VIP_TYPE	vip类型	char	0.00%	未知，慎用
vip明细	D_CRM_VIP	VIP_LEVEL	vip等级	char	0.00%	有0空值
vip明细	D_CRM_VIP	VIP_STATUS	状态	char	0.00%	不用了
vip明细	D_CRM_VIP	SLEEP_DATE	睡眠时间	date	0.00%	不用
vip明细	D_CRM_VIP	START_DATE	开始时间	date	0.00%	不用

图 7-6 数据治理评估示例

  数据源梳理是整个数据工程项目的基石，基石不牢，后续建设的大厦就不稳。在开始阶段，建议先把这项工作做扎实，再推进后续工作的开展，不要蜻蜓点水般掠过甚至直接跳过，不然后面会发现很多工作需要返工，从短期看是加快了项目的进度，但从整体看是延长了工期。

7.2 CDP 平台的标签体系及其口径梳理

  标签体系及其口径梳理其实是将客户的数据需求或者业务需求转化为基于 CDP 平台的标签需求。

  CDP 平台的核心数据就是标签，它对平台的能力和数据应用效果具有决定性的影响，因此标签体系的工作十分重要。我们首先需要明确什么是标签，有哪些标签，然后按不同类别分别确定标签、标签值域、更新周期，最后确定生成标签的业务口径和技术口径。

7.2.1 标签体系及其口径梳理过程的输入和输出

  标签体系及其口径梳理过程的输入和输出如图 7-7 所示。

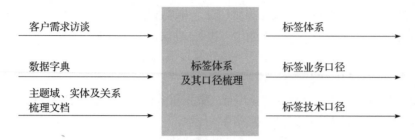

图 7-7 标签体系及其口径梳理过程的输入和输出

标签体系梳理过程首先要做客户需求访谈，了解客户的需求。同时还有两个输入：数据源梳理阶段整理出来的数据字典，以及关于主题域、实体以及关系梳理的文档。基于这三项输入可以梳理出标签体系以及每一个标签的业务口径和技术口径，梳理时需要对标签的可实现性进行评估，这个时候可以综合考量日志（事实）的需求和标签的需求，并纳入口径梳理的工作范畴里来。最后将这些业务口径和技术口径全部形成文档，以便后续的设计和开发阶段使用。

通过标签体系及其口径梳理，将客户对数据应用场景的需求转化为对后端数据以及CDP 前台功能的需求。

- ❏ 数据需求方面，明确要加工出哪些标签、指标和日志（事实），确定需要使用哪些数据源的哪些数据，为数据同步接口定义和数据模型设计以及数据 ETL 逻辑设计提供有效的输入。
- ❏ CDP 功能需求方面，明确指导 CDP 前台的标签体系和日志（事实）筛选功能模块的规划设计。

因此这是一个影响后端数据处理和前台产品能力的工作，需要运营团队、产品团队、数据团队以及客户方共同合作完成，一旦这个环节的工作良好完成，后续其他环节的工作内容就清晰明确了。

7.2.2 标签体系内容说明

首先要对标签、指标和日志（事实）有深入的了解，对什么是标签、什么是指标、什么是日志（事实）有统一的认知和定义，以便开展后续的标签体系梳理和标签口径梳理的工作。

简单来说，标签是定性描述，指标是定量描述，日志是关于事实的详细记录。一般可把标签体系分成属性类、行为类、模型类，把口径分为业务口径和技术口径。

1. 关于标签、指标和日志（事实）

标签、指标和日志（事实）是在和客户进行数据需求沟通时频繁使用到的词汇，但是大家对这三个词的认知存在许多差异，导致交流过程中，双方使用的是同一个词，但指代的可能是不同的东西，因此，首先明确三个词在本案例中的含义。

（1）关于标签

标签是对一个实体（比如人）的一种定性的描述，比如性别、年龄段、兴趣偏好等。

标签的值域一般为布尔值或枚举值，比如喜欢旅游这个标签的值域为：是、否，两个选项，即为一个布尔值；比如偏好购物渠道这个标签的值域为枚举值，取值可为淘宝、京东、某商场等。

标签的具体取值可以是单值，也可以是多值。如性别标签的值只能是单值，或男或女或未知，一个客户只能取三者之一；对于渠道偏好标签的具体取值则可能是多值，一个客户的购物渠道可以同时包括天猫和京东，多值情况可以通过数组的方式表达和存储。

标签是关联到某个个体的，标签表一般是一个个体对应一条记录数据，不同的列对应不同的标签。在 CDP 中，标签可以用于人群筛选，也可以用于人群画像，但它一般没有时间属性，不能基于时段进行筛选。

（2）关于指标

指标是对一个实体的某项属性的定量描述，比如消费金额、访问次数等。

指标的值一般为连续值，比如消费金额。指标也可以通过分段的方式转化为标签，比如将消费金额划分三个区间，分别对应低、中、高三个枚举值，这样消费金额指标就转化为消费水平标签。

指标对应的值都是单值，即便按区间拆分后的标签，也是单值，一个客户的某个指标不会落到不同的区间。

与标签相同，指标也是关联到某个个体的，指标表是一个个体对应一条记录数据，不同的列对应不同的指标。在 CDP 产品中，指标可以用于人群筛选，但不能用于人群画像，若有画像需求，需要将指标叠加区间规则转化为标签。指标一般没有时间属性，不能基于时段进行筛选。

（3）关于日志（事实）

日志（事实）是个体行为产生的流水数据，常见的有订单日志、浏览日志，例如一个人在某一个时间某个渠道花了多少金额下单了某件商品。日志（事实）是个体某个瞬间的行为的快照，个体可以是人，也可以是机器。日志（事实）中的字段可以是枚举值，也可以是连续值，比如某个订单日志（事实），购买渠道字段是枚举值，购买金额是连续值。在日志（事实）数据中，一个个体可以在不同的时间戳下对应不同的日志（事实）数据。日志（事实）数据叠加业务规则可以用于生成标签和指标，比如可以基于订单日志（事实）计算渠道偏好标签，也可以基于订单日志（事实）计算消费金额指标。日志（事实）是最明细的数据，日志（事实）中字段的值都是单值。一般在 CDP 产品中，日志（事实）可以用于人群筛选，但不能用于人群画像。日志（事实）有时间属性，可以基于时段进行筛选。

关于标签、指标、日志（事实）三者的对比见表 7-1，理解三者的特点，对后续的标签体系设计以及 CDP 功能需求评估非常重要。

表 7-1　标签、指标、日志（事实）特点对比

术语	数据类型	数据粒度	Value 是否支持多值	是否支持人群筛选	是否支持人群画像	是否支持时段筛选
标签	枚举值	用户级	是	是	是	是
指标	数值	用户级	否	是	否	否
日志（事实）	均可	用户＋时间戳	否	是	否	是

在和客户进行需求沟通时要注意，在界定每一个字段为标签、指标还是日志（事实）时，要反复和客户确认该字段的使用场景，是用来筛选人群还是画像，是按时段筛选还是不关注时间维度，这些信息都可以帮助我们界定客户想要的到底是什么。比如客户关注交易笔数，若希望看到画像，则考虑引导客户对交易笔数进行分段，按低、中、高定义标签；若希望按时间段看，就要做到按时间段对日志（事实）进行筛选统计；若只想按历史至今的交易笔数指标进行筛选，就要考虑做成指标。

2. 标签分类

一般来说标签可分为如下 3 类。

❑ **属性类标签**：客户的性别、年龄等这样一些用户的基础属性。

❑ **行为类标签**：常见行为标签又可分两类，一类是交易行为，另一类是交互行为。例如某个客户在一个网站上浏览日志（事实），这属于交互行为；然后客户浏览以后并下单了，这是一个交易行为。一般我们还会基于客户的交互行为和交易行为，分别梳理出一些行为类的标签。

❑ **模型类标签**：基于算法模型预测出的个体倾向，可以称为模型标签，例如客户价格敏感度、客户忠诚度等。

针对这 3 类标签可以分别做加工处理。一般 CDP 产品除了可以支持以上 3 种类型标签进行人群筛选外，还支持基于日志（事实）来筛选人群。因此可以在梳理标签的同时对日志（事实）进行梳理，要梳理客户有可能会对日志（事实）进行检索的一些查询条件，以筛选出满足某些条件的用户。

7.2.3　标签体系梳理

在和客户交流数据需求时，我们需要主动引导客户将数据需求转化为基于标签、指标或日志（事实）进行人群筛选或人群画像的需求。转化完成后，对收集到的标签、指标或日志（事实）进行梳理，形成标签体系和日志（事实）宽表，指标一般会通过区间划分的方式转化为标签。在梳理标签体系的同时，需要梳理每个标签的更新周期，如按天更新、按周更新、按月更新等。在项目中，这部分工作内容统称为标签体系梳理。

1. 标签体系及更新周期梳理

下面说明按 3 类说明标签的加工方式以及设定标签更新周期时一般遵循的原则。

（1）属性类标签

可以从客户属性信息表直接获取或通过叠加简单业务规则计算得到属性类标签。属性类标签变化相对缓慢甚至不会改变，更新周期可适当设置得长一些，如月度更新。以"大麦"为例，其属性类标签及更新周期示例如图 7-8 所示。

一级标签	二级标签	三级标签	更新周期
基本属性	性别	女 男 未知	按月更新
	年龄	10~15 16~20 21~25 26~30 31~35 36~40 41~45 46~50 51+ 未知	按月更新
	出生月份 星座 手机号 邮箱 是否会员 是否内部员工	1、2、3、4、5、6、7、8、9、10、11、12、未知 星座（时间段） 有/无 有/无 是/否 是/否	按月更新

图 7-8 属性类标签及更新周期示例

（2）行为类标签

基于客户的行为日志（事实）数据叠加业务规则生成行为类标签。行为类标签变化较快，随着用户新增行为日志（事实）的变化而变化，更细周期要设置得短一些，如周更新或日更新。以"大麦"项目为例，行为类标签及更新周期示例如图 7-9 所示。

一级标签	二级标签	三级标签	更新周期
交易行为	第一次交易日期 最后一次交易日期 交易间隔	按次数统计	按日更新
	首次交易渠道	Retail、H5、PC、微信、Taobao、Tmall、JD、小程序、官网、其他	按日更新
	近一年交易渠道	Retail、H5、PC、微信、Taobao、Tmall、JD、小程序、官网、其他	按周更新

图 7-9 行为类标签及更新周期示例

（3）模型类标签

一般基于规则模型计算或机器学习模型训练生成模型类标签。模型类标签相对稳定，比如一个人的价格敏感度或忠诚度等，不会非常频繁地变化，一般可按月度进行更新。以"大麦"项目为例，模型类标签及更新周期示例如 7-10 所示。

一级标签	二级标签	三级标签	更新周期
	客户现有价值CLV 客户潜在价值 客户价值分级	数值 数值	按月更新
	忠诚度	由忠诚变为不忠诚 忠诚 由不忠诚变为忠诚 不忠诚	按月更新
客户偏好	折扣敏感	<=5折，（5，6］，（6，7］，（7，8］，（8，9］，（9，10），10	按月更新
	赠品敏感	按值划分4~5档	
	积分敏感	按值划分4~5档	
	面料偏好	棉、含棉、亚麻、天丝、莱卡、其他等	
	颜色偏好	中性色、冷色、暖色、亮色	
	版型偏好	合体、修身、宽松	
	图案偏好	纯色、条纹、印花、格纹	
	领型偏好	圆领、尖领、V领、平驳领、西装领、连帽	

图 7-10　模型类标签及更新周期示例

在梳理标签体系的时候，一般会按照这 3 类分别进行自上而下的梳理，对于各个分类还可以继续向下细分，行为类标签可以按行为的类型进行细分，如浏览类行为、订单类行为等；模型类标签可以按不同的模型进行细分，如敏感度模型、忠诚度模型等。

标签一般做全量更新，形成一个全量快照表。增量更新会增加计算逻辑复杂度。

2. 日志（事实）宽表梳理

日志（事实）宽表的梳理相对简单，需要通过与客户交流，明确客户希望基于日志（事实）表的哪些字段或字段的统计值进行人群筛选，然后将需要用到的筛选字段整理出来即可。有两种情况需要注意一下。

（1）日志（事实）表对应的维表中的字段也可以纳入日志（事实）宽表字段范畴

有些字段并没有在日志（事实）中，但是可以通过将日志（事实）表关联相关维表得到，这类字段需要被纳入日志（事实）宽表的范围，以提高筛选时的执行效率。比如订单表中有商品名称和商品 ID，但是没有商品类别，若有客户希望通过商品类别对订单表进行筛选，可以将订单表与商品信息表关联，从商品信息表中获取类别字段，因此商品类别字段可以添加到日志（事实）宽表中，作为筛选条件字段。

（2）一些统计值没有纳入日志（事实）宽表，但是可以作为日志（事实）的筛选条件

日志（事实）数据一般按日做增量更新。CDP 支持以基于日志（事实）宽表的统计值作为日志（事实）的筛选条件，比如可以把时段内的交易次数和交易总金额作为订单表的筛选条件。

7.2.4　标签口径梳理

标签的口径分为业务口径和技术口径，其中业务口径需要与业务人员确认，而技术口径除了需要与业务人员确认后还需要与客户方技术部门的人员确认。

1. 业务口径梳理

标签的业务口径是指生成标签的业务逻辑，如颜色偏好标签的业务口径是某客户近一年购买"大麦"品牌衣服中卖得最多的前 3 种（Top3）颜色，这属于业务逻辑。在和客户进行交流时，我们要根据其业务经验来确定业务口径，例如近一年时间太短，可能要看三年，前 3 种信息太少，可能要用前 5 种（Top5）等，这些都依赖业务需求和客户历史业务经验。图 7-11 中的最后两列都是用来描述标签的业务规则和约束的，而这些规则和约束是通过与客户进行多次沟通后最终确定的，会用作后续技术口径评估的输入。

一级标签	二级标签	三级标签	标签加工逻辑
交易行为	近一年交易品牌		Top 3 交易订单数量
	近一年已购品类		Top 5-购买件数
	最近一年产品主题		Top 3 交易频次
	最近 3 年产品季节	1、2、3、4（春夏秋冬）	Top-产品季的交易频次，微观
退货行为	累计退货次数	1、2、3、4、5+	截至目前客户退货次数
	近一年退货次数		最近一年退货次数
	累计退货率		累计退货件数/累计件数
	最近一年退货率		最近一年退货订单量/最近一年订单量
	是否在黑名单	是/否	根据交易日的购买偏好，有针对性展开营销；客服

图 7-11　标签计算业务口径示例

2. 技术口径梳理

标签的技术口径是指标签的物理计算逻辑，比如通过哪个字段关联 A 表和 B 表，然后通过怎样的逻辑计算得出。标签定义出来后，首先要梳理其业务口径，待业务口径确定后，开始探索技术口径。比如尺码标签，业务上被定义为最近一年交易件数最多的尺码，该标签的技术口径可以梳理为，基于订单表统计每个客户一年内购买衣服的不同尺码的件数，并取件数最多的那个尺码作为该用户的尺码标签的值。基本属性标签计算技术口径示例如图 7-12 所示。

一级标签	二级标签	三级标签	表名	加工逻辑（SQL）
	年龄	10-15	EDW.D_CRM_VIP	SELECT FLOOR(TO_NUMBER(SYSDATE - BIRTH_DATE)/365) FROM EDW.D_CRM_VIP WHERE BIRTH_DATE > TO_DATE('1900/1/1', 'yyyy/mm/dd') AND FLOOR(TO_NUMBER(SYSDATE - BIRTH_DATE)/365) BETWEEN 10 AND 20
		16-20		同上，改变年龄范围即可
		21-25		同上，改变年龄范围即可
		26-30		同上，改变年龄范围即可
		31-35		同上，改变年龄范围即可
		36-40		同上，改变年龄范围即可
		41-45		同上，改变年龄范围即可
		46-50		同上，改变年龄范围即可
		51+		SELECT FLOOR(TO_NUMBER(SYSDATE - BIRTH_DATE)/365) FROM EDW.D_CRM_VIP WHERE BIRTH_DATE > TO_DATE('1900/1/1', 'yyyy/mm/dd') AND FLOOR(TO_NUMBER(SYSDATE - BIRTH_DATE)/365) >= 51
		未知		SELECT FLOOR(TO_NUMBER(SYSDATE - BIRTH_DATE)/365) FROM EDW.D_CRM_VIP WHERE BIRTH_DATE = TO_DATE('1900/1/1', 'yyyy/mm/dd') or FLOOR(TO_NUMBER(SYSDATE - BIRTH_DATE)/365) < 15 or BIRTH_DATE is null
	出生月份	1、2、3、4、5、6、7、8、9、10、11、12、未知	EDW.D_CRM_VIP	SELECT EXTRACT(MONTH FROM BIRTH_DATE) FROM EDW.D_CRM_VIP WHERE BIRTH_DATE > TO_DATE('1900/1/1', 'yyyy/mm/dd')

图 7-12　基本属性标签计算技术口径示例

日志（事实）数据的技术口径比较简单，主要是对应到日志（事实）表的某个字段。比如行为标签中的购买商品字段，直接对应订单表中的商品字段即可。再如行为标签中的购买商品品类字段，因为订单表中并没有该字段，所以需要通过订单表中的商品 ID 关联商品信息表，从商品信息表中获取商品品类信息，再将商品品类信息字段补充到订单日志（事实）中，以支撑日志（事实）基于商品品类进行人群筛选的数据需求。有一点需要注意，为提高人群筛选的计算效率，CDP 不建议实时对日志表与维表进行关联，必须先关联好，向CDP 装载入一个完整独立的日志（事实）数据集。行为标签计算技术口径示例如图 7-13所示。

一级标签	二级标签	三级标签	表名	加工逻辑（SQL）
交易行为	交易渠道	Retail、H5、PC、微信、Taobao 、Tmall、JD、小程序、其他	EDW.f_sale, EDW.D_CRM_VIP, EDW.d_shop, EDW.f_sale_ec_order	select case when t2.c_city_id = '0202' then
	支付方式	支付宝、微信、信用卡、现金、银行卡	RTUSER.F_SALE_PAYMENT, D_PAYMENT（无权限）	select t2.payment_type_name from RTUSER.F_SALE_PAYMENT t1 inner join D_PAYMENT t2 on t2.sap_PAYMENT_id = t1.sap_PAYMENT_id
	交易次数		edw.f_sale, edw.F_SALE_EC_ORDER	select vip_id,count(distinct invoice_number) from (select vip_id, invoice_number from edw.f_sale union all select vip_id, order_id from edw.F_SALE_EC_ORDER) where vip_id<>'0' group by vip_id
	交易时间段	02:00~9:00;9:00~12:00;12:00~2:00;2:00~6:00;6:00~10:00;10:00~02:00		
	交易日类型	工作日/周末/节假日/购物节/折扣季		无法获得准确日期的类型特征
	交易品牌		RTUSER.f_sale, UUDUSER.d_style, UUDUSER.d_brand, ECUSER.f_sale_ec_order, UUDUSER.d_product	select s.vip_id,b.brand_name from RTUSER.f_sale s inner join UUDUSER.d_style y on s.style_id=y.style_id inner join UUDUSER.d_brand b on y.brand_id=b.brand_id where s.vip_id!='0' and SHOP_CODE!='38' union all select o.vip_id,b.brand_name from ECUSER.f_sale_ec_order o inner join UUDUSER.d_product p on o.product_id=p.product_id inner join UUDUSER.d_brand b on b.brand_id=p.brand_id where o.vip_id!='0'

图 7-13　行为标签计算技术口径示例

7.3　CDP 平台的数据同步接口定义

数据源梳理是要理清楚客户有什么，标签体系梳理是要分析清楚客户想要什么，标签口径梳理是要确定如何基于客户现有的信息加工出客户想要的信息。这几步涵盖了客户数据摸底和客户数据需求摸底的工作内容。基于以上工作内容，数据工程设计开发的工作就可以开展了。CDP 工程实施的第一步是从各个数据源将数据"搬运"到 CDP 平台。完成这一步工作需要回答以下几个问题。

❑ 同步哪些数据到 CDP 平台？

❑ 以何种频率或周期进行获取？

❑ 增量还是全量抽取？

❑ 同步的数据如何存放？

7.3.1　数据同步接口定义过程的输入和输出

数据同步接口定义过程的输入和输出如图 7-14 所示。其中输入包括一方的数据字典，一方的主题域、实体及关系梳理文档，标签的技术口径梳理。标签的技术口径包含了计算每个标签需要用到的数据（从那个数据源抽取什么数据）与具体计算逻辑。

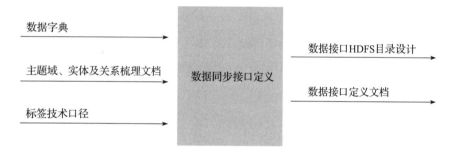

图 7-14　数据同步接口定义过程的输入和输出

输出主要包括物理存储（HDFS）目录设计、同步接口定义文档。同步接口文档定义了需要采集到 CDP 平台的所有数据集以及每个数据集的字段，也定义了各个数据集的更新周期和更新方式等。对于物理存储（HDFS）的目录设计，我们需要进行一个系统的规划，以便后续的管理和扩展，一般可参考数据仓库的逻辑概念进行分层，如第一个维度按照 ODS/DW 数据加工层次进行分层，第二个维度按照数据来源进行划分，第三个维度可用数据集类型划分，最后可基于日期划分。

这些文档可用于指导"EL"开发工作，也是"T"设计开发工作的输入。CDP 的开发人员可以基于该文档与数据源侧技术人员进行高效交流。数据同步接口定义工作完成后，数据"EL"开发工作和数据"T"设计开发工作就可以启动了。

7.3.2 关于 ETL 和 ELT

前文提到，ETL 是数据工程中频繁使用的词汇，即抽取（Extract）、转换（Transform）、装载（Load）。传统数据仓库项目一般按这样的顺序进行数据的抽取、清洗加工，最后将结果数据集装载到目标数据库，常用的工具如 Informatica PowerCenter、IBM DataStage、开源 Kettle 等。

在这个过程中，开发的工作量和计算的压力都集中在转换这个环节，当数据量快速增长时，T 的性能瓶颈越来越明显，多数 ETL 工具不支持分布式，在大数据时代，很容易出现性能瓶颈。针对该问题基本有两种解决方案：方案一是使用分布式流处理计算框架，通过分布式流计算引擎来承载 T 的工作；方案二是调整 ETL 的执行顺序，将 T 的工作移至 L 后面，将 ETL 改为 ELT，即先做抽取和加载。也就是说，这个过程不做任何转换处理，先把数据从不同的源抽取并装载到 CDP 平台，利用 CDP 平台的大数据集群的计算能力去对数据进行复杂加工。

除了计算性能瓶颈外，CDP 平台选用 ELT 方案的原因还有以下两个。

1. 为客户做数据备份

客户的一些业务系统和数据仓库对应的数据库系统没有做数据库镜像备份，当数据库出现问题时，数据会面临丢失的风险，虽然可以通过重算找回数据仓库的数据，但计算的代价也会很大。通过 ELT 的方式进行数据抽取，可以留存一份数据备份，当数据源数据库出问题时，可以保护客户的数据资产不受影响。客户"大麦"就明确提出，CDP 有一个职责是备份客户 EDW（企业数据仓库）的数据，这与设计正好契合。

2. 有助于逆向追踪数据质量问题

当前端发现数据质量问题时，如指标或标签值异常，需要逆向溯源，追踪数据质量问题，当追溯到数据源时，数据源的数据可能已经发生了变化，若没有一份原始的数据集，则很难界定是数据处理的问题（乙方的问题）还是数据源数据本身的问题（甲方的问题）。

7.3.3 数据同步接口定义

数据同步接口定义环节，需要回答本节开始时列出的几个问题，并将问题的答案整理到一份标准化的同步接口定义文档中，即数据同步接口定义文档。该文档为后续 EL 开发工作提供参考，也是 T 工作的重要输入文档。

"大麦"项目的数据来源如图 7-15 所示。

1. 待抽取的数据集梳理

对标签技术口径梳理文档进行详细解读，从中识别出计算标签需要用到的所有数据集，以及每个数据集对应的源系统及需要访问的存储，形成一个数据集列表，这个列表是标签和日志（事实）加工需要用到的数据全集。

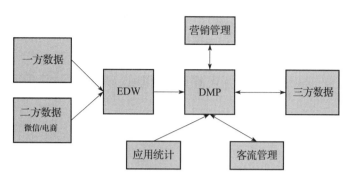

图 7-15　数据来源

2. 抽取周期及抽取方式设计

梳理出数据集列表后，需根据标签体系梳理文档中定义的标签更新周期，定义各个数据集的抽取周期。比如基于订购行为的标签是日更新的，订购行为标签基于订单表计算而来，订单表也要设定为日更新。关于抽取方式，需考虑数据集的特征，日志（事实）类数据集一般设计为增量更新，如订单表；属性类数据集一般设计为全量更新，如会员信息表。"大麦"项目数据集列表及更新方式示例如图 7-16 所示。

接口编号	数据表名称	数据表中文名称	数据源	存储	更新周期	更新方式
1010	rtuser.f_sale_payment	销售支付日志	CRM	Oracle	日	增量
1011	uuduser.d_payment	支付维表	CRM	Oracle	月	全量
1012	crmuser.d_crm_staffflag	员工状态表	CRM	Oracle	月	全量
1013	crmuser.d_potential_vip	潜客表	CRM	Oracle	日	全量
1014	crmuser.f_fans_get_cards	微信用户领券日志	微信	Mysql	日	增量
1015	crmuser.f_fans_get_membercards	微信用户领会员卡日志	微信	Mysql	日	增量
1016	ecuser.ods_plt_taobao_promotion	▓▓活动表	淘宝	Mysql	日	全量
1017	ecuser.ods_plt_taobao_traderate	▓▓交易表	淘宝	Mysql	日	增量
1018	ecuser.ods_plt_taobao_customer	▓▓客户表	淘宝	Mysql	日	全量
1019	ecuser.f_blacklist	黑名单表	CRM	Oracle	日	全量
1020	uuduser.d_category	产品类别信息表	CRM	Oracle	月	全量
1021	uuduser.d_productline	产品线信息表	CRM	Oracle	月	全量
1022	uuduser.d_date	日期信息表	CRM	Oracle	月	全量
1023	crmuser.f_vip_bindhistory	会员绑定信息表	CRM	Oracle	日	全量
1024	ecuser.d_ec_district	城市的区	CRM	Oracle	月	全量
1025	ecuser.d_ec_city	城市	CRM	Oracle	月	全量
1026	ecuser.d_ec_region	大区	CRM	Oracle	月	全量
1027	ecuser.d_ec_country	国家	CRM	Oracle	月	全量

图 7-16　数据集列表及更新方式示例

3. 数据集字段定义

确定数据集列表后，需要对每个数据集的字段进行详细的定义。为简化设计，我们将数据集字段及命名沿用数据源侧字段和名称，将字段类型根据 Spark SQL 支持的类型进行转化，并在数据集最后加了一列 ETL_DATE，以标识数据同步时间。

以 f_sale_payment 为例，该数据集的字段定义如图 7-17 所示。

表名	RTUSER.F_SALE_PAYMENT				
表中文名	销售支付日志				
更新周期	日				
更新方式	增量				
HDFS路径	/ETL/ods/edw/f_sale_payment_yyyymmdd/{yyyy}/{mm}/{dd}				
序号	字段名称	字段中文名称	字段类型	空值率	备注
1	operation_id	操作id	string		
2	row_id	行标识	string		
3	shop_code	店铺编码	string		
4	date_id	日期	string		
5	create_date	创建时间	timestamp		
6	payment_id	支付id	string		
7	payment_amt	支付金额	string		
8	etl_date	抽取时间	timestamp		

图 7-17　字段定义示例

4. 物理存储（HDFS）数据目录设计

考虑到数据是从各个数据源被抽取到物理存储，所以我们需要在物理存储侧规划数据存储目录，以便对所有数据集进行有序管理。该设计遵循如下原则。

- ❑ 一级目录名为 ETL，表示是由 ETL 程序所建的目录。
- ❑ 二级目录用以区分数据加工层级，沿用传统数据仓库的命名逻辑：ODS、DW。ODS 目录存放所有从各个数据源抽取来的数据，DW 存放基于 ODS 数据加工的标签和日志（事实）数据。
- ❑ ODS 的下一级目录，按数据源划分，不同数据源对应不同的目录，如 EDW、移动应用统计分析系统、营销管理系统等。
- ❑ 数据源下一级目录，按数据集所属的实体类型进行划分，例如会员、产品、积分消费、线下活动、门店、品牌、支付、订单等。可通过在数据集名称尾部加上一个时间格式表达标识区分该数据集的更新周期，从而把不同时间周期的数据集分开存放，如 EDW 下的支付维表实体对应的目录名为 d_payment_yyyymm，表示该实体是按月更新。
- ❑ 实体类型的下一级目录跟该实体的更新周期有关，若月更新，后续目录为 /yyyy/mm，若日更新，后续目录为 /yyyy/mm/dd。

5. 规范化命名

为了简化设计，这一部分的命名沿用了数据源侧的命名，以便与数据源保持一致，方便进行数据核查和比对工作，也方便 CDP 项目人员与数据源侧技术人员进行沟通。相关工作如下所示。

- ❑ 对 ODS 数据表进行统一编号，没有规律，例如编码从 1001 开始的顺序自增一个四位的编号。
- ❑ 对于数据表名称字段和数据表中文名称字段，沿用源系统名称。
- ❑ 对于物理存储路径中的数据集名称，使用源系统的表名加更新周期标识的方式设计。
- ❑ 对于数据集内各字段的名称，沿用数据源侧字段名称。

"大麦"项目最终定义的数据集目录示例如图 7-18 所示。

接口编号	数据表名称	数据表中文名称	HDFS路径
1010	rtuser.f_sale_payment	销售支付日志	/ETL/ods/edw/f_sale_payment_yyyymmdd/{yyyy}/{mm}/{dd}
1011	uuduser.d_payment	支付维表	/ETL/ods/edw/d_payment_yyyymm/{yyyy}/{mm}
1012	crmuser.d_crm_staffflag	员工状态表	/ETL/ods/edw/d_crm_staffflag_yyyymm/{yyyy}/{mm}
1013	crmuser.d_potential_vip	潜客表	/ETL/ods/edw/d_potential_vip_yyyymm/{yyyy}/{mm}
1014	crmuser.f_fans_get_cards	微信用户领券日志	/ETL/ods/edw/f_fans_get_cards_yyyymmdd/{yyyy}/{mm}/{dd}
1015	crmuser.f_fans_get_membercards	微信用户领会员卡日志	/ETL/ods/edw/f_fans_get_membercards_yyyymmdd/{yyyy}/{mm}/{dd}
1016	ecuser.f_blacklist	黑名单表	/ETL/ods/edw/f_blacklist_yyyymm/{yyyy}/{mm}
1017	uuduser.d_category	产品类别信息表	/ETL/ods/edw/d_category_yyyymm/{yyyy}/{mm}
1018	uuduser.d_productline	产品线信息表	/ETL/ods/edw/d_productline_yyyymm/{yyyy}/{mm}
1019	uuduser.d_date	日期信息表	/ETL/ods/edw/d_date_yyyymm/{yyyy}/{mm}
1020	crmuser.f_vip_bindhistory	会员绑定信息表	/ETL/ods/edw/f_vip_bindhistory_yyyymm/{yyyy}/{mm}
1021	ecuser.d_ec_district	城市的区	/ETL/ods/edw/d_ec_district_yyyymm/{yyyy}/{mm}
1022	ecuser.d_ec_city	城市	/ETL/ods/edw/d_ec_city_yyyymm/{yyyy}/{mm}
1023	ecuser.d_ec_region	大区	/ETL/ods/edw/d_ec_region_yyyymm/{yyyy}/{mm}
1024	ecuser.d_ec_country	国家	/ETL/ods/edw/d_ec_country_yyyymm/{yyyy}/{mm}

图 7-18　数据集目录示例

7.4　CDP 平台的数据模型设计

首先解释一下"数据模型"这个词，本节中的"数据模型"不是指数据分析模型、数据挖掘模型、机器学习模型等数据算法类模型，而是指数据存储结构模型。在传统关系型数据库中，数据模型是指数据表、字段及表之间的关系；在目前的 CDP 工程中，数据模型是指数据集的目录、分区、数据集之间的关系以及数据集的 Schema。

数据模型设计需要回答以下问题：

❑ 需要定义哪些数据集？

❑ 数据集在物理存储上如何组织？

❑ 每个数据集存放哪些属性（字段）？

❑ 数据集中属性（字段）的命名及数据类型如何设计？

❑ 数据集的更新频次如何设计？

❑ 数据集的更新方式（增量 / 全量）如何设计？

❑ 数据集是否需要时间分区？

针对模型设计，我们主要介绍以下几个方面。

1）数据集及其 Schema 的设计，要把不同的字段归到不同的数据集里，例如相同主题域、相同更新周期的数据会放到一个数据集中。关于 Schema 的设计可以考虑两种方式，一种是宽表设计，例如用户标签类的数据，一个用户一行；另一种是纵表方式，例如一个实体存在多个标签，每个标签保存为一行独立记录。设计好数据集后再确定是否分区等问题。

2）物理存储的目录设计，此部分和上一过程（7.3 节）的数据同步接口中说明的原则一样，这里不再赘述。

7.4.1　关于数据模型设计过程的输入与输出

数据模型设计过程的输入与输出如图 7-19 所示。

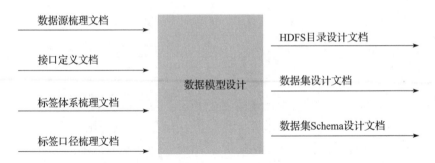

图 7-19 数据模型设计过程的输入与输出

在开始进行数据模型设计前，我们进行了数据源梳理、标签体系及其口径梳理、数据同步接口定义这三个部分的工作，这三部分工作的输出都是数据模型设计工作的输入。

数据源梳理与数据同步接口定义框定义了数据模型所涉及的数据范围，这个数据范围不会超出数据同步接口定义的数据范围。在进行模型设计时，需要考虑某个数据集的某个字段的值是否可以从 ODS 数据直接得到或基于 ODS 数据计算得到，若都无法满足，则需要考虑去掉这个字段或引入新的数据同步接口。

标签体系及其口径梳理的输出直接影响数据模型 Schema 设计、分区设计。数据模型需要定义多少个数据集，每个数据集定义哪些字段以及数据集的更新频次是什么，都需要依赖标签体系及其口径梳理的输出文档确定。

数据模型设计的输出主要包括物理存储目录设计、数据集设计、数据集 Schema 设计。物理存储目录设计定义了数据集的存放目录需要遵循的规范。数据集设计定义了数据集名称、内容、更新频次等。数据集 Schema 设计定义了数据集字段名称、字段类型、分区等。

7.4.2 数据模型设计

数据模型设计自上而下需要经历物理存储目录结构设计、数据集设计、数据集 Schema 设计。我们在 CDP 数据工程实施中，还要考虑模型设计扩展性及 ID 打通设计。由于在数据模型设计阶段数据模型涉及的数据最终要作为 CDP 产品的输入，所以还要考虑数据类型与 CDP 产品的兼容性等问题。

1. 物理存储目录结构设计

CDP 的数据模型处于整个数据目录分层中的 DW 层，前面 7.3.3 节已经介绍过 ODS 层的目录结构，下面讲解 DW 层的目录结构，二级目录为 dw，用于存放基于 ODS 数据加工而来的标签和日志（事实）数据。DW 的下一级目录，按数据类型分为 tag、log、mid 等，tag 目录存放所有标签数据集，log 目录存放所有日志（事实）数据集，mid 目录存放数据加工过程中的中间结果数据集。更新频次时间标识与更下一级目录的时间分区格式与 ODS 层数据一致。若无时间分区，目录下就直接存放数据文件。

"大麦"项目 DW 层物理存储目录结构设计如图 7-20 所示。

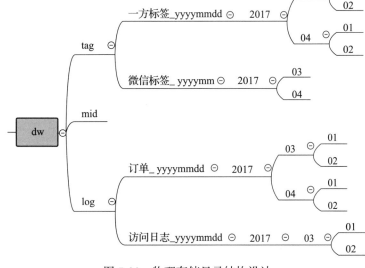

图 7-20　物理存储目录结构设计

2. 数据集及其 Schema 设计

数据集及其 Schema 设计是整个数据模型设计工作的核心，在这一步首先需要完成对所有数据集的识别和分类，然后逐个数据集进行属性识别及其组织方式设计、Schema 定义。

（1）数据集的识别和分类

对数据集的识别主要参考标签体系梳理文档，先将标签按数据源、更新频次、标签特点等进行分类，将同类的标签放到一个数据集中，然后通过这种方式，将数据集及其类型一个个识别出来。比如是一方数据集还是三方数据集，是标签数据集还是日志（事实）数据集，是日更新数据集还是月更新数据集，是增量更新数据集还是全量更新数据集，是静态属性标签数据集还是动态行为标签数据集等。数据集分类示例如图 7-21 所示。

数据集	数据来源	数据类型	更新频次	更新方式	数据特点
A 类标签	一方数据	标签	日	全量	属性标签
B 类标签	微信数据	标签	日	全量	行为标签
C 类标签	Wi-Fi数据	日志	日	增量	日志数据
D 类标签	三方标签数据	标签	月	增量	外部标签

图 7-21　数据集分类示例

通过这种方式，ABCD 四个数据集就被识别出来了。

以"大麦"项目为例：

❑ 一方基础属性类标签按日全量更新，可以识别为一个客户静态属性标签数据集。

❑ 一方行为类标签按日全量更新，可以识别为一个客户行为标签数据集。

❑ 一方模型类标签按月全量更新，可以识别为一个客户模型标签数据集，参见图7-22。

一级标签	二级标签	三级标签
客户价值	客户现有价值 客户潜在价值 客户价值分级	数值 数值
	忠诚度	由忠诚变为不忠诚 忠诚 由不忠诚变为忠诚 不忠诚
客户偏好	折扣敏感	≤5折, (5, 6], (6, 7], (7, 8], (8, 9], (9, 10), 10
	赠品敏感	按值划分4~5档
	积分敏感	按值划分4~5档
	面料偏好	棉、含棉、亚麻、天丝、莱卡、其他等
	颜色偏好	中性色、冷色、暖色、亮色
	版型偏好	合体、修身、宽松
	图案偏好	纯色、条纹、印花、格纹
	领型偏好	圆领、尖领、V领、平驳领、西装领、连帽

图 7-22 模型标签示例

❑ 一方订单日志（事实）按日全量更新，可以识别为一个客户订单日志（事实）数据集。

❑ 二方微信标签可参考一方标签，拆分成基础属性标签数据集和行为标签数据集，参见图7-23。

微信公众号	属性标签	基本属性	是否会员 性别 国家 省份 城市 城市级别	是/否
		关注行为	是否关注 最早关注日期 关注品牌	是/已取消
		领卡领券行为	是否领取优惠券 是否领取会员卡	
		浏览行为	累计浏览文章数量 最近一个月浏览文章数量 最近一个月访问频次 营销响应度 最后一次访问日期	0、1、2、3、4、5、6~10、10~20、20~30、30+ 0、1、2、3、4、5、6~10、10~20、20~30、30+ 根据推送点击和通过微信交易等行为判断

图 7-23 二方标签示例

❑ 三方 TD 标签属于外部标签，按月增量更新，可以识别为外部标签数据集，参见图 7-24。

一级标签	二级标签	三级标签	四级标签
游戏偏好	游戏类型		
游戏偏好	游戏类型	休闲时间	
游戏偏好	游戏类型	休闲时间	切东西
游戏偏好	游戏类型	休闲时间	找茬
游戏偏好	游戏类型	休闲时间	减压
游戏偏好	游戏类型	休闲时间	宠物
游戏偏好	游戏类型	休闲时间	答题
游戏偏好	游戏类型	休闲时间	捕鱼
游戏偏好	游戏类型	休闲时间	音乐舞蹈
游戏偏好	游戏类型	休闲时间	益智
游戏偏好	游戏类型	休闲时间	冒险解谜
游戏偏好	游戏类型	跑酷竞速	
游戏偏好	游戏类型	跑酷竞速	跑酷
游戏偏好	游戏类型	跑酷竞速	赛车
游戏偏好	游戏类型	跑酷竞速	摩托
游戏偏好	游戏类型	跑酷竞速	赛艇
游戏偏好	游戏类型	跑酷竞速	飞机

图 7-24　三方标签示例

"大麦"项目识别出来的数据集示例如图 7-25 所示。

序号	数据表名称	数据表中文名称	数据源	数据特点
1	dw_user_basic_info_yyyymmdd	用户基础信息表	一方数据	属性标签
2	dw_user_tran_info_yyyymmdd	用户交易信息表	一方数据	行为标签
3	dw_user_model_info_yyyymm	用户模型信息表	一方数据	模型标签
4	dw_user_wechat_info_yyyymmdd	微信用户信息表	微信	属性标签

图 7-25　数据集示例

（2）数据集属性识别及其组织方式设计

数据集属性识别及其组织方式设计这一步的工作内容相对简单，只需要对数据集识别过程中归到一个数据集的所有字段进行梳理即可。这一步需要注意数据集数据的组织方式。数据集的组织方式可分为宽表存储和纵表存储。宽表存储是指一个实体一行，一个标签一列的数据存储方式，该方式比较适合标签个数少、标签密度高的数据集。纵表存储是指一个实体多行，一个实体加一个标签一行的数据存储方式，该方式比较适合标签个数多、标签稀疏的数据集。在"大麦"项目中，三方标签由于标签个数多且标签稀疏采用了纵表存储，其他标签由于标签个数少且标签密度高采用了宽表存储。

如图 7-26 所示，以宽表存储为例：一方属性标签，按每个客户一行，每个标签一列进行设计，每列存放对应标签的值。

num	sex	age	birth_month	constell	is_phone
▬▬▬▬	"男"	"未知"	"6"	"双子座"	"有"
▬▬▬▬	"女"	"26-30"	"11"	"天蝎座"	"有"
▬▬▬▬	"女"	"26-30"	"7"	"魔羯座"	"有"
▬▬▬▬	"女"	"26-30"	"12"	"射手座"	"有"

图 7-26　宽表存储示例

（3）数据集的 Schema 定义

数据集的 Schema 定义主要是定义 Schema 的名称、数据集中各属性的名称、数据集中各属性的数据类型及顺序。数据集的命名遵循如下命名规范：

❑ 第一部分通过 ODS、MID、DW 区分数据的层次；

❑ 第二部分通过数据集相关信息缩略词组合；

❑ 第三部分描述该数据集的更新频次，如 yyyymmdd 代表按天更新。

以"大麦"的用户基础信息表为例，如图 7-27 所示，表名中的第一部分 dw 指该数据集是 DW 层数据集，后续的 user_basic_info 表示该数据集是用户基础信息数据集，最后的 yyyymmdd 是指该数据集按天更新。

数据集名称	dw_user_basic_info_yyyymmdd	数据集中文名称	用户基础信息表	
序号	字段	字段类型	字段中文名	字段描述
1	ph_num	string	手机号	
2	vip_id	string	vip_id	
3	sex	string	性别	男、女、未知
4	age	integer	年龄	
5	birth_month	integer	出生月份	12个月份
6	constell	string	星座	12个星座
7	is_phone	string	有无手机号	
8	is_email	string	有无邮箱	
7	email	string	邮箱	
8	is_vip	string	是否会员	是/否
9	is_internal_staff	string	是否内部员工	是/否
10	vip_level	string	会员等级	白金、金卡、银卡、普通

图 7-27　Schema 属性定义示例

数据集的属性名称一般采用与属性相关的英文单词的缩略词，数据类型需要同时满足业务需求和物理存储格式要求（如 Parquet 格式），属性顺序则一般没有严格要求。关于属性类型，有一点需要强调一下，标签有单值和多值之分，因此属性也存在单值和多值之分，对于多值的属性，如果物理存储格式支持数组可直接设定为数组类型，否则可利用字符串 + 分隔符的方式存储。

（4）数据集更新频次、更新方式设计

关于 CDP 项目的数据更新，最理想的更新方式是日增量更新，这样既能保证更新的及时性，又能保证更新的轻量性，但是往往会让更新逻辑更加复杂，所以在设计时，要兼顾效率和逻辑复杂性,在两者之间取一个平衡。下面仍以"大麦"项目为例进行介绍。

案例一:用户基础信息表中的数据有两种变化方式,一种是新增会员,这种可以通过增量的方式追加,还有一种是老会员字段更新,比如由银卡会员升级为金卡会员。这种数据更新操作事务的执行在关系型数据库比较容易实现,但是在物理存储为分布式存储文件(如HDFS)中就会比较麻烦。在数据量不大的情况下,将数据集设计为每日全量更新,以避免复杂的更新逻辑。

案例二:日志(事实)数据分两类,一类是生成后就不会发生变化的日志(事实),如H5 访问日志(事实),这种数据集按日增量更新即可,还有一类是生成后还会持续变化的日志(事实),如订单类日志(事实),"大麦"订单的退货字段,在订单生成后几个月还有可能变化。对于这种类型的订单可采用历史全量 + 近期全量的方式进行同步。具体实现方法如下:将某个时间点(如 2020 年 1 月 1 号)之前的数据一次性同步到 CDP,单独存放在一个数据集中,每天将大于等于该时间点的订单全量同步,使用的时候,将当日同步数据集和之前的数据集合并再进行后续标签的计算,比如一些近三年相关标签的计算。通过这种方式既实现了订单的全量更新,又控制了每日的数据抽取范围,不需要做历史全量订单的数据同步,实在是不得已而为之的选择。

(5)数据集分区设计

分区设计目前主要有按月分区、按日分区和无分区三种,按月、日分区的设计一般只需保持跟数据集的更新频次一致即可。这里重点解释一下无分区,某些数据集由于更新时间不规律,在调度上无法与其他数据集保持同步,但是又被其他数据集的生成逻辑所依赖,为实现数据集依赖而调度不依赖,我们可以将这种数据集设计成无分区,每次对数据集进行增量更新,数据目录不变。通过这种设计,后续计算逻辑每次访问该数据集目录即可,无须关心该数据集的更新频次和更新时间,也无须依赖数据集更新的任务。

项目中各数据集的分区设计如图 7-28 所示。

序号	数据表名称	数据表中文名称	分区	更新频次	更新方式
1	dw_user_basic_info_yyyymmdd	用户基础信息表	按日分区	日	全量更新
2	dw_user_tran_info_yyyymmdd	用户交易信息表	按日分区	日	全量更新
3	dw_user_model_info_yyyymm	用户模型信息表	按月分区	月	全量更新
4	dw_user_wechat_info_yyyymmdd	微信用户信息表	按日分区	日	全量更新

图 7-28 数据集更新与分区设计示例

7.4.3 数据模型的应用

数据模型设计完成后,按数据模型加工好的数据主要有如下三个用途。

❑ **作为 CDP 的输入**。按数据模型加工好的数据的第一个用途是供给 CDP,通过自动化程序将符合数据模型设计的数据读入 CDP,进行后续的一系列数据加工工作,生成可供 CDP 使用的数据集。

❑ **直接支持数据需求**。符合数据模型设计的数据可以理解为公司的标准数据集产品，客户的日常数据提取需求可以基于加工好的数据得以实现。

❑ **回写到 EDW，放大数据价值**。CDP 项目中经常会出现这样的需求，客户希望可以将在 CDP 上加工出来的数据回写到客户的企业数据仓库中，通过数据仓库进一步扩大数据的使用范围。例如在"大麦"项目上，客户明确提出所有数据必须周期性回写到数据仓库。

数据模型设计需要依赖数据源梳理、数据同步接口定义、标签体系及其口径梳理的工作成果，在以上工作的基础上进行物理存储目录规划、数据集及其 Schema 设计、ID 打通设计。加工好的数据可用于支持 CDP 产品、满足提数需求、支持回写客户的 EDW 放大数据的价值。在设计 Schema 时，我们需要根据实际情况选择宽表或纵表存储，某些纵表方案可以考虑通过将多值标签改造成数组类型字段再转换成宽表方案。在设计的过程中，我们还需要考虑一些现实问题，有针对性地进行数据集的更新频次、更新方式和分区设计，通过设计平衡开发复杂度和计算代价。在计算代价可控的情况下，通过牺牲一部分计算代价来降低数据处理逻辑复杂度是可取的。数据模型设计完毕后，就可以设计 ETL 了。整个过程中会有迭代，当发现模型设计中有不合理的地方，就要对模型设计进行调整，持续迭代直到 ETL 设计完毕。

7.5 CDP 平台的 ETL 设计

从数据源不做任何处理地将数据同步到 CDP，到进行数据处理的动作，EL 过程只做数据同步不做数据处理，比较简单，因此本节主要讲解 "T" 部分的设计。

ETL 设计的主要工作内容如下：

❑ 设计生成每一个目标数据集的流程；

❑ 设计流程中每一个环节的处理逻辑；

❑ 设计一批中间结果数据集，供后续的若干流程使用；

❑ 设计时间变量控制数据处理的时间周期（如 $T+1$，$T+N$ 等）；

❑ 识别各流程之间的依赖关系。

第一步是数据处理工作流设计，设计原则是让流程尽可能简单且逻辑清晰，在逻辑复杂度与流程步骤数之间取得一个平衡。通过多设计几个步骤，把逻辑的复杂度降下来，这在工程中是可取的。

第二步是数据处理逻辑设计，这一步一般可以到 SQL 粒度，用 SQL 表达式或者伪 SQL 代码描述数据处理的逻辑。

第三步是中间过程表设计，例如要加工一个最终结果集，可能要经过若干步，每一步可以落盘一个中间过程的数据集。中间过程的数据集的设计原则是尽可能实现复用，如果是只能使用一次的中间过程表，可以考虑不落地为实际的文件，以提高计算速度和存储效率。

第四步是时间变量的设计，在处理逻辑中会有一些时间变量，例如是前一天、前两天，甚至前三个月、前半年等这样的关系要在逻辑里面体现出来。

第五步是依赖关系的设计，是指不同的数据任务之间的前后依赖顺序，例如 B 数据集依赖 A 数据集，则在 A 数据集没有生成之前就不能去启动生成 B 数据集的加工任务。数据处理任务的依赖关系都要先全部梳理出来，后面需要基于这些依赖关系进行数据处理任务的调度配置，如果依赖关系错误，则数据处理过程就会报错或者生成的数据结果不正确，个别时候还比较不容易发现。

7.5.1　ETL 设计过程的输入和输出

ETL 设计过程的输入和输出如图 7-29 所示。

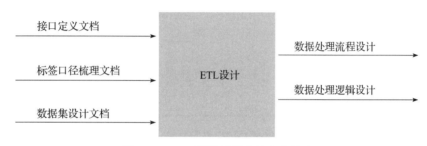

图 7-29　ETL 设计过程的输入和输出

1. ETL 设计过程的输入

ETL 设计的输入主要是同步接口定义文档、标签口径梳理文档、数据集设计文档。其中同步接口定义文档的定义是数据加工的原材料，标签口径梳理文档定义的是加工要求，数据集设计文档中的数据集是最终要加工出来的目标。

如果将 ETL 设计比作炒菜，那么同步接口定义文档中的数据就是食材，标签口径梳理文档中的计算口径就是菜谱，数据集设计文档中的目标数据集就是最终炒出的那盘菜。而 ETL 设计是要根据食材、菜谱和最终的菜肴，设计出整个炒菜的过程，使得整个过程简洁流畅，水、电、气及人工成本（计算代价）可控，最终菜肴的色香味（数据质量）满足需求。

2. ETL 设计过程的输出

ETL 设计的输出主要有两部分内容，即数据处理流程设计和数据处理逻辑设计。数据处理流程是指生成每一个结果数据集的流程，中间分若干步骤，并按一定的顺序执行下来。数据处理逻辑是指在流程中每一个步骤的处理逻辑，包括计算逻辑、条件、汇总逻辑等，这个阶段要输出一些 SQL 或者伪 SQL 代码。只有把流程及流程中每个步骤的逻辑都梳理清楚，才能让整个 ETL 过程清晰可执行，同时让后续的 ETL 开发工作更加顺畅。

7.5.2　ETL 设计

ETL 设计过程主要包括数据处理工作流设计、数据处理逻辑设计、中间过程表设计、时间变量设计、依赖关系识别等。

1. 数据处理工作流设计

数据处理工作流是指生成每一个结果数据集的数据处理流程，从数据源数据获取开始，到输出结果数据集终止。在设计数据处理工作流之前，要对整个数据处理过程有一个整体的把握，识别出若干关键处理环节，可以对复杂的处理环节做适当的拆分，以简化数据处理逻辑。

下面以"大麦"项目某些数据处理为例，说明数据处理工作流设计思路。

案例一：一方用户产品标签数据集处理流程。

用户产品标签的需求是根据用户购买服装的特征，来给用户打标签，比如根据用户购买衣服的颜色来计算用户的颜色偏好等。计算过程描述如下：首先根据产品信息关键词识别出产品标签，然后根据用户的购买记录将用户与产品标签关联起来，再根据购买频次给用户打上产品标签。

用户产品标签数据集的数据加工流程设计示例如图 7-30 所示。

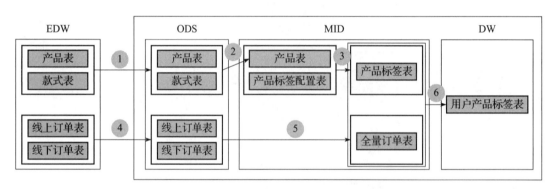

图 7-30　用户产品标签数据集的数据加工流程设计示例

流程解读如下。

❑ 步骤 1：将产品表和款式表从 EDW 同步到 CDP 的 ODS 层。

❑ 步骤 2：基于 ODS 层的产品表和款式表生成中间过程（MID）的产品表。

❑ 步骤 3：基于 MID 的产品表和产品属性关键词与标签对应关系配置表，生成产品标签表。

❑ 步骤 4：将线上线下订单表从 EDW 同步到 CDP 的 ODS 层。

❑ 步骤 5：基于 ODS 层的线上线下订单表生成 MID 层的全量订单表。

❑ 步骤 6：基于 MID 层的产品标签表和全量订单表生成 DW 层的用户产品标签表。

案例二：RFM 模型标签数据集处理流程。

RFM 模型标签数据集根据用户的订单数据，计算用户在不同品牌、渠道上的 RFM 值，然后通过算法模型进行打分，打分结果按分值进行分段，最后生成用户的 RFM 标签。计算过程描述如下：首先在 CDP 平台上进行数据预处理，将预处理的结果下载到单机运行 Python 算法，再单机计算出的结果数据上传到 CDP 平台，并在 CDP 平台上进行最后的标签计算。

RFM 模型标签数据集的数据加工流程设计示例如图 7-31 所示。

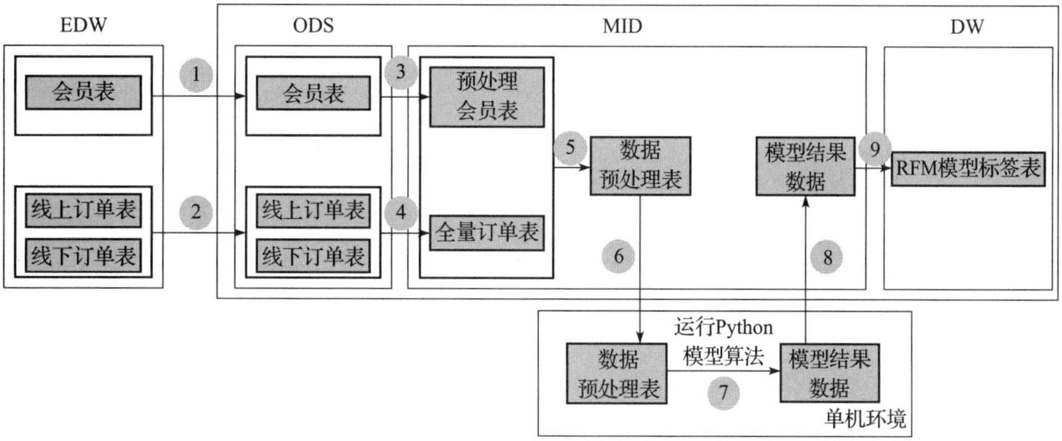

图 7-31　RFM 模型标签数据集的数据加工流程设计示例

流程解读如下。

- 步骤 1：将会员表从 EDW 同步到 CDP 的 ODS 层。
- 步骤 2：将线上线下订单表从 EDW 同步到 CDP 的 ODS 层。
- 步骤 3：对会员表进行清洗和预处理。
- 步骤 4：将线上线下订单表合并为一个全量订单表。
- 步骤 5：基于会员表和订单表数据生成 RFM 模型数据预处理表。
- 步骤 6：将数据预处理表从 CDP 下载到单机环境。
- 步骤 7：在单机环境执行 Python 算法，生成模型结果数据。
- 步骤 8：将模型结果数据上传到 CDP 平台。
- 步骤 9：在 CDP 平台基于模型结果数据，生成 DW 层的 RFM 模型标签表。

> **注意**　本案例的第 6 ~ 8 步是为了集成基于 Python 实现的单机版 RFM 模型，数据量增长时可实现可并行运行的集群版 RFM 模型。

---

2. 数据处理逻辑设计

数据处理流程确定后，就开始设计数据处理逻辑，即流程中每一个步骤的数据处理逻辑。数据处理逻辑设计需要参考标签口径梳理文档中的技术口径，根据技术口径的 SQL，结合数据处理流程，进行数据处理逻辑设计。

数据处理逻辑可以使用多种技术实现，目前可以基于 SQL、Python、Scala 等编程语言开发，也可以基于一些封装好的计算与调度平台来配置实现工作流与逻辑，结合具体项目的数据类型、数据量、生产环境配置、数据产品基础以及研发力量进行选择。

3. 中间过程表设计

在数据处理流程设计的案例中，CDP 平台除了 ODS 层和 DW 层外，还有一个 MID 层。前文提到，在同步接口定义阶段设计了 ODS 层，在模型设计阶段定义了 DW 层，但还未提及 MID 层。ODS 层与数据源相关，DW 层与应用需求相关，设计这两层的时候，确实不需要考虑 MID 层。但当开始考虑基于 ODS 层的数据生成 DW 层数据时，你会发现有时很难一步从 ODS 表跨到 DW 表，这时就需要设计一部分中间过程表，通过落盘中间过程表简化数据处理逻辑，而且中间过程表可以复用到多个 DW 表的生成过程中。以线上线下订单合集的中间过程表为例，它既可用于输出 DW 层的交易类标签表，也可用于输出 DW 层的交易日志（事实）表，在一些算法模型预处理阶段，也使用了该中间表。

可以基于以下原则判断数据处理流程中是否需要加中间表：

❑ 直接从 ODS 到 DW 逻辑过于复杂，通过中间表可以简化处理逻辑；

❑ 多个 DW 表的生成都会用到的一个中间过程，可以沉淀中间表；

❑ 直接从 ODS 到 DW 的计算量非常大，导致集群资源紧张或任务失败，通过加中间表可以降低单个环节的计算资源需求；

❑ 加中间表可以让数据处理流程更清晰简洁。

若以上四项有一项满足，我们就可以考虑加中间表。在"大麦"项目中，设计的中间表示例如图 7-32 所示。

序号	新表名称	数据表中文名称
25	mid_tran_info3_yyyymmdd	交易信息中间表3
26	mid_tran_info2_yyyymmdd	交易信息中间表2
27	mid_tran_info1_yyyymmdd	交易信息中间表1
30	mid_buy_season_yyyymmdd	交易类标签产品购买季中间表
31	mid_buy_topics_yyyymmdd	交易类标签产品主题中间表
32	mid_buy_category_yyyymmdd	交易类标签产品分类中间表
33	mid_buy_brands_yyyymmdd	交易类标签产品品牌中间表
34	mid_buy_channels_yyyymmdd	交易类标签交易渠道中间表
35	mid_buy_channels_before_binding_yyyymmdd	交易类标签绑定前交易渠道中间表
36	mid_return_yyyymmdd	退货日志中间表
37	mid_tran_yyyymmdd	交易日志中间表
38	mid_user_tran_info_yyyymmdd	交易用户信息中间表
39	mid_user_tran_info_array_yyyymmdd	交易用户数组类信息中间表

图 7-32　中间表示例

4. 时间变量设计

在 ETL 设计过程中，我们需要考虑时间变量设计，对于每一个数据源，需要调研其数据更新周期和数据更新频次，最常见的是 $T+1$ 更新，即每天对前一天生成的数据进行处理。在进行 ETL 开发之前，需要把一系列的时间变量准备好。常用的时间变量如下：当前日期、当前日期的前 N 天、当前月、上个月、当前月的第 1 天、当前月的最后一天、上个月的第 1 天、上个月的最后一天等。

5. 识别各流程之间的依赖关系

不同的数据处理流程之间是有依赖关系的，比如 A 数据集的生成需要使用 B 数据集的数据，那么 A 数据集的生成流程就要依赖 B 数据集的生成流程；还有一种依赖是今天 A 数据集的输出需要依赖昨天 A 数据集的数据，比如每天的全量用户信息数据集是昨天的全量用户信息数据集 + 今天的增量用户信息数据集。

这种数据处理任务依赖关系，会在后续的数据处理任务调度的配置阶段使用。创建调度流程时，按依赖关系编排任务执行的先后顺序，从而保证每个任务执行前，它的前置任务都已经执行完成。

ETL 的设计工作通过输入同步接口定义文档、标签口径梳理文档、数据集设计文档，启动数据处理流程设计、数据处理逻辑设计、中间表设计、时间变量设计以及依赖关系识别等工作。一个数据处理流程的步骤数不是固定的，当某个步骤的处理逻辑过于复杂时，可以对这个步骤进行拆分，以简化数据处理逻辑，当某几个步骤在多个处理流程中重复出现时，可以考虑基于这几个步骤沉淀中间结果表，供多个流程复用，从而简化使用该中间结果表的数据流程。设计是灵活的，我们需要根据实际情况在单个步骤复杂度与步骤个数之间取一个平衡，通过中间表的方式提高某些通用步骤的复用度。ETL 设计的工作完成后，ETL 开发的工作就可以启动了。在真实的项目中，ETL 的设计和开发是以并行迭代方式进行的，不同的模块或主题并行开展设计和实施，开发时发现问题又会返回到设计环节进行修改，再根据修改后的设计继续进行开发。

7.6　CDP 平台的 ETL 开发

ETL 开发阶段的工作内容包括：EL 过程的开发，主要是指从各个数据源把数据同步到 CDP 平台上来；T 过程的开发，基于业务需求和设计实现计算代码，加工出满足客户需求的数据集。

7.6.1　ETL 开发过程的输入和输出

ETL 开发过程的输入和输出如图 7-33 所示。

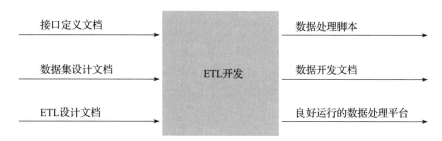

图 7-33　ETL 开发过程的输入和输出

1. ETL 开发过程的输入

前期各个设计阶段的设计文档都将作为 ETL 开发的输入。同步接口定义文档中定义的 ODS 数据需要通过 ETL 开发从源系统周期性地抽取过来，并作为后续数据加工的输入。数据集设计文档中定义的数据集，是 ETL 开发阶段要生成的数据集。ETL 设计文档中的数据处理工作流设计及数据处理逻辑设计需要在 ETL 开发阶段得以实现。

2. ETL 开发过程的输出

ETL 开发的输出，首先是一个能够良好运行的数据处理平台。在这个平台上，各数据源的数据能够周期性地同步到 CDP 平台，目标数据集中的数据能够周期性加工生成并保证数据质量。同时还要交付数据处理脚本的源代码以及相关开发文档。有了开发文档，我们才能在后续的运维工作中对问题进行快速定位和处理。

7.6.2 ETL 开发流程

ETL 开发阶段的一般流程如下。

1）编写代码：根据设计阶段的逻辑设计编写可执行的 SQL 或其他编程语言的脚本（Spark SQL、Python、Scala 等）。

2）调试代码：对脚本进行调试，保证能跑通并且保证输出结果的准确性。

3）部署代码：将编写的代码编译并部署到生产环境。

4）调度配置：创建 Pipeline，把部署的程序编排成数据处理的任务流，设置数据处理任务的输入输出参数（路径及分区或数据库表参数）、时间变量、计算资源大小等调用参数，以及任务之间的依赖关系，并指定执行时间和调度周期，对所有工作流的调度任务统一管理。周期性任务可以设定执行周期为每天、每周、每月，具体执行时间可以设定为几点几分。

"大麦"项目创建的 Pipeline 列表示例如图 7-34 所示。

序号	PipeLine名称	PipeLine描述	输出数据集	输入数据集	所属DataFlow	SQL脚本文件名
				/ETL/dw/conf/collar_conf.csv		
				/ETL/dw/conf/color_conf.csv		
				/ETL/dw/conf/design_style_conf.csv		
				/ETL/dw/conf/fabric_conf.csv		
				/ETL/dw/conf/pants_conf.csv		
				/ETL/dw/conf/pattern_conf.csv		
				/ETL/dw/conf/size_conf.csv		
				/ETL/dw/conf/type_conf.csv		mid_user_tran_info_array
1	dw_product_info_yyyymmdd		/ETL/dw/tag/dw_prod	/ETL/dw/mid/mid_product_yyyymmdd	df_dw_user_tran_i	yyyymmdd.sql
						mid_user_tran_info_array
2	dw_product_tag_yyyymmdd		/ETL/dw/tag/dw_prod	/ETL/dw/tag/dw_product_info_yyyymmdd	df_dw_user_tran_i	yyyymmdd.sql

图 7-34 Pipeline 列表示例

每个 Pipeline 单独作为一行，每一行均描述了该 Pipeline 的输入、输出、所属数据处理任务流程以及对应的 SQL 脚本的路径和文件名。通过一个文档管理 Pipeline 的所有信息，以便在后续查询相关 Pipeline 时快速定位。

ETL 开发阶段需要完成代码的编写、调试、部署以及调度配置。通过以上工作，结果数据就可以通过调度在 CDP 平台上周期性生成，由 CDP 周期性读入结果数据，这样用户就可以在前台功能页面使用"新鲜"的数据了。重点提一下时间变量的问题，在进行 ETL 开发时一定要搞清楚数据偏移，即 $T + N$ 中的 N 到底是多少，然后通过时间变量计算输入数据集路径、输出数据集路径以及 SQL 中与时间相关的字段。完成 ETL 开发工作后，将 Pipeline 的信息填写到 Pipeline 梳理文档，以便后续的管理与维护。

7.7　CDP 平台的数据运维

本节中的运维主要是指 CDP 平台的数据运维，也可以称为数据运营，主要解决调度问题和数据质量问题，服务器以及 Hadoop 集群等基础设施层面的运维不在本节讨论范围之内。如果说设计开发工作是阶段性工作，可以通过项目的方式完成，那么运维工作则是一个长期持续的过程。在运维过程中要不断发现问题、定位问题、解决问题、优化流程，还要处理一些新增需求和变更需求，以保证系统健壮有序的运转，使前端用户可以方便地使用系统周期性生成的数据来完成人群的筛选、画像等工作。

运维阶段的主要工作内容如下所示。

❏ **需求变更的处理**。当系统上线正式运行后，业务部门的需求仍然会源源不断地产生。处理的时候要注意在修改系统时同步修改文档。

❏ **调度问题的处理**。例行化的任务在正常情况下都能执行成功，但在实际运行中经常会失败，例如因为数据源延迟、未兼容的数据值异常、基础平台不稳定、运行资源紧张等问题而失败，此时需要运维团队来处理。

❏ **数据质量问题处理**。在各个环节都可能发现数据质量问题，处理过程一般都是先定位问题，这往往会占到整个数据质量问题处理工作量的 80%，剩下 20% 是修改、测试，然后重新上线。

7.7.1　运维过程的输入与输出

运维过程的输入和输出如图 7-35 所示。

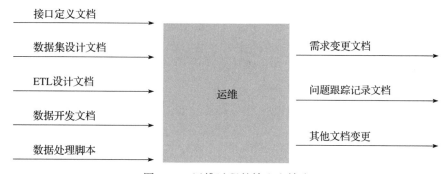

图 7-35　运维过程的输入和输出

1. 运维过程的输入

所有的设计文档和开发文档都是运维过程的输入，这些文档要交付给运维团队并使运维团队能够理解和掌握，这样后续运维团队才能够独立承接需求变更、问题定位与修复等工作。在实际的 CDP 项目工作中，设计开发工作多数是由乙方的交付团队完成，设计开发完成后，会将平台交付给甲方侧的数据团队负责运维工作。在"大麦"项目中，在设计开发阶段，乙方人员和甲方人员混编成 ETL 团队，共同进行设计和开发。这样做的好处是在项目交付后，甲方的团队可以很顺利地接管运维工作。

2. 运维过程的输出

运维阶段要维护需求变更文档和问题跟踪记录文档，需求变更文档用于登记新增需求和变更需求，问题跟踪记录文档用于登记发现的问题及处理方式和状态等信息。对于新增需求和变更需求，要同步更新与之相关的设计文档和开发文档。比如要新增一个标签，要同步更新标签设计文档、数据集设计文档、开发文档等。在实际的项目工作中，坚持做到这一点并不容易。通常，往往是代码变了，但与之对应的文档没变，随着时间的推移，文档的可用性越来越低，因为文档已经与系统的真实情况不匹配了。

7.7.2 运维工作内容

数据团队一般会负责整个数据平台的运维，从需求变更的开发到调度失败以及数据异常的处理，还有新开发的 Pipeline 从开发环境向生产环境迁移等。

1. 需求变更处理

系统进入运维阶段后，仍然会有新的需求进来。需求一般分为两类，一类是新增标签需求，例如新增一个标签；一类是对已有的标签进行变更，例如要调整一个标签的加工逻辑，原来高价值用户的定义是年消费金额大于 500 元，要修改为 1000 元，还有跟随上游的变更而变更等。

针对新增标签需求，我们需要按 ETL 设计开发流程从头走一遍，包括数据源确认、口径梳理、数据集设计、ETL 设计、ETL 开发等环节，同时要同步更新相关设计和开发文档，以保证文档与系统的一致性。

针对标签变更需求，如计算口径变更，需要重新确认数据源和计算逻辑，判断从数据处理流程的哪一环节进行变更工作。有的变更仅是计算逻辑变更，只需要更新 ETL 设计和开发阶段的 SQL 即可。有的变更涉及数据源的变更，需要从数据源开始重新梳理数据流程和数据逻辑，同时更新所有相关设计和开发文档。

需求管理文档示例如图 7-36 所示。

2. 调度失败问题处理

调度在执行的过程中，会因为各种原因失败，需要运维人员不断定位问题，解决问题，并想办法防止相同的问题再次出现。这时我们需要维护一份问题清单表，记录遇到过的问题以及相应的处理方法，待后续出现类似问题时，可以参考之前的处理方法解决。

需求编号	需求提出人	用途	需求描述	提出时间	期望完成时间	需求开发人	完成时间	状态	备注
1		会员交易明细	会员交易明细，包括会员基本信息、商品详情、交易地点等确认的信息字段	███日	-	███		已完成	
2		新老会员数据提取	新老会员每年、每月,每渠道销售额,订单量,销售件数等提取	███日	-	███		已完成	
3		销售指标计算	全维度,全渠道的███████销售分析指标	███日	-	███		已完成	
4		近一年会员相关数据	近一年会员相关数据,涉及手机号,地理位置等	███日	-	███		已完成	
5		画像报告	北京地区████线下门店新增会员分析框架	███日	-	███		已完成	
6		会员分布	二淘注册会员的消费情况	███日	-	███		已完成	
7		数据字典	49张██相关表格的中英对照关系,数据质量	███日	-	███		已完成	
8		服装款号对应实物图	衣服款号以及对应的图片链接数据	███日	-	███		已完成	
9		淘宝交易明细数据	淘宝会员,订单交易明细数据	███日	-	███		已完成	

图 7-36　需求管理文档示例

常见的调度问题如下所示：

❑ 数据源数据延迟导致任务失败；

❑ 集群资源紧张导致任务失败；

❑ 集群不稳定导致任务失败；

❑ 数据异常导致任务失败（如分母为 0）。

3. 数据质量问题处理

数据质量管理（Data Quality Management），是指对数据从计划、获取、存储、共享、维护、应用、消亡等生命周期的每个阶段里可能引发的各类数据质量问题，进行识别、度量、监控、预警等一系列管理活动，并通过改善和提高组织的管理水平使得数据质量获得进一步提高。数据质量问题涉及数据的产生、应用、管理等各个方面。高质量的数据是指那些适合于使用者应用的数据。有用性和可用性是数据质量的两个重要特征。

常见的数据质量问题如下。

❑ **数据缺失**。进行数据统计、分析和挖掘时，由于某些重要的属性、数据记录值缺失，导致统计、分析建模和分析结果误差较大。

❑ **数据不完整**。某类业务数据不完整，比如在客户购买分析中，我们发现有的客户没有产品购买记录，有的购买记录找不到对应的客户信息。

❑ **数据不合理**。数据不符合业务逻辑，比如录入的客户年龄为 200 岁、身份证号码位数不正确，造成这类数据质量问题的主要原因是数据采集应用程序没有进行合法性校验。

❑ **数据冗余**。同一数据有多个版本和入口，这既浪费了存储又产生了不一致问题，产生这个问题的主要原因是数据模型设计不合理。

❑ **数据冲突**。同一数据在多个系统中有多个不同的内容，产生混乱。造成这类数据质量问题的主要原因是没有一个统一的规划和冲突解决方案。

数据质量问题的关注维度主要有 6 个，分析如下。

❑ **合理性**：计算各项业务指标之间的关系对业务规则或潜规则的满足程度。

❑ **一致性**：描述数据结构（包括概念的、逻辑的或物理的）、要素属性和它们之间的相互关系符合逻辑规则的程度。

□ **及时性**：指标数据刷新、修改和提取等的及时性和快速性。

□ **完整性**：主要包括实体缺失、属性缺失、记录缺失和字段值缺失等。

□ **唯一性**：主键唯一和候选键唯一。

□ **准确性**：数据项对明确的规则定义或值域范围定义的波动满足程度。

在数据处理过程中，由于某个技术环节异常而造成的数据质量问题属于技术类数据质量问题，其产生的直接原因是技术实现上存在某种缺陷。技术类数据质量问题主要产生在数据创建、数据装载、数据处理、数据传递、数据使用和数据维护等环节，分析如下。

□ **数据创建**：CDP 所需的数据源系统的数据的生成。

□ **数据装载**：数据装载到 CDP 过程。

□ **数据处理**：数据在 CDP 中的加工过程。

□ **数据传递**：数据从 CDP 进入其他应用的过程。

□ **数据使用**：CDP 中数据在各个数据应用程序中的展现和使用。

□ **数据维护**：数据进入 CDP 后的数据存储、备份、调整。

上述过程中的每一个环节都有可能产生数据质量问题，在进行数据质量问题排查时，要逐个环节确认数据质量，然后定位到某一个环节或某几个环节，再集中解决该问题。

运维工作是保障系统健壮有序运行的基础，通过运维不断迭代新的需求，处理调度失败、数据质量异常等问题。只有数据持续正确地生成，用户才能够流畅地使用 CDP 平台的人群筛选画像等功能，保障数据应用的效果，实现数据的价值。通过处理调度失败问题，避免同样的问题重复出现，使调度的运行更为健壮。

7.8 本章小结

本章介绍了一个乙方为甲方实施的数据工程全过程案例。此类项目对工程的实施过程要求更严格，每个环节都有标准的产出物，对实施过程的质量要求也更高，并且在过程中需要与甲方进行非常多的沟通、调研、确认的工作，且项目具有明确的工作范围和工期要求，因此本案例的数据工程过程非常规范，遵循数据工程过程的标准定义与要求。本案例很好地展示了一个成熟、优秀的数据工程团队的能力。

另外，通过本案例大家可以了解到标签类数据的体系内容与设计实现要点，以及数据模型设计的原则和技巧。每个步骤都有翔实的数据示例和处理逻辑示例，可以给大家一个感性的认知，并能够在实施项目中参考。同时，大量的实用技巧也有助于大家解决实际问题。

第 8 章　Chapter 8

数据应用案例——大数据统计分析与个性化营销

本章将介绍两类典型的数据应用案例,一类是统计级的大数据分析数据应用,用于决策支持,另一类是个体级的大数据应用,支持利用大数据创造价值。

基于数据统计获得对业务、产品、管理等的事实与规律性认知是数据的基本应用,本文以面向移动 App 的统计分析数据应用产品为例,介绍了产品的用户增长与运营方法论背景、产品的核心功能、实时统计分析的实现技术路线以及关键实现技术。

大数据的单条数据的价值比较低,只有巨大规模的数据量才能创造可观的价值,因此面向个体级的大数据应用对数据处理的能力要求比较高。本文以营销数据管理平台为例,介绍了产品的核心功能与可支持处理几十亿设备的技术架构。

8.1　统计级大数据应用——移动应用统计分析系统

统计分析是实现数据驱动的基础能力。本节介绍了一个利用大数据技术实现统计分析的案例。传统 BI 一般是针对业务数据的,通常数据量都不太大,且属于结构化数据,存储于关系型数据库中,便于建立 OLAP 分析。在互联网、移动互联网时代,组织的交易规模变大,同时可以收集到大数据量的交互行为数据、信息系统运行数据,而传统数据仓库与 BI 的实现技术已经无法满足这些数据的统计分析要求,巨大的数据量、复杂的数据内容及形态,与丰富的统计指标、时效性要求、深度分析功能之间的矛盾巨大。本节将详细介绍移动应用(App)统计分析系统的业务背景、产品设计、技术设计以及具体实现示例。

8.1.1 业务背景

当前很多企业都在施行移动战略，想借此实现数字化转型，实现数据驱动的用户增长与运营。这一切都需要基于数据来实现，需要收数据、养数据、用数据。在战略决策、产品设计、用户运营、用户推广中"用数据说话"，即企业在施行移动战略过程中的各层级决策做到科学决策，这需要一个能支持高效、灵活数据分析的移动应用统计分析系统。

1. 数驱用户增长与用户数据的三重门

当前用户增长已从粗犷式的推广转变为基于数据的精细化运营。基于数据特点和运营重点的不同，按一般用户行为的发生顺序可将组织与用户的交互过程划分为三个行为域。用户每跨越一个域就像跨过一道门，所以也可以形象地称之为三重门，具体分析如下。

- ❑ 交识门：针对潜在客群进行营销触达，让目标用户对产品、品牌形成感知，促进品牌认知在消费者心智中的建立。
- ❑ 交互门：消费者通过组织的各个运营触点熟悉产品，转化为用户，并在这个过程中产生大量交互行为。
- ❑ 交易门：购买商品、服务转化为客户，产生交易。

如图 8-1 所示，这个从潜在客户转化为用户再到客户的过程，每一步都像跨过一个门槛，运营的重点就是降低每一步的门槛，提高用户行为的每一步转化效果。

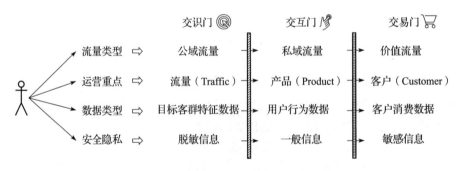

图 8-1 用户行为与用户数据的"三重门"

在原来线下的商业生态中，组织只能获得交易门里的交易数据，对其他两个域里的消费者行为的了解仅能依赖抽样调查等手段，而抽样统计结果会存在偏差，从而得到错误的判断，同时也无法直接基于数据进行个性化运营。随着用户行为都转向线上，另外两个域里的消费者行为也可以实现全样本采集和处理，使得组织基于全域数据进行运营成为可能。通过全方位掌握消费者的决策过程、行为偏好，组织能够建立与消费者更紧密的联系，更好地服务消费者。

在这三个域中可采集处理的数据、处理方法与安全要求以及运营重点均不相同，具体分析如下。

（1）交识门

在这个域里，采集和处理的数据主要是目标用户的广告行为数据，一般来源于数字媒体、监测平台、广告网络，包括广告的曝光、点击、下载等数据。这些数据一般为半结构化数据，信息内容包含用户广告标识、IP 等非识别特定个人的信息。数据运营的目标是提高 CTR（Click Through Rate，点击率）、TA（Target Audience，目标受众）浓度等指标，在这个域中需要注意不能超过用户的同意授权范围过度收集信息，在数据处理时需应用一定的去标识化技术手段。

（2）交互门

在这个域里，采集和处理的数据是用户交互数据，通过移动客户端、Web 端网站、网店、公众号、小程序、客服等用户触点和服务入口可以产生激活（App）、浏览、点击、评论、咨询、投诉等交互行为数据，一般为半结构化（如 JSON）、非结构化（如图片）数据。由于来源多样，原始数据通常分散在各类系统中，需要进行汇集。在各类系统中专门埋点采集的数据，一般数据量巨大，需要采用大数据技术进行存储和处理。移动客户端的交互数据一般包含设备标识、账号、兴趣偏好等一般个人信息。数据运营的目标是通过改进产品、优化运营活动，提高用户活跃量、活跃频次、活跃时长、留存率、转换率等产品指标。

（3）交易门

在这个域里，采集和处理的是客户交易数据，数据来源一般为业务系统，数据类型为结构化数据，可存储于关系型数据库，使用传统 BI 系统进行分析和挖掘。会员信息及交易数据里通常会包含消费者的姓名、身份标识、通信方式、住址、支付方式等与个人直接相关的信息，甚至财产、健康、生物识别、身份证照片等个人敏感信息。数据运营的目标是提高 ARPU（单用户平均收入，Average Revenue Per User）、LTV（用户生命周期价值，Life Time Value）等收入指标。

在全域数据运营中，我们需要将三个域的数据打通，以提高整体数据运营效果。打通时需要注意消费者的隐私保护，综合运用管理和技术手段保障信息安全、遵守合规要求，通常可以采用去标识化和脱敏方法降低信息泄露风险，例如加密、假名标识符、标签化等。

2. 数据驱动与移动统计分析产品定位

本案例主要分析交互门里用户行为的数据统计产品。在组织进行移动应用产品（App）的推广与运营过程中，我们需要掌握推广、产品、运营的情况，需要回答以下几个问题。

❑ 用户从哪儿来的？

❑ 渠道效果如何？

❑ 多少人在用？谁在用？怎么用？

❑ 产品用户体验如何？哪些功能、设计、内容用户喜欢？哪些造成了用户流失？

❑ 转换率如何？哪些环节的转换效率不佳？

通过收集和分析用户交互数据可以解答以上问题。但如何分析呢？首先我们需要使用一套数据驱动的运营方法，并设计对应的数据运营量化指标体系，然后实现一个数据统计分析系统。统计分析系统能够随时监控运营状况，并支持多维度、灵活的交互分析，支持客群分析、渠道分析、体验分析，同时产生指导性的洞察以辅助更加科学的决策。该系统可以方便使用者掌握以下情况：营销效果、渠道评价等推广情况，用户自身特征、行为习惯、兴趣偏好等用户情况，功能点问题、用户体验等产品情况。

基于数据驱动的移动运营可以采用 3A3R 方法，即 Awareness（感知）、Acquisition（获客）、Activation（活跃）、Retention（留存）、Revenue（创收）、Refer（传播），具体分析如下。

- □ 感知：让用户感知、关注企业的品牌和产品，以提升产品影响力、知名度为核心目标，尽可能触达更多的潜在用户群体。
- □ 获客：通过推广获取用户，以提升应用用户规模为目标，尽可能高效、低成本地获取新用户。
- □ 活跃：通过产品优化和运营提高用户活跃，以提升用户黏性为主要目标，提升用户使用产品的频次。
- □ 留存：通过产品优化和运营延长用户生命周期，以提升用户留存为目标，降低与控制新老用户流失，有针对性地通过运营手段进行老客激活。
- □ 创收：通过运营提高用户付费转化率、LTV，以提升收入为目标，提升用户消费量、购买额度。
- □ 传播：激励、强化用户间的传播、推荐，以提升老用户主动传播为目标，引爆口碑，促进老用户传播带动获新。

3A3R 方法与数据三重门存在映射关系，交识门（域）里重点关注的是与感知、获客相关的指标，交互门（域）里重点关注的是与活跃、留存相关的指标，交易门（域）里重点关注的是与创收、传播相关的指标，具体的活动运营效果监测指标体系示例如表 8-1 所示。

表 8-1　3A3R 方法的三重门指标

交识门		交互门		交易门	
感知	获客	活跃	留存	创收	传播
市场占有率	DNU（日新增）	DAU（日活）	留存率	ARPU	日活邀请率
触达量	MNU（月新增）	MAU（月活）	次日留存	交易转化率	邀请人数
点击率	安装量	启动次数	周留存	平均客单额	邀请接受度
点击量	注册转化率	使用时长	14 日留存	客单类型	邀请方式
渠道到达率	自然用户	使用频率	30 日留存	LTV	传播次数
渠道转化率	推广用户	功能使用行为	流失率		被邀请者留存
虚假用户率	注册用户	事件发生行为	参与度		被邀请者 ARPU

移动应用统计分析系统重点获取和分析的是交互门里的数据，系统的目标使用者为组织内的各级别决策者，包括 CXO、产品主管、运营主管等宏观决策者，以及产品经理、运

营经理、交互设计师、开发工程师、客服等微观决策者。不同级别决策的需求类型是多样化的：宏观决策者需要的是一些总体状况指标，指标个数不多，但希望指标定义统计口径稳定，以便于观察历史趋势，当数据出现异常波动能快速分析原因；微观决策者的需求非常细，指标和维度要求非常丰富，甚至细到每个用户的每次操作。所以，移动应用统计分析系统可以按如下角度对需求进行分类。

- **宏观决策者关注的目标和 KPI**。高层决策者需要知道公司的总体现势状况与趋势，所以需要提供汇总的目标和 KPI 数据，如日活、月活、注册量、交易转化率、交易额等，重点一般只有几张报表，但这些用户提的需求会比较笼统，需要数据产品经理进行挖掘和细化统计口径，给出每个指标的定义与详细的汇总逻辑，并需要和使用者说明和确认。

- **产品和运营人员关注的用户情况**。需要针对用户进行细分分析，以针对不同类型的用户群体做个性化的产品设计与运营活动设计，提升用户体验。移动统计分析一般通过用户的使用终端及环境信息（如设备品牌、设备型号、系统版本、网络类型等）、人口统计学信息（如性别、年龄、地域等）、用户行为习惯类型（如活泼频次、活跃时段）这几类维度对用户进行细分。用户细分分析主要是为了更好地了解各类甚至每个用户的偏好。比较各类用户不同的使用环境和使用习惯数据能够为我们改进用户体验提供指导方向，如果应用内需要进行多样的产品或服务销售，用户行为分析可以帮助我们实现个性化的产品推荐。

- **产品和技术人员关注的功能点情况**。需要针对产品各功能点进行分析，以了解这些功能的实现效果、存在问题和优化空间。产品、用户体验、技术相关人员都需要关注影响用户体验和满意度的关键点，比如在某个功能点的用户退出率，争取把每个功能的每个细节都做好。

- **运营人员关注的内容情况**。需要针对产品中承载的内容进行细分分析，内容细分的分析结果可以给运营者提供有价值的参考依据，确定和对比运营效果，指导和改进后续的运营方案，比如不同位置、不同内容的用户点击率，体现内容或内容形式是否有足够的吸引力。

- **推广人员关注的渠道情况**。需要针对渠道来源进行细分分析。移动应用的市场人员也严重依赖数据分析，他们需要持续关注不同渠道来源的用户背景及用户行为情况，基于数据指导营销费用的使用与营销方案的设计。移动应用的推广渠道十分丰富，包括各大应用商店、媒体、积分墙等，不同流量来源用户特征不同、质量不同，需要综合考虑用户质量、推广成本、用户扩展规模。

8.1.2　产品技术设计

本节重点介绍统计系统的数据处理流程、功能结构设计、指标与维度设计、技术架构等内容。

移动应用大数据统计分析系统本质上也是一个 OLAP 的分析系统，其特殊性主要体现在数据内容为移动设备行为数据、数据量巨大、分析指标与维度需要随着产品发展和运营变化而灵活调整。统计分析系统需要进行数据清洗、数据聚合，实现多维数据模型、业务模型、数据可视化报表、即席（adhoc）查询等功能。系统实现面临的挑战在于数据需求的理解、响应业务与数据需求变化的速度、数据处理效率与成本，具体分析如下。

- ❑ **数据需求的理解**。业务部门对数据的理解与数据部门对需求的理解可能会有偏差。业务与产品人员是数据及分析工具的使用方，数据人员负责加工数据和构建工具。业务与产品人员无法了解数据获取、处理、计算整个流程，从而无法准确理解数据代表的含义，造成潜在的错误使用；同时数据部门无法真正了解业务需求，不清楚数据到底用于什么样的场景，对数据质量要求重点是什么，因而无法提供最优的数据。

- ❑ **响应业务与数据需求变化的速度**。业务需求是不断变化的，甚至每天都会有新需求提出，如指标的计算逻辑不断调整，使得数据人员往往陷入困境。一方面某些需求因缺少数据来源或数据设计不合理无法实现或实现成本很高，另一方面某些指标或指标计算逻辑的改变可能需要涉及整个复杂数据处理流程各个环节的修改，需要重新采集数据、修改数据设计、调整处理流程，造成需求响应太慢，甚至加工完数据后，业务已不需要了。

- ❑ **数据处理效率与成本**。这是一个平衡的问题，即如何在提供丰富指标的前提下保证数据的获取、处理和查询的效率能够满足数据使用方的要求，同时处理成本可控。如果提供的指标不够、维度不丰富、粒度不够细，就无法满足业务监控和分析的需要；相反，如果每天计算和统计的指标过多、数据分得太细、时效性要求太高，那么就会大大增加服务器运算的负荷，造成潜在的数据处理延迟风险。

因此企业需要合理设计业务部门与数据部门之间的流程规范，制定需求分析模板，细致编写指标定义及处理规则详细说明文档，培养衔接业务和数据的人才。在此基础上，企业需要针对数据分析系统进行合理的设计，包括数据处理流程设计、数据设计、多维模型设计、技术架构设计，在运用合适的技术提高数据处理效率的同时保障系统的稳定，把握好维度和指标设计粒度以避免统计结果数据指数级增长的维度灾难，良好设计和保存明细数据以建立灵活响应数据需求的底座，合理使用预计算与即席计算在查询响应效率与成本之间做好平衡，选用稳定、适合的大数据组件避免运维困境。

1. 功能架构

移动应用统计分析系统的使用者类型包括高层决策者、产品人员、运营人员、推广人员、技术人员，因此需要为不同层级、不同角色的决策者提供相应的分析功能，功能可分为七类：用户概览、应用分析、功能分析、运营分析、用户分析、推广分析、开发分析。不同功能分类之间，统计指标会有所重叠，但分析角度不同。每类功能具体面向的主要系统使用者角色如表 8-2 所示。

表 8-2　移动应用统计分析系统各项功能的主要使用者

功能分类	高层决策者	产品人员	运营人员	推广人员	技术人员
用户概览	√	√	√		√
应用分析		√	√		√
功能分析		√			√
运营分析		√	√		
用户分析		√	√		
推广分析				√	
开发分析					√

每类功能说明及指标举例说明如下。

（1）用户概览

展现用户的整体情况与趋势，是一个移动应用产品的核心指标，所有的系统使用者都会关注。

（2）应用分析

通过对用户总体行为的分析，体现应用的特点，此类指标的意义对于不同种类的应用会有明显的区别。例如针对次均使用时长指标，对于需要用户黏性的应用，值越大越好；对于用完即走的应用，值接近正常完成任务时间最好，过大说明功能设计不合理，过小说明很多用户没有完成任务就离开了，可能程序存在错误。

（3）功能分析

移动应用通常包含多个功能页，功能页之间具有跳转层级。针对页面进行分析，可以对功能设计与页面布局进行优化。通过"页面路径"对页面上下游之间的跳转关系进行统计，可以了解用户是如何使用产品的，发现影响用户体验的关键点。

（4）运营分析

移动应用内支持针对各类用户操作进行事件埋点，事件用来追踪用户行为，例如推荐位点击、登录、浏览商品、加入购物车、支付等。针对事件做有针对性的分析，可以分析运营效果。通过转化漏斗、智能路径对事件之间的关系进行分析，可以指导运营活动的优化。

（5）用户分析

通过用户分群和用户画像，可以对用户做细分分析，了解各细分用户人群的行为习惯，做有针对性的设计和运营。基于各类用户属性、用户行为来建立用户分群，分群后可以通过画像了解该类人群的用户基本特征，也可以通过人群洞察分析该类人群的页面操作、事件行为的模式。

（6）推广分析

通过用户的渠道来源划分用户群，观察不同来源用户群的核心指标，了解不同渠道的用户质量情况及变化趋势，用于指导推广活动设计与预算分配。

（7）开发分析

针对用户使用期间发生的异常信息进行统计分析，开发者可以了解应用的整体稳定趋势，掌握问题影响范围。应用崩溃退出非常影响用户体验，开发者可根据错误信息分析原因，进而对错误进行及时修复。

移动应用统计分析系统的功能架构如图 8-2 所示。

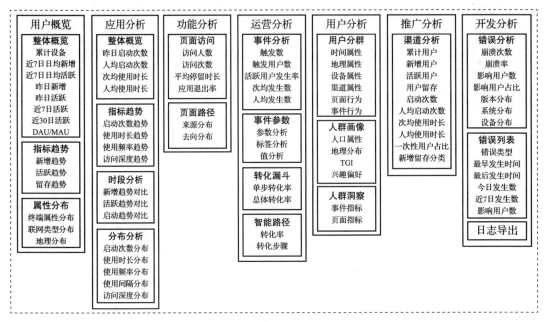

图 8-2　移动应用统计分析系统的功能架构

以上这些指标的统计时间窗口一般可分为小时、日、周、月。支持按设备的各类属性进行维度筛选，主要维度包括应用的版本、地理位置、渠道来源、终端类型、机型、操作系统类型、操作系统的版本、移动网络类型等。

2. 技术架构与数据处理流程

由于 OLAP 系统是一个数据处理与分析系统，因此系统架构基本结合数据处理步骤进行设计。OLAP 系统数据处理的一般流程如图 8-3 所示。

1）进行数据收集获得原始日志数据，数据来源可以是业务系统、服务器监控、各类型客户端的 SDK。

2）进行数据清洗，并整理生成明细事实表（Fact Table）。为便于统计计算，事实表的设计需要考虑一定的维度冗余。

3）进行统计计算，按设计要求生成统计结果，此步骤可以进行预计算，也可以由查询服务调用统计计算接口执行即席查询计算。预计算结果一般是形成统计数据立方体（Data Cube）。

4）通过报表服务，提供给用户。

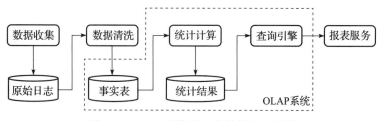

图 8-3　OLAP 系统的一般数据处理流程

随着统计分析时效性需求的提高，OLAP 系统开始实现实时统计分析，其系统一般采用 Lambda 架构进行设计，增加实时的流式数据处理。实时统计结果与离线预计算的结果会存储下来，由查询引擎提供统一的查询视图。实时 OLAP 系统的数据处理流程描述如图 8-4 所示。

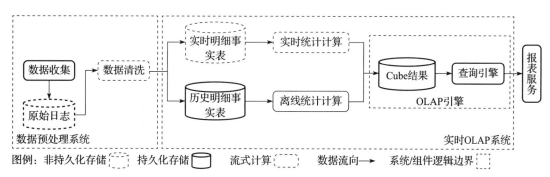

图 8-4　实时 OLAP 系统的数据处理流程

在大数据量情况下，某些复杂计算的资源需求比较大，耗时比较长，特别是需要做精准排重 / 交叉运算，如计算设备的活跃和留存，因此会对数据执行进一步的预处理，生成便于进行排重 / 交叉运算的索引数据（本节后面会详细介绍 Bitmap 技术），将排重计数计算（count distinct）转换为计数计算（count），并实现相应的排重交叉统计计算引擎。功能进一步增强后的实时 OLAP 系统的数据处理流程如图 8-5 所示。

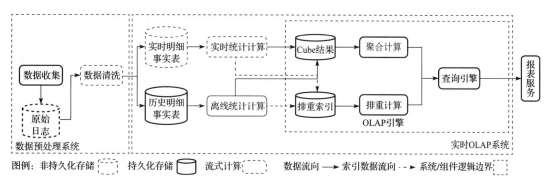

图 8-5　增强后的实时 OLAP 系统的数据处理流程

经过这几年大数据技术的快速发展及日趋成熟，在具体实现时，针对不同的处理步骤，当前都已有性能出色、稳定可靠的开源组件可以选择，下面是一个移动应用大数据统计系统的一般性高层次架构设计，并给出了具体的开源大数据组件技术选型建议，可以支持累计几十亿设备，日处理几十 TB 的数据量，如图 8-6 所示。

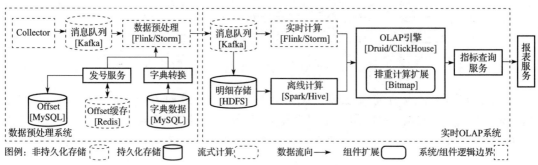

图 8-6 移动应用大数据统计系统的高层次架构

实现中的重点组件介绍如下。

❑ **Collector**：服务端的日志接收器，接收客户端采集并上报的日志数据，支持高并发、横向扩展。

❑ **消息队列**：分布式消息中间件，用于在数据处理各模块间传递数据的消息总线，可选的开源组件很多，主流的性能优秀的组件有 Kafka、Pulsar。

❑ **数据预处理**：进行统一格式转换、脏数据清洗、标准化、唯一连续有序标识（Offset）发放等预处理。数据纠错与标准化内容包括时间、机型、操作系统版本、IP、位置、应用版本、渠道、黑名单等，可基于流式计算框架实现，部分处理通过调用其他专门服务支持。

❑ **发号服务**：给每一个设备发放唯一连续有序标识，后续用于生成排重计算索引（bitmap）使用，具体实现是基于设备标识先查询 Redis 缓存，若未查询到则向 MySQL 插入新增并获取新增的顺序标识，再将新增标识存入 Redis 缓存，若插入失败则表示刚刚新增，再重新查一次 Redis 缓存即可。

❑ **字典转换**：进行机型、操作系统版本等字段的标准化转换。

❑ **统计预计算**：分为实时计算和离线计算，补充维度信息生成统计用的明细事实表，进行一定程度的预计算，生成统计指标或进一步计算用的索引数据，可在开源计算框架上进行一些算子或 UDF 扩展。

❑ **OLAP 引擎**：支持指标的多维度聚合查询，同时支持精准排重的统计计算。聚合计算是进行维度和时间范围筛选后的求和计算，排重计算是基于每个维度的排重索引进行多个维度的交叉计算与计数统计。

❑ **指标查询服务**：分布式查询服务，提供了统一的指标查询接口。

❑ **报表服务**：提供给报表展现前端调用的报表接口服务。

影响 OLAP 引擎性能的核心主要有四个环节：数据摄入、预处理、数据检索与读取、交互查询计算，因此 OLAP 引擎都是从这四个环节进行优化，追求极致的性能和丰富的分析功能支持。

当前的开源 OLAP 引擎都不支持精准排重的计算，需要进行扩展插件的开发。不同的开源组件特点有所不同，主要体现在响应速度（latency）、并发量（QPS）、查询灵活性、数据时效性这四个方面，不同组件各有侧重。

例如 ClickHouse 是在查询时对明细数据进行扫描计算，优点是支持更灵活计算，并发不高，实时弱；Kylin 是进行 Cube 的完全预计算，优点是查询响应速度快，并发高，缺点是不灵活、不支持实时、预计算量大、需严格限制维度数量；Druid 是对明细数据进行预处理，生成 Cube 的第一层（汇总统计的最详细层），在查询时再执行上层的聚合计算。企业在进行具体技术选型与技术设计时还需要考虑可扩展性和易运维性，结合自身的具体业务场景以及未来发展进行设计。

现有的通用 OLAP 引擎组件还无法支持一些复杂的数据分析，如有序漏斗、智能路径、用户分群，因此需要单独开发有针对性的分析功能进行支持。如果需要支持个体属性与行为的分析，则需要单独存储个体的 Profile 数据，并支持实时高并发的更新和低响应延迟的查询。有些分析还需要进一步查看原始日志，如给研发人员提供的错误分析，需要存储一定量的原始日志，并支持低响应延迟的查询或搜索。同时，系统还需要实现一些配套的支持功能，如账号与权限管理、维度配置等。

3. 指标与维度设计

统计分析系统主要计算的是在各种维度限定下的指标值。具体指标与维度的含义分析如下。

❑ 指标（Metric/Measure）：一个数值型度量值，如交易金额、使用时长、活跃数量，一般支持汇总、计数、排重计数、交叉等计算。

❑ 维度（Dimension）：包含一列枚举属性，基于维度能够对数据进行过滤（filtering）、分组（grouping）和标记（labeling）。维度具有自然的层次结构，可以在各个层次级别上进行汇总和钻取。

（1）数据立方体

OLAP 分析一般会通过定义数据立方体形式展现，它是在事实表和维度表的基础上计算得来，可以进行各种聚合计算分析。具体 OLAP 分析中各项要素及相互关系说明如下：

❑ **事实表**。事实表中包含事务记录数据，如商品交易数据、用户登录行为等。

❑ **维度表**。简称维表，是事实表中包含对象的属性说明，如商品的品类、用户的人口属性、终端的设备类型等。

❑ **数据立方体**。也可称为多维数据立方体，是一种统计分析数据的组织结构，可以根据需要对数据进行汇总（roll up）、钻取（drill down）、切片（slice）和切块（dice）。立方体预定义了维度和指标，一个指标对应一个立方体。

一个事实表可以关联多张维表，可以产生多个立方体，一个立方体包括一个指标和多个维度。基于立方体可以实现时间趋势、维度分布、交叉分析（留存／漏斗）等报表和图形可视化。事实表、立方体、指标、维度的关系如图 8-7 所示。

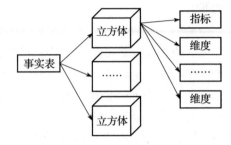

图 8-7　事实表、立方体、指标、维度的关系

（2）移动应用通用统计分析的统计目标对象

一个用户使用了一次应用，从分析角度会发生以下行为：首先启动应用，然后在一些页面上进行了某些操作，即在一些页面中产生了一些行为事件。从这些行为中我们可以抽象出如下几种统计目标对象。

❑ 设备或账号：可以标识一个用户。

❑ 会话：标识用户的一次使用。

❑ 页面：用户使用时访问的不同页面。

❑ 事件：自行定义来收集各种用户行为。

会话是最基础的统计目标对象，应用启动后会为本次启动创建一个 Session，使用 Session ID 做标识。基于会话可以实现多种分析。

❑ 活跃分析：限定时间内有"启动"行为的设备排重。

❑ 留存分析：某段时期有过"启动"行为的设备，与在后续某段时期还有过"启动"行为的设备的比例。

❑ 流失分析：不再有"启动"行为的设备比例，如超过多少日无"启动"。

❑ 使用黏度：会话次数、使用时长、使用间隔时间，是基于某个时间范围内"会话"次数、同一次"会话"持续时间、每两次"会话"的间隔时间。

页面是应用功能的组织方式，因此页面间的层次结构设计对用户体验极其重要。基于页面可以实现以下分析：

❑ 用户通常在哪些页面离开应用；

❑ 页面间的跳转比例关系；

❑ 页面被访问的次数和时长；

❑ 页面的访问路径。

针对页面内部的功能与后台的事件，基于事件进行分析，我们可以追踪到一切感兴趣的内容。对于事件，我们通常会跟踪用户对各种按钮的点击、用户使用应用时的特定设置、用户达到某一标准（某一等级）、用户某些业务行为（如完成付费等）。事件可以由三级结构表达：事件（Event）、标签（Label）、属性（KV 结构）。

❑ 事件：可以是按钮或广告栏的点击事件、业务流程。

❑ 标签：可以表达事件的分类、步骤、状态等，例如"购物"业务流程的各步骤，包括浏览商品详情、放入购物车、支付、评价等。

❑ 属性：一个事件可以包含多个 Key-Value 属性，用于描述事件相关的更详细内容，例如"购物"事件涉及的交易金额、支付方式、商品品牌等。它支持对事件进行深度分析，可以进行属性的分布统计。

4. Bitmap 技术与预计算实现原理

在实体数量巨大时，例如几十亿量级，对于需要排重 / 交叉计算的分析，如独立用户数、用户留存、用户分群等，使用关系型数据库的 SQL 运算实现会非常耗时、耗资源。

（1）什么是 Bitmap 技术

这里的 Bitmap 不是指图片的位图存储格式，而是一个 bit 数组形式的数据结构。如图 8-8 所示，每个 bit 的值为 1 或 0，用来代表特定属性，节省存储空间，便于进行"位运算"（AND，OR，XOR，NOT），从而实现群体集合的交、并、差计算。举例来说，利用 Bitmap 技术，可以将非常耗时的关系表 SQL JOIN 操作，转换为非常快速的 Bitmap AND 操作。

图 8-8　Bitmap 的位运算示例

使用 Bitmap 技术时，需要将每个实体（如用户）映射为一个顺序号，例如可以基于原有用户 ID 通过自增量方式生成顺序号（offset），假如有 100 个用户，则用户的顺序号为 1，2，3，…，98，99，100，顺序号为 1 的用户映射到 Bitmap 里 bit 数组的第 1 个位置，顺序号为 2 的映射到第 2 个位置，以此类推。

Bitmap 计算应用举例一：对于统计独立日活用户的场景，可以通过一个 Bitmap 来表达，当某个用户当日存在活跃行为时，就将该用户对应位置的 bit 设置为 1，否则设置为 0，通过统计该 Bitmap 里有多少个值为 1 的 bit 位数量，就可以得到日活用户数量。

Bitmap 计算应用举例二：对于计算新增用户次日留存的场景，可以通过两个 Bitmap 的 AND 计算实现，一个 Bitmap 存储第一日新增的情况，在该 Bitmap 中只有该日新增用户对应位置的 bit 为 1，另一个 Bitmap 存储第二日的活跃情况，当第二日活跃用户对应位置的 bit 为 1，对两个 Bitmap 进行 AND 运算并产生一个新的 Bitmap，再统计这个新 Bitmap 里值为 1 的 bit 位数量就可以得到新增用户次日留存用户数量。

Bitmap 技术的优势体现在如下几个方面。

❑ **节省存储空间，减少读取的 IO 时间**：对于 1000 万实体量，仅需要约 10 000 000/8 = 1.25（MB）空间，在采用压缩技术后，如 RLE（Run Length Encoding，行程编码），一般仅有 100 KB 左右实际大小。

❑ **计算速度快**：首先数据可以全部加载到内存进行计算，其次 Bitmap 的一些压缩技术可以做到无须解压即可进行各种"位运算"，再次，通过对单次需要大量 Bitmap 的运算过程进行优化和对 Bitmap 进行分片，很容易实现并行计算。

❑ **支持交叉运算**：支持实现集合的交、并、差计算，这一点对于大数据量的 OLAP 分析威力巨大。

（2）OLAP 预计算的实现原理

移动应用统计分析的 OLAP 计算主要可以分为两种：聚合计算和排重计算。两种计算需要准备的预计算数据形式是不同的：

- 聚合计算，需要首先在事实表基础上计算生成最细粒度的各个维度交叉统计值，即统计立方体的最基础层，再按需求进行上层聚合计算；
- 排重计算，需要生成每个维度的 Bitmap 索引，在交互分析时按需求进行多维度交叉计算，再对结果 Bitmap 进行计数，获得最终统计值。

从上面的说明可以看出，两种计算准备预处理数据的思路刚好相反：一个是准备各个维度的交叉结果，后续再从交叉结果聚合得出每个维度的单独结果；另一个是准备每个维度的单独索引，后续再通过索引获得多维度的交叉结果。下面对两种计算需要准备的数据形式分别举例说明。

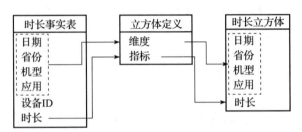

图 8-9　聚合计算的立方体

（a）**聚合计算的立方体生成与使用**

首先介绍聚合计算的预计算立方体生成过程，如图 8-9 所示。

第一步，生成事实表，例如统计应用的使用时长指标，维度为日期、省份、机型、应用，如表 8-3 所示。

表 8-3　聚合计算的事实明细表示例

日期	设备 ID	省份	机型	应用	时长
2021-02-12	a2321ae0aeff8a36f9c971036c	北京	Mate 40	应用 A	800
2021-02-12	a2321ae0aeff8a36f9c971036c	北京	Mate 40	应用 B	900
2021-02-12	e3e296d6588dc66006bd629f9	北京	Mate 40	应用 B	600
2021-02-12	7ec1f9f993d84b9fbf33348402	上海	iPhone 12	应用 B	720

第二步，进行初步预聚合（GROUP BY）生成该日期应用使用时长的最细粒度统计立方体，如表 8-4 所示。

表 8-4　统计立方体的第一层示例

日期	省份	机型	应用	时长
2021-02-12	北京	Mate 40	应用 A	800
2021-02-12	北京	Mate 40	应用 B	1500
2021-02-12	上海	iPhone 12	应用 B	720

第三步，在此基础立方体上进一步快速计算任意维度的统计结果，例如统计应用 B 的该日总活跃时长的 SQL 语句示例为：

```
SELECT SUM(时长) WHERE 应用='应用B' AND 日期='2021-02-12'
```

即可获得结果为 2220。

（b）排重计算的立方体生产与使用

对于排重计算的立方体实现过程如图 8-10 所示。

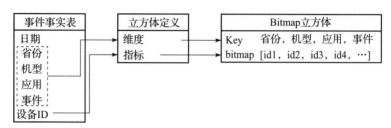

图 8-10　排重计算的立方体

第一步，首先准备事实表，例如统计独立用户数指标，维度为日期、省份、机型、应用、事件，如表 8-5 所示。

表 8-5　排重计算的事实明细表示例

日期	设备 ID	省份	机型	应用	事件
2021-02-12	a2321ae0aeff8a36f9c971036c	北京	Mate 40	应用A	支付
2021-02-12	a2321ae0aeff8a36f9c971036c	北京	Mate 40	应用B	充值
2021-02-12	e3e296d6588dc66006bd629f9	北京	Mate 40	应用B	充值
2021-02-12	7ec1f9f993d84b9fbf33348402	上海	iPhone 12	应用B	支付

第二步，为每个用户生成唯一顺序号，如表 8-6 所示。

表 8-6　发放顺序号示例

设备 ID	设备顺序号
a2321ae0aeff8a36f9c971036c	1
e3e296d6588dc66006bd629f9	2
7ec1f9f993d84b9fbf33348402	3

然后事实表可以转换为表 8-7。

表 8-7　以顺序号为 Key 的事实表

日期	设备顺序号	省份	机型	应用	事件
2021-02-12	1	北京	Mate 40	应用A	支付
2021-02-12	1	北京	Mate 40	应用B	充值
2021-02-12	2	北京	Mate 40	应用B	充值
2021-02-12	3	上海	iPhone 12	应用B	支付

第三步，基于新的事实表生成每个维度的 Bitmap，组成用于排重计算的基础立方体，以下数据结构可以采用 Key-Value 的形式进行存储，如表 8-8 所示。

表 8-8　各个维度的 Bitmap 数据表

日期	应用	Bitmap
2021-02-12	应用 A	1　0　0
2021-02-12	应用 B	1　1　1

机型	Bitmap
Mate 40	1　1　0
iPhone 12	0　0　1

日期	省份	Bitmap
2021-02-12	北京	1　1　0
2021-02-12	上海	0　0　1

日期	事件	Bitmap
2021-02-12	充值	1　1　0
2021-02-12	支付	1　0　1

第四步，在基础立方体上，可以进行多维度的交叉计算，例如统计使用了应用 B 且有充值事件的独立用户数，若在事实表上执行统计，则 SQL 语句示例为：

```
SELECT DISTINCT COUNT(设备 ID) WHERE 应用 =' 应用 B' AND 事件 =' 充值 ' AND 日期 ='2021-02-12'
```

基于 Bitmap 索引的计算，可以转换为应用维度中应用 B 的 Bitmap 与事件维度中充值事件 Bitmap 的 "AND" 运算，获得的新 Bitmap 为：

Bitmap 中 bit 位的值为 1 的计数量为 2，即在该日使用了应用 B 且有充值事件的独立用户数为 2。注意，此结果的含义不是在应用 B 中有充值事件的独立用户数，例如同样的方法计算应用 A 的 Bitmap 与充值事件 Bitmap 的计算结果为 1，但实际上在事实表中没有应用 A 的充值记录。如果需获得更精准的统计结果，则需要直接生成多个维度共同为 Key 的 Bitmap 结果。例如本例中将应用维度与事件维度合并做 Key，生成相应的 Bitmap 数据，则对于 "应用 A，充值" 为 Key 对应的 Bitmap 就是：

在 OLAP 交互计算时，有时需要综合运用以上两种计算，例如计算某个应用的平均使用时长，此时可以先用聚合计算求取该应用的总使用时长，再除以使用 Bitmap 索引计算该应用的活跃独立用户数，即可获得最终结果。本例中应用 B 的平均使用时长为 2220/3 = 740。

8.1.3　具体实现示例与说明

下面我们用一个具体示例来详细说明。

1. 用户概览

主要了解 App 的整体概况，评价 App 健康度，并观察关键指标今日与昨日相比是否存在异动，如图 8-11 所示。

数据概览	新增用户数	活跃用户数	启动次数	人均启动次数	次均使用时长	人均使用时长	累计用户数
今日	**604**	**1,885**	**10,822**	**5.74**	**00:03:24**	**00:19:36**	**13,266,793**
昨日此时	596	1,832	9,517	5.74	00:03:33	00:17:36	--
昨日累计	1,041	2,840	17,339	6.11	00:03:18	00:20:10	--
历史最高	1,102	3,071	19,713	8.07	00:03:30	00:26:51	--

图 8-11　用户概览功能示例

2. 新增趋势

通过新增趋势可以了解用户增长的效果。如果存在特别大的波动，则说明自增长效果不佳，主要在靠广告和活动激励来获取新用户；如果增长效果好，则不会出现大幅度下滑，而是波段上升或者平稳增长。新增趋势增长效果不佳的示例如图 8-12 所示。

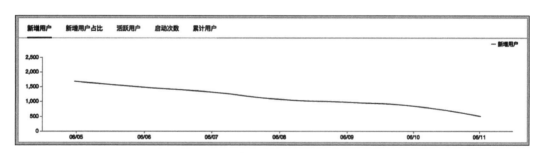

图 8-12　新增趋势指标展现示例

3. 新增客户活跃与老客活跃对比

通过新访客和老访客活跃对比分析，可以了解产品的黏性。不同产品阶段的理想状态不一样，应用新上线大规模获取新客时，新客户活跃总数会超过老客户，到了自增长阶段，老客户活跃总数要超过新客户，否则说明用户体验和用户黏性不好。老客始终没有大幅超越新客的示例如图 8-13 所示。

4. 平均使用时长

活跃用户的平均使用时长也代表用户黏性，一般是越高越好，单次太短很可能说明用户没有完成交易就离开了或者用户是刷量的假用户，但是使用时长上升之后业务却没有增加，可能说明交易操作比较复杂，需要优化用户体验。展示示例如图 8-14 和图 8-15 所示。

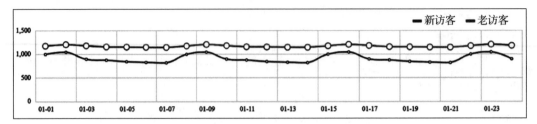

图 8-13 新老客活动趋势对比展示示例

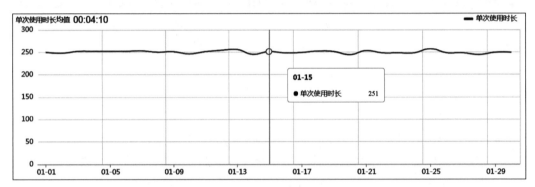

图 8-14 使用时长指标趋势展示示例

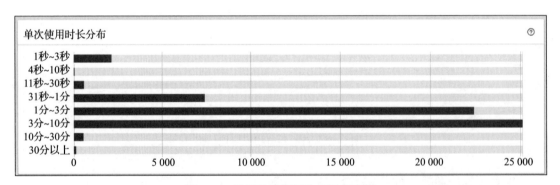

图 8-15 使用时长指标分布展示示例

5. 时段对比

留存是增长运营的核心目标，留存率的高低能够代表产品对用户的持续吸引力大小，也能够代表某一个来源或时期获得的新用户质量，因此留存率是产品、运营、推广的核心指标之一。留存分析可以针对任意一个用户分群，典型的分群方式是将一个周期时间（日\周\月）的新增用户或活跃用户作为一个用户群，统计这个群体在接下来一段时间的活跃趋势，如图 8-16 所示。

新增留存	**活跃留存**				日 周 月		
				+*N*周留存率			
日期	用户数	+1周	+2周	+3周	+4周	+5周	+　周
均值	3 880	21.2%	17.0%	12.7%	--	--	--
01-0...	3 879	21.2%	17.0%	12.7%	8.7%		
01-1...	3 880	21.2%	17.0%	12.7%			
01-1...	3 880	21.2%	17.0%				
01-2...	3 880	21.2%					

图 8-16　用户留存趋势示例

6. 渠道分析

即渠道转化效果和用户质量分析，用户数量往往并不能代表渠道的质量，需要结合深度的指标来评估，综合分析新增用户、活跃用户、累计用户、启动次数、平均时间、有效客户、ARPU 值等，如图 8-17 所示。

渠道名称	平台	昨日活跃 ⇕	启动次数 ⇕	人均启动次数 ⇕	一次性用户占比 ⇕	单次使用时长
app store		1 277	171 391	4.88	25.29%	00:05:09
360		595	91 428	5.21	35.45%	00:04:09
91		539	83 893	5.06	45.28%	00:04:10
安卓市场		461	63 342	5.26	74.16%	00:02:10

图 8-17　渠道指标展示示例

移动应用统计分析系统实现了实时可视化数据报表、数据钻取分析、趋势及对比、用户分群、渠道监控及分析、自定义事件监控、转化漏斗分析等功能。系统构造了"数据驱动"体系，实现用数据指导移动应用产品全生命周期设计与业务运营，定义移动业务关键指标用于指导高效正确地进行业务决策，系统化评估渠道效果，优化用户获取成本，助力实现用户增长目标，深度分析用户参与行为，优化产品用户体验，识别最有价值用户群体，指导有针对性的营销策略优化，从而实现运营回报最大化。

8.2 个体级大数据应用——营销数据管理平台

基于数据实现用户增长与运营，在数据时代是企业必备的大数据工具和必须建设的数据能力。本节介绍利用大数据技术实现移动营销数据管理的案例。营销数据管理平台面向企业营销场景充分集成和管理营销数据资产，高效快速地构建人群并直接推送到媒体侧实现精准投放，同时通过效果回收形成营销闭环，实现营销数据资产的积累和快速利用。

8.2.1 产品背景

传统广告营销方式以产品为导向且投放效率低下，如果可以根据广告内容对人群进行选择，就可以进行更高效、更精准的广告营销，提高广告效果和效率。在线程序化广告的核心是基于用户和场景实现个性化广告，在此模式下多方都能够获益：对于媒体，相同的流量可以获得更高的收入；对于广告主，可以花更少的钱触达目标受众；对于用户，可以获得更好的用户体验（获得更多相关的信息或者广告减少）。

网络用户行为大部分都已从 Web 端迁移到移动端，因此移动端已成为客户主要触点，而移动营销也成为企业营销布局中的重中之重。移动环境和大数据的叠加，使持续的精准营销成为可能。移动精准营销获得了企业的青睐，所以迫切需要面向移动设备的营销数据管理平台（Data Management Platform，DMP），实现营销数据的回收，形成数据资产，通过积累海量的用户数据，并对这些数据进行分析、处理，加工各类标签，同时集成三方数据，并直接打通媒体，进行营销活动管理与实施，提升营销效率，缩短反馈路径，提升数字化评估效果。

数字营销需要充分利用数据对受众的静态属性、动态行为、兴趣倾向进行分析，实现客群特征洞察、目标客群寻找、营销流量连接触达、营销效果分析的一体化数据营销闭环。移动精准营销 DMP 系统核心解决的问题如下所示。

- ❏ 识客：通过大数据实现客群的画像洞察能力，分析和发现客群特点，指导拓客与促活的营销活动与运营。
- ❏ 筛客：通过数据筛选找到更多的潜在客户群体。
- ❏ 触客：通过对接主流媒体与广告渠道实现目标流量识别，提高广告投放中的 TA（Target Audience，目标客户）浓度，同时帮助媒体提高流量运营效率。
- ❏ 优化：实现投后效果的追踪和分析，持续优化，提升营销效果。

8.2.2 产品设计

本节介绍营销大数据管理系统的功能架构设计、技术架构设计以及部分模块的详细设计示例，其中功能架构重点说明了系统的功能组成、模块划分及关系，技术架构重点说明了系统的存储与计算组件的技术选型、组件间的逻辑关系。

1. 功能架构

营销大数据管理系统的目标是帮助企业实现自身营销数据的资产化，并基于数据实现人群筛选，圈定目标人群，进行多维度画像分析洞察，帮助企业深度解析目标人群，并可将筛选好的人群同步到对接的主流移动媒体和移动互联网广告平台，进行基于数据的精准广告投放。

（1）主体业务流程

营销大数据管理系统完成精准投放的主体操作步骤包括构建受众人群、分析人群画像、创建营销活动、同步受众人群（到媒体侧的前置机⊖）、精准投放（媒体投放时基于受众人群包过滤）、投放数据反馈、活动效果分析，最后基于效果分析结果指导后续的人群构建，形成效果营销闭环，如图 8-18 所示。

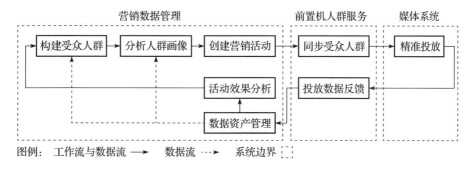

图 8-18　营销大数据管理系统的业务流程

详细操作步骤说明如下。

❑ **构建受众人群**：可以基于多种方式构建受众人群，广告主可以上传其自有的人群（ID 包文件），可以基于系统内的数据资产构建人群，通过标签多维度交叉生成。

❑ **分析人群画像**：对已构建的人群进行多维度、多可视化形式的画像分析洞察，以了解客群特征，进行人群的对比分析，帮助营销运营人员深度理解目标人群。

❑ **创建营销活动**：设置活动时间、投放频次、投放媒体或广告渠道，选择之前已创建的受众人群。

❑ **同步受众人群**：基于受众人群生成用于设备标识碰撞判断的人群包文件，并将人群包下载到指定媒体或广告渠道运行环境中的前置机上，前置机上部署的人群服务向媒体系统提供设备是否属于人群的高效查询服务；基于碰撞人群包，广告平台只能判断一个设备标识是否在人群包中，而无法直接获得整个人群包中包含的所有设备标识，实现人群包中非广告平台掌握的设备标识的信息保护。

❑ **精准投放**：在广告平台中购买投放活动时选择指定的人群包，广告平台仅针对人群包中的设备执行广告展示，实现广告的精准投放。

⊖　这里的前置机是指由数字化媒体在其 IDC 内网环境中提供的计算机服务器，交给媒体外部数据管理平台进行管理和部署受众查询服务，从而实现媒体侧的广告系统对部署在该服务器上的服务的低延迟（几十毫秒）、高并发的快速访问。

❑ **投放数据反馈**：广告平台将广告的查询、曝光、点击等数据通过前置机系统回传到营销数据管理系统；传回的数据同时形成新的营销行为数据资产，并可进行营销活动效果分析。

❑ **活动效果分析**：可通过查询、曝光、点击等数据进行效果评估，实现分人群、分渠道、分时间段、分地区的多维度交叉分析，最终生成效果报告，用于评价活动效果、制定后续的营销活动优化。

（2）协作系统

营销大数据管理系统需要对接两类系统：一类是数据源类系统，一类是媒体与广告平台系统。数据来源包括广告主的内部数据管理系统（一方⊖数据）、广告主采购的媒体服务／营销监测系统（二方数据）、其他数据来源（三方数据）。另外，系统可以通过接口形式对接三方数据源的人群画像接口和人群筛选接口。人群画像接口基于输入的一组 ID 返回该数据源的各个标签统计量，人群筛选接口基于输入的标签筛选条件返回一个人群包（ID 包）。

（3）详细功能架构

营销大数据管理系统从功能上可以划分为核心业务功能和配套功能。核心业务功能支持完成基于数据的精准广告投放；配套功能包括账户管理、权限管理、计费计量等功能，如图 8-19 所示。

业务功能模块设计示例说明如下。

❑ **数据资产管理**。系统集成的三方数据作为公共基础数据资产，包括终端属性、人口属性、地域属性、兴趣标签等数据，用于支持基础的人群画像与人群构建。系统支持导入一方数据资产、二方数据资产，这两种资产是属于广告主的数据资产，按账户实现隔离管理，只能被接入该资产的账户访问，用于该账户的受众人群构建。一方数据资产从广告主的一方系统中导入，一般可以有广告主的自有 App 采集数据、CRM 数据等。二方数据是指广告投放过程中采集的曝光、点击、激活等数据，一般可从媒体、广告监测系统中导出，再导入本系统中。

❑ **受众管理**。支持人群策略配置、人群构建和人群管理。人群管理支持人群列表查看和人群操作。人群列表查看可以查看人群构建状态、人群大小、构建策略、构建时间、更新时间等信息。人群操作支持人群构建策略重编辑、人群更新计算（基于该人群创建时配置的策略）、删除人群（同时清理相应数据）、下载等，下载仅支持基于广告主自有数据资产构建的人群。人群构建方式支持多种类型，在配置好构建策略后，将策略提交给基础服务模块或外部接口进行人群构建的异步计算，具体的构建方式列举如下。

　● **人群包上传**：广告主直接上传设备标识人群包，人群包可以直接用于投放，也可以作为种子人群用于 Lookalike 的人群放大。

⊖　在数字化广告中，从广告主的视角来看，一方是指广告主自己，二方是指媒体，三方是指任何其他方。

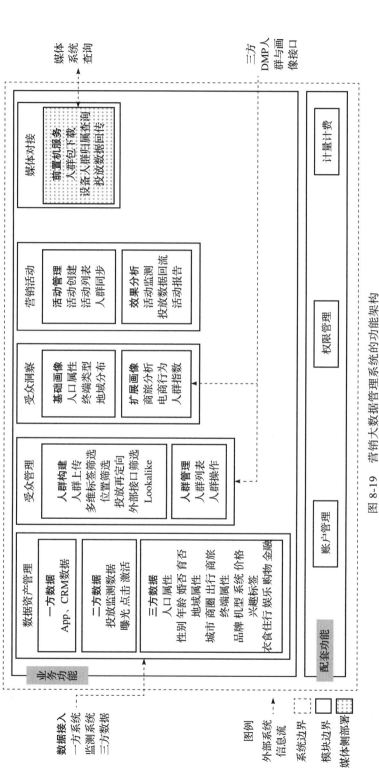

图 8-19　营销大数据管理系统的功能架构

- **基于数据资产构建**：通过多维标签、位置属性进行筛选，支持多个维度之间的交、并、差、非运算策略配置。例如"非"策略以基础数据资产中的全量设备为总人群；基础标签包括人口属性、终端属性、营销偏好、消费偏好、地理位置、行业人群等；位置筛选支持行政区选择、预定义商圈选择、预定义 AOI/POI（如交通枢纽）、地图上绘制自定义围栏，支持时间周期选择，支持工作日、节假日的日期类型过滤，对于预定义的设施同时支持人群行为规律模型筛选，如周末周期性到访、周中高频到访等。

- **投放再定向**：支持直接基于曝光、点击等广告行为数据构建人群包。

- **Lookalike**：通过算法模型在基础数据资产上进行人群放大，种子人群可以选择上传的人群包，也可以选择其他方式构建的人群包，支持指定最终输出的人群包大小。

- **外部接口构建**：基于接入的其他三方 DMP 提供的人群接口构建，例如电商标签。

- **基于已有人群构建**：支持不同人群间的交、并、差运算，创建新的人群。

❑ **受众洞察**。实现画像的配置、计算与管理。支持选择已构建的人群，针对该人群进行人群基础属性与扩展行为特征的画像分析，可以基于需求选择分析的画像模块，基于选择的画像模块提交给基础服务模块或外部接口进行画像的统计计算。画像指标类型支持比例、比例分布、TGI（Target Group Index）指数。TGI 的总体人群取基础数据资产中的全量设备，某维度 TGI 值为 100 表示总体的平均水平，某维度的 TGI 指数越大表示目标人群在该维度的特征越强。画像展示形式支持统计比例数字、表格、柱状图、折线图、饼图、矩形树图、行政区划主题图、热力图等可视化形式，以及直观的图标表达设计。画像模块举例说明如下。

- **人口属性**：提供性别、年龄、婚育等基础属性的比例统计报告。

- **终端类型**：提供设备类型、品牌、机型、设备特性、价格等维度的比例统计，设备类型包括手机、平板电脑、智能电视等，设备特性支持高性价比、拍照、商务、年轻女性、老人机等。

- **地域分布**：支持受众的城市规模分布，例如一线、二线、三线等，支持所属城市的比例分布，支持一个城市内区县级的详细比例分布，支持单城市或城市内局部的人群分布热力图。

- **商旅分析**：提供对人群的迁移分析，了解人群跨城市迁移情况，统计商旅人群占比，了解目的地城市比例分布；提供交通枢纽、热门景区等到访人群比例和频次分布。

- **电商行为**：可提供网购活跃度、客单价、优惠敏感度、消费偏好等统计报告。

❑ **营销活动**。支持营销活动的创建和管理，创建活动时选择关联的人群包、选择目标媒体，实现人群包到目标媒体的前置机人群服务的数据同步，实现投放数据的回收与投放效果分析，对每个营销活动进行全方位的分析，实时分析各渠道的投放效果，形成营销活动报告，支持查询量、查中量、排重查询设备量、排重查中设备量、曝光量、点击量、曝光独立设备量、点击独立设备量、曝光独立 IP 量、点击独立 IP

量、点击率等维度的统计与趋势展示，支持地区比例分布与可视化展示。

□ **前置机人群服务**。前置机系统是支撑实时广告投放（如 RTB）的查询服务，该服务部署在媒体侧的机房环境中，便于为广告投放提供稳定、低延迟（通常要求低于 100 毫秒）的设备人群归属的查询服务。该服务可实现人群包的下载、基于人群包密钥与设备标识判断设备是否属于目标人群、广告投放数据回传。人群包下载到前置机前，需要将 ID 包加工成布隆过滤器文件，作为人群碰撞文件，例如数量为 1 亿的人群包碰撞文件只有约 250 M。

配套功能模块设计示例说明如下。

□ **账号管理**。支持账号的注册、密码修改、注销、相关信息编辑修改，支持多级账户管理机制等功能。

□ **权限管理**。支持权限配置，可以对不同的功能模块进行单独的授权管理，允许子账号共享父账号的权限，支持鉴权服务等功能。

□ **计量计费**。支持分账号的计量计费统计，允许子账号共享父账号的计量，支持账号购买服务到期、余量等提醒机制的配置与提醒等功能。

2. 技术架构

系统的技术架构从逻辑上可以划分为四个层次：存储计算组件层、基础组件层、业务组件层和交互层。由于数据量巨大且人群计算效率要求高，系统设计需要针对不同处理场景选择合适的组件，并对数据进行有针对性的预处理和存储。

业务功能的实现涉及以下基础组件，包括分别用于数据处理与数据管理的基础数据加工模块和元数据管理模块，用于人群构建、画像计算的标签服务、Lookalike 服务以及 ID 转换服务。标签服务提供基于标签构建人群接口和基于人群统计标签接口。模块之间的交互采用 RESTful 接口方式进行设计。各组件分别选用了不同的存储和计算技术以满足多样的需求，并对数据存储结构做了针对性的设计。营销大数据管理系统的技术架构如图 8-20 所示。

（1）基础组件模块设计示例说明

基础组件模块设计一般涉及如下内容。

□ **基础数据加工**。对各种来源的原始数据资产进行加工，生成人群筛选、人群洞察、营销效果分析需要的数据，包括数据转换、数据汇总、指标统计等处理。处理内容分析如下。

- ID 发号：创建系统内部对设备的虚拟唯一标识，是一个唯一顺序号，并将生成的 ID 映射关系装载入 ID 转换服务的存储中。连续的编号便于将人群转换为 Bitmap 形式存储。

- 数据格式转换与数据抽样：为了实现标签服务中的人群交叉计算，以及高效的计算，需要将标签数据转为 Bitmap 格式，Bitmap 非常利于高效的人群交、并、差计算，并装载到标签服务的存储中。标签数据抽样是为了在保证一定统计精度的前提下提高画像统计计算的速度。

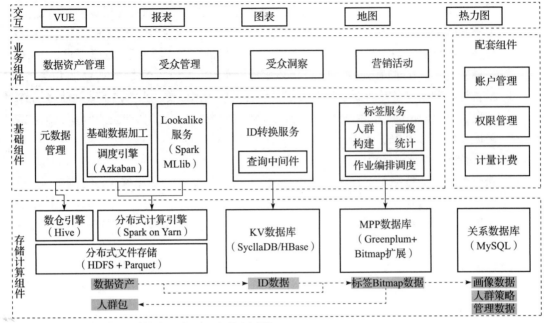

图 8-20 营销大数据管理系统的技术架构

- 数据统计分析：基于曝光、点击等投放数据统计计算营销活动的效果分析指标。

❑ **元数据管理**。实现数据资产的所有数据集信息的管理，包括数据集目录设置、数据结构扫描、字段业务说明补充等。

❑ **标签服务**。实现基于标签构建人群接口和基于人群统计标签接口，在人群构建与画像统计时分别调用。基于标签构建人群接口用于实现各标签维度的交、并、差计算策略的执行，生成一个人群包。基于人群统计标签接口实现一个人群上各标签维度的数量及比例统计。运算过程中人群的设备标识使用本系统内部创建的虚拟唯一标识。

❑ **ID 转换服务**。实现本系统内部创建的设备虚拟唯一标识到各类设备广告标识的批量互相转换。外部上传的人群需要转换为系统内部的设备虚拟标识来表示，进而进行画像统计、人群交叉、人群放大等计算。通过本系统生成的受众人群，在最后投放时，需要转为媒体与广告平台中的设备广告标识，用于流量的识别。

❑ **Lookalike 服务**。实现基于种子人群的人群放大，用于寻找相似客群。服务使用逻辑回归算法，种子人群为正样本，可以指定负样本人群，未指定则使用符合扩样范围的所有样本为负样本，可以指定输出人群的大小范围，输出人群量越大则与种子人群的相似度越低。模型使用的数据为基于各类数据资产加工的特征与标签。

（2）存储计算组件设计示例说明

存储计算组件设计一般涉及如下内容。

❑ **分布式文件存储与分布式计算引擎**。用于各级数据资产的存储和加工，包括数据源原始数据、中间加工结果（标准化 / 聚合 / 汇总 / 抽样 / 格式转换）、成果数据等数据资产，同时需要存储大量的人群包加工结果。由于数据量巨大，因此需要选用便于平行扩展、健壮、成本低的组件，可以随着数据量的变化快速伸缩。具体选型设计分析如下。

- 存储可以选用 Hadoop HDFS，设置三个副本防止数据丢失。加工中间结果与成果数据集的存储格式选择列式存储。面向营销的数据符合记录众多、特征维度高、值稀疏的特点，而列式存储可以实现很高的存储压缩率和读取效率，具体可以选择 Parquet。Parquet 支持嵌套类型的灵活半结构化数据结构，并提供数据结构的 Schema 描述，支持分区过滤，可以与 Spark 计算框架良好兼容。
- 计算引擎可以选用 Spark on Yarn，Spark 支持中间结果内存缓存，计算速度比较快。
- 数据管理可以选用 Hive，用于所有数据资产数据集的统一管理。

❑ **KV 数据库**。针对几十亿的 ID 转换服务，我们需要高效的数据存储，而 KV 数据库适用于这个场景，具体可以选择 ScyllaDB 或 HBase，ScyllaDB 查询性能更高，适用于对查询的延迟要求更低的场景。

❑ **MPP 数据库**。针对大规模人群的筛选和画像统计，可以选择 MPP 数据库，并将人群做分片处理，以提高数据并行处理的速度，具体可以选择 Greenplum。GP 基于 PostgreSQL 开发，同时支持列式存储。

❑ **Bitmap 存储与计算扩展**。可以在 GP 上扩展支持 Bitmap 计算，以实现人群的快速交、并、差运算。Bitmap 选择 RoaringBitmap，它支持很高的压缩效率，在计算时不用解压，有很高的存储与计算效率。针对大规模人群，当特征量非常大时，如几十万维，需要选择合适的分片大小进行人群分片，避免记录数量较大降低检索速度。

❑ **关系型数据库**。用于系统的各项业务逻辑的实现，需要选择具有通用性的关系型数据库作为主数据库，具体选择 MySQL；也用于人群的画像统计结果的存储。

（3）业务模块及基础模块相互间的主要调用关系

功能模块间的调用关系示例如表 8-9 所示。

表 8-9 功能模块间的调用关系示例

发起模块	响应模块	说明
受众管理	标签服务	人群构建：入参为标签编码及交并差规则，出参为人群 Bitmap
受众管理	Lookalike	人群扩大：入参为种子人群数据包及相应参数，出参为扩大后的人群数据包
受众管理	ID 转换	通过上传方式构建人群时，需要将上传人群包中的设备广告标识转换为系统内部标识：入参为设备广告标识及类型的数据包，出参为系统内部标识数据包
受众洞察	受众管理	获取人群信息：入参为人群 ID，出参为人群 Bitmap
受众洞察	标签服务	画像统计：入参为人群 ID 及画像维度，出参为指定画像维度的设备量统计值
营销活动	受众管理	获取人群信息：入参为人群 ID，出参为人群 Bitmap
营销活动	ID 转换	系统内部标识转换为设备广告标识：入参为系统内部标识数据包或人群 Bitmap，以及需要输出的标识类型，出参为指定设备广告标识类型的数据包

3. 详细设计示例

营销大数据管理系统是对广告投放业务进行数据支撑的系统，可以直接对接具备广告投放能力的在线系统平台，如媒体、ADX、DSP、SSP 等。系统提供前置机用于支持实时广告投放（如 RTB）的流量识别查询。本小节给出一个前置机系统与其他系统交互的详细设计示例，如图 8-21 所示。

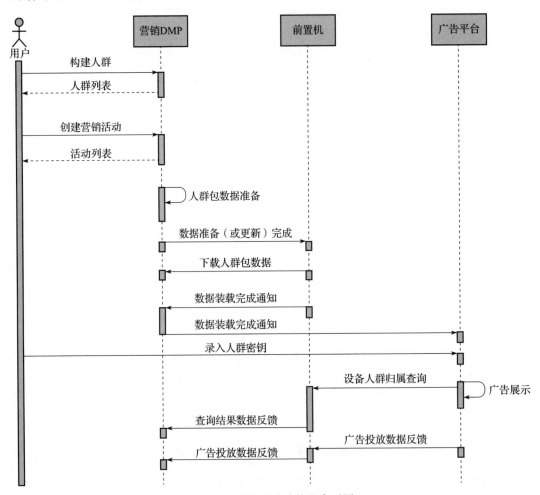

图 8-21 营销活动功能的序列图

具体的交互步骤说明如下：

1）广告主登录 DMP 系统后，进行人群构建，再进行营销活动创建，并关联之前创建的人群，指定投放渠道；

2）在营销活动创建完成后，DMP 系统进行数据准备；

3）在数据准备完成后，DMP 系统向前置机系统发送数据准备完成（或更新完成）通知；

4）前置机系统在接收到通知后，对人群数据进行下载；

5）在前置机完成人群数据加载后，向 DMP 系统发送装载完成通知；

6）DMP 系统接收到装载完成通知后，向该营销活动指定渠道的广告投放平台发送数据加载完成通知；

7）广告主将对应人群的密钥录入广告投放平台的投放活动中；

8）在投放活动开启后，投放平台可以从前置机中查询设备 ID 的人群归属；

9）前置机会将查询匹配结果回传至 DMP 系统；

10）投放完成后，投放平台向前置机反馈曝光、点击等投放数据；

11）前置机将投放数据回传至 DMP 系统。后续 DMP 系统会基于这些数据进行营销活动效果的统计计算。

8.2.3　具体实现示例

营销大数据管理系统实现了移动营销数据的管理与媒体的营销活动数据对接，同时利用大数据实现了广告效果的提升。该系统能够实现人群交叉计算的灵活配置，以及高效的计算，几十亿规模的人群构建与画像仅需几分钟至几十分钟即可完成，从而提高营销与运营人员的效率。该系统充分集成了三方数据，可获得全维度洞察受众特征能力，从而深入研究目标受众。通过广告效果分析，包括转化人群特征分析、投放渠道匹配度分析，重新调整营销策略，提升转化。该系统可以和广告监测系统集成，实现数据回收，提升数据资产的价值。下面给出几项主要功能的效果示例。

人群交叉计算策略配置示例，如图 8-22 所示。

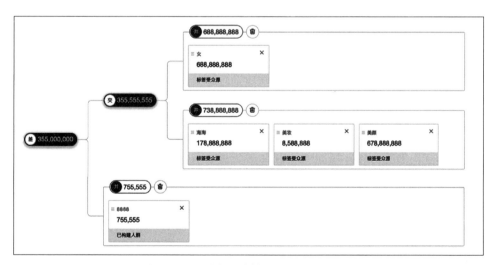

图 8-22　人群交叉计算策略配置功能示例

人口属性画像展示示例，如图 8-23 所示。

媒体评估可视化展示示例，如图 8-24 所示。

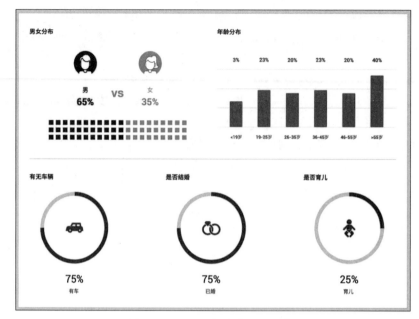

图 8-23　人口属性画像展示示例

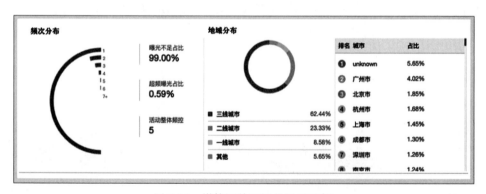

图 8-24　媒体评估可视化展示示例

8.3　本章小结

　　本章介绍的两个翔实案例非常具有典型性，第一个是交互门的数据分析，第二个是交识门里的数据应用，前者是统计类型的数据分析系统，后者是个体数据应用的营销数据系统。二者存在一些共同点，都是在先进的开源大数据存储和计算框架基础组件上搭建。除了一些基础技术组件选型相同外，二者也使用了某些相同技术，例如都使用 Bitmap 技术进行人群计算，只是用途方向不同，一个用于分析，一个直接进行人群触达。这两个案例非常好地展示了大数据技术和业务的结合，可供大家参考。

数据应用案例——基于空间大数据的
土地资源数字化精准监管

        土地作为一种特殊的自然资源，是其他各类自然资源的空间载体，其执法监管效果直接决定自然资源开发和保护的力度与维度。故此，大幅提高土地执法效率和精度尤为必要。

        本章介绍关于土地数字化治理的案例，展示如何利用数据实现治理效率、效果的提升。这里以 D 省为例，阐述数字化的土地监管新方法，利用遥感、空间数据实现土地执法管制精准化，旨在动态监测土地资源保护，持续提高土地执法效能。

9.1　案例背景

        土地是最重要的自然资源，对于土地违法使用情况，传统的违法监管方式普遍存在信息获取不易且滞后、验证效率低、处理流程烦琐、执法困难等缺点，造成执法成本高、阻力大、社会损失大，并且难以掌握全面的违法情况。

1. 土地与土地资源监管

        土地是自然资源最特殊也最关键的组成部分。狭义的土地是指地理环境（主要是陆地环境）中互相联系的各自然地理成分所组成的自然地域综合体。广义的土地则是指包含地球特定地域表面及以上和以下的所有物质。从管理的角度来看，土地泛指地球表面由土壤、岩石、植被、水文、地貌等组成的自然综合体，它包括人类过去和现在的活动结果。土地作为最核心的国土空间，一直以来都是人类赖以生存和发展最根本的物质基础和最直接的空间载体，支撑着人类社会的原始生产、生态服务、基本生计及空间需求等重要功能。

同时，土地是典型的用途无限、存量有限的短期内非可再生资源，科学化、规范化的土地用途管制就显得尤为必要。

土地用途管制具体包括土地的用途分类、用途规划、用途登记、用途变更审批、违法利用以及违法利用的后处置等。

2. 土地资源监管面临的严峻态势

"务农重本，国之大纲。"耕地安全事关国家的粮食安全、生态安全和社会稳定，是国计民生的头等大事。我国面临人口基数大、人均耕地少，耕地质量总体不高、后备资源不足、生态系统薄弱等复合压力，使得耕地的战略定位尤为重要，耕地保护制度逐年严格、耕地保护力度日益增强。

随着经济持续增长和城市化进程迅猛推进，土地资源开发利用的需求日趋增长，近年来 D 省辖区内违规用地甚至违法用地案件的数量和类型均呈 J 型增长，对耕地甚至是永久基本农田的占用、破坏日益频繁。

土地违法利用类型主要包括非法流转土地或使用权、非法占用土地、非法批准征收占用土地、破坏耕地、拒不履行复垦土地、非法占用土地相关费用、非法批准农用地转建设用地、非法划定永久基本农田范围、非法划拨出让转让土地进行房产开发、非法地价出让国有土地使用权等。

由于 D 省土地面积辽阔、耕地所占比例较大、永久基本农田分布均匀，尤其是用地供需矛盾在全省范围内普遍突出，加上信息化、集约化手段应用相对滞后，造成全域范围土地利用执法监管工作繁重、查处困难、效能较低。

土地利用需要兼顾粮食安全、稳提粮食产能、经济持续发展和社会繁荣稳定。伴随着土地资源的需求量剧增，矛盾日趋突出，我们迫切需要提高土地用途监管执法的时效、颗粒度和精准度，利用网络、地理信息、大数据等数字技术简化行政流程，改变执法方式，避免执法干扰。

9.2 数据处理过程

数字化的土地执法监察处理的数据类型十分丰富，且以空间数据为主，处理技术要求高。数据处理的过程包括数据获取、数据整合、数据预处理、数据格式转换处理、空间数据分析等步骤。

1. 数据获取

数字化精准土地执法监察可以依托省域自然资源全业务大数据支撑。在本案例中，D 省自然资源全业务数据积累了 4 大类、35 个专题、70 个业务子类，且突出体现了地理空间数据多源、异构、海量的特点。我们首先需要依据精准化土地执法监管要求，从自然资源全业务数据中进行有针对性的筛选和抽取。

根据土地执法监管口径，数字化精准土地执法监管需要筛选以下数据作为支撑，具体包括全省遥感影像、监测变化图斑、土地利用总体规划、城镇规划、城市开发边界、土地地价、环境保护红线、永久基本农田划定、林地"一张图"、土地利用现状基础地类、国土调查数据库基础地类、建设用地审批、土地供应、采矿权、探矿权、矿产地、重点矿区、废弃矿山、土地综合整治、生态空间、资源承载力评价预警、水源地保护区等自然资源核心业务数据。

2. 数据整合

为了充分利用收集到的各类数据，挖掘现有数据的潜在价值，需要对获取的多源、异构数据进行数据整合与增强。

精准化土地执法监管的数据涵盖国土空间规划、土地利用现状、土地矿产管理等矢量数据，生态环境行业、林业等跨行业矢量数据，以及遥感影像等栅格数据。这些数据来源广泛、机构复杂、格式不一，因此需要利用全省行政区编码、空间坐落、权属坐落等标识信息，对22类业务数据进行数据匹配和数据融合。尤其需要通过套合全省遥感影像数据，对全省监测变化图斑进行二次匹配，进一步增强监测变化图斑对疑似违法用地的识别精度。此外，进一步增强监测变化图斑信息，增加年份、季度、备注以及统一编组的图斑编码。

3. 数据预处理

精准化土地执法监管数据预处理包括初步检查、图斑合并及拆分、拓扑检查、初步统计等。

（1）初步检查

❏ 检查相关矢量数据与遥感影像图是否为相同坐标系和地图投影带号。

❏ 检查相关矢量数据与遥感影像图的匹配精度。

❏ 转换为所需数据格式。

（2）图斑合并及拆分

下发的监测图斑数据是以县级行政区划为单位的，为便于图斑套合和数据统计，使用合并工具，将全省所有县级实际管辖区（行政辖区设立的开发区、集聚区等）矢量文件合并为一个全省的文件（可采用shapefile格式）。

统计全省各辖区的实际管辖区范围，搜集实际管辖区区划矢量文件，以便监测变化图斑按照实际管辖区范围进行精准拆分。

管辖区划数据收集整理工作主要包括：制定数据收集的坐标系、矢量图层和属性的标准规范文件；协助各管辖区整理数据；对提交数据进行汇总整合、拓扑检查及反馈改错工作。

（3）拓扑检查

对合并的矢量数据进行图形和属性质量检查。图形质量检查拓扑关系，主要为图层内要素间是否重叠、要素是否自重叠；属性质量检查为结构符合性和值符合性检查。图形无拓扑错误可确保在数据套合时不会出现空间错误问题。

（4）初步统计

分别概略统计各实际管辖区监测变化图斑数量、监测面积、压占耕地和永久基本农田面积等信息。

4. 数据格式转换处理

在将数据导入土地综合执法系统前，需要按照土地综合执法系统数据标准规范将数据转换为应用层便于读取和管理的数据形式，如将结构化数据导入关系数据库中，将矢量空间数据转换为标准空间数据交换格式，对栅格数据做切片处理，用于 Web 地图展现。

（1）数据结构化处理

将精准化土地执法监管相关的 22 类核心业务数据衍生的过程数据和成果数据结构化，创建全省土地执法监管数据库，并建设集成入库、检索、统计、输出及服务管理等功能的轻量级数据管理系统。

（2）数据格式转换

将上述 22 类核心业务数据所衍生的过程数据和成果数据转换为 GeoJSON 格式。GeoJSON 格式是基于 JSON 对各种地理数据结构进行编码的数据交换格式，可提高数据的兼容性和可读性。

将上述 22 类核心业务数据所衍生的过程数据和成果数据转换为 Geodatabase 格式，为外业实地核查、督导的移动端提供直接的数据支撑。

（3）数据切片处理

遥感影像数据的数据量比较大，若直接使用原始格式进行空间数据的可视化表达，对传输带宽要求高、渲染速度慢、漫游流畅度差。将遥感影像数据进行地图切片处理，即采用预先批量生成图片的方式，在发布服务之前预先把数据加密化、栅格化，生成图片金字塔，以便实现 Web 地图的展现。

5. 空间数据分析

非法用地线索提取和态势分析方法说明如下。

1）对遥感监测变化图斑数据进行深度综合分析，运用空间叠置分析等技术方法，对变化图斑进行合法性初判，确定疑似违法图斑。

利用全省监测变化图斑分别与全省土地利用总体规划、环境保护红线、永久基本农田划定、林地"一张图"、建设用地审批、采矿权、探矿权、生态空间、水源地保护区等 19 类数据进行叠置套合，分析监测变化图斑，获得疑似违法用地压覆或毁坏农用地、环保红线、耕地、永久基本农田、林地、批准用地、矿产地、生态保护地及水源地等各种类型土地情况，对变化图斑进行合法性初判，初步确定疑似违法图斑。

图 9-1 是一个疑似违法图斑判断示例，分析如下。

❑ 图 9-1a 是某变化图斑（某加工场竣工后，两个年度遥感影像图对比后提取的变化图斑）。

❑ 图 9-1b 是叠置了土地年度变更调查数据后，显示该变化图斑占用的地类是水浇地（属于耕地）。

❑ 图 9-1c 是叠置了永久基本农田数据后，显示该变化图斑占用了永久基本农田（高质量耕地）。

❑ 图 9-1d 是叠置了土地利用总体规划数据后，显示该变化图斑所占区域属于禁止建设区（不符合规划）。

据此，该变化图斑被判定为疑似违法图斑，需要图斑归属地举证（认定违法或提供合法证明材料）。

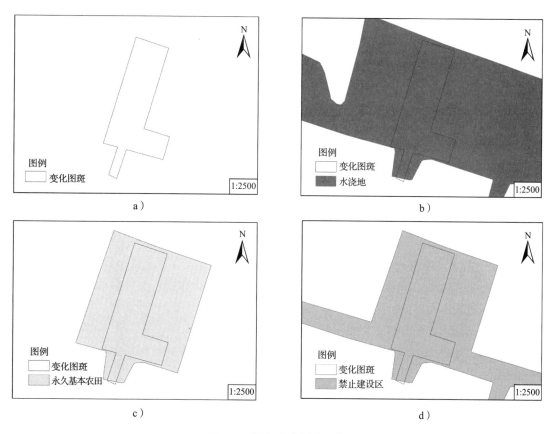

图 9-1　疑似违法图斑示例

2）将变化图斑和 19 类数据套合后的合法性初判结果，与实际管辖区区划数据二次套合，确定变化图斑空间坐落和权属坐落，统计分析全省范围内所有县级实际管辖区疑似非法用地的空间分布和总体态势。图 9-2 是疑似违法图斑初判数据分析的步骤。

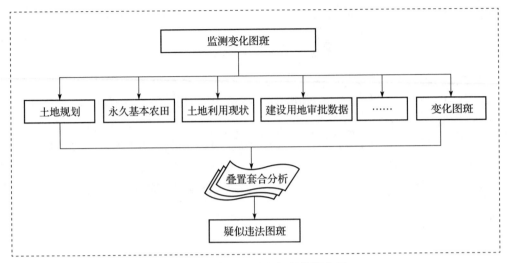

图 9-2 疑似违法图斑初判数据分析

9.3 数字化的土地执法监管应用

传统的土地执法监管在相当长的时期内是以线索举报为主的后发现、被动式、粗放型管理机制。

依托优良的卫星遥感覆盖条件，我们实现了土地执法监管模式创新，重组了业务流程。以国土空间规划和用途转用审批为本底（数据底图），实时或准实时主动发现土地违法利用线索，自动分析证实违法事实和违法类别，实现土地违法利用监管精准化、违法用地案件处置迅捷化以及土地管理决策科学化。

1. 土地执法监管业务重组

依托遥感卫星高视角全天候监测、互联网＋地理空间大数据、手持移动终端、定位定向摄像等先进技术与方法，实现全省"天上看、网上管、地上查"的全天候、高精准、多维度的土地执法监管体系的构建。图 9-3 是重组后的业务流程。

精准化土地执法监管需要对土地执法监管业务进行重新组合，构建全新的业务流和数据流逻辑。具体流程分析如下。

（1）疑似违法图斑初判

通过数据获取、数据整合、数据预处理、数据分析等技术手段，省级自然资源管理土地执法部门将利用 22 类自然资源核心数据获取年度违法用地疑似图斑。

（2）疑似违法图斑下发

按照行政区序列逐级分发到县级实际管辖区自然资源土地执法部门。

（3）违法质疑举证

在年度违法用地疑似图斑数据按行政区逐级下发后，县级自然资源土地执法部门需要进一步鉴别、取证。县级自然资源土地执法部门依据鉴别情况认定合法的图斑，可以逐图斑向市级自然资源土地执法部门进行违法图斑质疑举证，即对该地块图斑合法利用情况进行说明，且必须提供当前图斑土地合法性利用的直接证明材料。对于被市级自然资源执法部门驳回的违法质疑举证，设置约束条件杜绝重复举证以确保质疑举证的规范性、可靠性。

（4）举证审核

疑似违法土地利用图斑的举证审核包括初审和终审。市级自然资源土地执法部门对辖区内县（市、区）自然资源土地执法部门提交的疑似违法图斑质疑举证进行初次研判，对于合理的举证则提交到省级自然资源执法部门审核；否则，说明判定依据并直接驳回。省级自然资源土地执法部门对提交的质疑举证进行二次研判，判定合法的举证涉及的图斑地块被重新界定为合法用地；否则，界定为违法用地，并明确审核依据。二次研判作为举证审核环节的规范动作，其手段不但包括内业在线审查，还包括外业实地核查。实地核查贯穿包括初审和终审在内的举证审核全过程，其关键是现场定向定点即时取证和即审立判在线回传。初审环节经实地核查研判的质疑举证，所涉及的地块图斑自动关联对应的取证材料。

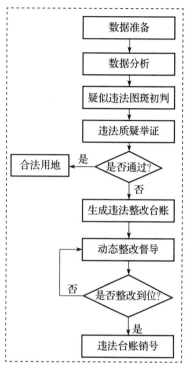

图 9-3 重组后的业务流程

（5）生成违法整改台账

将县级自然资源土地执法部门未质疑举证、质疑举证被驳回或审核判定为违法的疑似违法图斑，界定为年度违法用地图斑，纳入违法整改台账。

（6）动态整改督导

遵循动态跟踪、循环督导、立改立销的原则，省级自然资源土地执法部门对全省范围内年度违法用地进行整改督导。

另外，建立土地执法监管影响因子指标库、模型库等，为遥感影像解译、监测变化图斑提取、非法用地疑似图斑初判等核心业务环节的自动化、精准化提供支持；逐年度对影像解译、变化图斑提取、疑似违法图斑初判成果进行分析，辅助完善指标库学习和模型库，以全面提高年度土地执法监管全业务的自动化、精准化和智能化。

2. 业务重组成果应用

依托互联网＋地理空间大数据的土地执法监管新业务流程，设计研发D省土地综合执法系统，推进省级土地执法业务流程重组成果落地。该系统旨在推进全省土地执法监管全过程的业务数字化，尤其是基层现场核查、督导等核心环节。土地综合执法系统的系统架构图如图 9-4 所示。

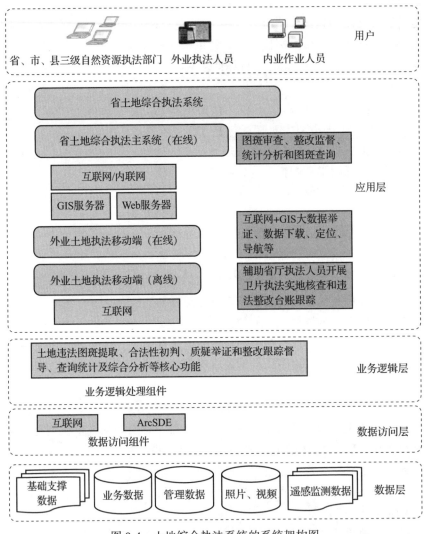

图 9-4 土地综合执法系统的系统架构图

土地综合执法系统在 D 省土地执法监管中的应用初见成效。自然资源管理土地执法部门通过 D 省土地综合执法系统完成了省域内年度土地执法监管任务，并实现了重大突破：摸清了全省域内年度违法用地精准底数；初步实现了全省域内各行政单元的土地执法效能评价；实现了全省域内违法用地整改的全覆盖、逐过程动态监管督导，开创了全省土地执法监管业务智能化的全新局面。

土地综合执法系统的实现示例如图 9-5 所示。

图 9-5　土地综合执法系统的实现示例

9.4　本章小结

本章以重要农业大省 D 省为例，通过数字化实现土地执法管制模式创新，基于严格的数据工程过程，利用卫星遥感、互联网＋、空间大数据等技术方法，重构了高效的土地执法工作流程，研发了全省土地综合执法系统，支撑了辖区年度土地卫片执法监管，验证了土地卫片执法新方法的可靠性、有效性。经过实践运用，总结未来的完善和提升方向有如下几个方面：

❑ 质疑举证现场核查、违法整改环节的数据安全机制需要进一步健全；

❑ 自然资源大数据对执法过程中智能识别、辅助研判的支持力度需要持续增强；

❑ 需要建立、健全监测区（辖区）内监测单元（所辖行政单元）执法效能的评价机制；

❑ 需要持续加强土地执法大数据成果应用，为土地执法管制区（辖区）自然资源宏观管理提供强有力的决策支持。

附　录

Appendix A 附录 A

成熟度模型的构建方法

成熟度模型是常用的工具，例如以成熟度描述和评估对象的能力，并选择适当的干预动作以使对象向更高的成熟度发展。成熟度模型的应用领域十分广泛，包括认知科学、业务应用和工程等。本节说明如何开发一个成熟度模型。

我们在建立一个成熟度模型时，通常可以建立在已有流行模型的基础上，同时严格分析构成这些模型的基础假设的继续适用程度，避免错误的应用，导致构建的模型无效或效果不佳。

另外，复杂性是构建任何成熟度模型时都需要解决的问题。我们必须在衡量标准、属性和问题过多（评估成本高），与缺乏足够的属性以进行准确而一致的评估之间取得平衡。

1. 成熟度模型的用途

在以下情况可以考虑使用成熟度模型：

❑ 需要适应变化，进行战略改进，对新产品 / 新市场目标做出回应；

❑ 需要定义从当前状态到期望状态的路线图，需要采取哪些具体措施来改进；

❑ 需要监测和衡量进度的能力，尤其是存在变化的情况下；

❑ 需要确定自身发展的竞争力和稳健性以及是否有足够竞争力，需要与同行进行比较。

组织可以使用成熟度模型来确定其当前的成就水平或能力水平，然后应用这些模型来推动改进。基于成熟度模型，组织或行业可以根据一组清晰的组件来评估其实践、流程和方法。这些组件通常代表最佳实践，并且会包含特定领域或学科中重要的标准或其他实践准则。从更广泛的意义上讲，成熟度模型还可以帮助组织对照其所在领域或行业中的其他组织来比较其表现，行业（或社区）可以通过检查其成员组织的成就或能力来帮助确定行业的整体表现情况。

（1）用途分类

成熟度模型代表基于阶段的演化理论，其基本目的在于描述阶段和成熟路径。因此，组织需要阐明每个阶段的特征以及连续阶段之间的逻辑关系。在实践中的应用，成熟度模型需要指明当前和目标成熟度级别，以及相应的改进措施。即使用成熟度模型的目标是诊断并消除能力不足，持续改进系统，指导组织的路线图。通常，可以将使用成熟度的目标细分为以下几个。

❑ **描述性**：如果将成熟度模型用于现状评估或诊断工具，即根据给定标准评估被调查实体当前的能力或状态，然后将确定的成熟度级别报告给内部和外部利益相关者。

❑ **指导性**：如果成熟度模型指示如何确定目标的成熟度水平并提供有关改进措施的指南，则该模型具有指导性的使用目的，能够制定具体而详细的行动方案，执行中还能够进行测量以监控进展。

❑ **比较性**：成熟度模型允许内部或外部基准测试，则具有比较使用目的。如果有大量评估参与者的足够历史数据，就可以比较类似业务部门和组织间的成熟度。

（2）成熟度模型提供的能力

一般来说，成熟度模型作为一种经验模型为从业者提供了以下能力。

❑ **方法**：用于定义组织的改进和成熟度的一种方法，是一个具有优先级的行动框架。

- **预测**：估计一组特征如何演变的能力。
- **测量**：评估表现并生成表现基准的手段。
- **识别**：识别差距和改进计划。
- **规划**：基于模型的改进路线图。
- **验证**：改进成果的证明。

❑ **知识**：行业或社区最佳实践的经验和知识体系的总结。

❑ **语言**：通用的语言和共同的愿景。成熟度模型通常会产生关于一个领域一致的思考和交流方式，即通过同样的模型语言或分类法去描述一个领域。一致的语言和交流方式有助于领域知识的体系化发展。

2. 构建成熟度模型的两种思维

目前存在两种构建成熟度模型的思路，分析如下。

❑ 自上而下（top-down），首先通过经验和假设，指定固定数量的成熟阶段或级别，以及级别关系和特征，然后进一步设计和证实这些特征，通常是具体的评估项目要求，这种方式包含了成熟度是如何演变的假设。

❑ 自下而上（bottom-up），首先通过调研和分析，确定不同的特征或评估项目要求，然后在第二步中将其聚集成成熟度级别，以归纳出成熟度演化不同步骤的总体规律。

3. 成熟度模型的常见目标对象

在各种成熟度模型中，模型的对象一般有三种，包括技术、过程、能力，详细分析如下。

❑ 人：**能力**。

❑ 对象：**技术**、产品、服务、文档、基础设施。

❑ 社会结构：**过程**、群组、团队、社区、组织。

4. 构建成熟度模型需要考虑的关键内容

一般来说，构建成熟度模型需要从以下 5 个方向考虑问题。

❑ 成熟规律研究的主体类型是什么？可将成熟的主体分类为人、对象或社会系统以及一些更详细的类别。

❑ "成熟度"的含义是什么？需要找到模型所采用的成熟概念。

❑ 模型的用途是什么？需要说明模型的用户与用途目标。

❑ 描述成熟规律的成熟度模型如何设计？大致包括：与别的模型的关系、成熟路径（规律）、阶段或等级设计、测量与评价要求。

❑ 该模型如何使用？需要考虑是否提供认证、测量与评价工具的支持。

下表是构建一个成熟度模型需要考虑的问题的详细说明，并以 CMM、诺兰模型、SPICE 模型为示例回答这些问题。

分类	问题	可选项		模型举例		
				CMM	诺兰	SPICE
成熟主体	主体类型	人	能力			
		对象	文档 基础设施 产品 服务		1	
		社会系统	群组 团队 社区 过程 例行流程 结构 组织	1		1
成熟含义	成熟意义	质量的变化 能力的变化 发展的变化 风险的变化 其他变化		1 1	1	1
	元素或特征的变化类型	量变 质变		1	1	1
	变革的方向	增长方向的变化 减少方向的变化		1	1	1

（续）

分类	问题	可选项	模型举例		
			CMM	诺兰	SPICE
模型用途	用途目标	作为概念模型		1	
		作为应用模型	1		1
	模型用户	组织内部评估团队	1		1
		组织外部评估团队	1		1
		模型不用于实践		1	
模型设计	母模型	没有	1	1	1
		CMM			
		SPICE			
		其他			
	互补模型	没有	1	1	1
		与 CMM 互补			
		其他			
	成熟路径规律	一个迭代路径	1	1	1
		多个成熟路径			
		循环迭代路径			
	阶段或等级数量	—	5	6	6
	级别描述的内容	级别的概念描述	1	1	1
		活动描述（任务、过程）	1	1	1
		触发器描述	1		1
	阶段或等级之间的关系	高等级包含低等级	1	1	1
		高等级是全新的概念			
	如何从一个等级前进到另一个等级	定义必须达到的目标	1	1	1
		隐含的逐渐成熟			
	是否可以跳级	明确允许			
		不推荐	1	1	
	基准测量方法的类型	基于指标的		1	1
		非基于指标的	1		1
	评价数据如何采集	访谈			1
		文档			1
		问卷	1		
		统计数据		1	
使用支持	是否有认证	有认证	1		1
		无认证		1	
	是否提供工具支持	由评估模型提供	1		1
		由软件工具提供			
		没有工具支持		1	

数据应用成熟度模型设计说明

目前，成熟度模型众多，很多都是根据经验总结一下概念，大多都没有仔细设计，遵循一定的设计规则。数据应用成熟度模型则是在权威模型基础上严格构建，用于指导组织数字化建设实践。

1. 设计思路

数据应用成熟度模型的设计思路说明如下。

（1）成熟规律研究的主体类型是什么？

数据应用成熟度模型描述的主体是一个组织，可评价组织的数据应用成熟度阶段并指导其提高成熟度水平。

（2）"成熟度"的含义是什么？

数据应用成熟度描述了组织在数据及数据智能方面稳定、可持续的发展水平，既代表组织业务中数据及数据智能的应用水平，又代表组织的数据处理与数据治理的能力。

（3）模型的用途是什么？

数据应用成熟度模型主要用于组织自己主动评估自身水平并据此制定发展路线，迭代提高自身的数据及数据智能应用水平，实现新数据业务战略或完成已有业务的数字化转型。

（4）成熟度模型如何设计？

数据应用成熟度模型是基于能力成熟度模型和发展成熟度模型设计的混合成熟度模型。它基于对行业发展的总结，定义了数据应用发展阶段，同时制定了每个发展阶段在数据治理与数据工程上需要达到的能力成熟度模型。推荐使用 SEI 的 CMMI 和 DMM、国家标准 DCMM 和 DSMM 等模型作为互补模型。

（5）如何使用

数据应用水平可以基于评价表中的特征进行判断，数据治理与数据工程可以基于推荐标准或参考模型进行自评估，也可以采用相应标准和参考模型的外部评价专业机构进行评估。

注意，数据应用成熟度模型是对行业发展趋势、经验和最佳实践的总结，是对已有模型和方法论的使用指导，是细化到像 CMMI 那样严谨的模型，在参考使用时需要结合组织的现状和行业动态进行一定程度的自定义完善，以及一定程度的细节修正。

2. 适用场景

数据应用成熟度模型可适用于组织数字化的规划与实施场景，具体包含以下几种。

❑ 组织管理决策层（CEO、CIO 等）可以参考该模型评估组织数据应用的阶段，进行行业业务相关的数据战略决策，进一步规划数据在业务中的应用发展方向。

❑ 业务部门可以使用该模型寻找数据应用创新方向，对数据治理和数据工程能力提出要求，同时采用面向数据的设计理念，反补数据资产的提升，促进形成数据闭环，挖掘数据价值，提高效率，提升业务效果。

❑ 数据部门可以使用该模型更系统地建立数据管理和数据工程的流程机制，提升匹配数据业务需求的能力水平，为更多的业务部门提供数据应用的稳健支撑能力。

3. 模型设计特点说明

数据应用成熟度模型设计特点说明如表 B-1 所示。

表 B-1　数据应用成熟度模型设计特点说明

分类	问题	数据应用成熟度模型	参考可选项
成熟主体	主体类型	组织	基础设施 产品 服务 过程 组织
成熟含义	成熟意义	质量的变化 能力的变化 发展的变化	质量的变化 能力的变化 发展的变化 风险的变化 其他变化
	元素或特征的变化类型	质变	量变 质变
	变革的方向	增长	增长方向的变化 减少方向的变化
模型用途	用途目标	作为应用模型	作为概念模型 作为应用模型
	模型用户	组织内部评估团队	组织内部评估团队 组织外部评估团队 模型不用于实践

（续）

分类	问题	数据应用成熟度模型	参考可选项
模型设计	母模型	能力成熟度模型 发展成熟度模型	没有 CMM SPICE 其他
	互补模型	CMMI DMM DCMM	没有 与 CMM 互补 其他
	成熟路径规律	一个迭代路径	一个迭代路径 多个成熟路径 循环迭代路径
	阶段或等级数量	4	—
	级别描述的内容	级别的概念描述	级别的概念描述 活动描述（任务、过程） 触发器描述
	阶段或等级之间的关系	高等级包含低等级	高等级包含低等级 高等级是全新的概念
	如何从一个等级前进到另一个等级	定义必须达到的目标	定义必须达到的目标 隐含的逐渐成熟
	是否可以跳级	不推荐，但可以前瞻性关注和准备	明确允许 不推荐
	基准测量方法的类型	非基于指标的	基于指标的 非基于指标的
	评价数据如何采集	访谈 文档	访谈 文档 问卷 统计数据
使用支持	是否有认证	无认证	有认证 无认证
	是否提供工具支持	没有工具支持	由评估模型提供 由软件工具提供 没有工具支持

数据合规要求的法规文件汇总

下表整理了国家的法律、法规、行政规范性文件、国家标准、行业标准等关于数据安全与个人信息保护方面主要的正式文件与已发布征求意见稿的文件。

类别	子类	名称	正式	发布部门	年份
法律	宪法及相关法	《国家安全法》		全国人大	2015
	刑法	《刑法修正案（九）》		全国人大	2015
		两高侵犯个人信息罪司法解释		两高	2017
		两高网络犯罪的司法解释		两高	2019
	行政法	《网络安全法》		全国人大	2017
		《数据安全法》		全国人大	2021
	社会法	《未成年人保护法》		全国人大	2021
	民商法	《民法典》		全国人大	2021
		《个人信息保护法》		全国人大	2021
		《电子商务法》		全国人大	2019
	经济法	《消费者权益保护法》		全国人大	2014
法规	行政法规	《关键信息基础设施安全保护条例》		国务院	2021
		《地图管理条例》		国务院	2016
	部门规章	《汽车数据安全管理若干规定（试行）》		网信办等	2021
		《网络安全审查办法》		网信办等	2022
		《儿童个人信息网络保护规定》		网信办	2019
		《金融消费者权益保护实施办法》		人民银行	2020
		《商业银行互联网贷款管理暂行办法》		银保监会	2020

（续）

类别	子类	名称	正式	发布部门	年份
法规	部门规章	《数据出境安全评估办法（征求意见稿）》	否	网信办	2021
		《网络数据安全管理条例（征求意见稿）》	否	网信办	2021
		《数据安全管理办法（征求意见稿）》	否	网信办	2019
		《个人信息出境安全评估办法（征求意见稿)》	否	网信办	2019
行政规范性文件	规范性文件	《云计算服务安全评估办法》		网信办等	2019
	政策文件	《App违法违规收集使用个人信息行为认定方法》		网信办秘书局等	2019
		《常见类型移动互联网应用程序必要个人信息范围规定》		网信办等	2021
国家标准	推荐标准	《信息安全技术 个人信息安全规范》		SAC/TC260	2020
		《信息安全技术 个人信息安全影响评估指南》			2020
		《信息安全技术 个人信息去标识化指南》			2019
		《信息安全技术 移动智能终端个人信息保护技术要求》			2017
		《信息安全技术 数据安全能力成熟度模型》			2019
		《信息安全技术 数据交易服务安全要求》			2019
		《信息安全技术 大数据安全管理指南》			2019
		《信息安全技术 大数据服务安全能力要求》			2017
		《信息安全技术 政务信息共享 数据安全技术要求》			2020
		《信息安全技术 健康医疗数据安全指南》			2020
		《信息技术 大数据 数据分类指南》		SAC/TC28	2020
		《信息技术服务 外包 第2部分：数据保护要求》			2019
		《个人信息去标识化效果分级评估规范》	否	SAC/TC260	2021
		《个人信息告知同意指南（征求意见稿）》	否		2020
		《移动互联网应用程序(App)收集个人信息基本规范（征求意见稿）》	否		2020
		《网络数据处理安全规范（征求意见稿）》	否		2020
		《个人信息安全工程指南（征求意见稿）》	否		2019
		《数据出境安全评估指南（征求意见稿）》	否		2017
行业标准	推荐标准	《人工智能算法金融应用评价规范》			2021
		《金融科技创新安全通用规范》			2020
		《个人金融信息保护技术规范》			2020
		《金融数据安全 数据安全分级指南》			2020
其他	政策文件	《App违法违规收集使用个人信息自评估指南》		App专项治理工作组	2019